SPANNBETON

SPANNBETON

Grundlagen und Anwendungsbeispiele

Von

Prof. Dr.-Ing. Andrej Albert

Prof. Dr.-Ing. Heiko Denk

Dr.-Ing. Peer Lubasch

Prof. Dr.-Ing. Andreas Nitsch†

3. Auflage

Reguvis

Bibliografische Information der Deutschen Nationalbibliothek
Die Deutsche Nationalbibliothek verzeichnet diese Publikation in der Deutschen Nationalbibliografie; detaillierte bibliografische Daten sind im Internet über http://dnb.d-nb.de abrufbar.

Reguvis Fachmedien GmbH
Amsterdamer Str. 192
50735 Köln
www.reguvis.de

Beratung und Bestellung:
Tel.: +49 221 97668 8500
E-Mail: service@reguvis.de

ISBN (Print): 978-3-8462-1441-1

Herstellung: Günter Fabritius
Satz: da-tex Gerd Blumenstein, Leipzig
Druck und buchbinderische Verarbeitung: Appel & Klinger Druck und Medien GmbH, Schneckenlohe

Printed in Germany

Vorwort zur 3. Auflage

Die zahlreichen positiven Kritiken zur 2. Auflage des Buches „Spannbeton – Grundlagen und Anwendungsbeispiele“ haben uns motiviert, eine Neuauflage herauszugeben.

In der vorliegenden 3. Auflage wurden kleinere Fehler korrigiert und in Kapitel 4 die Einwirkungen und Regeln gemäß den aktuellen Ständen des EC 1-2 und EC 2-2 berücksichtigt. Das Beispiel einer zweistegigen Plattenbalkenbrücke in Kapitel 4 wurde dementsprechend vollständig überarbeitet.

Wir danken den Leserinnen und Lesern der beiden Vorauflagen für die Hinweise und Verbesserungsvorschläge und hoffen, dass auch die 3. Auflage von „Spannbeton – Grundlagen und Anwendungsbeispiele“ sowohl Studierenden als auch Praktikern ein nützliches Hilfsmittel bei der täglichen Arbeit sein wird.

Abschließend danken wir der Reguvis Fachmedien GmbH für die angenehme Zusammenarbeit bei der Erstellung dieses Buches.

Bochum, Konstanz und Wiesbaden, im Oktober 2023

Andrej Albert
Heiko Denk
Peer Lubasch

Vorwort zur 1. Auflage

Die Entwicklung des Spannbetons erfolgte im vergangenen Jahrhundert parallel zum Stahlbeton. Im allgemeinen Bewusstsein, insbesondere der Bauingenieure in Deutschland, wurde dem Spannbeton jedoch traditionell eine Sonderrolle zugewiesen. Dies ist zum Teil in der Hochschulausbildung begründet, bei der erst die Grundlagen des Stahlbetons gelehrt werden und später, oft erst im Rahmen vertiefter Studien, der Spannbeton vermittelt wird. Darüber hinaus wurde der Spannbeton mit anderen Normen geregelt als der Stahlbeton. Beide Punkte führten dazu, dass zahlreiche Planer Berührungsängste gegenüber dem Spannbeton hatten, welche aus heutiger Sicht kaum noch berechtigt erscheinen.

Seit Einführung der DIN 1045-1:2001, die sich an das zukünftige europäische Normungskonzept anlehnt, gelten für den Spannbeton und den Stahlbeton die gleichen Bemessungskonzepte. Hierdurch ist der zusätzliche Berechnungsaufwand in vielen Fällen deutlich geringer geworden. Gleichzeitig wurden die Anwendungsgrenzen erweitert, da z. B. der Vorspanngrad im Hochbau im Unterschied zur bisher üblichen beschränkten Vorspannung frei gewählt werden kann. Die Entwicklung in Europa lässt daher erwarten, dass die Vorteile des Spannbetons auch außerhalb des Brückenbaus z. B. bei Betonfertigteilen zunehmend genutzt werden.

Mit diesem Buch soll dem Leser zunächst das grundlegende Verständnis der Funktion des Spannbetons im Hinblick auf die Anwendung vermittelt werden. Die Autoren haben sich hierzu um eine möglichst anschauliche und klare Darstellung bemüht. Die wesentlichen Grundlagen werden erläutert, ohne dass der Leser mit der gesamten Theorie des Spannbetons und seinen Randgebieten konfrontiert wird. Ziel ist es vielmehr, dem studierenden und dem in der Praxis tätigen Ingenieur die aktuellen Nachweisverfahren im engen Zusammenhang mit der dazu notwendigen Theorie zu erläutern. Hierzu wurden praxisnahe und durchgängige Anwendungsbeispiele ausgearbeitet. Die Besonderheiten des Brückenbaus werden in einem eigenen Kapitel behandelt, das auch die wesentlichen Einwirkungen für Betonbrücken umfasst.

Die Autoren danken den Herren Dipl.-Ing. H.-Georg Ruffert und Dipl.-Ing. Jörg Holl von der Ingenieurgesellschaft RUFFERT |&| PARTNER für ihre Unterstützung sowie dem Werner Verlag für die sorgfältige Durchsicht und die angenehme Zusammenarbeit bei der Erstellung dieses Buches.

Bochum und Konstanz, im November 2007

Andrej Albert

Heiko Denk

Martin Mertens

Andreas Nitsch

Inhalt

1 Grundlagen

1.1 Grundgedanken der Vorspannung

Bei einem auf Biegung beanspruchten Bauteil gliedert sich der Querschnitt in eine Druck- und eine Zugzone. Beton hat eine hohe Druckfestigkeit und ist daher gut geeignet, um die auftretenden Druckspannungen aufzunehmen. Die Zugfestigkeit von Beton ist jedoch gering und unzuverlässig. In *Stahlbeton*bauteilen wird daher zur Aufnahme der Zugspannungen eine Betonstahlbewehrung angeordnet. Abb. 1.1 zeigt einen Einfeldträger aus Stahlbeton, der durch eine Gleichstreckenlast beansprucht wird. Die maximalen Biegemomente und somit auch die maximalen Längsspannungen treten in Feldmitte (Schnitt A-A) auf. Die Dehnungen sind linear über die Balkenhöhe verteilt. An der Spannungsverteilung ist zu erkennen, dass der Beton die Spannungen in der Biegedruckzone aufnimmt (im Bild dargestellt mit einer nichtlinearen Verteilung), im Bereich der Biegezugzone jedoch bereits unter geringer Belastung aufreißt. Die dort auftretenden Zugspannungen müssen von der Stahlbewehrung übernommen werden (Index „s1“).

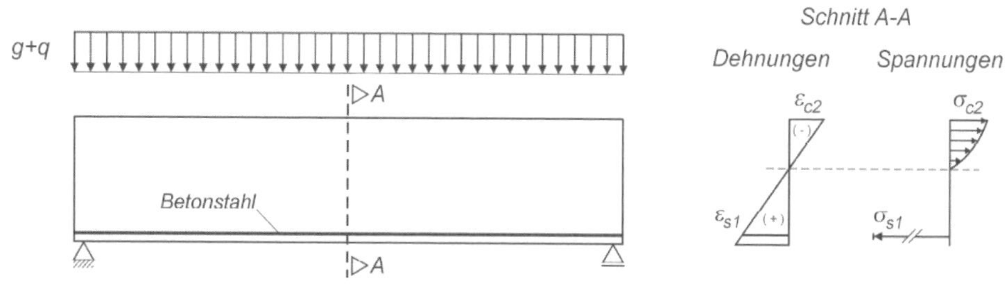

Abb. 1.1 Dehnungen und Spannungen in einem Stahlbetonbalken

Obwohl durch die Anordnung der Stahlbewehrung ein Versagen des Bauteils verhindert wird, ist der Rissbildung bei der Bemessung Beachtung zu schenken. Einerseits verringert sich durch die Rissbildung die Steifigkeit des Bauteils erheblich, was zu größeren Verformungen im Grenzzustand der Gebrauchstauglichkeit führt. Andererseits sind die Rissbreiten zur Sicherstellung der Dauerhaftigkeit des Bauteils auf ein unschädliches Maß zu begrenzen.

Schon gegen Ende des 19. Jahrhunderts kam man auf die Idee, den Beton vorab an denjenigen Stellen unter Druckspannungen zu setzen, an denen infolge der äußeren Einwirkungen Zugspannungen zu erwarten sind. Somit müssen zunächst die vorab aufgebrachten Druckspannungen „aufgezehrt“ werden, bevor tatsächlich Zugspannungen im Beton entstehen. Das Bauteil verbleibt unter „normaler“ Belastung im ungerissenen Zustand. Seine Steifigkeit wird somit nicht verringert und es ist möglich, deutlich schlankere Tragwerke zu konstruieren, ohne dass die Verformungen die zulässigen Grenzen überschreiten. Die erforderliche Vorspannkraft wird in der Regel aufgebracht, indem die eingelegte Spannstahlbewehrung unter Zug gesetzt und gegen den Beton verankert wird – man spricht dann von *Spannbeton*.

Abb. 1.2 zeigt einen Einfeldträger aus Spannbeton mit gerader Spanngliedführung über die gesamte Balkenlänge. Wiederum sind die Dehnungen und Spannungen in Feldmitte für die einzelnen Einwirkungen „Vorspannung" und „äußere Einwirkungen" sowie für die Kombination aus beidem abgebildet. Die Dehnungen des Spannstahls (Index „p1") weisen durch die Vorspannung nun bereits im Zustand I gegenüber den Dehnungen des Betons in gleicher Höhe des Querschnitts einen Dehnungsunterschied auf (Vordehnung). Infolge der Vorspannung ergeben sich im vorliegenden Fall an der Unterseite des Balkens große Druckspannungen und an der Oberseite geringe Zugspannungen. Durch die äußeren Einwirkungen $g+q$ wiederum entstehen an der Balkenoberseite Druckspannungen und an der Balkenunterseite Zugspannungen (durch den größeren Elastizitätsmodul des Spannstahls E_p ergeben sich infolge äußerer Einwirkungen Zusatzspannungen $\Delta\sigma_{cp}$ im Spannstahl, die um den Faktor $\alpha_p = E_p/E_{cm}$ größer sind als die des in gleicher Höhe des Querschnitts liegenden Betons). In der Summe heben sich die Zugspannungen aus äußeren Einwirkungen und die Druckspannungen infolge Vorspannung an der Balkenunterseite idealerweise gerade auf, sodass keine (oder nur geringe) Betonzugspannungen an dieser Stelle entstehen.

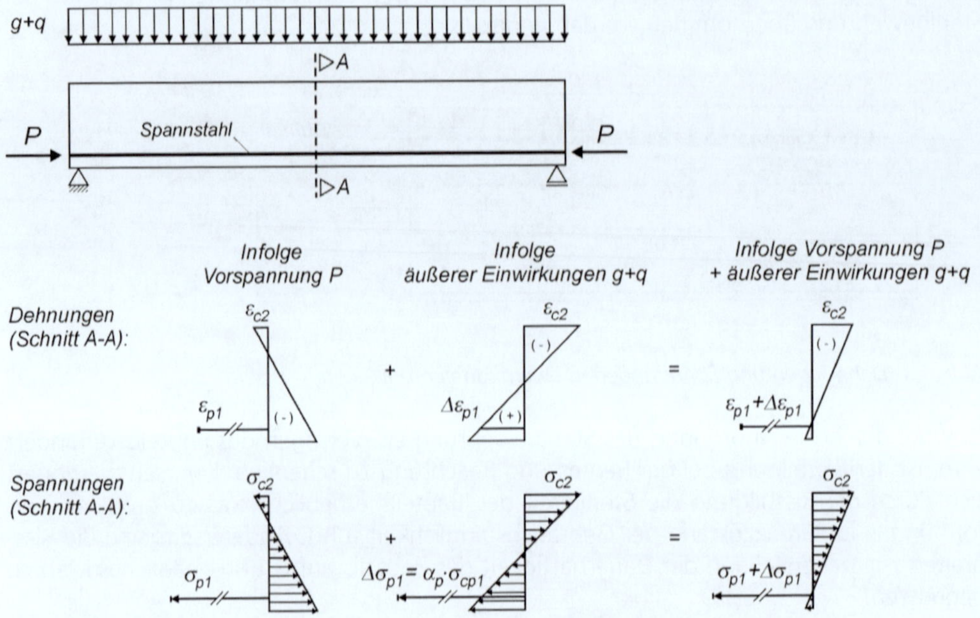

Abb. 1.2 Dehnungen und Spannungen in einem Spannbetonbalken (in Feldmitte)

Bei einer wie im Beispiel gewählten geraden Spanngliedführung (die beispielsweise in Betonfertigteilen häufig verwendet wird) entsteht das Problem, dass im Bereich der Momentennullpunkte zwar keine Biegespannungen infolge der äußeren Einwirkungen herrschen, aber dennoch das volle Biegemoment infolge Vorspannung wirkt. Dies führt zu ungewollten Biegezugspannungen an der Balkenoberseite infolge „Vorspannung P" (siehe Abb. 1.3 sowie Abschn. 1.5.2 „Vorspannung mit sofortigem Verbund").

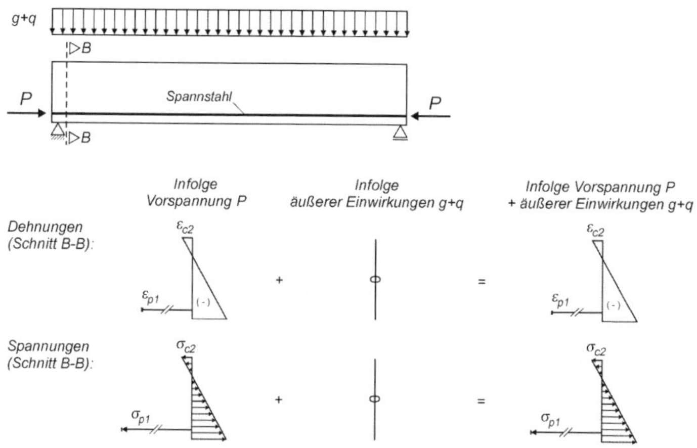

Abb. 1.3 Dehnungen und Spannungen in einem Spannbetonbalken (im Auflagerbereich)

Um dieses Problem zu vermeiden, wird häufig versucht, die Spanngliedführung der Momentenlinie aus äußeren Einwirkungen anzupassen. Dementsprechend wird ein parabolischer Spanngliedverlauf gewählt, der an den Momentennullpunkten die Bauteilachse kreuzt. Somit heben sich an der Stelle der größten Beanspruchung (Schnitt A-A) wiederum die Betonzugspannungen aus äußeren Einwirkungen und die Betondruckspannungen infolge Vorspannung gegenseitig auf, während an der Stelle der Momentennullpunkte (Schnitt B-B) nur die Drucknormalspannungen infolge der zentrischen Vorspannkraft wirken.

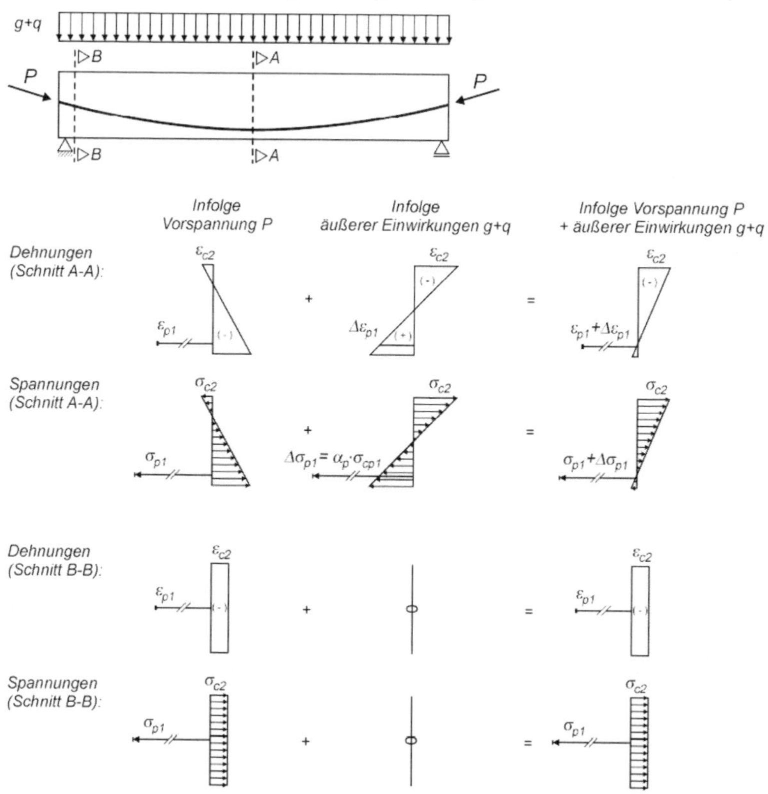

Abb. 1.4 Dehnungen und Spannungen in einem Spannbetonbalken mit parabolischem Spannglied

Wegen der Überlagerung der Druckspannungen infolge Vorspannung mit den Spannungen aus den äußeren Einwirkungen unterscheidet man bei Spannbetonbauteilen die Querschnittsbereiche der „vorgedrückten Druckzone" und der „vorgedrückten Zugzone". In der vorgedrückten Zugzone herrschen infolge der Vorspannung Druckspannungen, während infolge der äußeren Einwirkungen Zugspannungen entstehen (die Überlagerung aus beiden Lastfällen kann sowohl Druck- als auch Zugspannungen ergeben). Hierbei wird ein linear-elastisches Materialverhalten vorausgesetzt. Abb. 1.5 verdeutlicht die zusätzliche Unterscheidung.

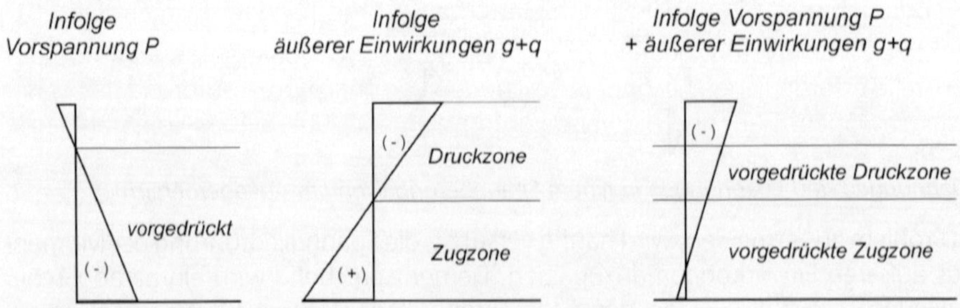

Abb. 1.5 Querschnittsbereiche in einem Spannbetonbalken

Die theoretischen Grundlagen des Spannbetons sind weitgehend identisch mit denen des Stahlbetons. Es wirkt lediglich zusätzlich eine Vorspannkraft, die als ständige Einwirkung in einem separaten Lastfall berücksichtigt wird.

Daher sind auch sämtliche Berechnungsverfahren des Stahlbetons grundsätzlich auf den Spannbeton übertragbar. Konsequenterweise sind die Bemessung und Konstruktion von Stahlbeton- und von Spannbetontragwerken in Deutschland in einer gemeinsamen Vorschrift (EC2 [1]) geregelt.

Dennoch sind bei der Bemessung und Ausführung von Spannbetontragwerken gegenüber Tragwerken aus Stahlbeton gewisse Besonderheiten zu beachten.

Bei der Tragwerksberechnung sind aufgrund der ständig wirkenden großen Beanspruchung infolge Vorspannung höhere Anforderungen an die Genauigkeit zu stellen, als dies bei Stahlbetontragwerken der Fall ist. Bei den Spannungsnachweisen müssen z. B. verschiedene Zeitpunkte bei der Berechnung berücksichtigt werden, da einerseits für unterschiedliche Einwirkungen verschiedene Querschnittswerte vorliegen (bei Vorspannung mit nachträglichem Verbund wirken alle Einwirkungen vor Verpressen der Hüllrohre auf den Nettoquerschnitt, vgl. Abb. 1.40) und andererseits die Vorspannkraft infolge des Kriechens und Schwindens des Betons über die Zeit veränderlich ist. Darüber hinaus sind die Lagerungsbedingungen eines vorgespannten Bauteils möglichst genau zu erfassen. Beispielsweise müssen elastische Einspannungen entgegen der im Stahlbetonbau gängigen Praxis genau erfasst werden.

1.2 Zweckmäßigkeit, Anwendungsgebiete

Spannbeton weist gegenüber Stahlbeton gewisse Vorteile (und Nachteile) auf, welche ihn für bestimmte Einsatzbereiche prädestinieren.

Gegenüber Tragwerken aus Stahlbeton haben Spannbetontragwerke den Vorteil, dass sie sehr geringe Rissbreiten aufweisen oder sogar rissfrei bleiben. Dies ist bei Umweltbedingungen mit hoher Korrosionsgefahr für die Bewehrung von großer Bedeutung (z. B. Brücken, Behälterbauwerke). Die Rissefreiheit bedingt darüber hinaus, dass die Steifigkeit im Vergleich zu einem gerissenen Stahlbetonbauteil deutlich größer ist. Dadurch sind bei gleicher Spannweite geringere Bauteilhöhen bzw. bei gleicher Bauteilhöhe größere Spannweiten möglich.

Wirtschaftlich sinnvoll ist die Anwendung der Spannbetonbauweise heute in erster Linie im Brückenbau, im Behälterbau sowie im Betonfertigteilbau (z. B. bei weitgespannten Bindern sowie bei π-Platten, Spannbeton-Hohlplatten und vorgespannten Elementdecken).

Den genannten Vorteilen steht gegenüber, dass die Kosten für Spannbeton aufgrund des auf der Baustelle erforderlichen besonders geschulten Personals sowie aufgrund der Materialpreise für den Spannstahl und die Verankerungselemente über denen von Stahlbeton liegen. Da die Verpress- und Verankerungsarbeiten bei der Herstellung im Betonfertigteilwerk entfallen, ist die Anwendung der Vorspannung bei Betonfertigteilen dagegen besonders kostengünstig.

1.3 Baustoffe

1.3.1 Beton

Beton ist ein Baustoff, der aus Zement, Betonzuschlag und Wasser hergestellt wird. Die Eigenschaften des Betons können durch die Zugabe von Betonzusätzen beeinflusst werden. Das Zement- Wasser-Gemisch sichert beim Frischbeton die Verarbeitbarkeit und den Zusammenhalt sowie beim erhärteten Beton das „Verkleben" der Zuschlagskörner. Beton wird deshalb auch als Zweiphasensystem bezeichnet:

1. Phase – Zementleim (Frischbeton) bzw. Zementstein (erhärteter Beton)
2. Phase – Betonzuschlag.

Die beiden Phasen unterscheiden sich sowohl in ihrer Struktur als auch in ihren Festigkeits- und Verformungseigenschaften.

Für die Bemessung werden die Betone in Druckfestigkeitsklassen eingeteilt. Die Betondruckfestigkeit wird an einem zylindrischen Probekörper mit einer Höhe von 30 cm und einem Durchmesser von 15 cm versuchstechnisch ermittelt. Historisch bedingt und zu Vergleichszwecken wird die Betondruckfestigkeit auch an einem würfelförmigen Probekörper bestimmt, sodass die Bezeichnung der Betonfestigkeitsklassen aus zwei Werten besteht:

Beispielsweise C 30/37: C leitet sich von dem englischen Wort für Beton (concrete) ab. Die erste Zahl gibt die Zylinderdruckfestigkeit und die zweite Zahl die Würfeldruckfestigkeit an.

Angaben für die Herstellung, Lagerung und Prüfung des Betons bzw. der Probekörper enthält DIN EN 206-1 in Kombination mit DIN 1045-2 [2].

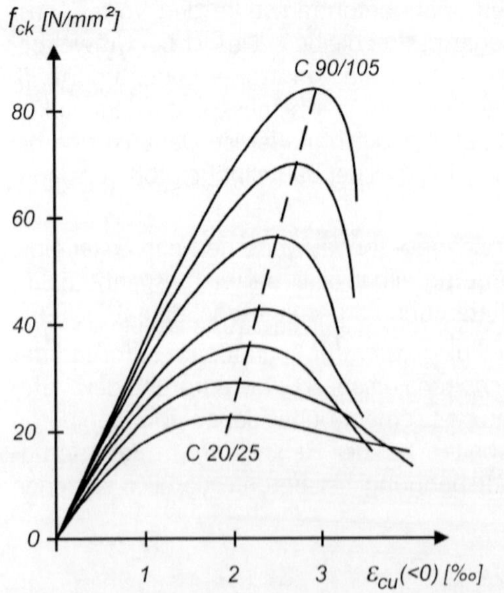

Abb. 1.6 Druckspannungs-Dehnungs-Diagramm für Betone unterschiedlicher Druckfestigkeiten

Der Beton soll unter anderem zur Rissbreitenbegrenzung schon frühzeitig vorgespannt werden. Speziell im Brückenbau werden die Spannglieder bzw. ein Teil der Spannglieder mit 30 % ihrer maximalen Vorspannkraft angespannt. Aus diesem Grund muss der Beton zum Zeitpunkt t_j des Vorspannens bereits eine Mindestdruckfestigkeit f_{cmj} aufweisen. Diese ist den entsprechenden Europäischen Technischen Zulassungen zu entnehmen (EC2-1-1, 5.10.2.2 (3) [1]).

1.3.2 Zeitabhängiges Materialverhalten des Betons

Beobachtet man den Werkstoff Beton über einen längeren Zeitraum, können zusätzlich zu den sich sofort einstellenden elastischen Verformungen weitere, zeitabhängige Verformungen gemessen werden. Dieses Materialverhalten wird als viskoelastisch bezeichnet.

Es werden hierbei Kriech- und Schwindverformungen unterschieden: Kriechen beschreibt die Zunahme der Verformungen infolge einer dauerhaften Lasteinwirkung. Kriechverformungen sind somit zeit- und lastabhängige Verformungen.

Schwindverformungen werden durch eine Volumenänderung des Betons hervorgerufen. Diese Volumenänderung ist das Resultat des sich über die Zeit verändernden Wasserhaushaltes des Betons. Das Schwinden ist lastunabhängig.

Kriechen und Schwinden müssen bei vorgespannten Bauteilen, bei der Berechnung von Verformungen sowie bei der Schnittgrößenermittlung nach Theorie II. Ordnung berücksichtigt werden. Im Folgenden wird näher auf das Kriechen und Schwinden eingegangen.

Betonkriechen

Wie viel ein Betonbauteil bis zu einem bestimmten Zeitpunkt kriecht, wird mit Hilfe der Kriechzahl erfasst. Die Kriechzahl wird unter der Annahme, dass das Kriechen und die kriecherzeugende Spannung proportional zueinander sind und somit ein linearer Zusammenhang besteht, wie folgt definiert

$$\varphi(t,t_0) = \frac{\varepsilon_{cc}(t,t_0)}{\varepsilon_{cc,28}} = \varepsilon_{cc}(t,t_0) \cdot \frac{E_{c0}}{\sigma_c(t_0)}$$

Hierin sind:

$\varepsilon_{cc}(t,t_0)$	Kriechdehnung zum Betrachtungszeitpunkt *t* in Abhängigkeit vom Belastungszeitpunkt t_0
$\varepsilon_{cc,28}$	elastische Dehnung des Betons infolge einer Belastung bei einem Betonalter von 28 Tagen
E_{c0}	Tangentenmodul im Ursprung der Spannungsdehnungslinie im Belastungsalter von 28 Tagen
$\sigma_c(t_0)$	kriecherzeugende konstante Spannung, die ab dem Zeitpunkt t_0 wirkt

Die analytische Berechnung des Kriechens kann bis zu einer Betonfestigkeit C100/115 nach EC2-1-1 Anhang B.1 [1] durchgeführt werden. Die nach diesem Verfahren berechnete Größe des Kriechens besitzt einen mittleren Variationskoeffizienten von 20 %. Grundlage für das Rechenverfahren sind Auswertungen von Laborversuchen.

Die Kriechzahl für einen beliebigen Zeitpunkt *t* und einen Belastungsbeginn t_0 kann nach EC2-1-1 Anhang B.1 [1] mit

$$\varphi(t,t_0) = \varphi_0 \cdot \beta_c(t,t_0)$$

berechnet werden, wobei φ_0 die Grundkriechzahl ist und $\beta_c(t,t_0)$ die zeitliche Entwicklung der Kriechverformung nach Belastungsbeginn berücksichtigt. Die Zeiten *t* und t_0 sind in Tagen in die Gleichung einzusetzen. φ_0 wird berechnet mit $\varphi_0 = \varphi_0 \cdot \varphi_{RH} \cdot \beta(f_{cm}) \cdot \beta(t_0)$

Die einzelnen Komponenten lassen sich wie folgt ermitteln:

$$\varphi_{RH} = \left[1 + \frac{1 - \frac{RH}{100}}{0{,}1 \cdot \sqrt[3]{h_0}} \cdot \alpha_1\right] \cdot \alpha_2$$

$$\beta(f_{cm}) = \frac{16{,}8}{\sqrt{f_{cm}}}$$

$$\beta(t_0) = \frac{1}{0{,}1 + t_0^{0{,}2}}$$

Da erhöhte bzw. verminderte Temperaturen Auswirkungen auf den Grad der Aushärtung des Betons haben, wird in Abhängigkeit von der Temperatur das Betonalter bei Belastungsbeginn angepasst:

$$t_0 = t_{0,T} \cdot \left[\frac{9}{2 + t_{0,T}^{1{,}2}} + 1\right]^{\alpha} \geq 0{,}5$$

mit

$$t_{0,T} = \sum_{i=1}^{n} e^{-\left(\frac{4000}{273+T(\Delta t_i)} - 13{,}65\right)} \cdot \Delta t_t$$

$T(\Delta t_i)$ ist die Temperatur in °C, die an Δt_i Tagen auf das Betonbauteil wirkt. Der Beiwert α berücksichtigt die Festigkeitsentwicklung des Betons in Abhängigkeit vom Zementtyp.

Der zweite Faktor in der Gleichung zur Bestimmung der Kriechzahl $\varphi(t,t_0)$ wird mit der hyperbolischen Funktion

$$\beta_c(t,t_0) = \left[\frac{(t-t_0)}{\beta_H + (t-t_0)}\right]^{0,3}$$

beschrieben, die für hohe Belastungsdauern ($(t - t_0) \rightarrow \infty$) dem Grenzwert 1,0 zustrebt. Hierin ist

$$\beta_H = 1{,}5 \cdot \left[1 + (0{,}012 \cdot RH)^{18}\right] \cdot h_0 + 250 \cdot \alpha_3 \leq 1500 \cdot \alpha_3$$

Das Kriechen wird neben dem Belastungsalter, der Art der Belastung, den Umgebungsbedingungen sowie den Bauteilabmessungen auch von betontechnologischen Parametern beeinflusst. Hierzu zählen z. B. der Wasser-Zementwert, die Zementart und die Gesteinsart.

Da die genannten betontechnologischen Parameter auch die Betondruckfestigkeit bestimmen, kann die Betondruckfestigkeit als Bezugswert für die Berechnung der Kriechzahl bzw. der Kriechverformung herangezogen werden. In den oben aufgeführten Gleichungen wird die Betondruckfestigkeit durch die Beiwerte α_1, α_2 sowie α_3 rechnerisch erfasst. Die Beiwerte zur Berücksichtigung des Einflusses der Betondruckfestigkeit können der folgenden Tabelle (Abb. 1.7) entnommen werden.

Beton	α_1	α_2	α_3
C16/20	1,00	1,00	1,00
C20/25	1,00	1,00	1,00
C25/30	1,00	1,00	1,00
C30/37	0,94	0,98	0,96
C35/45	0,87	0,96	0,90
C40/50	0,80	0,94	0,85
C45/55	0,75	0,92	0,81
C50/60	0,70	0,90	0,78

Abb. 1.7 Beiwerte zur Berücksichtigung des Einflusses der Betondruckfestigkeit

Der Einfluss der relativen Luftfeuchtigkeit *RH* wird in Abb. 1.8 verdeutlicht. Betrachtet man zwei Bauteile mit gleicher Bauteildicke, gleichem Beton und gleichem Betonalter bei Belastungsbeginn t_0, lässt sich infolge einer höheren Luftfeuchtigkeit eine geringere Kriechzahl zum Zeitpunkt ∞, die auch mit Endkriechzahl bezeichnet wird, als bei einer niedrigeren Luftfeuchtigkeit feststellen.

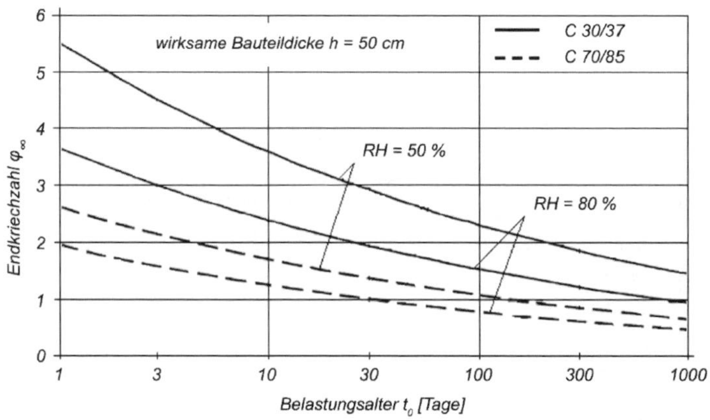

Abb. 1.8 Endkriechzahl in Abhängigkeit vom Belastungszeitpunkt für verschiedene RH und Betonfestigkeiten nach [6]

Der Einfluss der Bauteiloberfläche wird mit Hilfe der wirksamen Bauteildicke h_0 erfasst.

$$h_0 = \frac{2 \cdot A_c}{u}$$

Die wirksame Bauteildicke ist das Verhältnis der Betonoberfläche zum Umfang des Querschnitts, welcher einer Austrocknung ausgesetzt ist. Bei Hohlkastenquerschnitten sind 50% des inneren Umfangs zusätzlich zu berücksichtigen.

Hohlkastenquerschnitt

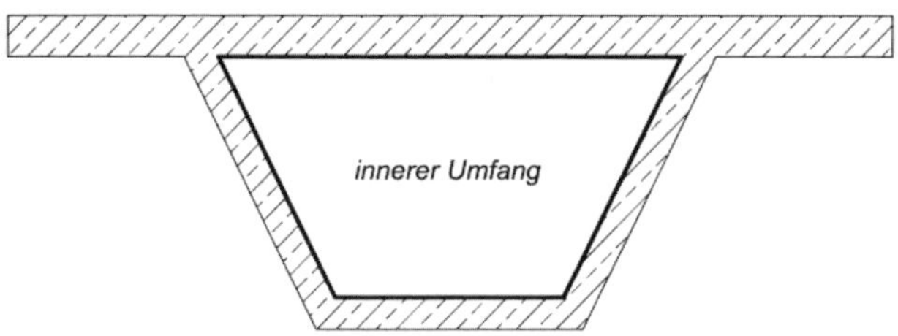

Abb. 1.9 Innerer Umfang eines Hohlkastenquerschnitts

Wenn die Betondruckspannung zum Belastungszeitpunkt t_0 den Wert $0{,}45 \cdot f_{ck}$ übersteigt, kann die überproportionale Zunahme des Kriechens bei steigender Spannung nicht mehr vernachlässigt werden. Nichtlineares Kriechen ist dann nach Gleichung EC2-1-1 (3.7) [1] zu berücksichtigen.

Schwinden des Betons

Das Betonschwinden kann im Wesentlichen in vier Komponenten unterteilt werden:

- Kapillarschwinden oder auch plastisches Schwinden,
- Schrumpfen,
- Trocknungsschwinden
- sowie Karbonatisierungsschwinden.

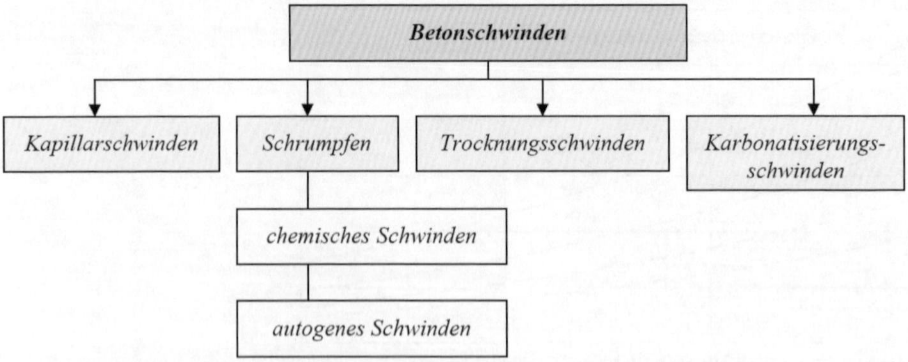

Abb. 1.10 Komponenten des Betonschwindens

Die Ursache für das Kapillarschwinden ist der oberflächennahe Wasserverlust des frischen und jungen Betons. Dieser Schwindanteil kann durch eine geeignete Betonrezeptur und durch eine ordnungsgemäße Nachbehandlung vermieden werden.

Die Verkürzung infolge des Schrumpfens wird zum einen durch das chemische Schwinden, welches auf die Volumenabnahme des Reaktionsproduktes aus den Ausgangsstoffen Wasser und Zement zurückzuführen ist, und zum anderen durch den autogenen Anteil, d. h. durch die innere Austrocknung der Zementsteinmatrix, hervorgerufen.

Beim Trocknungsschwinden handelt es sich um die Abgabe von Bauteilfeuchtigkeit an die Umgebungsluft. Maßgeblichen Einfluss auf diese Schwindkomponente haben die Oberfläche des Bauteils sowie die relative Luftfeuchtigkeit (*RH*) der Umgebung.

Die vierte Schwindkomponente ist das Karbonatisierungsschwinden. Hierbei reagieren Teile des erhärteten Zementsteins mit dem CO_2 der Luft, wodurch das kristalline Gefüge der Betonoberfläche umgebildet wird und bereits molekular gebundenes Wasser erneut frei wird.

Baupraktisch relevant sind nur das Schrumpfen und das Trocknungsschwinden. Das Kapillarschwinden und das Karbonatisierungsschwinden spielen für die Bestimmung der Schwindverformung zum Zeitpunkt $t = t_\infty$ nur eine untergeordnete Rolle und dürfen vernachlässigt werden.

Nach Gleichung EC2-1-1 (3.8) [1] berechnet sich die Gesamtschwinddehnung ε_{cs} eines Betonbauteils aus der Summe der Verformungskomponenten Trocknungsschwinden und Schrumpfen.

$$\varepsilon_{cs} = \varepsilon_{cd} + \varepsilon_{ca}$$

mit dem Anteil aus Trocknungsschwinden $\varepsilon_{cd}(t) = \beta_{ds}(t,ts) \cdot k_h \cdot \varepsilon_{cd,0}$ und mit dem Schrumpfanteil $\varepsilon_{ca}(t) = \beta_{as}(t) \cdot \varepsilon_{ca}(\infty)$.

t ist das Alter des Betons zum betrachteten Zeitpunkt und t_s das Alter des Betons bei Beginn der Austrocknung. Die Verformung infolge des Schrumpfens ist das Produkt aus dem Grundwert des Schrumpfens

$$\varepsilon_{ca}(\infty) = 2{,}5 \cdot (f_{ck} - 10) \cdot 10^{-6}$$

und der Funktion

$$\beta_{as}(t) = 1 - e^{\left(-0{,}2 \cdot \sqrt{t}\right)}$$

Zur Bestimmung des Verformungsanteils infolge des Trocknungsschwindens $\varepsilon_{cd}(t)$ werden die folgenden Gleichungen herangezogen:

$$\varepsilon_{cd} = 0{,}85 \cdot \left[\left(220 + 110 \cdot \alpha_{ds1}\right) \cdot e^{\left(-\alpha_{ds2} \cdot \frac{f_{cm}}{f_{cm0}}\right)} \right] \cdot 10^{-6} \cdot \beta_{RH}$$

$$\text{mit } \beta_{RH} = 1{,}55 \cdot \left[1 - \left(\frac{RH}{RH_0} \right)^3 \right]$$

Der Einfluss des Zementtyps auf das Trocknungsschwinden wird über die Beiwerte α_{ds1} sowie α_{ds2} berücksichtigt. f_{cm} ist die mittlere Zylinderdruckfestigkeit des Betons und f_{cm0} wird mit 10 N/mm² in der Gleichung berücksichtigt.

Die Gesamtdehnung eines Betonbauteils setzt sich, wie bereits anfangs erwähnt, additiv aus der Kriechdehnung, der Schwinddehnung und der elastischen Dehnung zusammen.

In Abb. 1.11 sind die einzelnen Dehnungskomponenten in Abhängigkeit von der Belastungsgeschichte dargestellt.

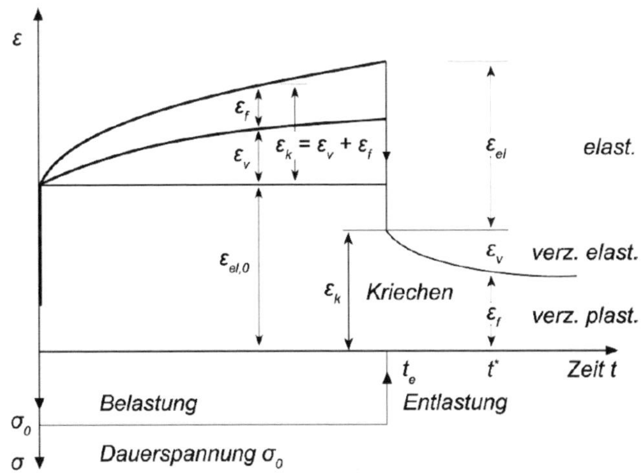

Abb. 1.11 Zusammenfassung aller Dehnungskomponenten

Hierin sind:

- t_0 Belastungsbeginn
- t_e Belastungsende
- σ_0 aufgebrachte Druckspannung
- ε_{el} elastischer Dehnungsverlauf
- ε_v verzögert elastischer Dehnungsanteil
- ε_f verzögert plastischer Dehnungsanteil
- ε_k Kriechdehnung

Eine weitere Erscheinungsform des zeitabhängigen Materialverhaltens des Betons ist die Verringerung der Spannungen innerhalb eines Betonbauteils bei gleichbleibender Dehnung. Hierbei entzieht sich der Beton mit der Zeit der Beanspruchung. Diese durch Kriechen verursachte Spannungsverminderung wird als Relaxation bezeichnet.

Die Relaxation wird auch für die Berechnung der Kriechdehnung bei veränderlicher Spannung berücksichtigt. In der Praxis hat sich für die Berechnung der zeitabhängigen Verformungen bei veränderlicher Spannung das Verfahren nach Trost als geeignet erwiesen. Bei diesem Verfahren wird davon ausgegangen, dass zu Beginn der Belastung ein großer Spannungssprung σ_0 stattfindet, dem später relativ kleine Spannungszuwächse $\Delta\sigma_i$ folgen.

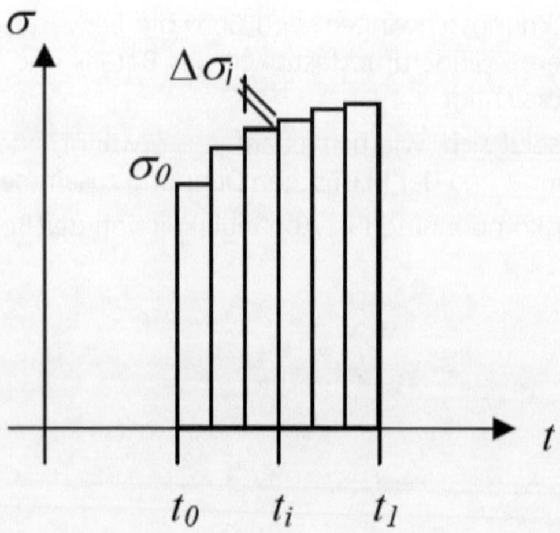

Abb. 1.12 Belastung mit einem großen Spannungssprung am Anfang

Die Dehnung aus Kriechen und Relaxation wird nach Trost wie folgt berechnet:

$$\varepsilon_c(t,t_0) = \frac{\sigma_0}{E_{c28}} \cdot \left(1+\varphi(t,t_0)\right) + \frac{\sigma_t - \sigma_0}{E_{c28}} \cdot \left(1+\rho(t,t_0)\cdot\varphi(t,t_0)\right)$$

Die Dehnung besteht somit aus einem elastischen Anteil

$$\varepsilon_c(t,t_0) = \frac{\sigma_0}{E_{c28}} + \frac{\sigma_t - \sigma_0}{E_{c28}},$$

und einem Kriechanteil

$$\varepsilon_c(t,t_0) = \frac{\sigma_0}{E_{c28}} \cdot \varphi(t,t_0),$$

sowie einem für die Spannungszuwächse modifizierten Kriechanteil, der die Relaxation des Betons berücksichtigt

$$\varepsilon_c(t,t_0) = \frac{\sigma_t - \sigma_0}{E_{c28}} \cdot \rho(t,t_0)\cdot\varphi(t,t_0).$$

Um auch das Schwinden zu berücksichtigen, wird die Schwinddehnung $\varepsilon_{cs}(t)$ einfach zur Dehnung $\varepsilon_c(t)$ hinzuaddiert.

Der Relaxationsbeiwert $\rho(t,t_0)$ erfasst den zeitlichen Verlauf der Spannungen sowie die mit zunehmendem Betonalter verminderte Kriechfähigkeit [16], weshalb dieser Beiwert auch als Alterungsbeiwert bezeichnet wird.

1.3.3 Spannstahl

Spannstahl besitzt im Vergleich zu Betonstahl eine rund dreimal höhere Zugfestigkeit, vgl. Abb. 1.13.

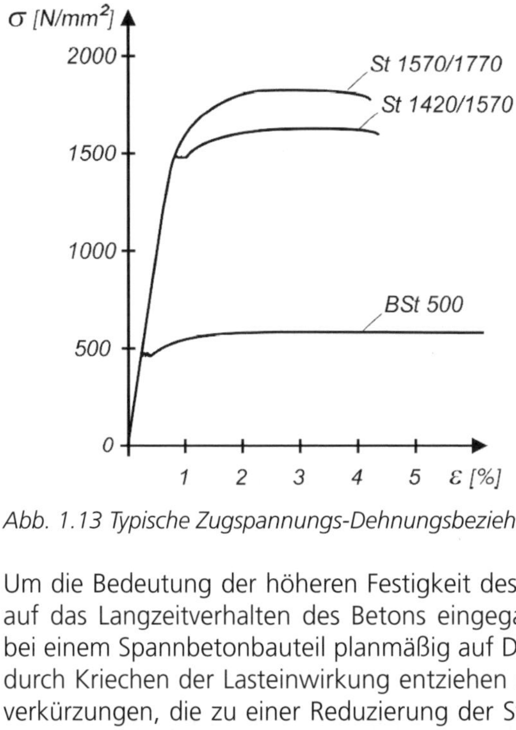

Abb. 1.13 Typische Zugspannungs-Dehnungsbeziehungen für Betonstahl und übliche Spannstähle

Um die Bedeutung der höheren Festigkeit des Spannstahls zu erläutern, muss nochmals auf das Langzeitverhalten des Betons eingegangen werden: Der Werkstoff Beton wird bei einem Spannbetonbauteil planmäßig auf Druck beansprucht, wodurch der Beton sich durch Kriechen der Lasteinwirkung entziehen möchte. Kriechverformungen sind Bauteilverkürzungen, die zu einer Reduzierung der Stahldehnung und somit zu einer Verringerung der Spannstahlspannungen führen.

Diese Verringerungen werden als Spannkraftverluste bezeichnet. Sie entstehen außer durch Kriechen auch durch Schwinden und Relaxation des Spannstahls.

Damit diese Spannkraftverluste nicht die Vorspannkraft weitgehend aufzehren, müssen im Spannbetonbau Stähle mit einer sehr hohen Zugfestigkeit von 900 bis 2200 N/mm^2 verwendet werden.

Die gegenüber dem Betonstahl höhere Stahlqualität kann durch Anpassung der chemischen Zusammensetzung des Stahls (z. B. Erhöhung des Kohlenstoffgehalts) und/oder Verbesserung der Gefügestruktur durch Wärmebehandlung bzw. Kaltverformung erreicht werden.

Die Materialeigenschaften von Spannstählen werden durch die folgenden Kenngrößen charakterisiert:

f_{pk} charakteristische Zugfestigkeit

$f_{p0,1k}$ EC2-1-1 [1] charakteristische Stahlspannung bei 0,1 % bleibender Dehnung

$f_{p0,2k}$ DIN 4227 [5] charakteristische Stahlspannung bei 0,2 % bleibender Dehnung

ε_{uk} Dehnung bei Höchstlast (Gleichmaßdehnung)

ε_{10} Bruchdehnung über eine Messlänge des 10-fachen Durchmessers

Da bei Spannstählen vielfach keine ausgeprägte Streckgrenze erkennbar ist, wurde früher in Deutschland nach der mittlerweile nicht mehr bauaufsichtlich zugelassenen DIN 4227 die Fließspannung bei einer bleibenden Dehnung von 0,2 % definiert. Zur Kennzeichnung der Spannstahlsorten wurden deshalb früher der Wert für die Fließspannung bei 0,2 % Dehnung sowie der Wert für die Zugfestigkeit angegeben: St ($f_{p0,2k}$) / (f_{pk}) → z. B. St 1570/1770.

In EC2-1-1 wird für die Bemessung die Spannung $f_{p0,1k}$ bei einer Dehnung von 0,1 % als charakteristischer Wert für die Fließspannung verwendet. Bei einem kaltverformten Spannstahl St 1570/1770 beträgt $f_{p0,1k} \approx 1500$ N/mm².

Das folgende Beispiel soll die oben beschriebenen Zusammenhänge veranschaulichen.

Aufgabe

Ein Betonbalken mit einer Länge von 15,00 m soll mittig, d. h. zentrisch vorgespannt werden. Hierfür werden Litzen im so genannten Spannbett gespannt (siehe auch Abschnitt 1.5.2). Danach wird der Betonbalken um die gespannten Litzen herum betoniert. Zwischen den Litzen und dem Beton wird vollständiger Verbund angenommen. Nachdem der Beton erhärtet ist und seine Druckfestigkeit erreicht hat, wird die Spannvorrichtung entfernt, mit der die Litzen gespannt wurden. Die Litzen versuchen sich um die zuvor aufgebrachte elastische Dehnung zu verkürzen, wodurch der Betonbalken zusammengedrückt wird.

Der beschriebene Vorgang wird innerhalb dieses Beispiels sowohl unter Verwendung von Betonstahl BSt 500 als auch unter Verwendung des Spannstahls St 1570/1770 rechnerisch nachvollzogen und die jeweils verbleibenden Stahlspannungen zum Zeitpunkt „unendlich" ermittelt.

Durchführung

Die Stahldehnung wird berechnet, indem die Stahlspannung durch den E-Modul des Stahls dividiert wird. Der Betonstahl BSt 500 wird bis auf 90 % der charakteristischen Fließspannung vorgespannt.

Alternativ wird Spannstahl St 1570/1770 verwendet und mit 1275 N/mm² vorgespannt. Vereinfachend wird der E-Modul des Betonstahls und des Spannstahls mit 200 000 N/mm² angesetzt. Die Verlängerung (Vordehnung) berechnet sich zu:

Vorgespannter Betonstahl

$$\varepsilon_s = \frac{\sigma_s}{E_s} = \frac{450}{200\,000} = 2{,}3‰$$

Spannstahl

$$\varepsilon_s = \frac{\sigma_p}{E_p} = \frac{1275}{200\,000} = 6{,}4‰$$

Der Stahl verlängert sich somit um

$\Delta l_s = \varepsilon_s \cdot l = 2{,}3 \cdot 10^{-3} \cdot 15\,000 = 34{,}5 \text{ mm}$	$\Delta l_p = \varepsilon_p \cdot l = 6{,}4 \cdot 10^{-3} \cdot 15\,000 = 96{,}0 \text{ mm}$

Nun wird der Betonbalken über die Länge des vorgespannten Stahls betoniert. Nachdem der Beton ausgehärtet ist, werden die Spannvorrichtungen entfernt. Der Stahl zieht sich zusammen. Die hierdurch im Beton erzeugte Spannung soll näherungsweise konstant 17 N/mm² betragen. Der E-Modul des Betons wird mit 31400 N/mm² angesetzt.

Infolge dieser Spannung verkürzt sich der Betonbalken in beiden Fällen elastisch um die Länge von

$$\Delta l_{c,el} = \frac{\sigma_c}{E_c} \cdot l = \frac{17}{31\,400} \cdot 15\,000 \cong 8{,}1 \text{ mm}$$

Zusätzlich zu den sich sofort einstellenden elastischen Verformungen ist das zeitabhängige Betonverhalten rechnerisch zu berücksichtigen, d. h. die Verformungen aus Kriechen und Schwinden.

Vereinfachend wird die plastische Verkürzung infolge Kriechen zum Zeitpunkt „unendlich" mit der Endkriechzahl von 2,47 erfasst:

$$\Delta l_{c,cr} = 2{,}47 \cdot 8{,}1 \qquad = 20{,}0 \text{ mm}$$

Die Endschwinddehnung des Bauteils soll hier 0,35 ‰ betragen. Die zugehörige Verkürzung berechnet sich somit zu

$$\Delta l_{c,s} = 0{,}35 \cdot 10^{-3} \cdot 15\,000 \qquad = 5{,}3 \text{ mm}$$

Die Summe aus der elastischen Verformung des Betons sowie den Verformungen aus Kriechen und Schwinden betragen:

$$\Delta l_c = 8{,}1 + 20{,}0 + 5{,}3 \qquad = 33{,}4 \text{ mm}$$

Durch den vollständigen Verbund zwischen Stahl und Beton reduziert sich die Verlängerung des Stahls beim Vorspannen. Auf die Länge des Bauteils von 15,00 m bezogen ergibt sich beim

vorgespannten Betonstahl	Spannstahl
$\Delta l_s = 34{,}5 \cdot \frac{15\,000}{15\,000 + 34{,}5} - 33{,}4 = 8{,}1 \text{ mm}$	$\Delta l_p = 96{,}0 \cdot \frac{15\,000}{15\,000 + 96} - 33{,}4 = 62{,}0 \text{ mm}$
$\sigma_s = \frac{1{,}0 \cdot 200\,000}{15\,000} = 13 \text{ N/mm}^2$	$\sigma_p = \frac{62{,}0 \cdot 200\,000}{15\,000} = 827 \text{ N/mm}^2$

Die Vorspannkraft wird beim Betonstahl nahezu vollständig aufgezehrt. Zum Zeitpunkt „unendlich" verbleiben von der ursprünglich aufgebrachten Vorspannung somit nur 3 %. Anders als beim Betonstahl beträgt der Verlust an Vorspannung zum Zeitpunkt „unendlich" beim höherfesten Spannstahl nur 35 % der ursprünglichen Vorspannung.

1.3.4 Zeitabhängiges Materialverhalten des Spannstahls

Die Relaxation wurde bereits als ein zeitabhängiger Spannungsabfall in einem Bauteil bei konstanter Dehnung definiert. Dieses Materialverhalten tritt nicht nur im Beton, sondern auch im Spannstahl auf.

Ursache für die Relaxation im Spannstahl sind Versetzungen im Kristallgitter des Stahls. Sie nimmt mit steigender Spannstahlspannung überproportional zu.

Angaben zur Relaxation des Spannstahls sind den bauaufsichtlichen Zulassungen für Spannstähle bzw. Spannverfahren zu entnehmen.

1.3.5 Anforderungen an die Dauerhaftigkeit

Ein Tragwerk muss so auf seine Umwelt abgestimmt sein, dass es während der geplanten Nutzungsdauer bei angemessenem Instandhaltungsaufwand seine Gebrauchstauglichkeit nicht verliert. Die Dauerhaftigkeit von Stahlbeton- und Spannbetontragwerken wird sowohl durch direkte als auch durch indirekte Einwirkungen beeinträchtigt. Zu den direkten Einwirkungen gehören chemische und physikalische Einflüsse, denen die Materialien (Beton und Stahl) während der Nutzungsdauer ausgesetzt sind. Zu den indirekten Einwirkungen zählen die Verformungen und die Rissbildung des Betontragwerks.

Chemische Einflüsse sind beispielsweise

- die Lagerung angreifender Flüssigkeiten,
- Reaktionen zwischen den Betonbestandteilen (Alkalireaktionen),
- im Beton enthaltene Chloride,
- die Berührung mit Gasen oder Lösungen.

Unter physikalischem Angriff werden die folgenden Beanspruchungen verstanden:

- Verschleiß,
- Temperaturwechsel,
- Frost-Tau-Wechselwirkung,
- Eindringen von Wasser.

Gemäß EC2-1-1 müssen Stahlbeton- und Spannbetonbauteile in Abhängigkeit von ihren Umgebungsbedingungen den so genannten Expositionsklassen zugeordnet werden. Ein Bauteil kann auch mehreren unterschiedlichen Umweltbedingungen ausgesetzt und somit auch mehreren Expositionsklassen zugeordnet sein. Die ungünstigsten Kriterien sind hierbei bemessungsrelevant.

In EC2-1-1 wird zwischen der Bewehrungskorrosion und dem Betonangriff (auch als „Betonkorrosion" bezeichnet) unterschieden.

Bei der Bewehrungskorrosion wird zwischen der Korrosion infolge Karbonatisierung (Klasse XC), der Korrosion ausgelöst durch Chloride (Klasse XD) sowie der chloridinduzierten Korrosion aus Meerwasser (Klasse XS) differenziert. In jeder Klasse wird das Risiko eines Schadens durch den Angriffsgrad beschrieben: „1" kennzeichnet einen schwachen, „3" oder „4" einen starken Angriff.

Der Betonangriff wird ebenfalls in Klassen eingeteilt: Klasse XF für Frost-Tauwechsel-Beanspruchung, Klasse XA für chemischen Angriff und Klasse XM für Verschleißbeanspruchungen.

Jeder Expositionsklasse ist eine Mindestbetonfestigkeit zugeordnet, wodurch indirekt die Dichtheit des Betons festgelegt wird. Je höher die Betonfestigkeit ist, desto geringer ist der Wasser-Zement-Wert und desto höher sind die Festigkeit und die Dichtheit des Betons.

Über die Dichtheit des Betons kann die Widerstandsfähigkeit des Betons gegenüber schädlichen Umweltbedingungen beeinflusst werden.

In EC2-1-1 Abschnitt 4.4.1 wurden für jede Expositionsklasse Mindestwerte für die Betondeckung ($c_{min,dur}$) und das Vorhaltemaß (Δc_{dev}) festgelegt. Die Mindestbetondeckungen zur Sicherstellung des Verbundes werden in EC2-1-1 mit $c_{min,b}$ bezeichnet (der Index b wird von dem englischen Wort bond gleich Verbund abgeleitet).

Für die Expositionsklasse XC „Korrosion infolge Karbonatisierung" beträgt die Mindestbetondeckung der Spannstahlbewehrung je nach Angriffsgrad zwischen 20 mm und 35 mm. In den Expositionsklassen XD „Korrosion ausgelöst durch Chloride" und XS „chloridinduzierte Korrosion aus Meerwasser" ist stets ein Wert von 50 mm einzuhalten.

Bei Verschleißangriff nach Expositionsklasse XM1 bis XM3 sind die vorgenannten Mindestmaße um 5 mm bis 15 mm zu erhöhen. Bei plattenförmigen Bauteilen und bei Bauteilen, deren Betonfestigkeit um zwei Festigkeitsklassen größer ist als die Mindestbetonfestigkeit, darf die Mindestbetondeckung dagegen um 5 mm vermindert werden, da der Beton durch die höhere Festigkeit auch eine höhere Dichtheit besitzt.

Für Spannbetonbauteile sind darüber hinaus folgende Regelungen zu beachten, die sich bei der Vorspannung mit Verbund im Wesentlichen auch aus der Sicherstellung der Verbundwirkung ergeben:

- Vorspannung mit sofortigem Verbund

  $c_{min,b} \geq 2{,}5\ \varnothing_p$ für Litzen und profilierte Drähte

- Vorspannung mit nachträglichem Verbund

  $c_{min,b} \geq d_{duct} \leq 80$ mm mit d_{duct} = äußerer Hüllrohrdurchmesser für runde Hüllrohre

  $c_{min,b} \geq \max\{a;\ 0{,}5b\} \leq 80$ mm für rechteckige Hüllrohre $a \cdot b$ ($a \leq b$)

1.4 Spannverfahren - Vorspanntechnologie

Unter einem Spannverfahren versteht man ein bauaufsichtlich zugelassenes Verfahren eines bestimmten Herstellers zur Vorspannung von Betonbauteilen. Für jedes Spannverfahren sind die Produkteigenschaften und die Produktzusammensetzungen, die für den Entwurf und die Bemessung eines Spannbetonbauteils benötigt werden, detailliert geregelt. Zusätzliche Angaben und Regeln für den Transport und den Einbau der Spannglieder sowie der konstruktiven Durchbildung von Verankerungsbereichen und Koppelstellen sind ebenfalls in der bauaufsichtlichen Zulassung aufgeführt und Bestandteil des Spannverfahrens. Auf die einzelnen Bestandteile wird im Folgenden näher eingegangen.

1.4.1 Erscheinungsformen des Spannstahls

Spannstahl ist in verschiedenen Erscheinungsformen erhältlich: Er wird als Spanndraht, Spannlitze oder Spannstab geliefert. Ein Spannglied besteht meistens nicht nur aus dem Spannstahl, sondern zusätzlich aus einem Hüllrohr und einem Verankerungssystem sowie gegebenenfalls aus einem Verbindungssystem, um Spannglieder zu verlängern.

Lediglich bei der Vorspannung mit sofortigem Verbund kommt (abgesehen von den temporär beim Herstellungsprozess verwendeten Verankerungssystemen) nur der Spannstahl zum Einsatz. Für diese Vorspannart werden Spannlitzen oder Spanndrähte eingesetzt.

Für vorgespannte Bauteile mit nachträglichem Verbund können alle Spannstahlausführungen verwendet werden. Die Vorspannung ohne Verbund erfolgt nur mit Spannlitzen.

Spanndrähte gibt es mit glatter oder profilierter Oberfläche mit Durchmessern zwischen 4 mm und 10 mm. Der E-Modul wird in EC2-1-1 3.3.6 (2) [1] mit 205 000 N/mm^2 festgelegt. Je nach Herstellungsverfahren kann der tatsächliche Wert zwischen 195 000 N/mm^2 und 210 000 N/mm^2 liegen.

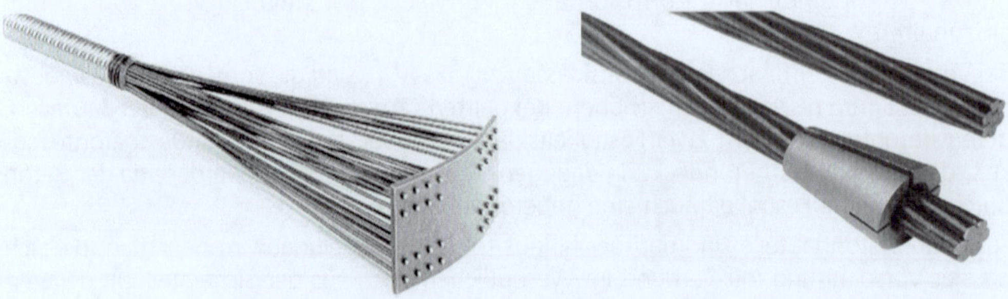

Abb. 1.14 a) Spannglied aus 32 Spanndrähten [12] b) Spannlitze, bestehend aus 7 Drähten [12]

Spannlitzen setzen sich im Regelfall aus sieben gleichsinnig verseilten Spanndrähten mit glatter Oberfläche zusammen. Der Durchmesser der Einzeldrähte variiert zwischen 4,25 mm und 5,2 mm. Der E-Modul der Spannlitzen beträgt nach EC2-1-1 3.3.6 (3) [1] 195 000 N/mm^2. Je nach Herstellungsverfahren kann der tatsächliche Wert zwischen 185 000 N/mm^2 und 205 000 N/mm^2 liegen.

Spannstäbe können gerippt oder glatt sein. Gerippte Spannstäbe besitzen bessere Verbundeigenschaften und bieten außerdem den Vorteil, dass sie an jeder beliebigen Stelle durchtrennt und verankert bzw. gestoßen werden können. Der E-Modul wird wie für Spanndrähte in EC2-1-1 3.3.6 (2) mit 205 000 N/mm^2 festgelegt.

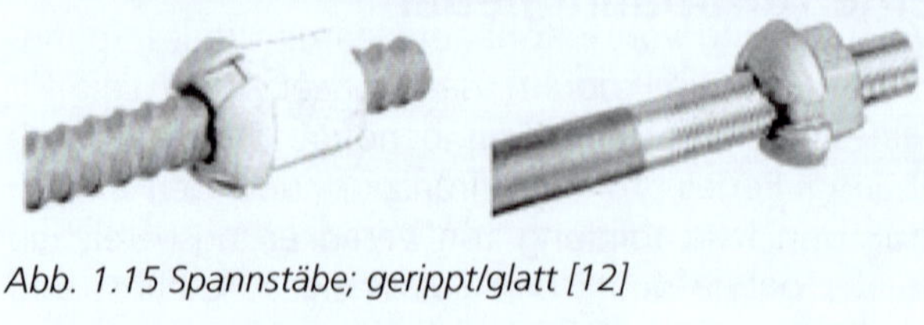

Abb. 1.15 Spannstäbe; gerippt/glatt [12]

1.4.2 Hüllrohre und Verpressen der Hüllrohre

Bei der Vorspannung mit nachträglichem Verbund und der Vorspannung ohne Verbund liegt der Spannstahl in Hüllrohren. Hüllrohre werden entweder aus Kunststoff (HDPE) oder aus Bandstahl hergestellt. Bei der Vorspannung ohne Verbund wird der verbleibende Raum zwischen Spannstahl und Hüllrohr mit Fett als Korrosionsschutzmasse ausgefüllt. Bei der Vorspannung mit nachträglichem Verbund wird ein Einpressmörtel nach DIN EN 447 [18] oder nach allgemeiner bauaufsichtlicher Zulassung verwendet. Der Zementmörtel, der nach dem Vorspannen eingepresst wird, sichert nach dem Erhärten den Verbund zwischen dem Spannstahl und dem Betonbauteil und schützt den Spannstahl vor Korrosion. Für das Einpressverfahren gelten DIN EN 446 [17] oder die Angaben der bauaufsichtlichen Zulassung des verwendeten Spannverfahrens. Hierin sind auch die Einpressgeschwindigkeit sowie die Längen der Einpressabschnitte vorgegeben.

Abb. 1.16 Hüllrohr mit Spannlitzen SUSPA-DSI

Bei größeren Spanngliedern werden Hüllrohre mit einen Kreisquerschnitt verwendet. Bei dünnen Bauteilen, beispielsweise bei der Vorspannung von Flachdecken, ist es aus statischer Sicht günstiger, wenn die Spannglieder nebeneinander angeordnet werden. Für diese Fälle stehen auch flache Hüllrohre zur Verfügung.

Der Spannstahl wird entweder auf der Baustelle in das Hüllrohr gestoßen oder als im Werk vorgefertigtes Spannglied, auf Trommeln gerollt, auf die Baustelle geliefert. In modernen Werkhallen können Spannglieder mit Längen bis zu 250 m vorgefertigt werden.

1.4.3 Verankerungssysteme für Spannglieder

Die Verankerung des Spannstahls kann auf verschiedene Arten durchgeführt werden. Das allen Verankerungsarten zugrunde liegende Ziel ist die Übertragung der Spannstahlkraft auf den Beton. Man unterscheidet zwischen der Keilverankerung, der Verankerung mit Presshülsen, der Verankerung mit aufgestauchten Köpfen, der Gewindeverankerung, der Schlaufenverankerung, der Verankerung durch Verbund und der Verankerung bei Spanngliedern ohne Verbund. Abhängig von den wirtschaftlichen und baupraktischen Randbedingungen sowie dem anzuwendenden Spannverfahren wird das Verankerungssystem ausgewählt.

In den bauaufsichtlichen Zulassungen der einzelnen Spannverfahren sind die für das Spannverfahren zugelassenen Verankerungsarten aufgelistet. Die Zulassungen können mittlerweile von den Internetseiten der entsprechenden Firmen heruntergeladen werden.

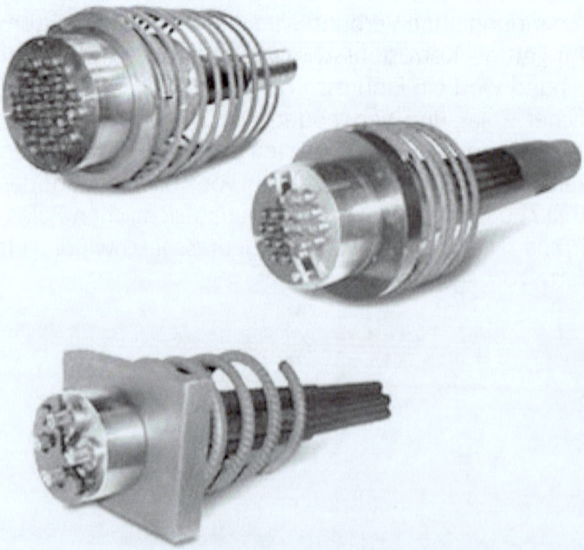

Abb. 1.17 Litzenspannverfahren der BBV-Vorspanntechnik GmbH

Des Weiteren unterscheidet man Spannanker und Festanker. An mindestens einem Ende des vorgespannten Bauteils befindet sich der Spannanker: Hier wird das Spannglied angespannt. Um beispielsweise bei der Vorspannung mit nachträglichem Verbund die Spannkraftverluste infolge Reibung zwischen dem Spannstahl und dem Hüllrohr zu verringern, kann es sinnvoll sein, das Bauteil von beiden Seiten vorzuspannen und an beiden Seiten Spannanker vorzusehen (siehe auch Abschnitt 2.5.1).

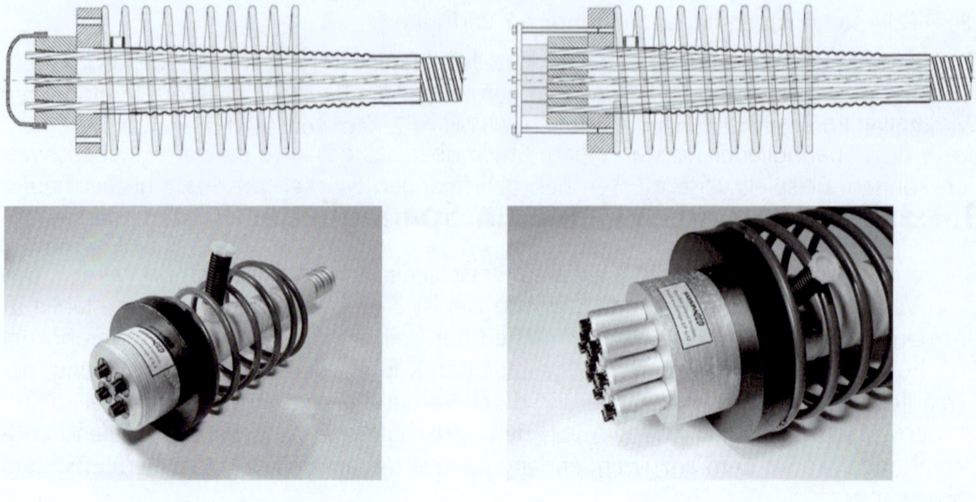

Abb. 1.18 Spann- und Festanker SUSPA-DSI

Am häufigsten werden in der Baupraxis Keilverankerungen eingesetzt. Diese können sowohl als Spannanker als auch als Festanker ausgebildet werden.

Durch das Vorspannen des Spannstahls wird der Spannstahl gedehnt. Nach Ablassen der Spannpressen versucht der Spannstahl sich um den elastischen Anteil dieser Dehnung wieder zu verkürzen und zieht hierbei die Keile in die Ankerbüchse. Es entsteht ein Querdruck, wodurch die rauen Innenseiten der Keile in den Spannstahl gedrückt werden und diesen festklemmen.

Abb. 1.19 Keilverankerung von Spannlitzen

Bis das Spannglied fest verkeilt ist, wird ein Klemmeneinzug mit einer definierten Länge zurückgelegt. Diese kleine Wegstrecke wird auch als Keilschlupf bezeichnet und ist in der bauaufsichtlichen Zulassung des Verankerungselementes angegeben.

Die in Abb. 1.18 dargestellte Wendelbewehrung dient zur Aufnahme der Spaltzugkräfte, die durch die lokale Krafteinleitung der Spannkräfte entstehen.

Alle Verankerungen besitzen Öffnungen zum Einpressen von Zementmörtel bzw. zum Entlüften.

1.4.4 Verbindungssysteme für Spannglieder

Das gewählte Bauverfahren und die technischen Randbedingungen führen häufig dazu, dass Spannglieder nicht in einem Stück über das gesamte Bauteil eingebaut werden können. Beispielsweise müssen bei mehrfeldrigen Brücken die Spannglieder häufig abschnittsweise eingebaut und anschließend mit einem Verbindungssystem, der Spanngliedkopplung, miteinander verbunden werden.

Die Spanngliedkopplungen werden in feste und bewegliche Kopplungen unterschieden (siehe Abb. 1.20 und Abb. 1.21). Die feste Kopplung dient dazu, ein neues Spannglied mit einem bereits einbetonierten, gespannten Spannglied zu verbinden. Mit der beweglichen Kopplung hingegen können zwei Spannglieder vor dem Spannen miteinander verbunden werden.

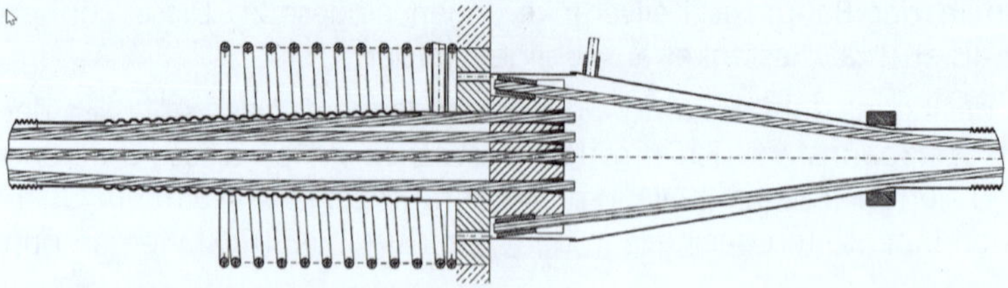

Abb. 1.20 Feste Kopplung SUSPA-DSI

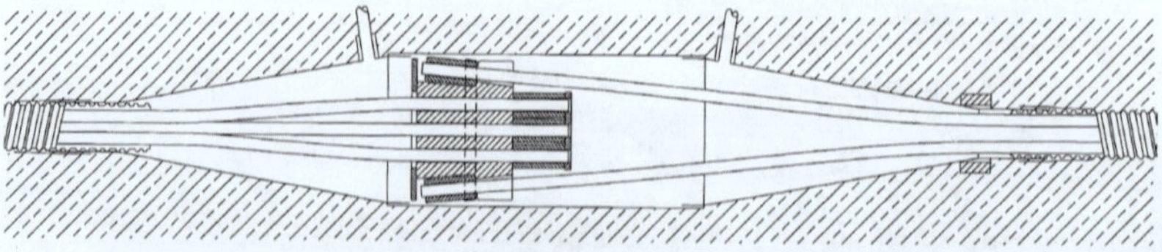

Abb. 1.21 Bewegliche Kopplung SUSPA-DSI

1.5 Arten der Vorspannung

1.5.1 Unterscheidungsmerkmale

Es gibt verschiedene Merkmale, nach denen man vorgespannte Bauteile unterscheiden kann, die gebräuchlichsten sind die Verbundwirkung (sofortiger Verbund, nachträglicher Verbund, ohne Verbund) und die Lage des Spanngliedes (intern, extern).

Bei Vorspannung ohne Verbund besteht kein kontinuierlicher Verbund zwischen den Spanngliedern und dem umgebenden Beton. Bei dieser Vorspannart ist es möglich, dass die Spannglieder entweder in Hüllrohren geführt werden, die in das Betonbauteil einbetoniert werden (interne Vorspannung ohne Verbund), oder dass die Spannglieder außerhalb des Betons (jedoch innerhalb des Betonquerschnitts) verlaufen (externe Vorspannung). Mit der Bezeichnung „Vorspannung ohne Verbund" bezeichnet man üblicherweise die „interne Vorspannung ohne Verbund".

Im Folgenden werden die einzelnen Vorspannarten mit der gewählten Kategorisierung genauer erläutert.

1.5.2 Vorspannung mit sofortigem Verbund

Vorspannung mit sofortigem Verbund (auch bezeichnet als Spannbettvorspannung) wird in der Regel in Fertigteilwerken angewandt. Hierbei werden zunächst die Litzen oder Drähte im Spannbett gegen feste Widerlager angespannt. Anschließend wird das Bauteil betoniert. Nach ausreichendem Erhärten des Betons wird die Verankerung der Spannstähle gelöst und somit die Vorspannkraft über den Verbund auf den Beton übertragen. Hierbei verkürzt sich der Beton und somit auch der einbetonierte Spannstahl geringfügig, wodurch ein geringer Teil der Vorspannkraft verloren geht. Wie beim Stahlbeton, bei dem die Kraft des Stahls ohne zusätzliche Verankerungselemente durch den Verbund mit dem Beton übertragen wird, ist bei der Vorspannung mit sofortigem Verbund daher die volle

Vorspannkraft erst nach einer Übertragungslänge vorhanden. Diese entspricht für die derzeit üblichen Drähte und Litzen ungefähr dem 60- bis 100-Fachen des Nenndurchmessers.

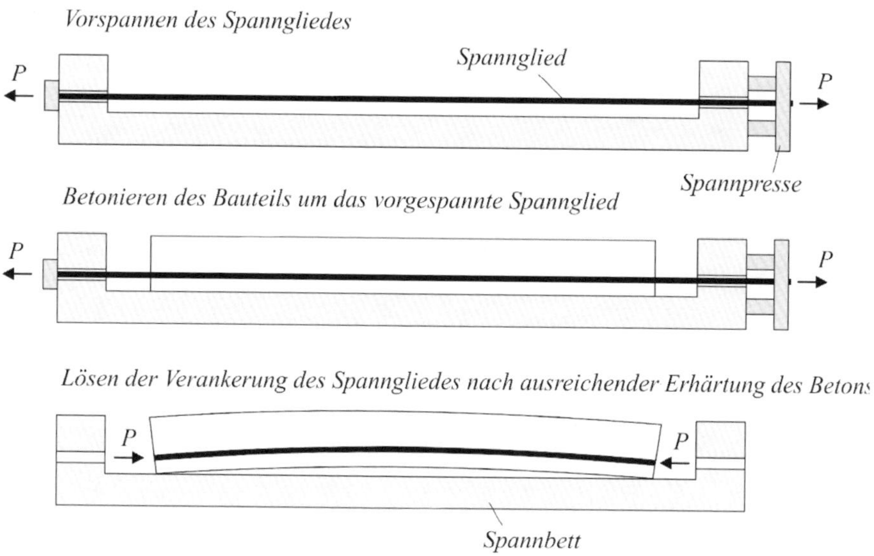

Abb. 1.22 Herstellung eines Bauteils bei Vorspannung mit sofortigem Verbund

Polygonale Spanngliedführungen sind bei Vorspannung mit sofortigem Verbund mit Hilfe entsprechender Umlenkstellen grundsätzlich realisierbar, aufgrund des damit verbundenen Aufwandes jedoch unüblich. Meist werden die Spanndrähte oder -litzen geradlinig über die gesamte Bauteillänge geführt, sodass im Bauteil ein konstantes Biegemoment infolge der Vorspannung erzeugt wird. Dies kann zu Problemen im Bereich der Bauteilenden führen, da dort Zugspannungen an der Bauteiloberseite entstehen. Dem kann man durch eine geeignete Wahl der Vorspannkraft entgegenwirken oder durch „Abisolieren" einzelner Litzen im Bereich des Bauteilendes. Dies unterbindet den Verbund zwischen Spannstahl und umgebendem Beton. Somit wird im kritischen Bereich keine Vorspannkraft eingeleitet; man erhält eine über die Bauteillänge veränderliche Vorspannkraft und somit auch bei gerader Spanngliedführung veränderliche Biegemomente infolge Vorspannung. Die Vorspannung mit sofortigem Verbund wird im Hochbau und im Brückenbau mit Betonfertigteilen verwendet.

1.5.3 Vorspannung mit nachträglichem Verbund

Wie bereits in Abschn. 1.4.2 erwähnt, werden bei Vorspannung mit nachträglichem Verbund vor dem Betonieren Hüllrohre in die Schalung eingebaut, in denen der Spannstahl längsverschieblich und spannungslos verläuft. Nach dem Betonieren werden, sobald der Beton eine ausreichende Festigkeit erreicht hat, die Spannglieder gegen das Bauteil angespannt und verankert.

Die Hüllrohre werden anschließend mit einer Zementsuspension verpresst, wodurch die Verbundwirkung zwischen dem Spannstahl und dem das Hüllrohr umgebenden Beton hergestellt und der Spannstahl zugleich gegen Korrosion geschützt wird.

Bei Vorspannung mit nachträglichem Verbund kann der Verlauf der Spannglieder nahezu beliebig gewählt werden. Zudem muss lediglich das Spannende jedes Spanngliedes zum Aufbringen der Vorspannkraft frei zugänglich sein, sodass Spannglieder an beliebigen Stellen innerhalb eines Bauteils enden können. Somit kann die Vorspannwirkung dem Biegemomentenverlauf aus äußeren Einwirkungen gut angepasst werden. Vorspannung mit nachträglichem Verbund wird im Wesentlichen im Brückenbau eingesetzt.

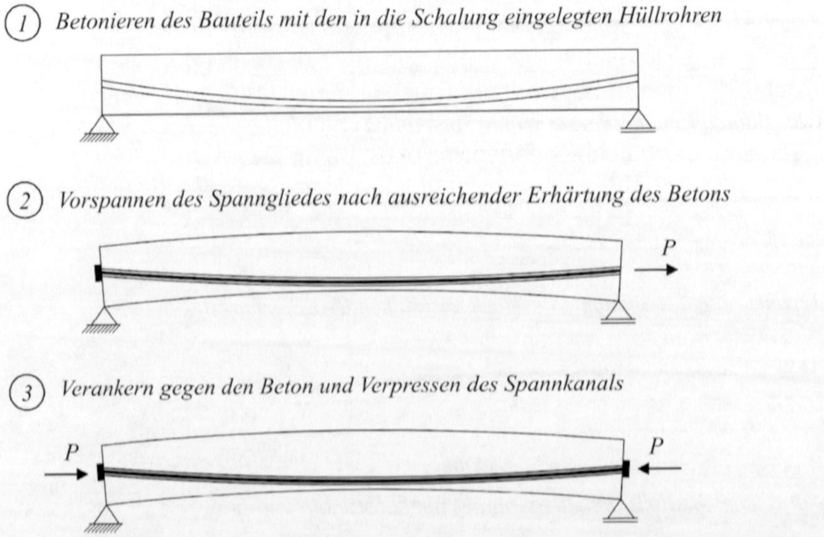

Abb. 1.23 Herstellung eines Bauteils bei Vorspannung mit nachträglichem Verbund

1.5.4 (Interne) Vorspannung ohne Verbund

Bei Vorspannung ohne Verbund liegt das Spannglied wie bei Vorspannung mit nachträglichem Verbund in einem Hüllrohr. Nach Erhärtung des Betons wird der Spannstahl vorgespannt und verankert. Auf das Verpressen der Hüllrohre mit Zementsuspension wird jedoch verzichtet, stattdessen wird der Spannstahl mit einer werksmäßigen Korrosionsschutzmasse und einer Kunststoffumhüllung gegen Korrosion geschützt. Außer an den Ankerstellen besteht kein Verbund zwischen dem Spannglied und dem das Hüllrohr umgebenden Beton (Dieser Zustand liegt auch bei Vorspannung mit nachträglichem Verbund zwischen dem Zeitpunkt des Vorspannens und dem Verpressen der Spannkanäle vor!). Bei interner Vorspannung ohne Verbund kann wie bei Vorspannung mit nachträglichem Verbund die Spanngliedführung nahezu beliebig gewählt und somit an die Biegemomentenlinie infolge äußerer Einwirkungen angepasst werden.

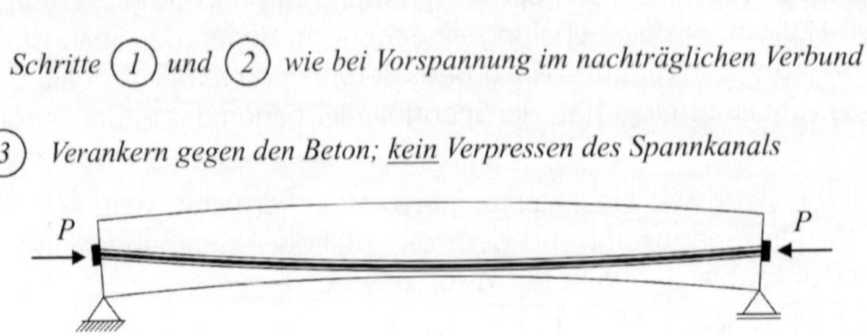

Abb. 1.24 Herstellung eines Bauteils bei (interner) Vorspannung ohne Verbund

Interne Vorspannung ohne Verbund wird im Hochbau bei Geschossdecken und Fundamentplatten verwendet. Im Brückenbau wird sie häufig für die Quervorspannung von Fahrbahnplatten eingesetzt.

Bei dem Konzept der Freien Spanngliedlage als einem Sonderfall der internen Vorspannung ohne Verbund wird auf eine genaue aufwändige Verlegung der Spannglieder verzichtet. Stattdessen werden die Spannglieder lediglich, um die erforderliche Lagesicherheit vor dem Betonieren zu erreichen, über der Stütze und im Feld jeweils an einigen Punkten mit der Bewehrung verbunden. Das Anwendungsgebiet der Freien Spanngliedlage ist im Wesentlichen der Hochbau. In diesem Bereich steht weniger die Rissefreiheit, sondern stärker die Beschränkung der Durchbiegungen im Fokus. Da für diesen Nachweis vor allem die exakte Einhaltung der Spanngliedlage an den Stellen der maximalen Biegemomente von Bedeutung ist, ist die genannte Genauigkeit der Spanngliedführung in diesem Fall üblicherweise ausreichend. Da im Hochbau die Steifigkeitsverhältnisse meist weniger klar definiert sind als beispielsweise im Brückenbau und aussteifende Wände und Kerne eine Längsverkürzung der Decken behindern, kann die zielsichere Einleitung der günstig wirkenden Normalkraft infolge Vorspannung häufig nicht sichergestellt werden. Daher werden nur die infolge der Stahldehnung sicher wirkenden Umlenkkräfte angesetzt.

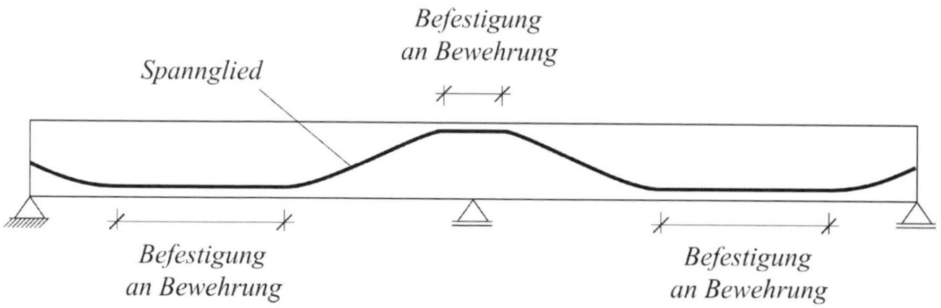

Abb. 1.25 Vorspannung mit Freier Spanngliedlage

1.5.5 Externe Vorspannung

Bei externer Vorspannung werden die Spannglieder außerhalb des Betonquerschnitts innerhalb der Umhüllenden des Betonbauteils geführt (dies stellt die Abgrenzung zu Schrägkabelbrücken dar, bei denen die Vorspannung über die vom Pylon abgespannten Kabel in den Beton eingeleitet wird).

Die Spannglieder sind lediglich an den Verankerungs- und Umlenkstellen mit dem Betonquerschnitt verbunden. Gegenüber der internen Vorspannung ohne Verbund ergibt sich als Vorteil, dass der Betonquerschnitt frei von Spanngliedern ist, was ein ordnungsgemäßes Einbringen und Verdichten des Betons wesentlich vereinfacht.

Nachteilig ist, dass die Spannkabel aufgrund des fehlenden Schutzes durch den Betonquerschnitt anfälliger gegenüber mechanischem Angriff und Brandeinwirkungen sind.

Die externe Vorspannung ist international weit verbreitet und stellt in Deutschland die Regelbauweise im Großbrückenbau bei Kastenquerschnitten dar, vgl. Abb. 1.26. Auch für eine nachträgliche Traglasterhöhung eignet sich die Anordnung externer Spannglieder, vgl. Abb. 1.27.

Abb. 1.26 Externe Spannglieder im Hohlkasten einer Brücke

Abb. 1.27 Externe Spannglieder zur nachträglichen Verstärkung einer Brücke

1.6 Querschnittswerte

1.6.1 Grundlagen und Definitionen

Bei der Berechnung der Querschnittswerte ist zur genauen Ermittlung der Beton- und Spannstahlspannungen die Berücksichtigung der Spannglieder erforderlich. Der Einfluss des in der Regel deutlich kleineren Anteils des Betonstahls darf vernachlässigt werden. Für Vorbemessungen dürfen näherungsweise die Querschnittswerte ohne Berücksichtigung der Spannglieder verwendet werden. Daher werden drei Arten von Querschnittswerten unterschieden, die nachfolgend erläutert werden.

- Brutto Querschnittswerte: Betonquerschnitt ohne Berücksichtigung der Spannglieder
- Netto Querschnittswerte: Betonquerschnitt abzüglich des Spannglied- bzw. Hüllrohrquerschnitts
- Ideelle Querschnittswerte: Betonquerschnitt mit Berücksichtigung des Spannstahlquerschnitts

In Abb. 1.28 ist zunächst ein Rechteckquerschnitt mit zweisträngiger Vorspannung P_1 und P_2 mit den wichtigsten Definitionen dargestellt.

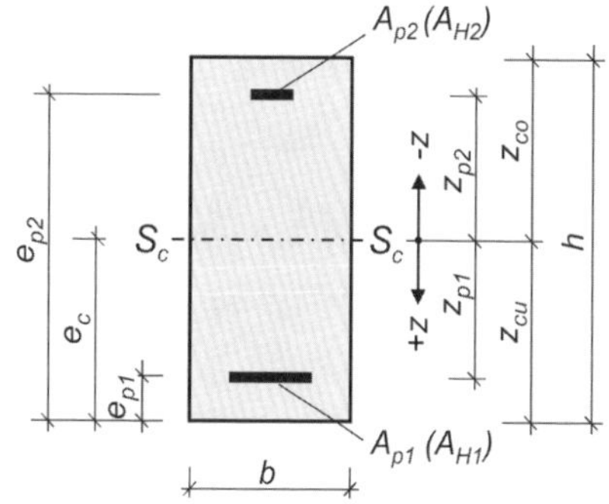

h	Querschnittshöhe
b	Querschnittsbreite
S_c-S_c	Schwerachse des Betonquerschnitts
e	Abstand vom beliebigen Bezugspunkt in z-Richtung
z	Abstand von der Querschnittsschwerachse
A_c	Querschnittsfläche des Betonquerschnitts
A_p	Querschnittsfläche des Spannstahls
A_H	Querschnittsfläche des Hüllrohrs
I_c	Trägheitsmoment
W_c	Widerstandsmoment

Abb. 1.28 Querschnitt mit Definitionen

1.6.2 Brutto-Querschnittswerte (Index „c")

Die Brutto-Querschnittswerte berechnen sich aus dem Betonquerschnitt ohne Abzug der Spannglieder. Für den in Abb. 1.28 dargestellten Rechteckquerschnitt ergeben sich die Brutto-Querschnittswerte zu:

$$A_c = b \cdot h \qquad W_{co} = \frac{I_c}{z_{co}} = b \cdot \frac{h^2}{6}$$

$$I_c = b \cdot \frac{h^3}{12} \qquad W_{cu} = \frac{I_c}{z_{cu}} = b \cdot \frac{h^2}{6}$$

1.6.3 Netto-Querschnittswerte (Index „cn")

Die Netto-Querschnittswerte ergeben sich aus dem Betonquerschnitt mit Abzug des Spanngliedquerschnitts und werden bei der Vorspannung ohne Verbund angesetzt. Bei der Vorspannung mit nachträglichem Verbund können durch die Netto-Querschnittswerte z. B. Bauzustände vor dem Verpressen der Spannglieder ohne die Wirkung der Spannglieder mit dem reinen Betonquerschnitt nachgewiesen werden. Für den Abzug der Querschnittsfläche der Spannglieder A_H ist der Hüllrohraußendurchmesser maßgebend.

Infolge der Abzugsfläche A_H verschiebt sich die Schwerachse des Querschnitts, und der Abstand der Schwerachse des Nettoquerschnitts vom unteren Querschnittsrand beträgt e_{cn}, vgl. Abb. 1.29. Mit dem Versatz der Schwerachse von der Schwerachse des Bruttoquerschnitts z_{cn} und dem Spanngliedabstand z_{cnH} errechnen sich die Steineranteile um die Schwerachse des Nettoquerschnitts und damit das Trägheitsmoment des Netto-Querschnitts I_{cn}.

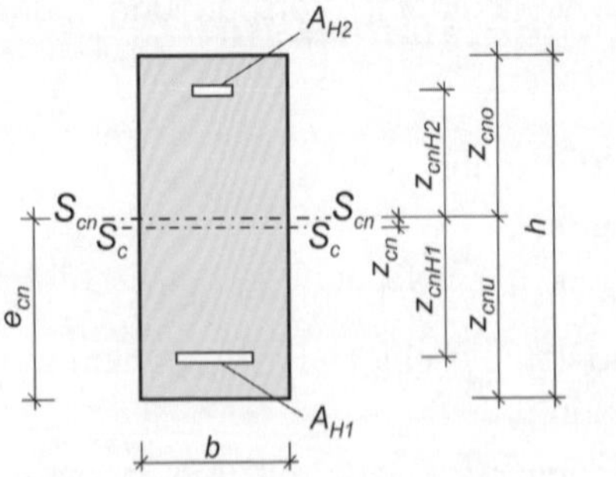

$$A_{cn} = A_c - \Sigma A_H$$

$$e_{cn} = \frac{A_c \cdot e_c - \Sigma A_H \cdot e_H}{A_{cn}}$$

$$z_{cn} = e_{cn} - e_c$$

$$z_{cnH} = e_{cn} - e_H$$

$$I_{cn} = I_c + A_c \cdot z_{cn}^2 - \Sigma(A_H \cdot z_{cnH}^2)$$

Abb. 1.29 Netto-Querschnittswerte

1.6.4 Ideelle Querschnittswerte (Index „ci")

Die ideellen Querschnittswerte berücksichtigen bei einer Vorspannung mit Verbundwirkung zwischen Spannstahl und Beton die im Vergleich zum Beton höheren E-Moduln der Spannstähle. Das Verhältnis der E-Moduln von Spannstahl und Beton α_p errechnet sich für die unterschiedlichen Spannstahlsorten in Abhängigkeit von den Festigkeitsklassen des Betons, vgl. Abb. 1.30.

$$\alpha_p = \frac{E_p}{E_{cm}}$$

mit E_p = 195 000 N/mm² für Litzen
und E_p = 205 000 N/mm² für gerippte Drähte und Stäbe

Festigkeitsklasse		C25/30	C30/37	C35/45	C40/50	C45/55	C50/60	C55/67	C60/75	C70/85	C80/95
$E_{cm} \cdot 10^{-3}$[N/mm²]		31	33	34	35	36	37	38	39	41	42
α_p	Litzen	6,29	5,91	5,74	5,57	5,42	5,27	5,13	5,00	4,76	4,64
	Drähte	6,61	6,21	6,03	5,86	5,69	5,54	5,39	5,26	5,00	4,88

Abb. 1.30 Verhältniswerte α_p der E-Moduln nach EC2-1-1

Bei vorausgesetztem vollständigen Verbund ergeben sich in Höhe der Spannglieder gleiche Dehnungen von Beton und Spannstahl. Bei der Berechnung der ideellen Querschnittswerte aus den Brutto-Querschnittswerten werden daher die im Verhältnis der E-Moduln höheren Spannungen des Spannstahls durch die Berücksichtigung des (α_p– 1)-fachen Spannstahlquerschnitts erfasst, vgl. Abb. 1.31.

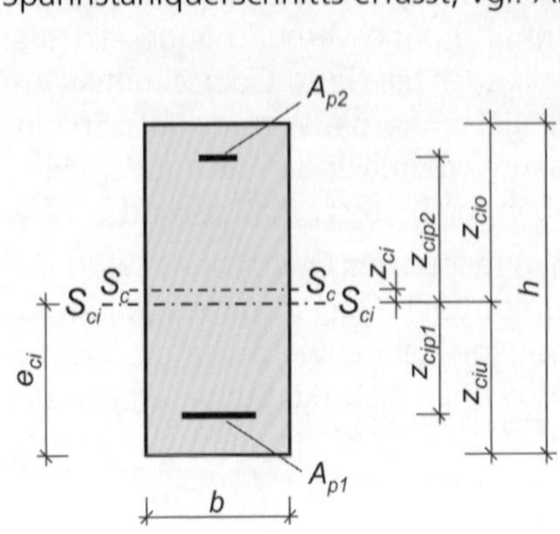

$$A_{ci} = A_c + (\alpha_p - 1) \cdot \Sigma A_p$$

$$e_{ci} = \frac{A_c \cdot e_c + (\alpha_p - 1) \cdot \Sigma(A_p \cdot e_p)}{A_{ci}}$$

$$z_{ci} = e_{ci} - e_c$$

$$z_{cip} = e_{ci} - e_p$$

$$I_{ci} = I_c + A_c \cdot z_{ci}^2 + (\alpha_p - 1) \cdot \Sigma(A_p \cdot z_{cip}^2)$$

Abb. 1.31 Ideelle Querschnittswerte

1.6.5 Anwendungsbeispiel: Rechteckquerschnitt mit einsträngiger Vorspannung

Aufgabe

Für den in Abb. 1.32 dargestellten Rechteckquerschnitt mit Vorspannung mit nachträglichem Verbund sind die Brutto-, Netto- und ideellen Querschnittswerte zu ermitteln.

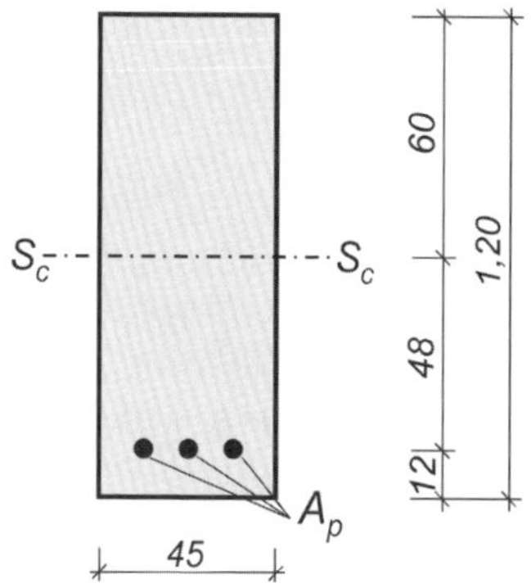

Beton: *C 45/55*

Spannstahl: *St 1570/1770*

3 Litzenspannglieder Typ 6807 [37]

$A_p = 3 \cdot (7 \cdot 1,4) = 29,4\ cm^2$

Hüllrohr: $d_i / d_a = 55/62$ mm

Der Abstand der Spannglieder (Schwerpunkt des Spannstahlquerschnitts) vom unteren Querschnittsrand beträgt: $e_p = 12,0$ cm

Abb. 1.32 Querschnitt mit einsträngiger Vorspannung

Durchführung

Ermittlung der Brutto-Querschnittswerte

$$A_c = 0,45 \cdot 1,20 = 0,5400\ \text{m}^2, \quad I_c = 0,45 \cdot \frac{1,20^3}{12} = 0,06480\ \text{m}^4$$

$$W_{co} = \frac{0,06480}{-0,600} = -0,1080\ \text{m}^3, \quad W_{cu} = \frac{0,06480}{0,600} = 0,1080\ \text{m}^3, \quad W_{cp} = \frac{0,06480}{0,480} = 0,1350\ \text{m}^3$$

Ermittlung der Netto-Querschnittswerte

Bei den gewählten Spanngliedern beträgt der Außendurchmesser des Hüllrohrs 6,2 cm:

$$\Sigma A_H = 3 \cdot (6,2^2/4 \cdot \pi) = 90,6\ \text{cm}^2$$

$$A_{cn} = A_c - \Sigma A_H = 0,5400 - 90,6 \cdot 10^{-4} = 0,5309\ \text{m}^2$$

Für die genaue Berechnung der Querschnittswerte werden die unterschiedlichen Schwerpunkte von Spannstahl und Hüllrohr berücksichtigt. Der Schwerpunkt des Spannstahls liegt bei der parabelförmigen Vorspannung im oberen Drittelspunkt des Hüllrohrinnendurchmessers, vgl. Abb. 1.33.

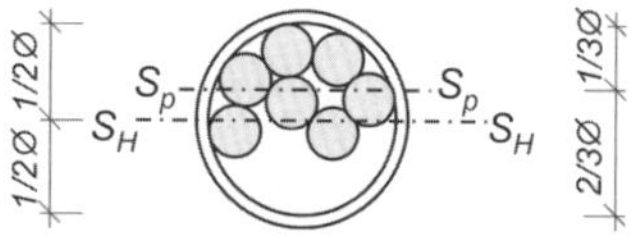

$$\Delta e = e_p - e_H \approx \left(\frac{1}{2} \cdot \varnothing - \frac{1}{3} \cdot \varnothing\right) = \left(\frac{1}{2} \cdot 5,5 - \frac{1}{3} \cdot 5,5\right) \approx 1,0\ \text{cm}$$

Abb. 1.33 Lage der Spannstähle im Hüllrohr

Der Abstand des Schwerpunktes der Hüllrohre vom unteren Querschnittsrand ergibt sich mit Δe zu:

$e_H = e_p - \Delta e = 12{,}0 - 1{,}0 = 11{,}0$ cm

Hiermit beträgt der Abstand der Schwerachse des Netto-Querschnitts vom unteren Querschnittsrand:

$$e_{cn} = \frac{A_c \cdot e_c - \Sigma A_H \cdot e_H}{A_{cn}} = \frac{0{,}5400 \cdot 0{,}600 - 90{,}6 \cdot 10^{-4} \cdot 0{,}11}{0{,}5309} = 0{,}6084 \text{ m}$$

$$z_{cn} = e_{cn} - e_c = 0{,}6084 - 0{,}6000 = 0{,}0084 \text{ m}$$

$$z_{cnH} = e_{cn} - e_H = 0{,}6084 - 0{,}1100 = 0{,}4984 \text{ m}$$

$$I_{cn} = I_c + A_c \cdot z_{cn}{}^2 - \Sigma(A_H \cdot z_{cnH}{}^2)$$

$$= 0{,}06480 + 0{,}5400 \cdot 0{,}0084^2 - 90{,}6 \cdot 10^{-4} \cdot 0{,}4984^2 = 0{,}06259 \text{ m}^4$$

$$W_{cno} = \frac{I_{cn}}{z_{cno}} = \frac{0{,}06259}{-0{,}6000 + 0{,}0084} = \frac{0{,}06259}{-0{,}5916} = -0{,}1058 \text{ m}^3$$

$$W_{cnu} = \frac{I_{cn}}{z_{cnu}} = \frac{0{,}06259}{0{,}6000 + 0{,}0084} = \frac{0{,}06259}{0{,}6084} = 0{,}1029 \text{ m}^3$$

$$W_{cnp} = \frac{I_{cn}}{z_{cnH}} = \frac{0{,}06259}{0{,}4984} = 0{,}1256 \text{ m}^3$$

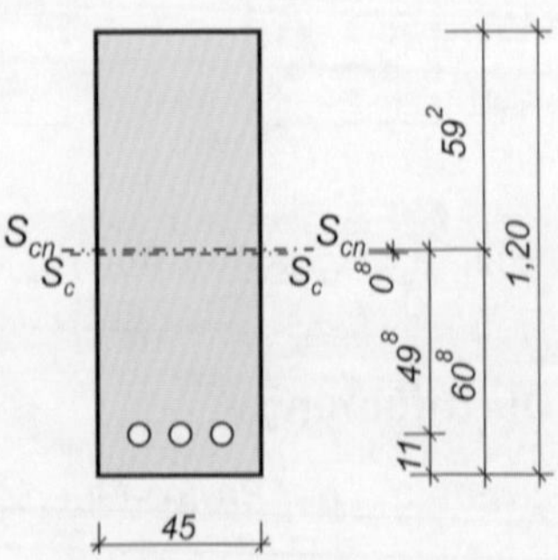

Ermittlung der ideellen Querschnittswerte

$$\alpha_p = \frac{E_p}{E_c} = \frac{195}{36} = 5{,}42$$

$$A_{ci} = A_c + (\alpha_p - 1) \cdot A_p = 0{,}540 + (5{,}42 - 1) \cdot 29{,}4 \cdot 10^{-4} = 0{,}5530 \text{ m}^2$$

$$e_{ci} = \frac{A_c \cdot e_c + (\alpha_p - 1) \cdot A_p \cdot e_p}{A_{ci}}$$

$$= \frac{0{,}5400 \cdot 0{,}600 + (5{,}42 - 1) \cdot 29{,}4 \cdot 10^{-4} \cdot 0{,}12}{0{,}5530} = 0{,}5887 \text{ m}$$

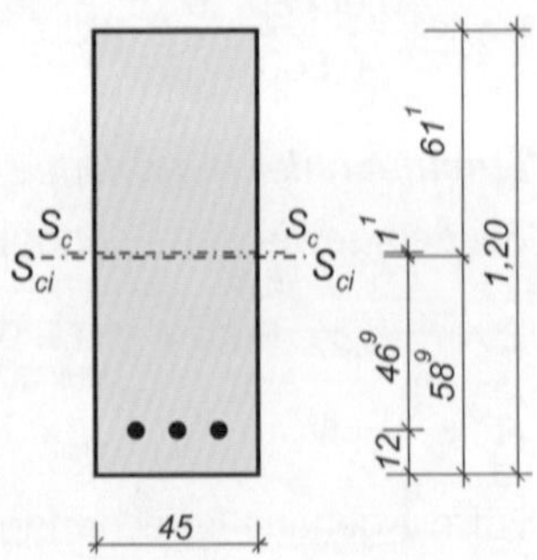

$$z_{ci} = e_{ci} - e_c = 0{,}5887 - 0{,}6000 = -0{,}0113 \text{ m}$$

$$z_{cip} = e_{ci} - e_p = 0{,}5887 - 0{,}1200 = 0{,}4687 \text{ m}$$

$$I_{ci} = I_c + A_c \cdot z_{ci}{}^2 + (\alpha_p - 1) \cdot A_p \cdot z_{cip}{}^2$$

$$= 0{,}06480 + 0{,}5400 \cdot 0{,}0113^2 + (5{,}42 - 1) \cdot 29{,}4 \cdot 10^{-4} \cdot 0{,}4687^2 = 0{,}06772 \text{ m}^4$$

$$W_{cio} = \frac{I_{ci}}{z_{cio}} = \frac{0{,}06772}{-0{,}6000 - 0{,}0113} = \frac{0{,}06772}{-0{,}6113} = -0{,}1108 \text{ m}^3$$

$$W_{ciu} = \frac{I_{ci}}{z_{ciu}} = \frac{0{,}06772}{0{,}6000 - 0{,}0113} = \frac{0{,}06772}{0{,}5887} = 0{,}1150 \text{ m}^3$$

$$W_{cip} = \frac{I_{ci}}{z_{cip}} = \frac{0{,}06772}{0{,}4687} = 0{,}1445 \text{ m}^3$$

Zusammenstellung der Querschnittswerte

	brutto	netto	ideell
A_c [m²]	0,540	0,531	0,553
I_c [m⁴]	0,0648	0,0626	0,0677
z_{co} [m]	−0,600	−0,592	−0,611
z_{cu} [m]	0,600	0,608	0,589
z_{cp} [m]	0,480	0,498	0,469
W_{co} [m³]	−0,108	−0,106	−0,111
W_{cu} [m³]	0,108	0,103	0,115
W_{cp} [m³]	0,135	0,126	0,144

Abb. 1.34 Querschnittswerte

1.6.6 Anwendungsbeispiel: Rechteckquerschnitt mit zweisträngiger Vorspannung

Aufgabe

Für den in Abb. 1.35 dargestellten Rechteckquerschnitt mit zweisträngiger Vorspannung sind die ideellen Querschnittswerte zu ermitteln.

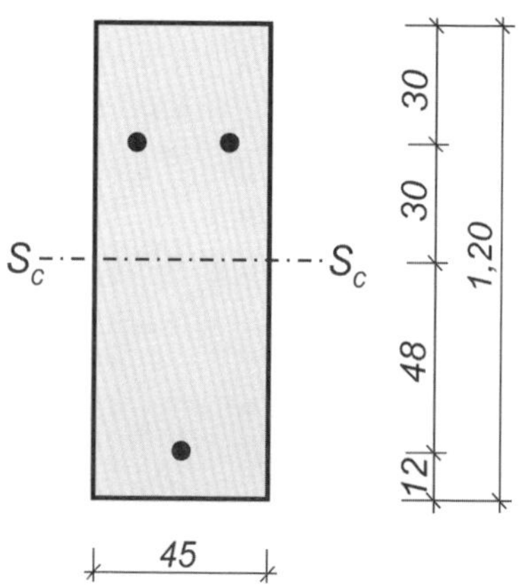

Beton:	*C 45/55*
Spannstahl:	*St 1570/1770*
untere Lage:	*1 Spannglied Typ 6807*
	$A_{p1} = 1 \cdot (7 \cdot 1{,}4) = 9{,}8\ cm^2$
	$e_{p1} = 12\ cm$
obere Lage:	*2 Spannglieder Typ 6807*
	$A_{p2} = 2 \cdot (7 \cdot 1{,}4) = 19{,}6\ cm^2$
	$e_{p2} = 90\ cm$

Abb. 1.35 Querschnitt mit zweisträngiger Vorspannung

Durchführung

Ermittlung der Brutto-Querschnittswerte

Ermittlung der Brutto-Querschnittswerte wie in Abschn. 1.6.5.

Ermittlung der ideellen Querschnittswerte

$$A_{ci} = A_c + (\alpha_p - 1) \cdot \Sigma A_p = 0{,}540 + (5{,}42 - 1) \cdot (9{,}8 + 19{,}6) \cdot 10^{-4} = 0{,}5530 \text{ m}^2$$

$$e_{ci} = \frac{A_c \cdot e_c + (\alpha_p - 1) \cdot \Sigma\left(A_p \cdot e_p\right)}{A_{ci}}$$

$$= \frac{0{,}5400 \cdot 0{,}600 + (5{,}42 - 1) \cdot (9{,}8 \cdot 0{,}12 + 19{,}6 \cdot 0{,}90) \cdot 10^{-4}}{0{,}5530} = 0{,}6009 \text{ m}$$

$$z_{ci} = e_{ci} - e_c = 0{,}6009 - 0{,}6000 = 0{,}0009 \text{ m}$$

$$z_{cip1} = e_{ci} - e_{p1} = 0{,}6009 - 0{,}1200 = 0{,}4809 \text{ m}$$

$$z_{cip2} = e_{ci} - e_{p2} = 0{,}6009 - 0{,}9000 = -0{,}2991 \text{ m}$$

$$I_{ci} = I_c + A_c \cdot z_{ci}^{\ 2} + (\alpha_p - 1) \cdot \Sigma(A_p \cdot z_{cip}^{\ 2})$$

$$= 0{,}06480 + 0{,}5400 \cdot 0{,}0009^2 + (5{,}42 - 1) \cdot (9{,}8 \cdot 0{,}4809^2 + 19{,}6 \cdot 0{,}2991^2) \cdot 10^{-4}$$

$$= 0{,}06658 \text{ m}^4$$

$$W_{cio} = \frac{I_{ci}}{z_{cio}} = \frac{0{,}06658}{-0{,}6000 + 0{,}0009} = \frac{0{,}06658}{-0{,}5991} = -0{,}1111 \text{ m}^3$$

$$W_{ciu} = \frac{I_{ci}}{z_{ciu}} = \frac{0{,}06658}{0{,}6000 + 0{,}0009} = \frac{0{,}06658}{0{,}6009} = 0{,}1108 \text{ m}^3$$

$$W_{cip1} = \frac{I_{ci}}{z_{cip1}} = \frac{0{,}06658}{0{,}4809} = 0{,}1384 \text{ m}^3$$

$$W_{cip2} = \frac{I_{ci}}{z_{cip2}} = \frac{0{,}06658}{-0{,}2991} = -0{,}2226 \text{ m}^3$$

1.6.7 Übersicht der Querschnittswerte

In der Übersicht sind die wichtigsten Querschnittswerte und deren Ermittlung für eine einsträngige Vorspannung zusammengefasst. Bei gegliederten Querschnitten ist zur Berechnung die Aufteilung in Teilflächen A_j üblich, vgl. Abb. 1.36.

a) Brutto-Querschnittswerte

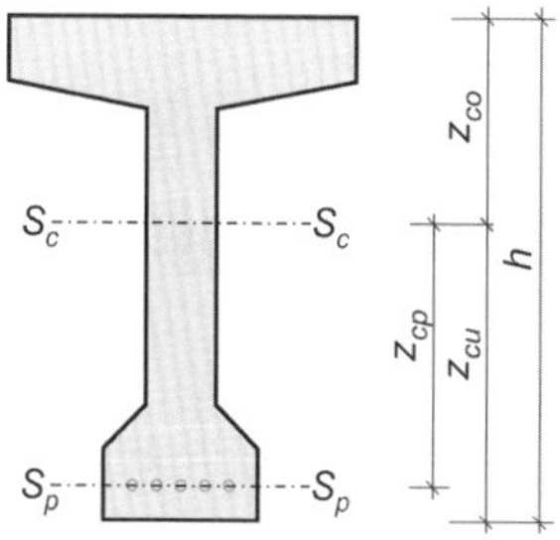

Querschnittsfläche:

$$A_c = \Sigma A_j$$

Lage der Schwerachse S_c - S_c:

$$e_c = \frac{\Sigma(A_j \cdot e_j)}{\Sigma A_j}$$

Trägheitsmoment:

$$I_c = \Sigma I_{0j} + \Sigma(A_j \cdot e_j^2) - e_c^2 \cdot A_c$$

Widerstandsmomente

oben: $W_{co} = \frac{I_c}{z_{co}}$

unten: $W_{cu} = \frac{I_c}{z_{cu}}$

in Höhe der Spannglieder im Schwerpunkt des Spannstahls:

$$W_{cp} = \frac{I_c}{z_{cp}}$$

b) Netto-Querschnittswerte

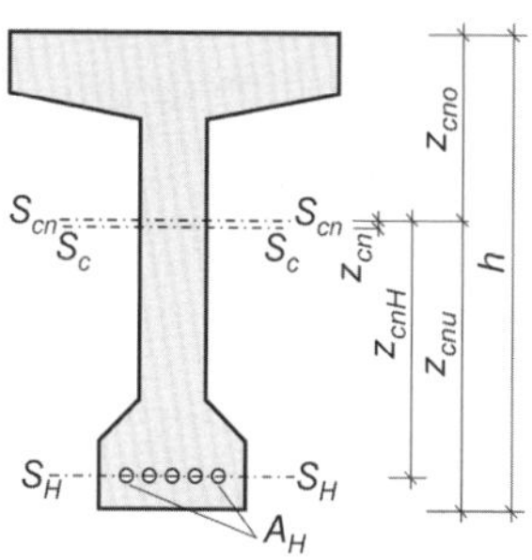

Netto-Querschnittsfläche:

$$A_{cn} = A_c - A_H$$

Lage der Schwerachse S_{cn} - S_{cn}:

$$e_{cn} = \frac{A_c \cdot e_c - A_H \cdot e_H}{A_{cn}},$$

$$z_{cn} = e_{cn} - e_c,$$

$$z_{cnH} = e_{cn} - e_H$$

Netto-Trägheitsmoment:

$$I_{cn} = I_c + A_c \cdot z_{cn}^2 - A_H \cdot z_{cnH}^2$$

Netto-Widerstandsmomente

oben: $W_{cno} = \frac{I_{cn}}{z_{cno}}$

unten: $W_{cnu} = \frac{I_{cn}}{z_{cnu}}$

in Höhe der Spannglieder im Schwerpunkt des Spannstahls:

$$W_{cnp} = \frac{I_{cn}}{z_{cnp}}$$

c) ideelle Querschnittswerte

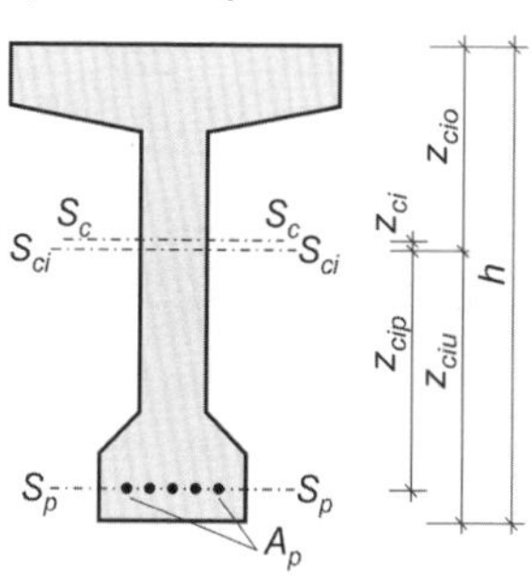

ideelle Querschnittsfläche:

$$A_{ci} = A_c + (\alpha_p - 1) \cdot A_p$$

Lage der Schwerachse S_{ci} - S_{ci}:

$$e_{ci} = \frac{A_c \cdot e_c + (\alpha_p - 1) \cdot A_p \cdot e_p}{A_{ci}},$$

$$z_{ci} = e_{ci} - e_c,$$

$$z_{cip} = e_{ci} - e_p$$

ideelles Trägheitsmoment:

$$I_{ci} = I_c + A_c \cdot z_{ci}^2 + (\alpha_p - 1) \cdot A_p \cdot z_{cip}^2$$

ideelle Widerstandsmomente

oben: $W_{cio} = \frac{I_{ci}}{z_{cio}}$

unten: $W_{ciu} = \frac{I_{ci}}{z_{ciu}}$

in Höhe der Spannglieder im Schwerpunkt des Spannstahls:

$$W_{cip} = \frac{I_{ci}}{z_{cip}}$$

Abb. 1.36 Übersicht der Querschnittswerte (brutto, netto und ideell)

Bei der Vorspannung mit sofortigem Verbund kann der Nettoquerschnitt berechnet werden, indem anstelle des Hüllrohrquerschnitts A_H der Spannstahlquerschnitt A_p angesetzt wird. Hierbei ist der Index „H" durch „p" zu ersetzen, vgl. Abb. 1.36 b).

1.6.8 Anwendungsbeispiel: Dachbinder mit T-Querschnitt

Aufgabe

Für den in Abb. 1.37 dargestellten Querschnitt eines Dachbinders mit Vorspannung mit sofortigem Verbund sind die Brutto-, Netto- und ideellen Querschnittswerte zu ermitteln.

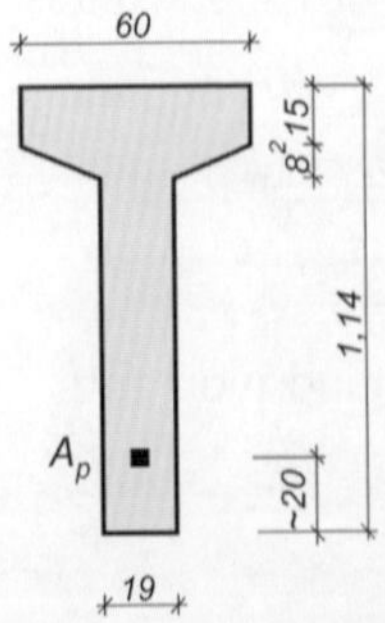

Beton: *C 50/60*

Spannstahl: *St 1570/1770*

23 Litzen 0,5"

$A_p = 23 \cdot 0{,}93 = 21{,}4\ cm^2$

Der Abstand der Spannglieder (Schwerpunkt des Spannstahlquerschnitts) vom unteren Querschnittsrand beträgt: $e_p = 20$ *cm*

Abb. 1.37 Querschnitt

Durchführung

Ermittlung der Brutto-Querschnittswerte

Der Querschnitt wird in Teilflächen A_j aufgeteilt, vgl. Abb. 1.38.

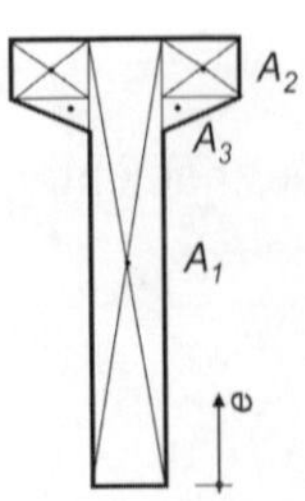

j [-]	A_j [m²]	e_j [m]	$A_j \cdot e_j$ [m³]	$A_j \cdot e_j^2$ [m⁴]	$I_0 j$ [m⁴]
1	0,2166	0,570	0,12346	0,07037	0,02346
2	0,0615	1,065	0,06550	0,06975	0,00012
3	0,0168	0,963	0,01618	0,01558	~ 0
Summe	0,2949	-	0,20514	0,15570	0,02358

Abb. 1.38 Zusammenstellung der Teilflächenwerte

$$A_c = \Sigma A_j = 0{,}2949\ \mathrm{m}^2$$

$$e_c = \frac{\Sigma(A_j \cdot e_j)}{\Sigma A_j} = \frac{0{,}20514}{0{,}2949} = 0{,}6956\ \mathrm{m}$$

$$I_c = \Sigma I_{0j} + \Sigma(A_j \cdot e_j^2) - e_c^2 \cdot A_c = 0{,}02358 + 0{,}15570 - 0{,}6956^2 \cdot 0{,}2949 = 0{,}03659\ \mathrm{m}^4$$

Ermittlung der Netto-Querschnittswerte

$$A_{cn} = A_c - A_p = 0{,}2949 - 21{,}4 \cdot 10^{-4} = 0{,}2928 \text{ m}^2$$

$$e_{cn} = \frac{A_c \cdot e_c - A_p \cdot e_p}{A_{cn}} = \frac{0{,}2949 \cdot 0{,}6956 - 21{,}4 \cdot 10^{-4} \cdot 0{,}20}{0{,}2928} = 0{,}6991 \text{ m}$$

$$z_{cn} = e_{cn} - e_c = 0{,}6991 - 0{,}6956 = 0{,}0035 \text{ m}$$

$$z_{cnp} = e_{cn} - e_p = 0{,}6991 - 0{,}20 \quad = 0{,}4991 \text{ m}$$

$$I_{cn} = I_c + A_c \cdot z_{cn}^{\;2} - A_p \cdot z_{cnp}^{\;2}$$
$$= 0{,}03659 + 0{,}2949 \cdot 0{,}0035^2 - 21{,}4 \cdot 10^{-4} \cdot 0{,}4991^2 = 0{,}03606 \text{ m}^4$$

Ermittlung der ideellen Querschnittswerte

$$\alpha_p = \frac{E_p}{E_{cm}} = \frac{195}{37} = 5{,}27$$

$$A_{ci} = A_c + (\alpha_p - 1) \cdot A_p = 0{,}2949 + (5{,}27 - 1) \cdot 21{,}4 \cdot 10^{-4} = 0{,}3040 \text{ m}^2$$

$$e_{ci} = \frac{A_c \cdot e_c + (\alpha_p - 1) \cdot A_p \cdot e_p}{A_{ci}} = \frac{0{,}2949 \cdot 0{,}6956 + (5{,}27 - 1) \cdot 21{,}4 \cdot 10^{-4} \cdot 0{,}20}{0{,}3040} = 0{,}6808 \text{ m}$$

$$z_{ci} = e_{ci} - e_c = 0{,}6808 - 0{,}6956 = -0{,}0148 \text{ m}$$

$$z_{cip} = e_{ci} - e_p = 0{,}6808 - 0{,}20 \quad = -0{,}4808 \text{ m}$$

$$I_{ci} = I_c + A_c \cdot z_{ci}^{\;2} + (\alpha_p - 1) \cdot A_p \cdot z_{cip}^{\;2}$$
$$= 0{,}03659 + 0{,}2949 \cdot 0{,}0148^2 + (5{,}27 - 1) \cdot 21{,}4 \cdot 10^{-4} \cdot 0{,}4808^2 = 0{,}03877 \text{ m}^4$$

Zusammenstellung der Querschnittswerte

	brutto	**netto**	**ideell**
A_c [m²]	0,295	0,293	0,304
I_c [m⁴]	0,0366	0,0361	0,0388
z_{co} [m]	−0,444	−0,441	−0,459
z_{cu} [m]	0,696	0,699	0,681
z_{cp} [m]	0,496	0,499	0,481
W_{co} [m³]	−0,0823	−0,0818	−0,0844
W_{cu} [m³]	0,0526	0,0516	0,0570
W_{cp} [m³]	0,0783	0,0723	0,0807

Abb. 1.39 Querschnittswerte

1.7 Spannungsbeziehungen im Zustand I

1.7.1 Spannungen aus äußeren Einwirkungen

Für die Berechnung der Beton- und Spannstahlspannungen wird bei der Vorspannung mit nachträglichem Verbund zwischen den äußeren Einwirkungen, die vor und nach Herstellung der Verbunwirkung des Spannstahls auftreten, unterschieden.

Die äußeren Einwirkungen vor Herstellung der Verbundwirkung werden vom Betonquerschnitt ohne die Mitwirkung des Spannstahls aufgenommen. Die Berechnung der Betonspannungen im ungerissenen Beton (Zustand I) erfolgt daher mit den Netto-Querschnittswerten.

Die äußeren Einwirkungen nach Herstellung der Verbundwirkung wirken auf den ideellen Gesamtquerschnitt, d. h., der Spannstahl wirkt mit und erhält Zusatzdehnungen. Bei der Vorspannung mit sofortigem und nachträglichem Verbund wird hierfür ein vollständiger Verbund zwischen Spannstahl und Beton vorausgesetzt. Wegen der gleichen Dehnungen lautet die Verträglichkeitsbedingung von Spannstahl und Beton für die Ermittlung der Spannungen im Zustand I:

$$\Delta\varepsilon_{\mathrm{p}} = \varepsilon_{\mathrm{c}}$$

Hierbei ist $\Delta\varepsilon_{\mathrm{p}}$ die Dehnungsänderung des Spannstahls durch die Dehnungen des Betons ε_{c} nach der Herstellung der Verbundwirkung. Mit den unterschiedlichen E-Moduln (vgl. Abb. 1.30) ergibt sich hieraus die Spannungsbeziehung zwischen Spannstahl und Beton in Höhe der Spannglieder

$$\Delta\sigma_{\mathrm{p}} = E_{\mathrm{p}} \cdot \varepsilon_{\mathrm{c}} = \alpha_{\mathrm{p}} \cdot \sigma_{\mathrm{c}} \qquad \text{mit } \alpha_{\mathrm{p}} = \frac{E_{\mathrm{p}}}{E_{\mathrm{c}}}.$$

In Abb. 1.40 sind die Beton- und Spannstahlspannungen aus äußeren Einwirkungen für eine Vorspannung im nachträglichen Verbund dargestellt. Hierbei wird das Eigengewicht g bereits beim Vorspannen aktiviert. Das Biegemoment M_{g} wirkt daher auf den Netto-Querschnitt ohne Verbundwirkung. Nach der Herstellung der Verbundwirkung wirkt das Biegemoment M_{q} auf den ideellen Querschnitt.

a) vor Herstellung der Verbundwirkung

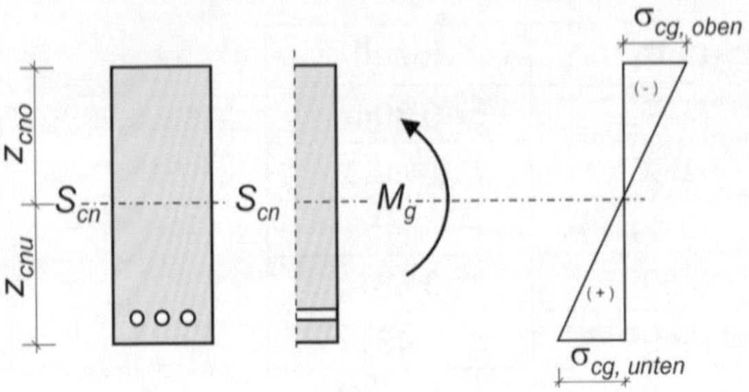

$$\sigma_{\mathrm{cg,oben}} = \frac{M_{\mathrm{g}}}{W_{\mathrm{cno}}}$$

$$\sigma_{\mathrm{cg,unten}} = \frac{M_{\mathrm{g}}}{W_{\mathrm{cnu}}}$$

$$\Delta\sigma_{\mathrm{p}} \approx 0$$

b) nach Herstellung der Verbundwirkung

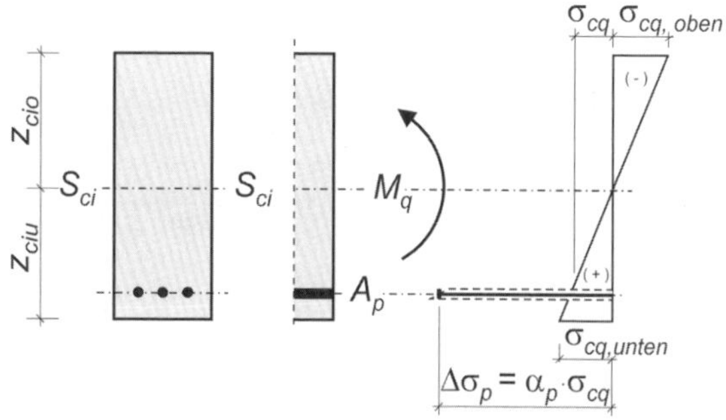

$$\sigma_{cq,oben} = \frac{M_q}{W_{cio}}$$

$$\sigma_{cq,unten} = \frac{M_q}{W_{ciu}}$$

$$\Delta\sigma_p = \alpha_p \cdot \sigma_{cq} = \alpha_p \cdot \frac{M_q}{W_{cip}}$$

Abb. 1.40 Beton- und Spannstahlspannungen aus äußeren Einwirkungen (hier: Biegemoment)

Im Unterschied zu einer Vorspannung mit Verbund können für die Vorspannung ohne Verbund keine direkten Spannungsbeziehungen zwischen Beton und Spannstahl angegeben werden. Ein Verfahren zur Berechnung der Spannstahlspannungen wird hierfür in Abschn. 3.3.2 erläutert.

1.7.2 Spannungen aus Vorspannung

Beim Vorspannen entsteht ein Eigenspannungszustand, bei dem die Beton- und Spannstahlspannungen im Gleichgewicht stehen. Bei der Vorspannung mit nachträglichem Verbund wird die Verbundwirkung durch das Verpressen der Hüllrohre und das Erhärten des Einpressmörtels erzeugt, nachdem die Vorspannkraft aufgebracht worden ist. Daher wirkt hierbei und bei der Vorspannung ohne Verbund die Vorspannkraft P_{m0} auf den Netto-Querschnitt, vgl. Abb. 1.41 a). Im Unterschied dazu entsteht bei der Vorspannung mit sofortigem Verbund die Verbundwirkung bereits im Spannbett durch das Erhärten des Betons und die Vorspannkraft $P^{(0)}$ wirkt auf den ideellen Querschnitt, vgl. Abb. 1.41 b).

a) Vorspannung mit nachträglichem Verbund und ohne Verbund

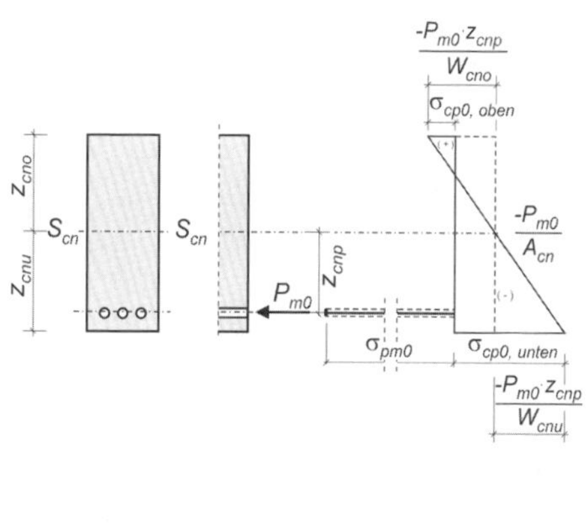

$$\sigma_{cp0,oben} = \frac{-P_{m0}}{A_{cn}} + \frac{-P_{m0} \cdot z_{cnp}}{W_{cno}}$$

$$= -P_{m0} \cdot \left(\frac{1}{A_{cn}} + \frac{z_{cnp}}{W_{cno}}\right)$$

$$\sigma_{cp0,unten} = \frac{-P_{m0}}{A_{cn}} + \frac{-P_{m0} \cdot z_{cnp}}{W_{cnu}}$$

$$= -P_{m0} \cdot \left(\frac{1}{A_{cn}} + \frac{z_{cnp}}{W_{cnu}}\right)$$

$$\sigma_{pm0} = \frac{P_{m0}}{A_p}$$

b) Vorspannung mit sofortigem Verbund

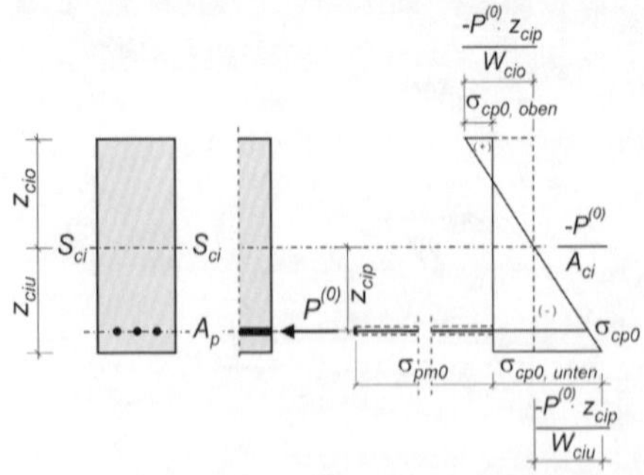

$$\sigma_{\text{cp0,oben}} = \frac{-P^{(0)}}{A_{\text{ci}}} + \frac{-P^{(0)} \cdot z_{\text{cip}}}{W_{\text{cio}}}$$

$$= -P^{(0)} \cdot \left(\frac{1}{A_{\text{ci}}} + \frac{z_{\text{cip}}}{W_{\text{cio}}}\right)$$

$$\sigma_{\text{cp0,unten}} = \frac{-P^{(0)}}{A_{\text{ci}}} + \frac{-P^{(0)} \cdot z_{\text{cip}}}{W_{\text{ciu}}}$$

$$= -P^{(0)} \cdot \left(\frac{1}{A_{\text{ci}}} + \frac{z_{\text{cip}}}{W_{\text{ciu}}}\right)$$

$$\sigma_{\text{pm0}} = \frac{P^{(0)}}{A_{\text{p}}} + \alpha_{\text{p}} \cdot \sigma_{\text{cp0}}$$

Abb. 1.41 Beton- und Spannstahlspannungen aus Vorspannung

Bei der Vorspannung mit nachträglichem oder ohne Verbund entspricht die Spannstahlspannung σ_{pm0} unmittelbar nach dem Vorspannen der aufgebrachten Vorspannkraft P_{m0}. Bei der Vorspannung mit sofortigem Verbund vermindert sich infolge der Spannkrafteinleitung die Vorspannkraft $P^{(0)}$ bzw. die Spannstahldehnung $\varepsilon_{\text{p}}^{(0)}$ im Spannbett durch die Betondruckspannung σ_{cp0} in Höhe der Spannglieder und der daraus resultierenden Betonstauchung ε_{cp0} (negativ). Durch den vollständigen Verbund sind die Betondehnungen und die Spannstahldehnungsänderungen gleich groß und die Spannstahldehnung unmittelbar nach dem Vorspannen beträgt mit

$$\sigma_{\text{p}}^{(0)} = \frac{P^{(0)}}{A_{\text{p}}},\ \varepsilon_{\text{p}}^{(0)} = \frac{\sigma_{\text{p}}^{(0)}}{E_{\text{p}}} \text{ und } \varepsilon_{\text{cp0}} = \frac{\sigma_{\text{cp0}}}{E_{\text{c}}}:$$

$$\varepsilon_{\text{pm0}} = \varepsilon_{\text{p}}^{(0)} + \varepsilon_{\text{cp0}}$$

Durch die Multiplikation dieser Dehnungen mit dem E-Modul des Spannstahls E_{p} errechnet sich die Spannstahlspannung σ_{pm0} zum Zeitpunkt $t = t_0$ unmittelbar nach der Eintragung der Vorspannkraft. Diese kann daher bei der Vorspannung mit sofortigem Verbund direkt mit der Spannstahlspannung im Spannbett $\sigma_{\text{p}}^{(0)}$ und der Betonspannung σ_{cp0} aus der Vorspannung berechnet werden:

$$\sigma_{\text{pm0}} = E_{\text{p}} \cdot \varepsilon_{\text{pm0}} = \sigma_{\text{p}}^{(0)} + \alpha_{\text{p}} \cdot \sigma_{\text{cp0}}$$

Für die Ermittlung der gesamten Spannstahldehnungen bzw. -spannungen müssen zu den Werten aus Vorspannung ε_{pm0} bzw. σ_{pm0} unmittelbar nach der Eintragung der Vorspannkraft die Werte aus den äußeren Einwirkungen $\Delta\varepsilon_{\text{p}}$ bzw. $\Delta\sigma_{\text{p}}$ (vgl. Abschn. 1.7.1) addiert werden. Hieraus ergibt sich die gesamte Spannstahldehnung zu

$$\varepsilon_{\text{pmt}} = \varepsilon_{\text{pm0}} + \Delta\varepsilon_{\text{p}} = \varepsilon_{\text{p}}^{(0)} + \varepsilon_{\text{cp0}} + \varepsilon_{\text{c}}$$

und die Spannstahlspannung beträgt insgesamt:

$$\sigma_{\text{pmt}} = \sigma_{\text{pm0}} + \Delta\sigma_{\text{p}} = \sigma_{\text{p}}^{(0)} + \alpha_{\text{p}} \cdot \sigma_{\text{cp0}} + \alpha_{\text{p}} \cdot \sigma_{\text{c}}$$

Bei der Vorspannung mit nachträglichem oder ohne Verbund entspricht $\varepsilon_p^{(0)}$ bzw. $\sigma_p^{(0)}$ der fiktiven Vordehnung bzw. Spannstahlspannung im Spannbett. Diese elastischen Dehnungs- bzw. Spannungsbeziehungen gelten daher allgemein bei Belastungsbeginn zum Zeitpunkt t_0 ohne den Einfluss aus den zeitabhängigen Dehnungen. Die zeitabhängigen Dehnungen aus Kriechen, Schwinden und Relaxation werden später im Abschn. 2.5.3 behandelt.

1.7.3 Anwendungsbeispiel: Rechteckquerschnitt mit einsträngiger Vorspannung

Aufgabe

Für den in Abb. 1.32 dargestellten Querschnitt sind die Betonspannungen für die Spannungsnachweise im Grenzzustand der Gebrauchstauglichkeit aus der quasi-ständigen Einwirkungskombination zu ermitteln.

Die Schnittgrößen aus den äußeren Einwirkungen und aus der Vorspannkraft betragen beim

Lastfall Eigengewicht	M_{g1} = +290,7 kNm,	N_{g1} = –26,2 kN,
Lastfall Ausbaulast	M_{g2} = +546,5 kNm,	N_{g2} = –49,3 kN,
Lastfall Verkehrslast	M_q = +1453 kNm,	N_q = – 131,2 kN,
Lastfall Vorspannung	M_p =–1291 kNm,	N_p = –3648 kN.

Die Spannstahlspannung unmittelbar nach Eintragung der Vorspannkraft beträgt σ_{pm0} = 1275 N/mm^2.

Die zeitabhängigen Verluste der Vorspannkraft betragen näherungsweise 20 %.

Die Bemessungsschnittgrößen ergeben sich aus der quasi-ständigen Einwirkungskombination:

$$E_{d,\,perm} = \Sigma G_k \oplus P_k \text{ Symbol } \psi_2 \cdot Q_k \qquad \text{mit } \psi_2 = 0{,}5 \text{ für die Verkehrslast}$$

Durchführung

Ermittlung der Spannungen aus Vorspannung

Die Spannungsnachweise sind für den Bau- und Endzustand getrennt zu führen. Für die Ermittlung der Spannungen werden daher zwei Zeitpunkte maßgebend.

Zeitpunkt $t = t_0$: Bauzustand, unmittelbar nach Eintragung der Vorspannkraft
Zeitpunkt $t = t_\infty$: Endzustand, mit zeitabhängigen Verlusten der Vorspannkraft

Im Grenzzustand der Gebrauchstauglichkeit sind zusätzlich gem. EC2-1-1, 5.10.9 die Streuungen der Vorspannkraft zu berücksichtigen, vgl. Abschn. 3.1.1. Für die Vorspannung mit nachträglichem Verbund ergeben sich daher die charakteristischen Einwirkungen mit:

$$P_k = \begin{bmatrix} r_{inf} = 0{,}90 \\ r_{sup} = 1{,}10 \end{bmatrix} \cdot P_{mt}$$

Diese Streuungen sind bei den Spannungsnachweisen zum Zeitpunkt $t = t_0$ und $t = t_\infty$ jeweils ungünstig mit den zeitabhängigen Verlusten der Spannstahlspannung zu überlagern.

Die Vorspannkraft P_{m0} steht im Gleichgewicht mit den Betonspannungen. Das Hüllrohr wurde nicht verpresst und die Netto-Querschnittswerte sind maßgebend. Diese wurden in Abschn. 1.6.5 ermittelt, vgl. Abb. 1.34:

$$A_{cn} = 0{,}531\,m^2,\; W_{cno} = -0{,}106\,m^3,\; W_{cnu} = 0{,}103\,m^3$$

Zeitpunkt $t = t_0$

Für die minimale Betonspannung am unteren Rand ist r_{sup} = 1,1 maßgebend.

$$\sigma_{cp,oben} = 1{,}1 \cdot \left(\frac{-3{,}648}{0{,}531} + \frac{-1{,}291}{-0{,}106} \right) = -7{,}6 + 13{,}4 = +5{,}8\ N/mm^2$$

$$\sigma_{cp,unten} = 1{,}1 \cdot \left(\frac{-3{,}648}{0{,}531} + \frac{-1{,}291}{0{,}103} \right) = -7{,}6 - 13{,}8 = -21{,}4\ N/mm^2$$

Zeitpunkt $t = t_\infty$

Für die maximale Betonspannung am unteren Rand ist r_{inf} = 0,9 mit den zeitabhängigen Verlusten der Spannstahlspannung maßgebend. Um die Spannkraftverluste in Höhe von 20 % zu erfassen, werden die Schnittgrößen aus dem Lastfall Vorspannung mit dem Faktor 0,80 multipliziert.

$$\sigma_{cp,oben} = 0{,}9 \cdot \left(\frac{-3{,}648}{0{,}531} + \frac{-1{,}291}{-0{,}106} \right) \cdot 0{,}80 = -4{,}95 + 8{,}77 = +3{,}8\ N/mm^2$$

$$\sigma_{cp,unten} = 0{,}9 \cdot \left(\frac{-3{,}648}{0{,}531} + \frac{-1{,}291}{0{,}103} \right) \cdot 0{,}80 = -4{,}95 - 9{,}02 = -14{,}0\ N/mm^2$$

Ermittlung der Spannungen aus äußeren Einwirkungen

– Lastfall Eigengewicht

Auch das Eigengewicht wirkt vor der Herstellung der Verbundwirkung auf den Netto-Querschnitt.

$N_{d,perm} = N_{g1} = -26{,}2$ kN

$M_{d,perm} = M_{g1} = 290{,}7$ kNm

$$\sigma_{c,oben} = \frac{-0{,}026}{0{,}531} + \frac{0{,}291}{-0{,}106} = -0{,}05 - 2{,}75 = -2{,}8\ N/mm^2$$

$$\sigma_{c,unten} = \frac{-0{,}026}{0{,}531} + \frac{0{,}291}{0{,}103} = -0{,}05 + 2{,}83 = +2{,}8\ N/mm^2$$

– Lastfall Ausbaulast und Verkehrslast

Die Ausbaulast und die Verkehrslast wirken nach Herstellung der Verbundwirkung auf den ideellen Gesamtquerschnitt. Die ideellen Querschnittswerte können Abb. 1.34 entnommen werden.

$$A_{ci} = 0{,}553\text{m}^2,\ W_{cio} = -0{,}111\text{m}^3,\ W_{ciu} = 0{,}115\text{m}^3$$

$$N_{d,\text{ perm}} = N_{g2} + \psi_2 \cdot N_q = -49{,}3 - 0{,}5 \cdot 131{,}2 = -114{,}9 \text{ kN}$$

$$M_{d,\text{ perm}} = M_{g2} + \psi_2 \cdot M_q = 546{,}5 + 0{,}5 \cdot 1453 = 1273 \text{ kNm}$$

$$\sigma_{c,\text{oben}} = \frac{-0{,}115}{0{,}553} + \frac{1{,}273}{-0{,}111} = -0{,}21 - 11{,}47 = -11{,}7 \text{ N/mm}^2$$

$$\sigma_{c,\text{ unten}} = \frac{-0{,}115}{0{,}553} + \frac{1{,}273}{0{,}115} = -0{,}21 + 11{,}07 = +10{,}9 \text{ N/mm}^2$$

$$\sigma_{cp} = \frac{-0{,}115}{0{,}553} + \frac{1{,}273}{0{,}144} = -0{,}21 + 8{,}84 = +8{,}63 \text{ N/mm}^2$$

Zusammenstellung der Spannungen

– Betonspannungen

Zeitpunkt $t = t_0$ (minimales Biegemoment)

$\sigma_{co} = +5{,}8 - 2{,}8 = +3{,}0 \text{ N/mm}^2$

$\sigma_{cu} = -21{,}4 + 2{,}8 = -18{,}6 \text{ N/mm}^2$

Zeitpunkt $t = t_\infty$ (maximales Biegemoment)

$\sigma_{co} = +3{,}8 - 2{,}8 - 11{,}7 = -10{,}7 \text{ N/mm}^2$

$\sigma_{cu} = -14{,}0 + 2{,}8 + 10{,}9 = -0{,}3 \text{ N/mm}^2$

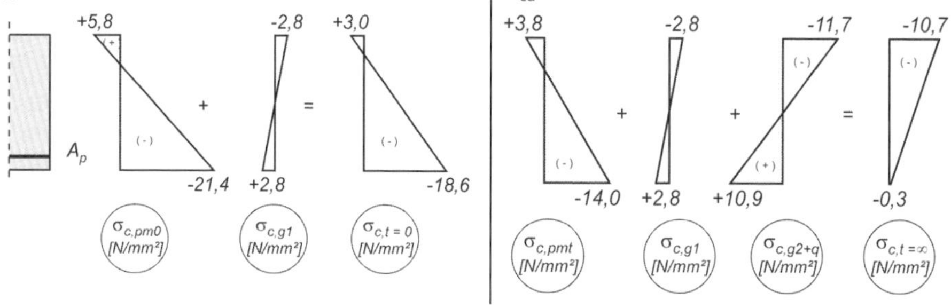

Abb. 1.42 Betonspannungen im Zustand I zum Zeitpunkt $t = t_0$ und $t = t_\infty$

– Spannstahlspannungen

Für die maximale Spannstahlspannung ist das maximale Biegemoment zu einem Zeitpunkt t_1 maßgebend, bei dem die Ausbaulast und die Verkehrslast einwirken. Die bis dahin eingetretenen Spannkraftverluste werden hierbei vernachlässigt. Die Zusatzspannung $\Delta\sigma_p$ ergibt sich aus den äußeren Einwirkungen nach der Herstellung der Verbundwirkung, d. h. aus den Lastfällen Ausbau- und Verkehrslast ohne das Eigengewicht, da beim Vorspannen das Eigengewicht bereits aktiviert wird:

$$\max\sigma_{\text{pmt}} = \sigma_{\text{pm0}} + \Delta\sigma_{\text{p}} = \sigma_{\text{pm0}} + \alpha_{\text{p}} \cdot \sigma_{\text{cp}} = 1275 + 5{,}42 \cdot 8{,}63 = 1322 \text{ N/mm}^2$$

$$\text{mit } \alpha_{\text{p}} = \frac{E_{\text{p}}}{E_{\text{cm}}} = \frac{195000}{36000} = 5{,}42$$

1.7.4 Spannungsbeziehungen bei einsträngiger Vorspannung

Für die Ermittlung der Spannungsbeziehungen wird zunächst die Vorspannkraft vor und nach dem Vorspannen definiert. Nach EC2-1-1 ist

P_0 die aufgebrachte Höchstkraft am Spannanker während des Spannens,

P_{m0} der Mittelwert der Vorspannkraft unmittelbar nach dem Spannen bzw. der Spannkrafteinleitung.

Für die Berechnung der Spannungen wird zusätzlich die Vorspannkraft $P^{(0)}$ benötigt, die der Vordehnung des Spannstahls $\varepsilon_p^{(0)}$ gegenüber dem Beton entspricht. Bei der Vorspannung mit sofortigem Verbund ist $P^{(0)}$ die Vorspannkraft im Spannbett und es gilt:

$$P^{(0)} = P_0$$

Bei der Vorspannung mit nachträglichem oder ohne Verbund ist $P^{(0)}$ die fiktive Vorspannkraft ohne Einfluss der Betondehnungen (fiktive Vorspannkraft im Spannbett). Eine anschauliche Herleitung der Vordehnung befindet sich in Abschn. 3.3. $P^{(0)}$ wirkt auf den ideellen Querschnitt, vgl. Abb. 1.41 b).

Im Unterschied dazu wirkt die Vorspannkraft P_{m0} als wirksame Vorspannkraft zum Zeitpunkt $t = t_0$ nach dem Vorspannen auf den Netto-Querschnitt, vgl. Abb. 1.41 a).

Der Zusammenhang zwischen den Vorspannkräften $P^{(0)}$ und P_{m0} bzw. zwischen den Spannstahlspannungen $\sigma_p^{(0)}$ und σ_{pm0} sowie den dazugehörigen Betonspannungen wird durch die nachfolgenden Spannungsbeziehungen beschrieben, die zunächst für die einsträngige Vorspannung hergeleitet werden.

Die Spannstahlspannungen aus der Vorspannkraft $P^{(0)}$ bzw. P_{m0} ergeben sich mit dem Spannstahlquerschnitt A_p zu:

$$\sigma_p^{(0)} = \frac{P^{(0)}}{A_p}$$

$$\sigma_{pm0} = \frac{P_{m0}}{A_p}$$

Die Betonspannungen aus der Vorspannung ergeben sich aus dem Gleichgewicht mit der Vorspannkraft, d. h., aus der Integration der Spannungen des Betons und des Spannstahls über den Querschnitt resultieren keine Schnittgrößen (Eigenspannungszustand, vgl. Abb. 1.41). Die Betonspannung σ_{cp0} in Höhe der Spannglieder beträgt daher mit

$P^{(0)}$ und den ideellen Querschnittswerten:

$$\sigma_{cp0} = -P^{(0)} \cdot \left(\frac{1}{A_{ci}} + \frac{z_{cip}}{W_{cip}}\right)$$

$$= -\sigma_p^{(0)} \cdot \frac{A_p}{A_{ci}} \cdot \left(1 + \frac{A_{ci}}{I_{ci}} \cdot z_{cip}^2\right)$$

P_{m0} und den Netto-Querschnittswerten:

$$\sigma_{cp0} = -P_{m0} \cdot \left(\frac{1}{A_{cn}} + \frac{z_{cnp}}{W_{cnp}}\right)$$

$$= -\sigma_{pm0} \cdot \frac{A_p}{A_{cn}} \cdot \left(1 + \frac{A_{cn}}{I_{cn}} \cdot z_{cnp}^2\right)$$

Wenn der geometrieabhängige Anteil durch den Wert α_i bzw. α_n ausgedrückt wird, ergeben sich die Spannungsbeziehungen zwischen den Betonspannungen und den Spannstahlspannungen zu:

$$\sigma_{cp0} = -\sigma_p^{(0)} \cdot \frac{\alpha_i}{\alpha_p}$$

$$\text{mit } \alpha_i = \alpha_p \cdot \frac{A_p}{A_{ci}} \cdot \left(1 + \frac{A_{ci}}{I_{ci}} \cdot z_{cip}^2\right)$$

$$\sigma_{cp0} = -\sigma_{pm0} \cdot \frac{\alpha_n}{\alpha_p}$$

$$\text{mit } \alpha_n = \alpha_p \cdot \frac{A_p}{A_{cn}} \cdot \left(1 + \frac{A_{cn}}{I_{cn}} \cdot z_{cnp}^2\right)$$

Die Spannstahlspannungen zum Zeitpunkt $t = t_0$ errechnen sich nach Abschn. 1.7.2 mit diesen Betonspannungen (σ_{cp0} als Druckspannung mit negativem Vorzeichen) zu:

$$\sigma_{pm0} = \sigma_p^{(0)} + \alpha_p \cdot \sigma_{cp0}$$

$$\sigma_p^{(0)} = \sigma_{pm0} - \alpha_p \cdot \sigma_{cp0}$$

Durch das Einsetzen der Spannungsbeziehungen zwischen Beton und Spannstahl kann hiermit der Zusammenhang zwischen den Spannstahlspannungen durch folgende Beziehungen ausgedrückt werden:

$$\sigma_{pm0} = \sigma_p^{(0)} \cdot (1 - \alpha_i)$$

$$\sigma_p^{(0)} = \sigma_{pm0} \cdot (1 + \alpha_n)$$

Insgesamt lauten die Spannungsbeziehungen zwischen Beton und Spannstahl:

$$\sigma_{cp0} = -\sigma_p^{(0)} \cdot \frac{\alpha_i}{\alpha_p} = -\sigma_{pm0} \cdot \frac{\alpha_n}{\alpha_p}$$

$$\frac{\sigma_{pm0}}{\sigma_p^{(0)}} = (1 - \alpha_i) = \frac{1}{(1 + \alpha_n)}$$

Diese Spannungsbeziehungen gelten im Allgemeinen für die Vorspannung mit sofortigem und nachträglichem Verbund sowie für die Vorspannung ohne Verbund.

Anmerkung: Im EC2-1-1, NDP zu 3.3.6 (7) [1] ist die übliche Schreibweise mit $^{(0)}$ für die Vorspannung im Spannbett nur bei der Vordehnung $\varepsilon_p^{(0)}$ explizit enthalten. Zur Verdeutlichung wird daher grundsätzlich diese Schreibweise bei der Vorspannung mit sofortigem Verbund verwendet. Hierbei ist:

$P^{(0)}$ Vorspannkraft im Spannbett (fiktiv bei Vorspannung mit nachträglichem oder ohne Verbund)

$\sigma_p^{(0)}$ Spannstahlspannung im Spannbett (fiktiv bei Vorspannung mit nachträglichem oder ohne Verbund)

1.7.5 Anwendungsbeispiel: Dachbinder mit T-Querschnitt

Aufgabe

Für den in Abb. 1.37 dargestellten Querschnitt sind die Beton- und Spannstahlspannungen in Höhe des Spannstahlschwerpunktes für den Lastfall Vorspannung im Zustand I zu ermitteln.

Die Vorspannkraft im Spannbett beträgt $P^{(0)}$ = 2900 kN.

Durchführung

Die Spannstahlspannung im Spannbett beträgt:

$$\sigma_p^{(0)} = \frac{P^{(0)}}{A_p} = \frac{2900}{21{,}4} \cdot 10 = 1355 \text{ N/mm}^2$$

Die Querschnittswerte werden Abb. 1.39 entnommen.

Berechnung mit $\sigma_p^{(0)}$ und den ideellen Querschnittswerten

$$\alpha_i = \alpha_p \cdot \frac{A_p}{A_{ci}} \cdot \left(1 + \frac{A_{ci}}{I_{ci}} \cdot z_{cip}^2\right) = 5{,}27 \cdot \frac{21{,}4 \cdot 10^{-4}}{0{,}304} \cdot \left(1 + \frac{0{,}304}{0{,}0388} \cdot 0{,}481^2\right) = 0{,}1043$$

$$\sigma_{cp0} = -\sigma_p^{(0)} \cdot \frac{\alpha_i}{\alpha_p} = -1355 \cdot \frac{0{,}1049}{5{,}27} = -26{,}8 \text{ N/mm}^2$$

$$\sigma_{pm0} = \sigma_p^{(0)} \cdot (1 - \alpha_i) = 1355 \cdot (1 - 0{,}1043) = 1214 \text{ N/mm}^2$$

Alternativ: Berechnung mit σ_{pm0} und den Netto-Querschnittswerten

$$\alpha_n = \alpha_p \cdot \frac{A_p}{A_{cn}} \cdot \left(1 + \frac{A_{cn}}{I_{cn}} \cdot z_{cnp}^2\right) = 5{,}27 \cdot \frac{21{,}4 \cdot 10^{-4}}{0{,}293} \cdot \left(1 + \frac{0{,}293}{0{,}0361} \cdot 0{,}499^2\right) = 0{,}1163$$

$$\sigma_{cp0} = -\sigma_{pm0} \cdot \frac{\alpha_n}{\alpha_p} = -1214 \cdot \frac{0{,}1163}{5{,}27} = -26{,}8 \text{ N/mm}^2$$

$$\sigma_p^{(0)} = \sigma_{pm0} \cdot (1 + \alpha_n) = 1214 \cdot (1 + 0{,}1163) = 1355 \text{ N/mm}^2$$

Anmerkung: Der Vergleich der Spannstahlspannungen zeigt, dass die Berechnung mit $\sigma_p^{(0)}$ und den ideellen Querschnittswerten die gleichen Spannungen ergibt wie die Berechnung mit σ_{pm0} und den Netto-Querschnittswerten.

1.7.6 Spannungsbeziehungen bei mehrsträngiger Vorspannung

Die in Abschn. 1.7.4 für die einsträngige Vorspannung hergeleiteten Spannungsbeziehungen werden im Folgenden für die mehrsträngige Vorspannung bei mehreren Spanngliedlagen erweitert. Hierbei beeinflussen sich die Spannstahlspannungen gegenseitig, da die Betonspannungen in der jeweiligen Höhe der Spannglieder aus allen Spanngliedlagen resultieren.

Der Einfluss der Spanngliedlage *k* auf die Betonspannungen in Höhe der Spanngliedlage *m* ergibt sich mit den ideellen Querschnittswerten zu:

$$\sigma_{\mathrm{cp0,m}} = -\frac{1}{\alpha_{\mathrm{p}}} \cdot \alpha_{\mathrm{i,mk}} \cdot \sigma_{\mathrm{pk}}^{(0)}$$

$$\text{mit } \alpha_{\mathrm{i,mk}} = \alpha_{\mathrm{p}} \cdot \frac{A_{\mathrm{pk}}}{A_{\mathrm{ci}}} \cdot \left(1 + \frac{A_{\mathrm{ci}}}{I_{\mathrm{ci}}} \cdot z_{\mathrm{cipm}} \cdot z_{\mathrm{cipk}}\right)$$

Für eine beliebige Anzahl der Spanngliedlagen *j* ergeben sich hieraus die Beziehungen zwischen den Beton- und Spannstahlspannungen zu:

$$\begin{bmatrix} \sigma_{\mathrm{co0,1}} \\ \sigma_{\mathrm{co0,2}} \\ \cdot \\ \cdot \\ \sigma_{\mathrm{co0,}j} \end{bmatrix} = \frac{1}{\alpha_{\mathrm{p}}} \cdot \begin{bmatrix} \alpha_{\mathrm{i,11}} & \alpha_{\mathrm{i,12}} & \cdot & \cdot & \alpha_{\mathrm{i,1}j} \\ \alpha_{\mathrm{i,21}} & \alpha_{\mathrm{i,22}} & \cdot & \cdot & \alpha_{\mathrm{i,2}j} \\ \cdot & \cdot & \cdot & \cdot & \cdot \\ \cdot & \cdot & \cdot & \cdot & \cdot \\ \alpha_{\mathrm{i,}j1} & \alpha_{\mathrm{i,}j2} & \cdot & \cdot & \alpha_{\mathrm{i,}jj} \end{bmatrix} \cdot \begin{bmatrix} \sigma_{\mathrm{p1}}^{(0)} \\ \sigma_{\mathrm{p2}}^{(0)} \\ \cdot \\ \cdot \\ \sigma_{\mathrm{p}j}^{(0)} \end{bmatrix}$$

$$\underline{\sigma_{\mathrm{cp0}}} = -\frac{1}{\alpha_{\mathrm{p}}} \cdot \underline{\alpha_{\mathrm{i}}} \cdot \underline{\sigma_{\mathrm{p}}^{(0)}}$$

Die Beziehung der Spannstahlspannungen lautet mit der Einheitsmatrix $\underline{1}$:

$$\underline{\sigma_{\mathrm{pm0}}} = (\underline{1} - \underline{\alpha_{\mathrm{i}}}) \cdot \underline{\sigma_{\mathrm{p}}^{(0)}}$$

Alternativ können diese Spannungsbeziehungen nach Abschn. 1.7.4 mit den Netto-Querschnittswerten ausgedrückt werden:

$$\underline{\sigma_{\mathrm{cp0}}} = -\frac{1}{\alpha_{\mathrm{p}}} \cdot \underline{\alpha_{\mathrm{n}}} \cdot \underline{\sigma_{\mathrm{pm0}}}$$

$$\underline{\sigma_{\mathrm{p}}^{(0)}} = (\underline{1} + \underline{\alpha_{\mathrm{n}}}) \cdot \underline{\sigma_{\mathrm{pm0}}}$$

Für eine zweisträngige Vorspannung lauten die Spannungsbeziehungen mit den ideellen Querschnittswerten für die Spanngliedlage 1:

$$\sigma_{cp0,1} = -\frac{1}{\alpha_p} \cdot (\alpha_{i,11} \cdot \sigma_{p1}^{(0)} + \alpha_{i,12} \cdot \sigma_{p2}^{(0)})$$

$$\sigma_{p1m0} = (1-\alpha_{i,11}) \cdot \sigma_{p1}^{(0)} - \alpha_{i,12} \cdot \sigma_{p2}^{(0)}$$

$$\text{mit } \alpha_{i,11} = \alpha_p \cdot \frac{A_{p1}}{A_{ci}} \cdot \left(1 + \frac{A_{ci}}{I_{ci}} \cdot z_{cip1}^2\right)$$

$$\text{und } \alpha_{i,12} = \alpha_p \cdot \frac{A_{p2}}{A_{ci}} \cdot \left(1 + \frac{A_{ci}}{I_{ci}} \cdot z_{cip1} \cdot z_{cip2}\right)$$

Für die Spanngliedlage 2 ergibt sich:

$$\sigma_{cp0,2} = -\frac{1}{\alpha_p} \cdot (\alpha_{i,21} \cdot \sigma_{p,1}^{(0)} + \alpha_{i,22} \cdot \sigma_{p2}^{(0)})$$

$$\sigma_{p2m0} = -\alpha_{i,21} \cdot \sigma_{p1}^{(0)} + (1-\alpha_{i,22}) \cdot \sigma_{p2}^{(0)}$$

$$\text{mit } \alpha_{i,21} = \alpha_p \cdot \frac{A_{p1}}{A_{ci}} \cdot \left(1 + \frac{A_{ci}}{I_{ci}} \cdot z_{cip2} \cdot z_{cip1}\right)$$

$$\text{und } \alpha_{i,22} = \alpha_p \cdot \frac{A_{p2}}{A_{ci}} \cdot \left(1 + \frac{A_{ci}}{I_{ci}} \cdot z_{cip2}^2\right)$$

1.7.7 Anwendungsbeispiel: Rechteckquerschnitt mit zweisträngiger Vorspannung

Aufgabe

Für den in Abb. 1.35 dargestellten Rechteckquerschnitt mit zweisträngiger Vorspannung sind die Spannstahl- und Betonspannungen im Zustand I aus Vorspannung unmittelbar nach Eintragung der Vorspannkraft zu ermitteln (untere Lage: e_{p1} = 12 cm, obere Lage: e_{p2} = 90 cm). Die Spannstahlspannung aufgrund der Vordehnung des Spannstahls $\varepsilon_p^{(0)}$ gegenüber dem Beton beträgt für beide Spanngliedlagen:

$\sigma_p^{(0)}$= 1310 N/mm²

Durchführung

Ermittlung der Spannungen aus Vorspannung

Die ideellen Querschnittswerte wurden beim Anwendungsbeispiel im Abschn. 1.6.6 ermittelt.

$A_{ci} = 0{,}5530\ \text{m}^2$, $z_{cio} = -0{,}5991\ \text{m}$, $z_{ciu} = 0{,}6009\ \text{m}$

$I_{ci} = 0{,}06658\ \text{m}^4$, $W_{cio} = -0{,}1111\ \text{m}^3$, $W_{ciu} = 0{,}1108\ \text{m}^3$

$A_{p1} = 9{,}8\ \text{cm}^2,\ z_{cip1} = 0{,}4809\ \text{m}$

$A_{p2} = 19{,}6\ \text{cm}^2,\ z_{cip2} = -0{,}2991\ \text{m}$

Das Verhältnis der E-Moduln von Spannstahl (St 1570/1770) und Beton (C 45/55) beträgt:

$$\alpha_p = \frac{E_p}{E_{cm}} = \frac{195000}{36000} = 5{,}42$$

Zunächst werden die Werte α_i mit den ideellen Querschnittswerten berechnet.

$$\alpha_{i,11} = \alpha_p \cdot \frac{A_{p1}}{A_{ci}} \cdot \left(1 + \frac{A_{ci}}{I_{ci}} \cdot z_{cip1}^2\right) = 5{,}42 \cdot \frac{9{,}8 \cdot 10^{-4}}{0{,}5530} \cdot \left(1 + \frac{0{,}5530}{0{,}06658} \cdot 0{,}4809^2\right)$$

$$= 0{,}02805$$

$$\alpha_{i,12} = \alpha_p \cdot \frac{A_{p2}}{A_{ci}} \cdot \left(1 + \frac{A_{ci}}{I_{ci}} \cdot z_{cip1} \cdot z_{cip2}\right) = 5{,}42 \cdot \frac{19{,}6 \cdot 10^{-4}}{0{,}5530} \cdot \left(1 + \frac{0{,}5530}{0{,}06658} \cdot 0{,}4809 \cdot (-0{,}2991)\right)$$

$$= -0{,}00374$$

$$\alpha_{i,21} = \alpha_p \cdot \frac{A_{p1}}{A_{ci}} \cdot \left(1 + \frac{A_{ci}}{I_{ci}} \cdot z_{cip2} \cdot z_{cip1}\right) = 5{,}42 \cdot \frac{9{,}8 \cdot 10^{-4}}{0{,}5530} \cdot \left(1 + \frac{0{,}5530}{0{,}06658} \cdot (-0{,}2991) \cdot 0{,}4809\right)$$

$$= -0{,}00187$$

$$\alpha_{i,22} = \alpha_p \cdot \frac{A_{p2}}{A_{ci}} \cdot \left(1 + \frac{A_{ci}}{I_{ci}} \cdot z_{cip2}^2\right) = 5{,}42 \cdot \frac{19{,}6 \cdot 10^{-4}}{0{,}5530} \cdot \left(1 + \frac{0{,}5530}{0{,}06658} \cdot (-0{,}2991)^2\right)$$

$$= 0{,}03348$$

Spannungen in Höhe der Spanngliedlage 1:

$$\sigma_{cp0,1} = -\frac{1}{\alpha_p} \cdot (\alpha_{i,11} \cdot \sigma_{p1}^{(0)} + \alpha_{i,12} \cdot \sigma_{p2}^{(0)}) = -\frac{1}{5{,}42} \cdot (0{,}02805 - 0{,}00374) \cdot 1310 = -5{,}88\ \text{N/mm}^2$$

$$\sigma_{p1m0} = (1 - \alpha_{i,11}) \cdot \sigma_{p1}^{(0)} - \alpha_{i,12} \cdot \sigma_{p2}^{(0)} = (1 - 0{,}02805) \cdot 1310 - (-0{,}00374) \cdot 1310 = 1278\ \text{N/mm}^2$$

Spannungen in Höhe der Spanngliedlage 2:

$$\sigma_{cp0,2} = -\frac{1}{\alpha_p} \cdot (\alpha_{i,21} \cdot \sigma_{p,1}^{(0)} + \alpha_{i,22} \cdot \sigma_{p,2}^{(0)}) = -\frac{1}{5{,}42} \cdot (-0{,}00187 + 0{,}03348) \cdot 1310 = -7{,}64\ \text{N/mm}^2$$

$$\sigma_{p2m0} = -\alpha_{i,21} \cdot \sigma_{p1}^{(0)} + (1 - \alpha_{i,22}) \cdot \sigma_{p2}^{(0)} = -(-0{,}00187) \cdot 1310 + (1 - 0{,}03348) \cdot 1310 = 1269\ \text{N/mm}^2$$

Betonrandspannungen:

$$\sigma_{cp0,oben} = \sigma_{cp0,2} + \frac{\sigma_{cp0,1} - \sigma_{cp0,2}}{z_{cip1} + z_{cip2}} \cdot (h - e_{p2}) = -7{,}64 + \frac{-7{,}64 - (-5{,}88)}{0{,}2991 + 0{,}4809} \cdot 0{,}30 = -8{,}32\ \text{N/mm}^2$$

$$\sigma_{cp0,unten} = \sigma_{cp0,1} - \frac{\sigma_{cp0,1} - \sigma_{cp0,2}}{z_{cip1} + z_{cip2}} \cdot e_{p1} = -5{,}88 - \frac{-7{,}64 - (-5{,}88)}{0{,}2991 + 0{,}4809} \cdot 0{,}12 = -5{,}61\ \text{N/mm}^2$$

Alternativ werden die Betonrandspannungen direkt ermittelt:

$$\sigma_{cp0,oben} = -\left(\frac{A_{p1}}{A_{ci}} + \frac{A_{p1}\cdot z_{cip1}}{W_{cio}} + \frac{A_{p2}}{A_{ci}} + \frac{A_{p2}\cdot z_{cip2}}{W_{cio}}\right)\cdot \sigma_p^{(0)}$$

$$= -\left(\frac{9{,}8}{0{,}5530} + \frac{9{,}8\cdot 0{,}4809}{-0{,}1111} + \frac{19{,}6}{0{,}5530} + \frac{19{,}6\cdot(-0{,}2991)}{-0{,}1111}\right)\cdot 1310\cdot 10^{-4}$$

$$= -2{,}32 + 5{,}56 - 4{,}64 - 6{,}91 = +3{,}24 - 11{,}55 = -8{,}31 \text{ N/mm}^2$$

$$\sigma_{cp0,unten} = -\left(\frac{A_{p1}}{A_{ci}} + \frac{A_{p1}\cdot z_{cip1}}{W_{ciu}} + \frac{A_{p2}}{A_{ci}} + \frac{A_{p2}\cdot z_{cip2}}{W_{ciu}}\right)\cdot \sigma_p^{(0)}$$

$$= -\left(\frac{9{,}8}{0{,}5530} + \frac{9{,}8\cdot 0{,}4809}{0{,}1108} + \frac{19{,}6}{0{,}5530} + \frac{19{,}6\cdot(-0{,}2991)}{0{,}1108}\right)\cdot 1310\cdot 10^{-4}$$

$$= -2{,}32 - 5{,}57 - 4{,}64 + 6{,}93 = -7{,}89 + 2{,}29 = -5{,}60 \text{ N/mm}^2$$

Anmerkung: Aus der direkten Ermittlung der Betonrandspannungen ergeben sich die gleichen Werte wie mit der Extrapolation der Betonspannungen aus den Spannungsbeziehungen.

Darstellung der Spannungen aus Vorspannung

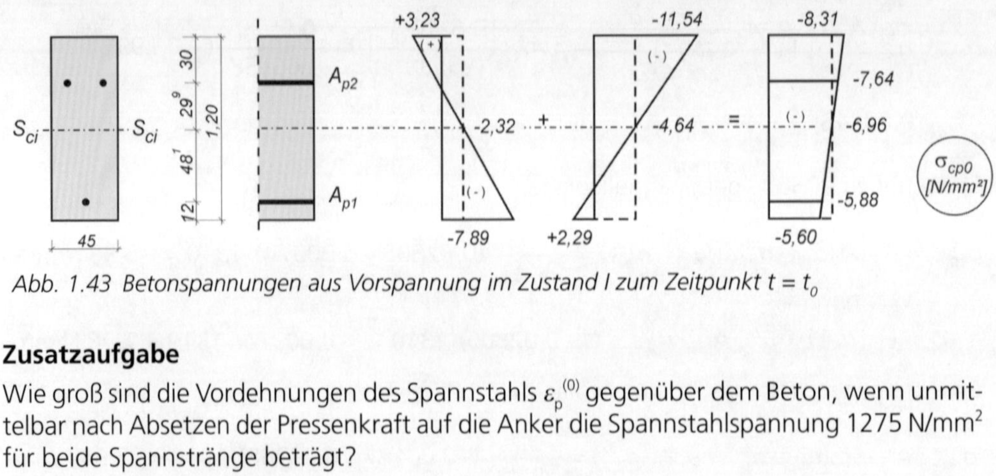

Abb. 1.43 Betonspannungen aus Vorspannung im Zustand I zum Zeitpunkt $t = t_0$

Zusatzaufgabe

Wie groß sind die Vordehnungen des Spannstahls $\varepsilon_p^{(0)}$ gegenüber dem Beton, wenn unmittelbar nach Absetzen der Pressenkraft auf die Anker die Spannstahlspannung 1275 N/mm² für beide Spannstränge beträgt?

Die maßgebenden Schnittgrößen aus Eigengewicht (vgl. Abb. 3.30) betragen:

$M_g = -95{,}4$ kNm, $N_g = -26{,}2$ kN

Durchführung

Ermittlung der Spannungen aus Eigengewicht

Die ideellen Querschnittswerte wurden beim Anwendungsbeispiel im Abschn. 1.6.6 ermittelt.

$A_{ci} = 0{,}5530 \text{ m}^2$, $W_{cip1} = 0{,}1384 \text{ m}^3$, $W_{cip2} = -0{,}2226 \text{ m}^3$

Die Betonspannungen aus Eigengewicht in Höhe der Spannglieder ergeben sich hieraus zu:

$$\sigma_{cg,1} = \frac{N_g}{A_{ci}} + \frac{M_g}{W_{cip1}} = \frac{-0{,}0262}{0{,}5530} + \frac{-0{,}0954}{0{,}1384} = -0{,}05 - 0{,}69 = -0{,}74 \text{ N/mm}^2$$

$$\sigma_{cg,2} = \frac{N_g}{A_{ci}} + \frac{M_g}{W_{cip2}} = \frac{-0{,}0262}{0{,}5530} + \frac{-0{,}0954}{-0{,}2226} = -0{,}05 + 0{,}43 = +0{,}38 \text{ N/mm}^2$$

Ermittlung der Spannstahlspannungen und -dehnungen

Das Eigengewicht wird bereits beim Vorspannen aktiviert. Die Betonspannungen aus Eigengewicht überlagern sich daher mit den Betonspannungen aus Vorspannung, und die Spannungsbeziehungen für die fiktive Spannbettvorspannung lauten insgesamt für die Spanngliedlage 1:

$$(1-\alpha_{i,11})\cdot\sigma_{p1}^{(0)} - \alpha_{i,12}\cdot\sigma_{p2}^{(0)} + \alpha_p\cdot\sigma_{cg,1} = \sigma_{p1m0}$$

$$(1-0{,}02805)\cdot\sigma_{p1}^{(0)} - (-0{,}00374)\cdot\sigma_{p2}^{(0)} + 5{,}42\cdot(-0{,}74) = 1275 \text{ N/mm}^2$$

$$\Leftrightarrow\; 0{,}9720\cdot\sigma_{p1}^{(0)} + 0{,}00374\cdot\sigma_{p2}^{(0)} = 1279 \text{ N/mm}^2$$

Spanngliedlage 2:

$$\alpha_{i,21}\cdot\sigma_{p1}^{(0)} + (1-\alpha_{i,22})\cdot\sigma_{p2}^{(0)} + \alpha_p\cdot\sigma_{cg,2} = \sigma_{p2m0}$$

$$-(-0{,}00187\cdot\sigma_{p1}^{(0)}) + (1-0{,}03348)\cdot\sigma_{p2}^{(0)} + 5{,}42\cdot 0{,}38 = 1275 \text{ N/mm}^2$$

$$\Leftrightarrow\; 0{,}00187\cdot\sigma_{p1}^{(0)} + 0{,}9665\cdot\sigma_{p2}^{(0)} = 1273 \text{ N/mm}^2$$

Hieraus ergeben sich die fiktiven Spannstahlspannungen im Spannbett und die Vordehnungen gegenüber dem Beton zu:

$$\sigma_{p1}^{(0)} = 1311 \text{N/mm}^2 \quad\Rightarrow\quad \varepsilon_{p1}^{(0)} = \frac{\sigma_{p1}^{(0)}}{E_p} = \frac{1311}{195000}\cdot 10^3 = 6{,}72\ ‰$$

$$\sigma_{p2}^{(0)} = 1315 \text{N/mm}^2 \quad\Rightarrow\quad \varepsilon_{p2}^{(0)} = \frac{\sigma_{p2}^{(0)}}{E_p} = \frac{1315}{195000}\cdot 10^3 = 6{,}74\ ‰$$

2 Schnittgrößenermittlung für vorgespannte Tragwerke

2.1 Schnittgrößen statisch bestimmter Systeme

Im Allgemeinen werden die Schnittgrößen wie bei Stahlbetonbauteilen aus dem Gleichgewicht mit den Einwirkungen ermittelt. Bei statisch bestimmten Systemen ergibt sich hierbei aus der Vorspannung in jedem Schnitt ein Eigenspannungszustand, d. h. die Betonspannungen stehen grundsätzlich im Gleichgewicht mit der Zugkraft des Spannstahls $\sigma_{pm} \cdot A_p$, vgl. Abb. 1.41.

Wenn die Vorspannkraft $P = \sigma_{pm} \cdot A_p$ als Einwirkung betrachtet wird, entsprechen die daraus resultierenden Betonspannungen den Schnittgrößen aus Vorspannung. Daher können bei statisch bestimmten Systemen die Schnittgrößen aus Vorspannung N_p, M_p und V_p direkt aus der einwirkenden Vorspannkraft P am betrachteten Schnittufer ermittelt werden, vgl. Abb. 2.1. Hierbei ist P als Betrag der Vorspannkraft positiv.

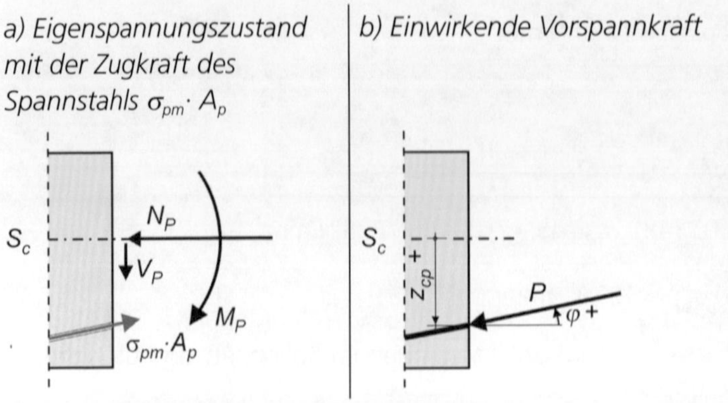

c) Schnittgrößen

Normalkraft:
$N_p = -P \cdot \cos\varphi$

Biegemoment:
$M_p = -P \cdot \cos\varphi \cdot z_{cp}$

Querkraft:
$V_p = P \cdot \sin\varphi$

Abb. 2.1 Schnittgrößen aus Vorspannung

Bei geradem Verlauf der Spannglieder ($\varphi = 0$) entspricht die Druck-Normalkraft der Vorspannkraft und das Biegemoment aus Vorspannung ergibt sich mit deren Exzentrizität um die Schwerachse des Querschnitts, vgl. Abb. 2.2.

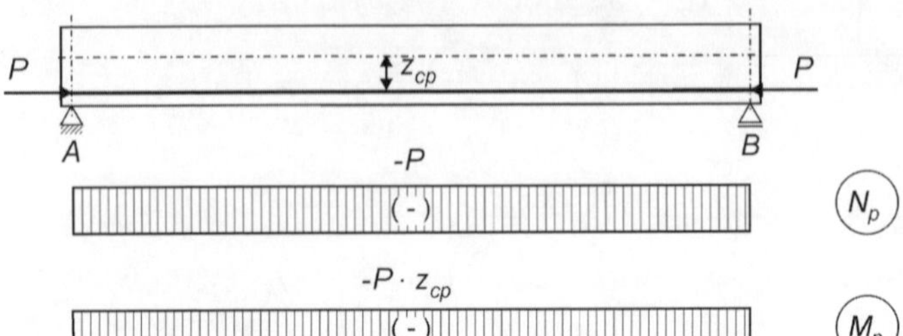

Abb. 2.2 Verlauf der Schnittgrößen aus Vorspannung bei gerader Spanngliedführung

Das Biegemoment aus Vorspannung ist auch bei beliebiger Spanngliedführung proportional zum Abstand der Spannglieder zur Schwerachse des Querschnitts, vgl. Abb. 2.3. Bei einer gegenüber dem Verlauf der Schwerachse um den Winkel φ geneigten Spanngliedführung ergibt sich:

$N_p = -P_x = -P \cdot \cos\varphi$

$V_p = P_z = P \cdot \sin\varphi = P_x \cdot \tan\varphi$

In der Regel ist die Neigung φ der Spannglieder gering:

$\cos\varphi \approx 1 \text{ und } P_x \approx P$

Für die Ermittlung der Schnittgrößen darf daher folgende Näherung verwendet werden:

$N_p \approx -P$

$M_p \approx -P \cdot z_{cp}$

$V_p \approx P \cdot \tan\varphi$

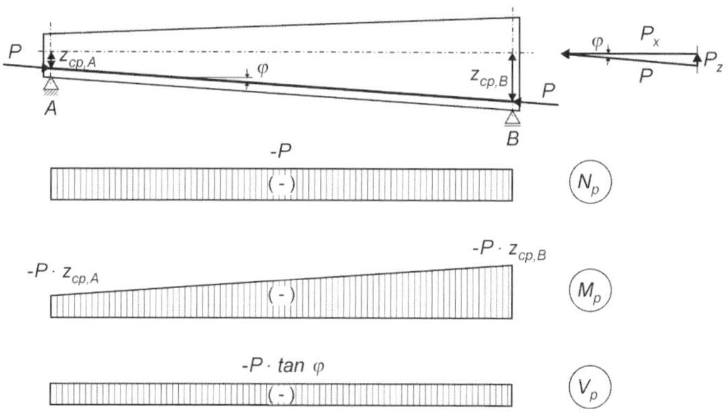

Abb. 2.3 Verlauf der Schnittgrößen aus Vorspannung bei geneigter Spanngliedführung

Bei parabelförmigem Verlauf der Spannglieder ergeben sich hieraus die Schnittgrößen nach Abb. 2.4. Nach [8] ist die Näherung $N_p \approx -P$ bis zu einem Parabelstich von $f = l/12$ zulässig.

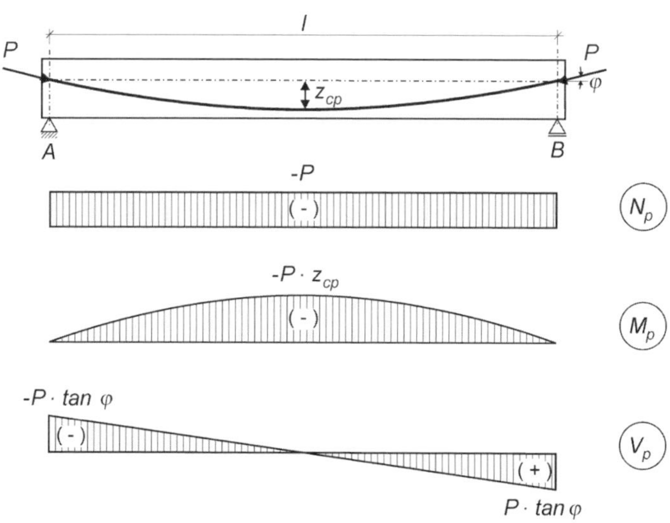

Abb. 2.4 Verlauf der Schnittgrößen aus Vorspannung bei parabelförmiger Spanngliedführung

Im Idealfall wird der Verlauf der Spannglieder so gewählt, dass die Biegemomente aus äußeren Einwirkungen durch die Biegemomente aus Vorspannung aufgehoben werden. Im Fall der parabelförmigen Vorspannung nach Abb. 2.4 ergibt sich mit einem Spanngliedverlauf affin zur Momentenlinie infolge einer Gleichstreckenlast q die erforderliche Vorspannung P aus der Bedingung $M_p = -M_q$.

$$P = \frac{1}{z_{cp}} \cdot \frac{q \cdot l^2}{8}$$

Bei dieser Vorspannkraft werden die Biegemomente aus der Gleichstreckenlast q vollständig ausgeglichen, d. h., der Einfeldträger ist unter der Last q ohne Durchbiegungen. Wenn sich die Tragwerksachse aus den Schnittgrößen aus ständigen Einwirkungen und aus Vorspannung nicht verbiegt, spricht man von einer formtreuen Vorspannung.

2.1.1 Anwendungsbeispiel: Einhüftiger Rahmen

Aufgabe

Für den in Abb. 2.5 skizzierten einhüftigen Rahmen ist der Verlauf der Spannglieder sowie die Vorspannkraft für eine formtreue Vorspannung zu ermitteln. Die Schnittgrößen aus dieser Vorspannung sind darzustellen.

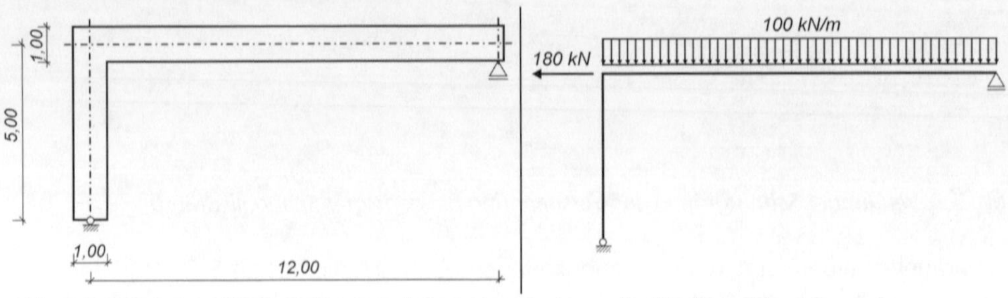

Abb. 2.5 Rahmen – Abmessungen und statisches System mit ständigen Einwirkungen

Durchführung

Ermittlung der Schnittgrößen aus ständigen Einwirkungen

Das Eckmoment aus der Einzellast beträgt:

$$M_E = -180 \cdot 5{,}00 = -900 \text{ kNm}$$

Dieses Moment ist mit dem Biegemoment aus der Gleichstreckenlast zu überlagern:

$$M = \frac{100 \cdot 12.00^2}{8} = +1800 \text{ kNm}$$

Das maximale Feldmoment ergibt sich hieraus mit einer Nebenrechnung zu $M_F = 1378$ kNm. Die Schnittgrößen M und V aus den ständig wirkenden äußeren Einwirkungen sind in Abb. 2.6 dargestellt.

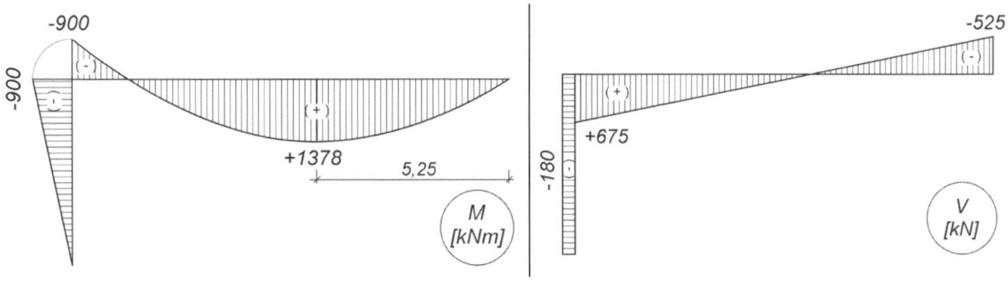

Abb. 2.6 Schnittgrößen M und V aus ständigen Einwirkungen

Ermittlung des Spanngliedverlaufs

Um das Biegemoment aus den äußeren Einwirkungen auszugleichen, wird die Spanngliedführung affin zu den Biegemomenten nach Abb. 2.6 gewählt. Hieraus ergibt sich im Stiel ein geneigter und im Riegel ein parabelförmiger Spanngliedverlauf, vgl. Abb. 2.7.

In der Rahmenecke ist wegen des gleichen Eckmomentes von Stiel und Riegel für den Stiel die gleiche Exzentrizität erforderlich wie für den Riegel, wenn die Vorspannkräfte gleich groß sind. Mit dem erforderlichen Randabstand der Endverankerung ergibt sich in der Stielachse:

$$z_{cp,E} = -24 \text{ cm}$$

Im Riegel beträgt das Verhältnis von Eckmoment zum maximalen Feldmoment:

$$\frac{M_F}{M_E} = \frac{1378}{-900} = -1{,}5311$$

Wegen des hierzu affinen Abstandes der Spannglieder von der Querschnittsschwerachse kann damit im Feld der erforderliche Abstand der Spannglieder z_{cp} direkt bestimmt werden.

$$z_{cp,F} = \frac{M_F}{M_E} \cdot z_{cp,E} = -1{,}5311 \cdot (-24) = 36{,}75 \text{ cm}$$

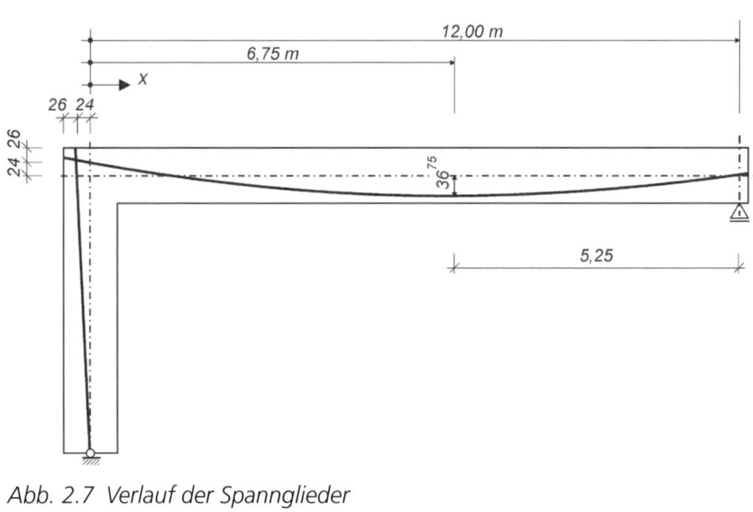

Abb. 2.7 Verlauf der Spannglieder

Mit den beiden Randbedingungen

$z_{cp} = -24\,\text{cm}$ bei $x = 0$ und

$z_{cp} = 0$ bei $x = 12{,}00$ m

lautet die Funktion des parabelförmigen Verlaufs der Spannglieder im Riegel:

$$z_{cp}(x) = -\frac{1}{75} \cdot x^2 + 0{,}18 \cdot x - 0{,}24$$

Die erste Ableitung dieser Funktion nach x ergibt die Steigung des Spanngliedverlaufs an der Stelle x.

Ermittlung der Vorspannkraft

Aus der Bedingung $M_p = -M$ nach Abb. 2.6 ergibt sich im Feld die erforderliche Vorspannkraft P.

$$M_p = -P \cdot z_{cp,F} = -M_F$$

$$P = \frac{M_F}{z_{cp,F}} = \frac{1378}{0{,}3675} = 3750\ \text{kN}$$

Hiermit beträgt das maximale Moment aus Vorspannung in der Rahmenecke (Stiel und Riegel):

$$M_{p,E} = -P \cdot z_{cp,E} = -3750 \cdot (-0{,}24) = +900\ \text{kNm}$$

Die Querkraft aus Vorspannung ergibt sich aus der Neigung der Spannglieder.

$$V_p = P \cdot \tan\varphi$$

Stiel: $\tan\varphi = \frac{0{,}24}{5{,}00} = 0{,}048$

$$V_p = 3750 \cdot 0{,}048 = 180\ \text{kN}$$

Riegel: $\tan\varphi = -z'_{cp}(x) = \frac{2}{75} \cdot x - 0{,}18$ (1. Ableitung)

bei $x = 0$ m:	bei $x = 12{,}00$ m:
$\tan\varphi = -0{,}180$	$\tan\varphi = \frac{2}{75} \cdot 12{,}00 - 0{,}18 = +0{,}140$
$V_p = 3750 \cdot (-0{,}180) = -675\ \text{kN}$	$V_p = 3750 \cdot 0{,}140 = +525\ \text{kN}$

Darstellung der Schnittgrößen aus Vorspannung

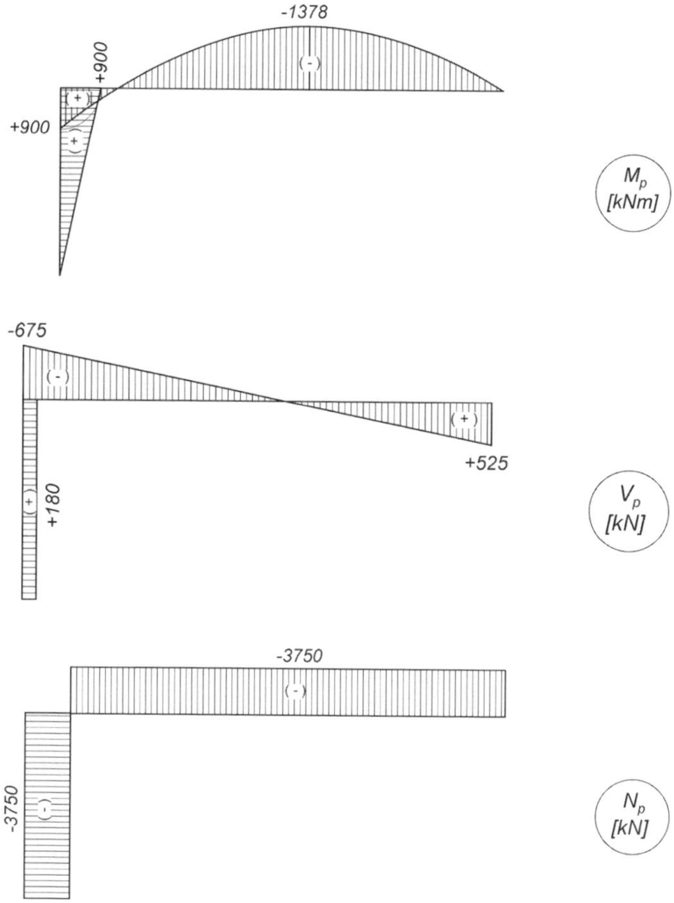

Abb. 2.8 Schnittgrößen aus Vorspannung

Aus der Vorspannung ergeben sich die gleichen Schnittgrößen *M* und *V* wie nach Abb. 2.6 mit umgekehrtem Vorzeichen. Die Schnittgrößen aus ständigen Einwirkungen werden daher durch die gewählte Vorspannung ausgeglichen. Aus der Überlagerung der Schnittgrößen in Stiel und Riegel resultiert lediglich eine konstante Normalkraft und es ergeben sich insgesamt keine Durchbiegungen.

2.2 Wahl des Vorspanngrades

Der Vorspanngrad κ entspricht dem Anteil der äußeren Einwirkung, bei dem die Betondruckspannungen infolge Vorspannung aufgezehrt werden, sodass der jeweilige Querschnittsrand spannungslos ist. In der Regel wird hierfür die häufige Einwirkungskombination zugrunde gelegt, vgl. Abb. 2.9.

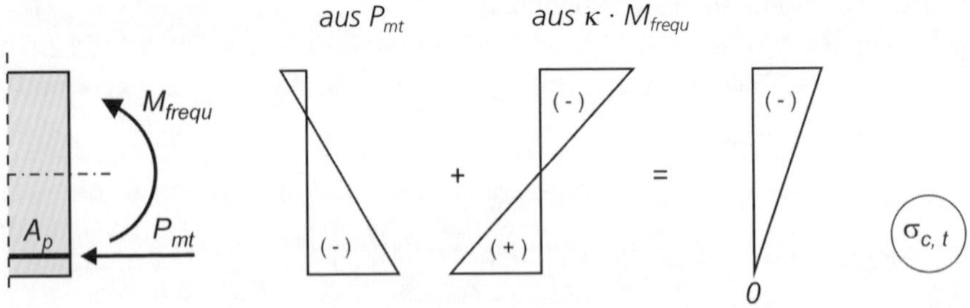

Abb. 2.9 Betonspannungen aus häufiger Einwirkungskombination

Die hierfür erforderliche Vorspannkraft ergibt sich aus der Bedingung, dass sich am Rand der vorgedrückten Zugzone die Betondruckspannung aus Vorspannung und die Zugspannung aus den κ-fachen Einwirkungen aufheben. Maßgebend ist hierbei die minimale Vorspannkraft P_{mt} nach zeitabhängigen Spannkraftverlusten zum Zeitpunkt $t = t_\infty$ (siehe auch Abschn. 1.3.2). Bei statisch bestimmten Systemen ohne äußere Normalkraft lautet daher die Bedingung am Rand der vorgedrückten Zugzone:

$$\kappa \cdot M_{\text{frequ}} - P_{\text{mt}} \cdot (z_{\text{cp}} + \frac{W_{\text{cu}}}{A_{\text{c}}}) = 0$$

Hieraus ergibt sich die erforderliche Vorspannkraft zu:

$$\text{erf}\, P_{\text{mt}} = \frac{\kappa \cdot M_{\text{frequ}}}{z_{\text{cp}} + \frac{W_{\text{cu}}}{A_{\text{c}}}}$$

Bei Innenbauteilen der Expositionsklasse XC1 darf der Vorspanngrad κ frei gewählt werden. Der Vorspanngrad sollte im Hinblick auf die Durchbiegung, die Rissbreitenbegrenzung und die Kippsicherheit optimiert werden. Dies führt in der Regel zu geringeren Vorspanngraden als bei der früher üblichen „beschränkten" oder „vollen" Vorspannung mit $\kappa \approx 0{,}8$ bis 1,0. Nach [8] sind mittlere Vorspanngrade für das Bauteilverhalten günstiger, da die Kriechverformungen kleiner sind und unerwünschte negative Durchbiegungen aus der Vorspannung vermieden werden. Die Steifigkeit im Gebrauchszustand fällt gegenüber dem Zustand I nur geringfügig ab, da bereits geringe Vorspanngrade zu kleinen Risstiefen und Rissbreiten führen. Gleichzeitig kann wegen der geringeren Beanspruchung aus Vorspannung der Betonquerschnitt im Bereich der vorgedrückten Zugzone vermindert werden.

Ein wirtschaftlicher Vorspanngrad ergibt sich aufgrund der minimalen Bewehrungsmenge bei einem κ zwischen 0,4 und 0,7 [21]. Geringe Vorspanngrade sind jedoch häufig nicht ausreichend, um bei üblichen Abmessungen z. B. bei Dachbindern den Nachweis gegen seitliches Ausweichen schlanker Träger (Kippen) zu führen, da die erforderliche Torsionssteifigkeit im Zustand II stark abfällt. Im Hinblick auf die Begrenzung der Durchbiegungen und die Kippsicherheit ist in vielen Fällen ein mittlerer Vorspanngrad von $\kappa \approx 0{,}8$ sinnvoll. Bei anderen Umgebungsbedingungen (Expositionsklassen außer XC1) wird der Nachweis der Dekompression gem. EC2-1-1, 7.3.1 maßgebend, vgl. Abschn. 3.2.3.

Bei der Wahl des Spannstahlquerschnitts ist zusätzlich zur angestrebten Vorspannkraft die Bemessung im Grenzzustand der Tragfähigkeit zu beachten. Wenn bei mittleren Vorspanngraden der Spannstahlquerschnitt entsprechend der angestrebten Vorspannkraft und der zulässigen Höchstwerte der Spannstahlspannung nach EC2-1-1, 5.10.2, 5.10.3. gewählt

Vorspanngraden der Spannstahlquerschnitt entsprechend der angestrebten Vorspannkraft und der zulässigen Höchstwerte der Spannstahlspannung nach EC2-1-1, 5.10.2, 5.10.3. gewählt wird, ergibt sich aus der Biegebemessung eine zusätzliche Betonstahlbewehrung, deren Anteil deutlich größer als die Spannstahlbewehrung sein kann. Bei Fertigteilen mit Vorspannung mit sofortigem Verbund ist es jedoch häufig wirtschaftlicher, die Bemessungszugkraft M_{Ed}/z größtenteils durch die platzsparende Spannstahlbewehrung aufzunehmen. Mit diesem Spannstahlquerschnitt kann der angestrebte Vorspanngrad erreicht werden, indem kleinere Spannstahlspannungen als nach den zulässigen Werten im Spannbett gewählt werden.

2.2.1 Anwendungsbeispiel: Dachbinder

Aufgabe

Für den in Abb. 2.10 skizzierten symmetrischen Satteldachbinder sind die Vorspannkraft und die Spannstahlspannungen für den Vorspanngrad $\kappa = 0{,}8$ zu ermitteln. Die Schnittgrößen aus Vorspannung zum Zeitpunkt $t = t_0$ sind darzustellen.

Die Vorspannung erfolgt im Spannbett mit 23 Litzen 0,5" mit einem geradlinigen Spanngliedverlauf. Der Achsabstand der Binder in einer geschlossenen Halle beträgt 7,5 m.

a) Ansicht

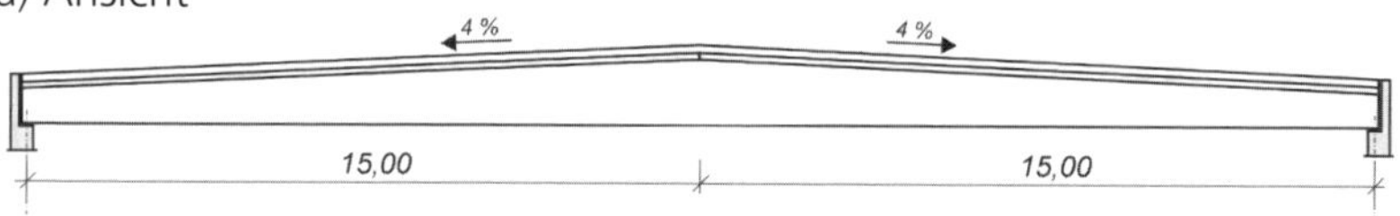

b) statisches System

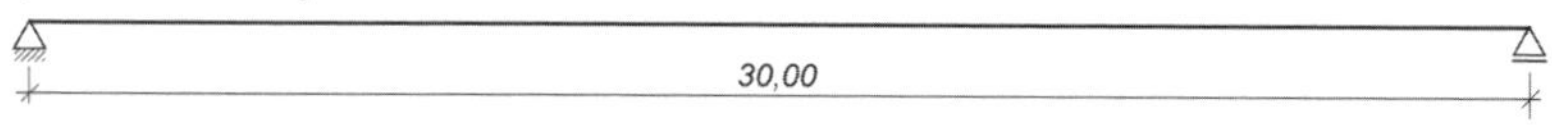

c) Querschnitte

Auflager *First*

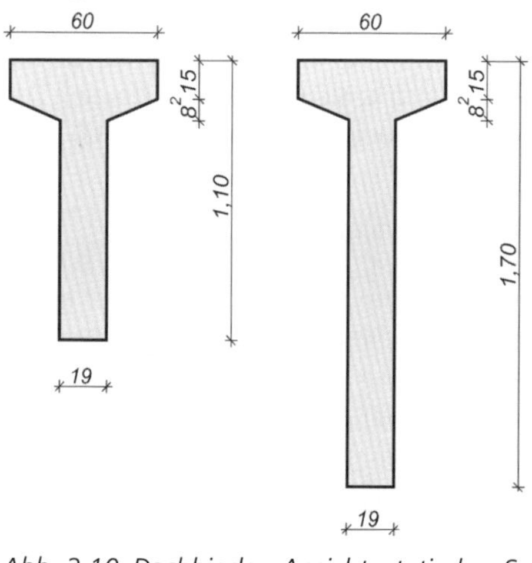

d) Baustoffe

Beton:		*C 50/60*
	f_{ck}	$= 50\ N/mm^2$
	f_{ctm}	$= 4{,}1\ N/mm^2$
	E_{cm}	$= 37\,000\ N/mm^2$
Betonstahl:		*BSt 500*
	f_{yk}	$= 500\ N/mm^2$
	E_s	$= 200\,000\ N/mm^2$
Spannstahl:		*St 1570/1770*
	$f_{p0,1k}$	$= 1500\ N/mm^2$
	f_{pk}	$= 1770\ N/mm^2$
	E_p	$= 195\,000\ N/mm^2$

Abb. 2.10 Dachbinder: Ansicht, statisches System, Querschnitte und Baustoffe

Einwirkungen:			Kombinationsbeiwerte:	
Trapezblech		$= 0{,}25\ \text{kN/m}^2$	häufige Einwirkungskombination	$\psi_{1,s} = 0{,}2$
Dachaufbau		$= 1{,}00\ \text{kN/m}^2$	quasi-ständige Einwirkungskombination	$\psi_{2,s} = 0$
Dachdeckung	g_2	$= 1{,}25\ \text{kN/m}^2$		
Schneelast	s	$= 0{,}85\ \text{kN/m}^2$		

Durchführung

Ermittlung des Bindereigengewichts

$$A_{\text{Feldmitte}} = 1{,}70 \cdot 0{,}19 + (0{,}60 - 0{,}19) \cdot \left(0{,}082 \cdot \frac{1}{2} + 0{,}15\right) = 0{,}401\ \text{m}^2$$

$$g_1' = 0{,}401 \cdot 25{,}0 = 10{,}0\ \text{kN/m}$$

$$A_{\text{Auflager}} = 1{,}10 \cdot 0{,}19 + (0{,}60 - 0{,}19) \cdot \left(0{,}082 \cdot \frac{1}{2} + 0{,}15\right) = 0{,}287\ \text{m}^2$$

$$g_1'' = 0{,}287 \cdot 25{,}0 = 7{,}2\ \text{kN/m}$$

Zusammenstellung der Einwirkungen

Bindereigengewicht	g_1'	$= 10{,}0\ \text{kN/m}$
	g_1''	$= 7{,}2\ \text{kN/m}$
Dachaufbau	$g_2 = 1{,}25 \cdot 7{,}5$	$= 9{,}4\ \text{kN/m}$
Schneelast	$s = 0{,}85 \cdot 7{,}5$	$= 6{,}4\ \text{kN/m}$

Maßgebende Bemessungsstelle und Ermittlung der Schnittgrößen

Aufgrund der veränderlichen Bauhöhe des Dachbinders liegt die maßgebende Bemessungsstelle nicht in Feldmitte. Die maßgebende Stelle 1 ergibt sich aus der maximalen Zugkraft *M/z* in einer Entfernung von 3,30 m neben dem First bei $x = 11{,}70$ m, vgl. Abb. 2.12.

$$M_{1,g1} \approx \left(\frac{7{,}2}{8} + \frac{10{,}0 - 7{,}2}{12}\right) \cdot 30{,}0^2 - \frac{10{,}0 \cdot 3{,}3^2}{2} = 966\ \text{kNm}$$

$$M_{1,g2} = \frac{9{,}4 \cdot 30{,}0^2}{8} - \frac{9{,}4 \cdot 3{,}3^2}{2} = 1006\ \text{kNm}$$

$$M_{1,g} = M_{1,g1} + M_{1,g2} = 1972\ \text{kNm}$$

$$M_{1,s} = \frac{6{,}4 \cdot 30{,}0^2}{8} - \frac{6{,}4 \cdot 3{,}3^2}{2} = 685\ \text{kNm}$$

Ermittlung der erforderlichen Vorspannkraft

Die Ermittlung der erforderlichen Vorspannkraft erfolgt näherungsweise mit den Brutto-Querschnittswerten.

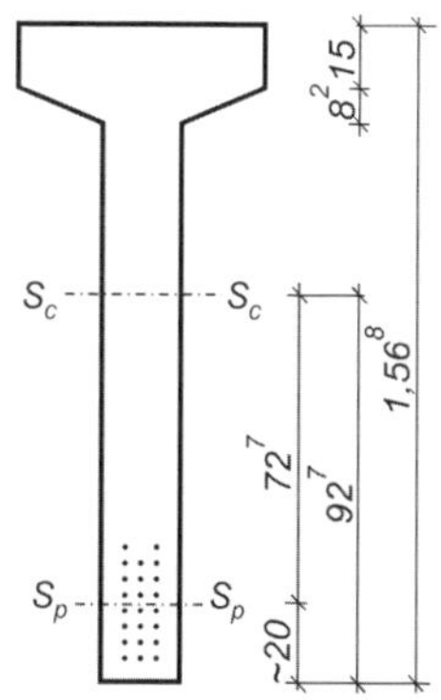

h [m]	1,568
A_c [m²]	0,376
I_c [m⁴]	0,0906
z_{cp} [m]	0,727
z_{cu} [m]	0,927
W_{cu} [m³]	0,0977

Anmerkung: Die Querschnittswerte wurden mit einer Nebenrechnung ermittelt. Hierbei wurde der Abstand des Schwerpunktes der Spannglieder vom unteren Querschnittsrand mit 20 cm angenommen.

Abb. 2.11 Brutto-Querschnittswerte an der Stelle 1 (x = 11,70 m)

Die zeitabhängigen Spannkraftverluste aus Kriechen, Schwinden und Relaxation werden auf 15 % geschätzt. Die Betonspannung am Rand der vorgedrückten Zugzone wird gleich null, wenn

$$\text{erf}\,P_{m0} = \frac{1}{0{,}85} \cdot \frac{\kappa \cdot M_{\text{frequ}}}{z_{cp} + \frac{W_{cu}}{A_c}}$$

Der Vorspanngrad $\kappa = 0{,}8$ wird für die häufige Belastungskombination festgelegt.

$M_{\text{frequ}} = 1972 + 0{,}2 \cdot 685 = 2109$ kNm

Hieraus ergibt sich die erforderliche Vorspannkraft zu:

$$\text{erf}\,P_{m0} = \frac{1}{0{,}85} \cdot \frac{0{,}8 \cdot 2109}{0{,}727 + \frac{0{,}0977}{0{,}376}} = 2011\ \text{kN}$$

Ermittlung der Spannstahlspannung

$A_p = 23 \cdot 0{,}93 = 21{,}4\,\text{cm}^2$ (23 Litzen 0,5")

$$\text{erf}\,\sigma_{pm0} = \frac{\text{erf}\,P_{m0}}{A_p} = \frac{2{,}011}{21{,}4} \cdot 10^4 = 940\ \text{N/mm}^2$$

$$\text{erf}\,\sigma_p^{(0)} = \text{erf}\,\sigma_{pm0} \cdot (1 + \alpha_n)$$

$$\alpha_n \approx \alpha_p \cdot \frac{A_p}{A_c} \cdot \left(1 + \frac{A_c}{I_c} \cdot z_{cp}^2\right) = 5{,}27 \cdot \frac{21{,}4 \cdot 10^{-4}}{0{,}376} \cdot \left(1 + \frac{0{,}376}{0{,}0906} \cdot 0{,}727^2\right) = 0{,}0958$$

$$\text{erf}\,\sigma_p^{(0)} = 940 \cdot (1 + 0{,}0958) = 1030\ \text{N/mm}^2$$

gewählt: $\sigma_p^{(0)} = 1040 \text{ N/mm}^2$ (im Spannbett)

$$\sigma_{pm0} = \frac{\sigma_p^{(0)}}{(1+\alpha_n)} = \frac{1040}{(1+0{,}0958)} = 949 \text{ N/mm}^2 \quad \text{(nach Lösen der Spannbettverankerung)}$$

Kontrolle der zulässigen Spannstahlspannungen beim Vorspannen

Zulässige Spannstahlspannungen im Spannbett (vgl. Abschn. 3.2.1):

$$\left.\begin{aligned} \sigma_{p,max}^{(0)} &= 0{,}80 \cdot f_{pk} &&= 0{,}8 \cdot 1770 = 1416 \text{ N/mm}^2 \\ \sigma_{p,max}^{(0)} &= 0{,}90 \cdot f_{p0,1k} &&= 0{,}9 \cdot 1500 = 1350 \text{ N/mm}^2 \end{aligned}\right\} \text{der kleinere Wert ist maßgebend}$$

$$\sigma_p^{(0)} = 1040 \text{ N/mm}^2 < \sigma_{p,max}^{(0)} = 1350 \text{ N/mm}^2$$

Zulässige Spannstahlspannungen nach Lösen der Spannbettverankerung:

$$\left.\begin{aligned} \sigma_{pm0,max} &= 0{,}75 \cdot f_{pk} &&= 0{,}75 \cdot 1770 = 1328 \text{ N/mm}^2 \\ \sigma_{pm0,max} &= 0{,}85 \cdot f_{p0,1k} &&= 0{,}85 \cdot 1500 = 1275 \text{ N/mm}^2 \end{aligned}\right\} \text{der kleinere Wert ist maßgebend}$$

$$\sigma_{pm0} = 949 \text{ N/mm}^2 < \sigma_{pm0,max} = 1275 \text{ N/mm}^2$$

Die zulässigen Spannstahlspannungen werden nicht ausgenutzt, vgl. Abschn. 2.2.

Ermittlung der Vorspannkraft

$$P^{(0)} = \sigma_p^{(0)} \cdot A_p = 1040 \cdot 21{,}4 \cdot 10^{-1} = 2226 \text{ kN} \quad \text{(im Spannbett)}$$

$$P_{m0} = \sigma_{pm0} \cdot A_p = 949 \cdot 21{,}4 \cdot 10^{-1} = 2031 \text{ kN} \quad \text{(nach Lösen der Spannbettverankerung)}$$

Schnittgrößen aus Vorspannung zum Zeitpunkt $t = t_0$

An der Stelle 1 (x = 11,70 m) beträgt der Abstand des Schwerpunktes der Spannglieder zur Schwerachse des Bruttoquerschnitts nach Abb. 2.11:

$$z_{cp} = 0{,}727 \text{ m}$$

Die geradlinige Spanngliedführung ist gegenüber dem Verlauf der Schwerachse des Dachbinders um den Winkel φ geneigt. Mit dem Querschnitt nach Abb. 1.39 ergibt sich im Abstand (x = 1,00 m):

$$z_{cp} = 0{,}496 \text{ m}$$

$$\tan\varphi = -\frac{0{,}727 - 0{,}496}{11{,}70 - 1{,}00} = -0{,}0216$$

Mit der Vorspannkraft P_{m0} = –2031 kN ergeben sich die Schnittgrößen z. B. an der Stelle 1 zu:

$$\begin{aligned} M_{p0} &= -P_{m0} \cdot z_{cp} &&= -2031 \cdot 0{,}727 &&= -1477 \text{ kNm} \\ V_{p0} &= P_{m0} \cdot \tan\varphi &&= 2031 \cdot (-0{,}0216) &&= -43{,}9 \text{ kN} \end{aligned}$$

$N_{p0} = \quad -P_{m0} \qquad\qquad\qquad = -2031 \text{ kN}$

Im First ergibt sich der Abstand zu

$z_{cp} = 0{,}727 + 0{,}0216 \cdot 3{,}30 = 0{,}798 \text{ m}$

und das minimale Moment beträgt:

$M_{p0} = \quad -P_{m0} \cdot z_{cp} \quad = -2031 \cdot 0{,}798 \quad = -1621 \text{ kNm}$

In Abb. 2.12 sind die Schnittgrößen aus der Vorspannung für den gesamten Binder dargestellt.

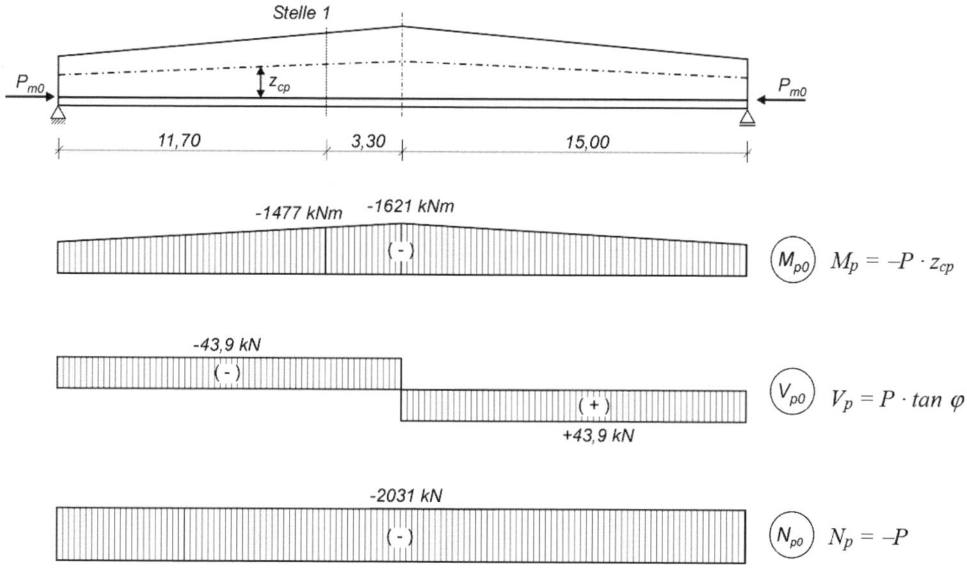

Abb. 2.12 Schnittgrößen aus Vorspannung zum Zeitpunkt $t = t_0$

Anmerkung: Entsprechend dem Neigungswechsel am First wechselt die Querkraft ihr Vorzeichen.

2.3 Umlenkkraftmethode

2.3.1 Umlenkkräfte

Bei der Umlenkkraftmethode werden alle vom Spannglied auf den Beton wirkenden Kräfte als äußere Einwirkungen angesetzt. Hierbei wird zwischen Umlenk- und Verankerungskräften unterschieden.

Die Umlenkkräfte ergeben sich aus jeder Richtungsänderung des Spanngliedverlaufs, da hier die Spannglieder unter der Vorspannkraft P aus dem ansonsten geraden Verlauf umgelenkt werden, vgl. Abb. 2.13.

a) Richtungswechsel des Spanngliedverlaufs

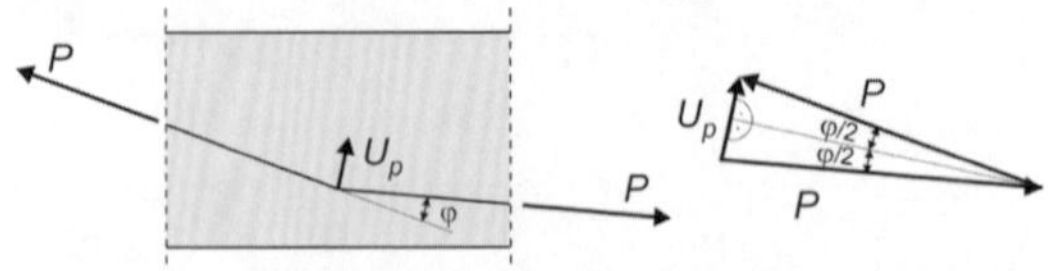

$$U_p = 2 \cdot P \cdot \sin(\varphi / 2)$$

Für kleine Umlenkwinkel φ gilt:

$$U_p \approx P \cdot \tan\varphi$$

b) Kontinuierliche Richtungsänderung des Spanngliedverlaufs

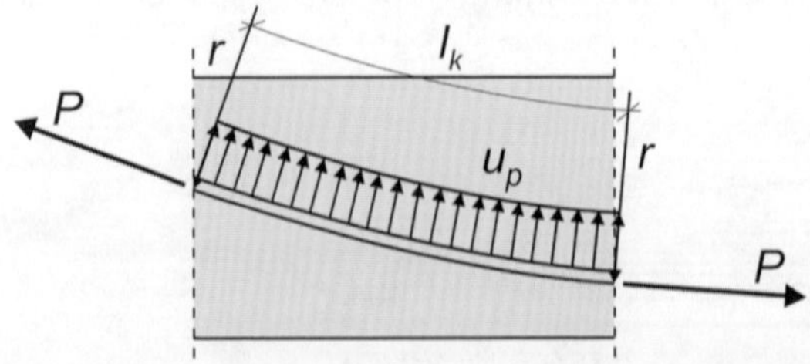

$$u_p = \frac{P}{r}$$

$$U_p = \frac{P}{r} \cdot l_k$$

mit r = Krümmungsradius,
l_k = Kreisbogenlänge für kleine Winkel

Abb. 2.13 Umlenkkräfte aus dem Richtungswechsel des Spanngliedverlaufs

Für eine ringförmige Vorspannung mit dem Radius r ergibt sich hieraus eine konstante radiale Umlenkkraft, vgl. Abb. 2.14

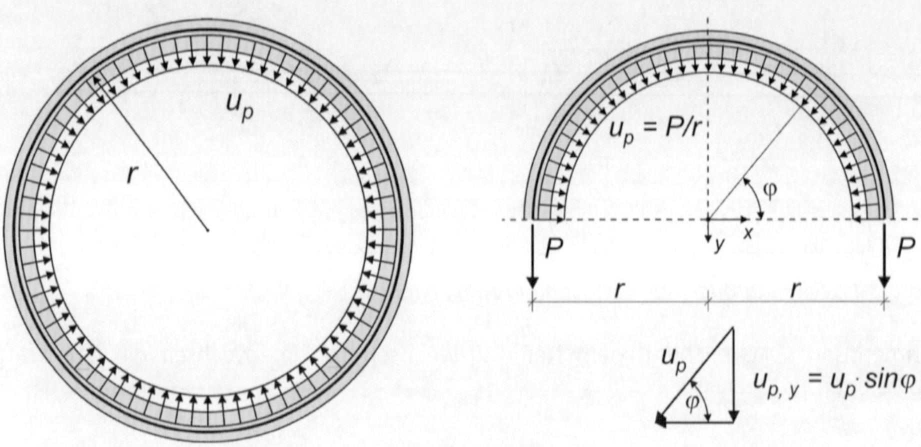

Abb. 2.14 Umlenkkräfte bei ringförmigem Spanngliedverlauf

Die Summe der Umlenkkräfte in y-Richtung beträgt für einen halben Kreisbogen:

$$U_{p,y} = \int_0^{180^o} u_{p,y} \cdot r \cdot d\varphi = \int_0^{180^o} u_p \cdot \sin\varphi \cdot r \cdot d\varphi = [-u_p \cdot \cos\varphi \cdot r]_0^{180^o} = 2 \cdot u_p \cdot r$$

Aus dem Gleichgewicht der auf das Spannglied einwirkenden Kräfte $U_{p,y}$ = 2 P nach Abb. 2.14 folgt für u_p die bereits oben genannte Beziehung:

$$2 \cdot u_p \cdot r = 2 \cdot P \quad \text{und} \quad u_p = \frac{P}{r}$$

Bei parabelförmiger Spanngliedführung ergibt sich mit der allgemeinen Funktion für den Verlauf

$$z_{cp}(x) = -a \cdot x^2 + b \cdot x + c$$

eine konstante Umlenkkraft aus der Krümmung des Spanngliedverlaufs rechtwinklig zum Spannglied:

$$u_p = P \cdot \frac{1}{r} = P \cdot z''_{cp}(x) = -2 \cdot P \cdot a = \text{const.}$$

Entsprechend einem durchhängenden Seil unter einer Gleichstreckenlast korrespondiert mit dieser konstanten Umlenkkraft in *z*-Richtung eine veränderliche Zugkraft *P*, vgl. Abb. 2.15. Während die Kraftkomponente P_x in *x*-Richtung konstant ist und in der Mitte der Zugkraft P_m entspricht, wächst mit größer werdendem Neigungswinkel φ die Kraftkomponente P_z in *z*-Richtung und damit die Zugkraft *P* an ($P_e > P_m$).

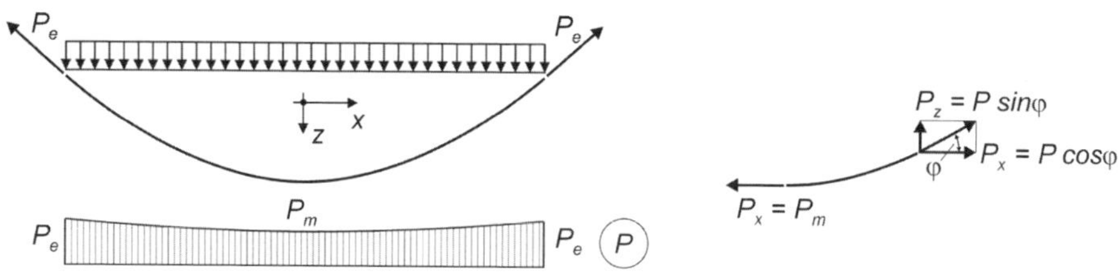

Abb. 2.15 Umlenkkraft bei parabelförmigem Verlauf und veränderlicher Zugkraft P

Da beim Vorspannen das Eigengewicht des Tragwerks als Streckenlast bereits aktiviert ist und die Änderung der Zugkraft durch Reibungskräfte längs des Spannglieds eingetragen wird, sind der in Abb. 2.15 dargestellte Verlauf der Zugkraft und die Annahme einer konstanten Umlenkkraft in *z*-Richtung bei parabelförmigem Spanngliedverlauf wirklichkeitsnah und werden grundsätzlich für die Ermittlung der Umlenkkraft angesetzt.

Bei üblichen Abmessungen können daher die Umlenkkräfte in *x*-Richtung vernachlässigt werden. Die beim Vorspannen auftretenden Reibungskräfte längs der Spannglieder (siehe auch Abschn. 2.5.1) werden für die Schnittgrößenermittlung ebenfalls vernachlässigt und für kleine Winkel φ gilt:

$$P_e \approx P_x \approx P = \text{const.}$$

Die Umlenkkraft beträgt im Allgemeinen mit dem Parabelstich *f*:

$$u_p = P \cdot \frac{8 \cdot f}{l^2} = \text{const.}$$

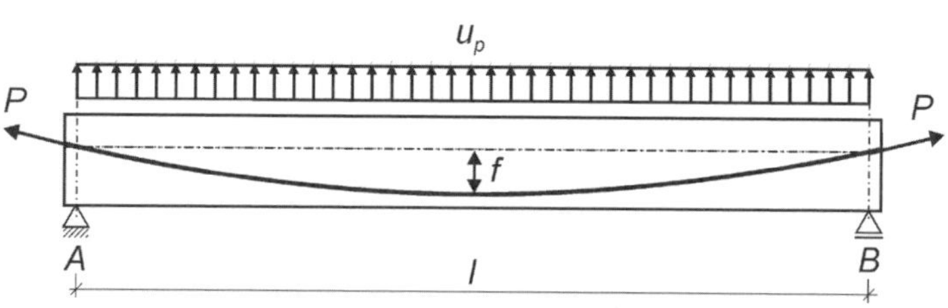

Abb. 2.16 Konstante Umlenkkraft bei parabelförmigem Spanngliedverlauf

Das Biegemoment ergibt sich aus der Umlenkkraft nach Abb. 2.16 in Übereinstimmung mit Abb. 2.4:

$$M_p = -\frac{u_p \cdot l^2}{8} = -P \cdot f = -P \cdot z_{cp}$$

Bei einer punktuellen Umlenkung der Spannglieder z. B. durch Umlenksättel bei externer Vorspannung nach Abb. 1.26 wird für die Schnittgrößenermittlung in der Regel ebenfalls nur die Umlenkkraft senkrecht zu Bauteilachse angesetzt, vgl. Abb. 2.17.

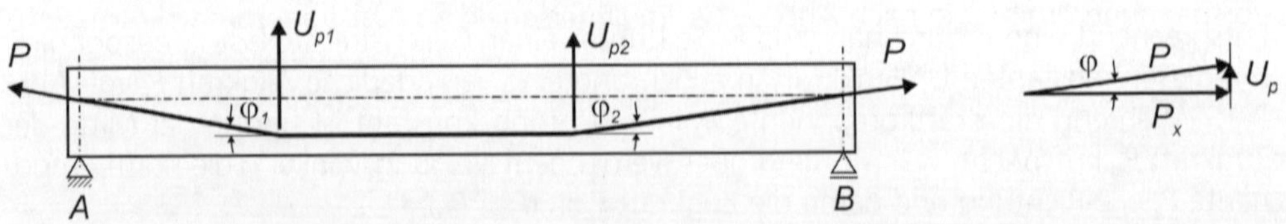

Abb. 2.17 Umlenkkraft bei polygonalem Spanngliedverlauf

Für kleine Winkel φ gilt:

$$U_p \approx P_x \cdot \tan\varphi \approx P \cdot \tan\varphi$$

Zusätzlich zur Umlenkung der Spannglieder ergeben sich Umlenkkräfte aus dem Richtungswechsel der Bauteilachse, da hierbei die Betondruckkraft, die mit der Spanngliedzugkraft im Gleichgewicht steht, umgelenkt wird.

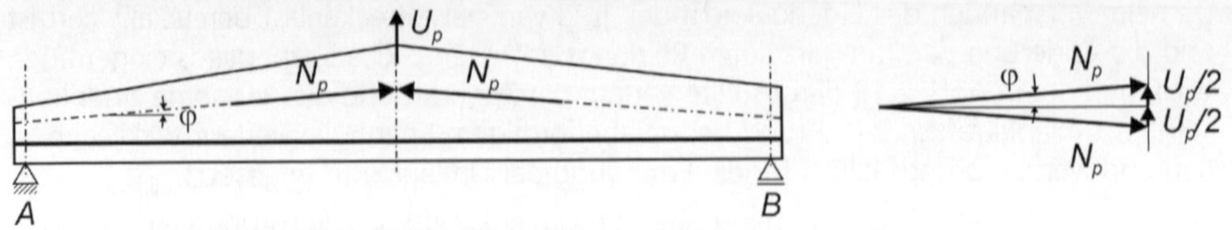

Abb. 2.18 Umlenkkraft beim Richtungswechsel der Bauteilachse

2.3.2 Anwendungsbeispiel: Dachbinder

Aufgabe

Für den in Abb. 2.10 skizzierten symmetrischen Satteldachbinder ist die Querkraft aus Vorspannung nach der Umlenkkraftmethode zu ermitteln.

Die Vorspannkraft beträgt: $P = 2031$ kN

Die Neigung der Schwerachse beträgt: $\tan\varphi = 0{,}0216$

Durchführung

Ermittlung der Umlenkkraft im First

$$N_p = -P = -2031 \text{ kN}$$

Die vertikale Umlenkkraft nach Abb. 2.18 beträgt:

$$U_\text{p} = -2 \cdot N_\text{p} \cdot \tan\varphi = 2 \cdot 2031 \cdot 0{,}0216 = 87{,}7\ \text{kN}$$

Ermittlung der Querkraft

$$V_\text{p} = \frac{U_\text{p}}{2} = \frac{87{,}7}{2} = 43{,}9\ \text{kN}$$

Der Vergleich zeigt, dass sich nach der Umlenkkraftmethode die gleiche Querkraft aus Vorspannung ergibt wie nach Abb. 2.12. Im Unterschied zu den Trägern nach Abb. 2.16 und Abb. 2.17 sind jedoch hier die Umlenkkräfte zur Ermittlung des Biegemomentes alleine nicht ausreichend, da die Exzentrizität der Verankerung der Spannglieder am Balkenende zusätzliche Biegemomente erzeugt. Die Verankerungskräfte müssen daher bei der Umlenkkraftmethode grundsätzlich berücksichtigt werden.

2.3.3 Verankerungskräfte

Die Verankerungskräfte aus Vorspannung werden wie die Umlenkkräfte als äußere Einwirkungen auf das Tragwerk behandelt. Hierbei wird bei balkenförmigen Bauteilen die Exzentrizität der Verankerungskraft e_p auf die Systemachse bezogen.

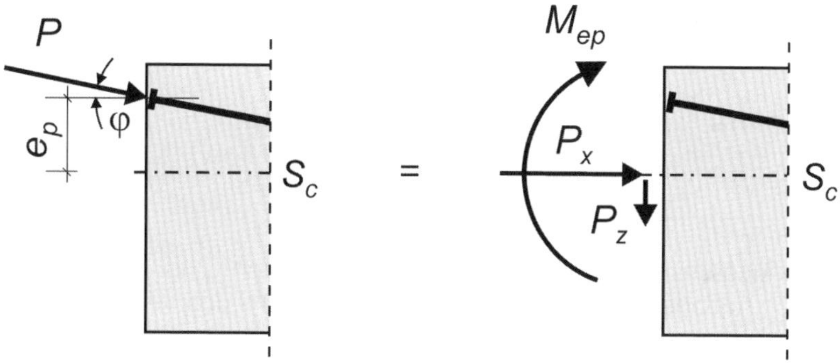

Abb. 2.19 Verankerungskraft und Kraftkomponenten am Balkenende

Entsprechend Abb. 2.19 wird zwischen drei Einwirkungen aus der Verankerung unterschieden. In der Regel ist die Neigung des Spanngliedverlaufs φ gering und $P_\text{x} \approx P$:

$$P_\text{x} = P \cdot \cos\varphi \approx P$$
$$P_\text{z} = P_\text{x} \cdot \tan\varphi \approx P \cdot \tan\varphi$$
$$M_\text{ep} = P_\text{x} \cdot e_\text{p} \approx P \cdot e_\text{p}$$

Die Verankerungskräfte, die auf das statische System wirken, werden üblicherweise auf die Systemachsen der Auflager bezogen, um die Ermittlung der Schnittgrößen zu vereinfachen.

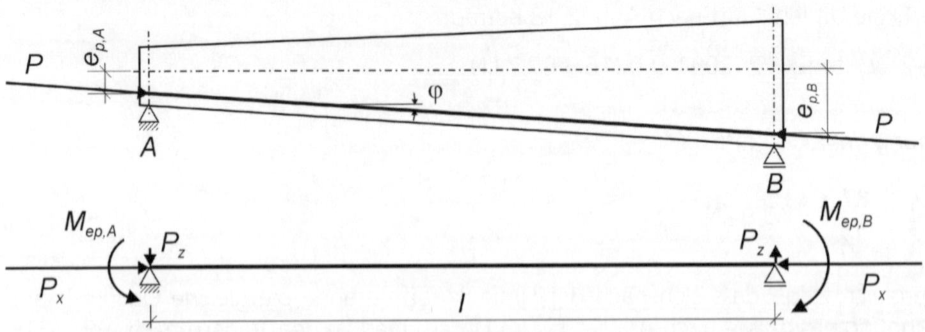

Abb. 2.20 Verankerungskräfte am Balken und Einwirkungen aus Vorspannung am Einfeldträger

Die Ermittlung der Schnittgrößen aus Umlenk- und Verankerungskräften infolge Vorspannung erfolgt nach den Regeln der Statik. Bei statisch bestimmten Systemen erzeugen die Verformungen aus Vorspannung keine Zwängungen und es ergeben sich keine Auflagerkräfte. Nach Abb. 2.20 beträgt z. B.:

$$P_z = P \cdot \tan\varphi = P \cdot (e_{p,B} - e_{p,A}) / l$$

$$M_{ep,A} = P \cdot e_{p,A}$$

$$M_{ep,B} = P \cdot e_{p,B}$$

Wegen des geraden Spanngliedverlaufs entstehen keine Umlenkkräfte und die Auflagerkraft *B* ergibt sich aus der Summe der Momente um *A* zu:

$$B = \frac{1}{l} \cdot (-M_{ep,A} + M_{ep,B} - P_z \cdot l) = \frac{1}{l} \cdot (-P \cdot e_{p,A} + P \cdot e_{p,B} - P \cdot (e_{p,B} - e_{p,A})) = 0$$

$$A = B = 0$$

Wegen des Eigenspannungszustandes von Spannstahl und Beton sind bei statisch bestimmten Systemen die Auflagerkräfte aus der Summe der Umlenk- und Verankerungskräfte immer gleich null.

2.3.4 Anwendungsbeispiel: Einhüftiger Rahmen

Aufgabe

Für den in Abb. 2.7 skizzierten Rahmen sind die Auflagerkräfte und Schnittgrößen aus Vorspannung nach der Umlenkkraftmethode zu ermitteln. Die Vorspannkraft für den Stiel und Riegel beträgt:

$$P = 3750 \text{ kN}$$

Die Funktion für den Verlauf der Spannglieder im Riegel lautet mit $x = 0$ in der Stielachse:

$$z_{cp}(x) = -\frac{1}{75} \cdot x^2 + 0{,}18 \cdot x - 0{,}24$$

Durchführung

Darstellung des Tragwerks mit Umlenk- und Verankerungskräften

Aus den parabelförmigen Spanngliedern resultiert eine konstante Umlenkkraft im Riegel. Der Verlauf der Spannglieder, die Umlenkkraft und die Lage der Verankerungskräfte sind in Abb. 2.21 dargestellt.

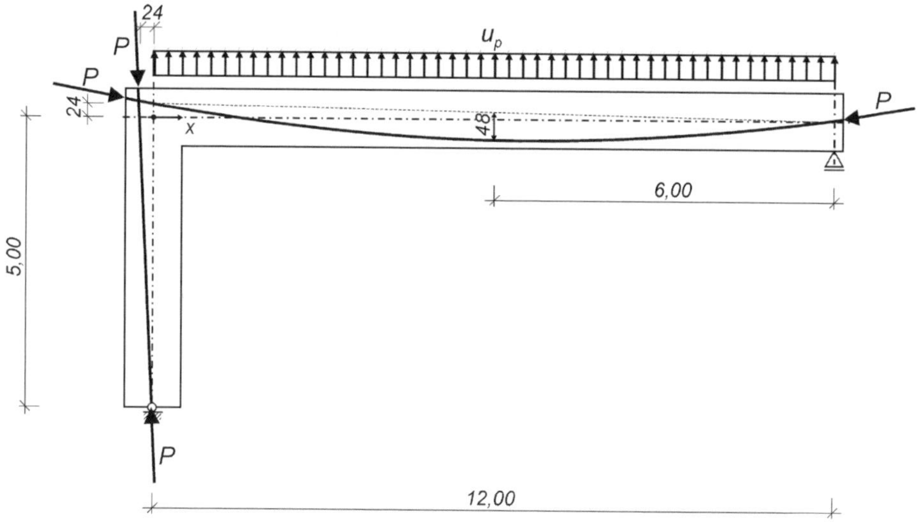

Abb. 2.21 Rahmen – Spanngliedführung mit Umlenk- und Verankerungskräften

Ermittlung der Umlenkkraft

Aus der Funktion des parabelförmigen Verlaufs der Spannglieder ergibt sich die Lage der Spannglieder in der Riegelmitte zu:

$$z_{cp}(x = 6{,}00) = -\frac{1}{75} \cdot 6{,}00^2 + 0{,}18 \cdot 6{,}00 - 0{,}24 = 0{,}36 \text{ m}$$

Damit beträgt der Parabelstich zwischen den Auflagerachsen:

$$f = 0{,}36 + 0{,}24 / 2 = 0{,}48 \text{ m}$$

Die Umlenkkraft ergibt sich hieraus mit der Vorspannkraft $P = 3750$ kN zu:

$$u_p = P \cdot \frac{8 \cdot f}{l^2} = 3750 \cdot \frac{8 \cdot 0{,}48}{12{,}00^2} = 100 \text{ kN/m}$$

Ermittlung der Verankerungskräfte und -momente

Maßgebend für die Schnittgrößen ist die Verankerungskraft in der Systemachse und deren Neigung und Exzentrizität zur Bauteilachse e_p, vgl. Abb. 2.19.

Stiel	*Rahmenecke*	*Riegelende*
bei $x = 0$ m: $e_p = 0$	$\tan\varphi = -z'_{cp}(x) = \frac{2}{75} \cdot x - 0{,}18$	
bei $x = 5{,}00$ m: $e_p = 0{,}24$ m,	bei $x = 0$ m: $e_p = 0{,}24$ m,	bei $x = 12{,}00$ m: $e_p = 0$,
$\tan\varphi = \frac{0{,}24}{5{,}00} = 0{,}048$	$\tan\lvert\varphi\rvert = 0{,}180$	$\tan\varphi = \frac{2}{75} \cdot 12{,}00 - 0{,}18 = 0{,}140$

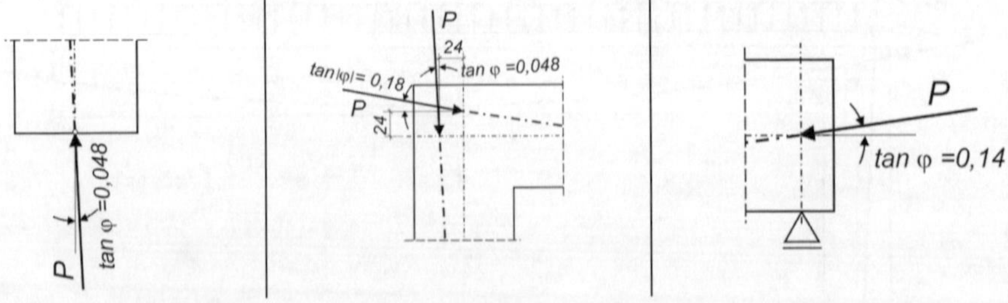

$$P_x = P \qquad P_z = P \cdot \tan\lvert\varphi\rvert \qquad M_{ep} = P_x \cdot e_P$$

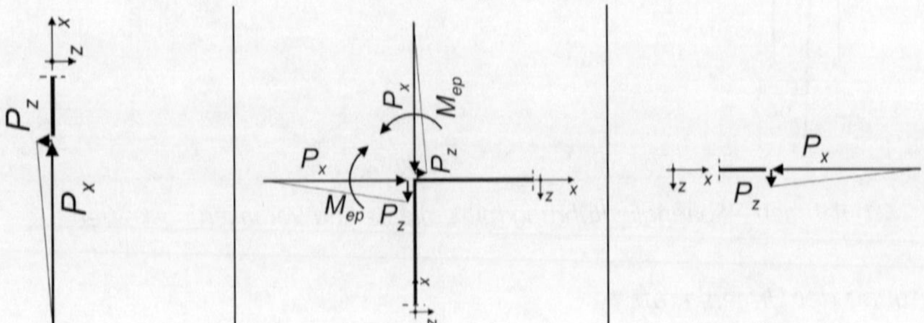

$P_x = 3750$ kN	$P_x = 3750$ kN	$P_x = 3750$ kN
$P_z = 3750 \cdot 0{,}048 = 180$ kN	$P_z = 3750 \cdot 0{,}180 = 675$ kN	$P_z = 3750 \cdot 0{,}140 = 525$ kN
$M_{ep} = 0$	$M_{ep} = 3750 \cdot 0{,}24 = 900$ kNm	$M_{ep} = 0$

Abb. 2.22 Verankerungskräfte und -momente aus der Verankerungsexzentrizität

Darstellung des Systems mit den Einwirkungen aus Vorspannung

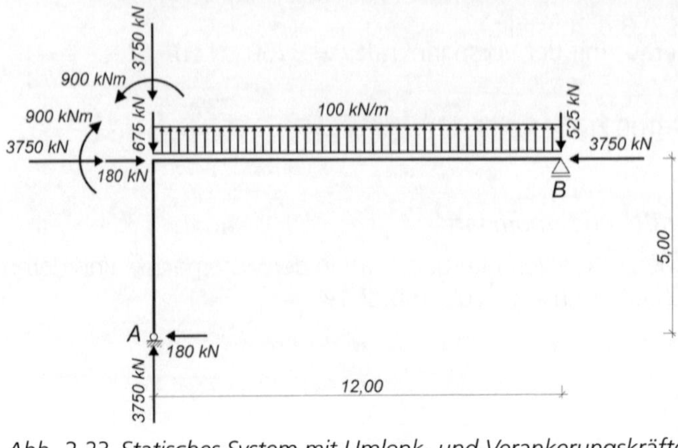

Abb. 2.23 Statisches System mit Umlenk- und Verankerungskräften

Ermittlung der Auflagerkräfte

$\Sigma M_A = 0:$

$$B = \frac{1}{12{,}00} \cdot [900 - 900 + (3750 + 180 - 3750) \cdot 5{,}00 + 525 \cdot 12{,}00 - 100 \cdot \frac{12{,}00^2}{2}] = 0$$

$$\Sigma V = 3750 - 3750 + 675 + 525 - 100 \cdot 12{,}00 = 0$$

$$\Sigma H = 3750 - 3750 + 180 - 180 = 0$$

$$A = B = 0$$

Ermittlung der Schnittgrößen
Eckmoment:

$$M_{p,E} = 180 \cdot 5{,}00 = +900 \text{ kNm}$$

Anmerkung: Das Eckmoment ist für Stiel und Riegel gleich groß und entspricht den Momenten aus der Verankerungsexzentrizität in der Rahmenecke, da keine Auflagerkräfte aus der Vorspannung resultieren.

Minimales Feldmoment im Riegel:

Die Verläufe von Biegemoment und Querkraft werden durch folgende Funktionen beschrieben.

$$M_p(x) = 100 \cdot \frac{x^2}{2} - 675 \cdot x + 900$$

$$V_p(x) = 100 \cdot x - 675$$

Das minimale Feldmoment ergibt sich an der Stelle $x = 6{,}75$ m ($V_p = 0$) zu:

$$M_{p,F} = 100 \cdot \frac{6{,}75^2}{2} - 675 \cdot 6{,}75 + 900 = -1378 \text{ kNm}$$

Insgesamt ergeben sich dieselben Schnittgrößen wie bei der Berechnung in Abschn. 2.1.1. Die Schnittgrößen sind in Abb. 2.8 dargestellt.

2.4 Schnittgrößen statisch unbestimmter Systeme

2.4.1 Schnittgrößenermittlung nach der Umlenkkraftmethode

Zur Berechnung der Schnittgrößen aus Vorspannung werden grundsätzlich sämtliche Umlenk- und Verankerungskräfte auf das statisch unbestimmte System angesetzt. Im Unterschied zu statisch bestimmten Systemen resultieren hieraus im Allgemeinen

Zwängungen und entsprechende Auflagerreaktionen. Die Summe der Auflagerkräfte aus Vorspannung ist in jedem Fall gleich null.

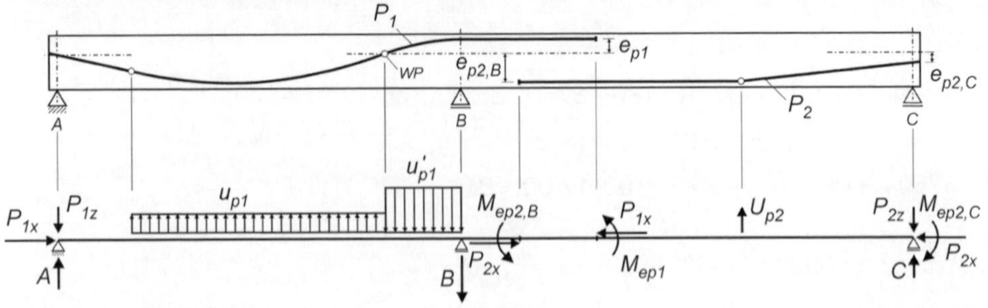

Abb. 2.24 Spanngliedführung und stat. System mit Umlenk-, Verankerungs- und Auflagerkräften

Die Schnittgrößen, die sich aus diesen Auflagerkräften ergeben, werden als indirekte Anteile der Vorspannung bezeichnet und mit den direkten Anteilen des statisch bestimmten Systems überlagert.

2.4.2 Anwendungsbeispiel: Zweifeldträger

Aufgabe

Für den in Abb. 2.25 skizzierten Zweifeldträger sind die Auflagerkräfte aus Vorspannung nach der Umlenkkraftmethode zu ermitteln. Die Schnittgrößen sind darzustellen.

Die Vorspannkraft beträgt: $P = 5000$ kN

Der Stich des parabelförmigen Spanngliedverlaufs beträgt

im Feld: $f_1 = 71{,}0$ cm

über der Stütze B: $f_2 = 21{,}7$ cm

Die Verankerungsexzentrizität beträgt in den Auflagerachsen A und C: $e_p = 20$ cm

Die Neigung des Spanngliedverlaufs beträgt hier: $\tan\varphi = 0{,}1137$

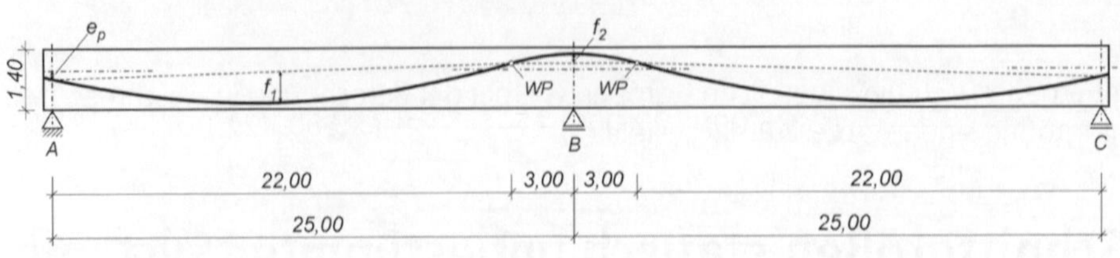

Abb. 2.25 Zweifeldträger mit dem Verlauf der Spannglieder

Durchführung

Ermittlung der Umlenkkraft

Für die Umlenkkräfte sind die beiden Parabelabschnitte im Feld ($l_1 = 22{,}00$ m) und über der Stütze ($l_2 = 6{,}00$ m) zwischen den Wendepunkten (WP) maßgebend.

$$u_{p1} = P \cdot \frac{8 \cdot f_1}{l_1^2} = 5000 \cdot \frac{8 \cdot 0{,}710}{22{,}00^2} = 58{,}7 \text{ kN/m}$$

$$u_{p2} = P \cdot \frac{8 \cdot f_2}{l_2^2} = 5000 \cdot \frac{8 \cdot 0{,}217}{6{,}00^2} = 241 \text{ kN/m}$$

Ermittlung der Verankerungskräfte und -momente

Aus der Verankerung der Spannglieder ergibt sich in den Auflagerachsen A und C:

$$P_z = P \cdot \tan\varphi = 5000 \cdot 0{,}1137 = 568{,}5 \text{ kN}$$

$$M_{ep} = P \cdot e_p = 5000 \cdot 0{,}20 = 1000 \text{ kNm}$$

Darstellung des Systems mit den Einwirkungen aus Vorspannung

Wegen der Symmetrie wird in Abb. 2.26 das halbe System dargestellt.

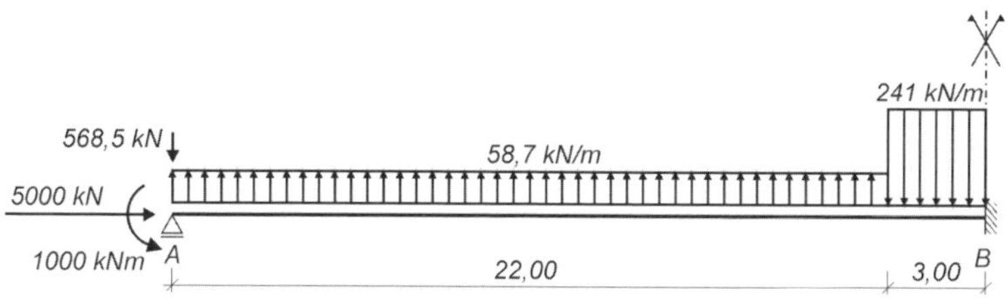

Abb. 2.26 Statisches System mit Umlenk- und Verankerungskräften

Ermittlung der Auflagerkräfte

Es wird zunächst überprüft, ob die Summe der Verankerungs- und Umlenkkräfte gleich null ist.

$$\Sigma V = \Sigma P_z + \Sigma(u_p \cdot l) = 568{,}5 - 58{,}7 \cdot 22{,}00 + 241 \cdot 3{,}00 = 1291{,}5 - 1291{,}4 = 0{,}1 \text{ kN} \approx 0$$

Das Stützmoment an der Stelle B wird mit den üblichen Tafeln für Belastungsglieder und Volleinspannmomente ermittelt:

$$M_B = \frac{1000}{2} - \frac{-58{,}7 \cdot 22{,}00^2}{8 \cdot 25{,}00^2}\left(2 \cdot 25{,}00^2 - 22{,}00^2\right) - \frac{241 \cdot 3{,}00^2}{8 \cdot 25{,}00^2}(25{,}00 + 22{,}00)^2$$
$$= 500 + 4353 - 958 = +3895 \text{ kNm}$$

Aus $\Sigma M_B = 3895$ kNm ergibt sich die vertikale Auflagerkraft A zu:

$$A = \frac{1}{25{,}00}\left[568{,}5 \cdot 25{,}00 + 1000 - 58{,}7 \cdot 22{,}00 \cdot (\frac{22{,}00}{2} + 3{,}00) + 241 \cdot \frac{3{,}00^2}{2} + 3895\right] = 84{,}5 \text{ kN}$$

Aus $\Sigma M_A = 0$ ergibt sich die vertikale Auflagerkraft B aus beiden Systemhälften zu:

$$B = 2 \cdot \frac{1}{25{,}00}\left[-1000 - 58{,}7 \cdot \frac{22{,}00^2}{2} + 241 \cdot 3{,}0 \cdot (22{,}00 + \frac{3{,}00}{2}) - 3895\right] = -168{,}8 \text{ kN}$$

$$C = A = 84{,}5 \text{ kN}$$

Die Summe der Auflagerkräfte ist ebenfalls gleich null:

$$\Sigma V = A + B + C = -84{,}5 + 168{,}8 - 84{,}5 = +168{,}8 - 169{,}0 = -0{,}2 \text{ kN} \approx 0$$

Ermittlung und Darstellung der Schnittgrößen

Die Querkraft an der Stelle A ergibt sich aus der Summe der Auflager- und Verankerungskraft zu:

$$V_{p,A} = 84{,}5 - 568{,}5 = -484 \text{ kN}$$

Das minimale Moment ergibt sich mit der Nullstelle der Querkraft im Abstand x vom Auflager A.

$$x = V_{p,A} / u_p = 484/58{,}7 = 8{,}245 \text{ m}$$

$$M_p = -1000 - 484 \cdot 8{,}245 + 58{,}7 \cdot \frac{8{,}245^2}{2} = -2995 \text{ kNm}$$

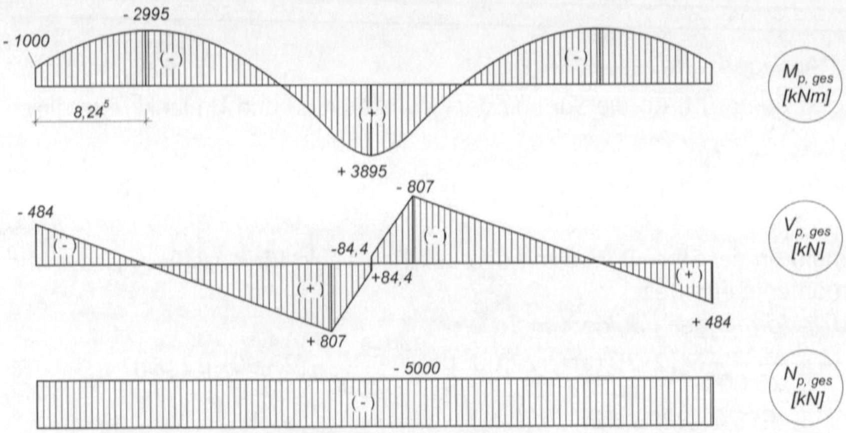

Abb. 2.27 Schnittgrößen aus Vorspannung

2.4.3 Schnittgrößenermittlung nach dem Kraftgrößenverfahren

Das Kraftgrößenverfahren zur Ermittlung der Schnittgrößen aus Vorspannung wird bei statisch unbestimmten Systemen nach den Regeln der Statik verwendet. Hierbei wird zunächst ein statisch bestimmtes Hauptsystem gewählt, an dem der direkte Anteil der Schnittgrößen aus Vorspannung nach Abschn. 2.1 ermittelt wird.

Die hierdurch erzeugten Verformungen an den Stellen der statisch unbestimmten Größen X_i werden durch X_i kompatibel gemacht. Die Schnittgrößen infolge X_i entsprechen dem indirekten Anteil der Schnittgrößen aus Vorspannung.

Im Allgemeinen ist es ausreichend, bei der Berechnung der Verformungen am statisch bestimmten Hauptsystem nur den Momentenanteil aus Vorspannung zu berücksichtigen und den Anteil aus Querkraft zu vernachlässigen. Der Anteil aus Normalkraftverformungen muss berücksichtigt werden, wenn hierdurch die Schnittgrößen wesentlich beeinflusst werden, z. B. bei in Längsrichtung nicht zwängungsfrei gelagerten Systemen. Dieser Fall ist wegen der sehr großen Zwängungskräfte aus Vorspannung grundsätzlich durch eine in Längsrichtung verschiebliche Lagerung zu vermeiden.

Die Verformungen am statisch bestimmten Hauptsystem werden mit der Arbeitsgleichung und dem Spannungszustand infolge des direkten Anteils der Schnittgrößen aus Vorspannung berechnet.

$$\delta_{k0} = \int_0^x \frac{M_k \cdot M^0_{p,dir}}{EI} dx \qquad \text{mit } M^0_{p,dir} = -P \cdot z_{cp}$$

Die Elastizitätsgleichung an der Stelle k lautet in allgemeiner Form:

$$\delta_k = \delta_{k0} + \sum_i X_i \cdot \delta_{ki} = 0$$

und bei einfach statisch unbestimmten Systemen

$$\delta_1 = \delta_{10} + X_1 \cdot \delta_{11} = 0.$$

Die Schnittgrößenermittlung wird am Beispiel eines Zweifeldträgers erläutert, vgl. Abb. 2.28.

Zweifeldträger mit gerader Spanngliedführung:

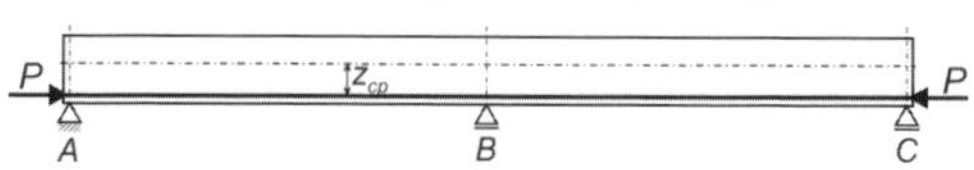

Statisch bestimmtes Hauptsystem:

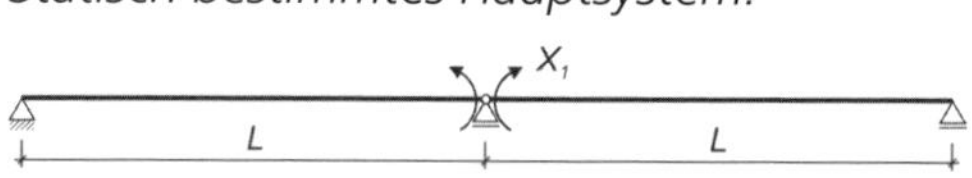

1-System und Verformungen infolge $X_1 = 1$:

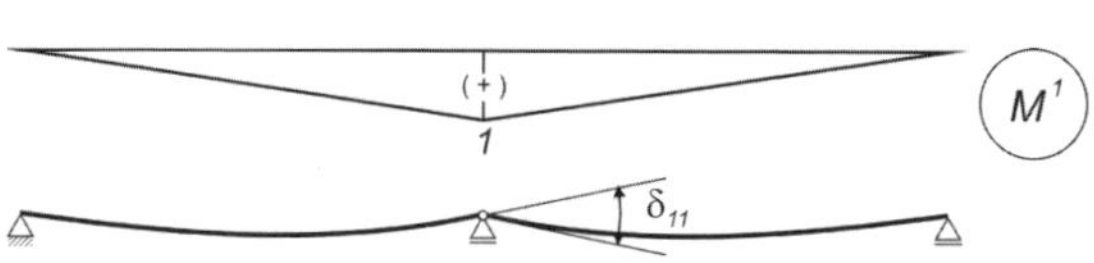

$$\delta_{11} = 2 \cdot \frac{1}{3} \cdot 1 \cdot 1 \cdot L = \frac{2}{3} \cdot L$$

0-System und Verformungen infolge $M_{p,dir}^{0} = -P \cdot z_{cp}$:

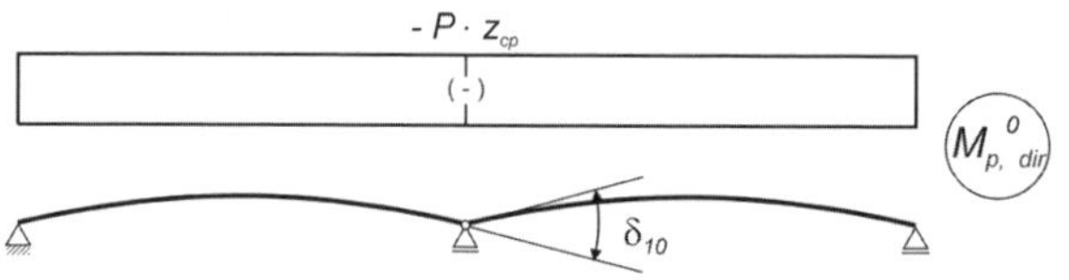

$$\delta_{10} = -2 \cdot \frac{1}{2} \cdot 1 \cdot P \cdot z_{cp} \cdot L = -P \cdot z_{cp} \cdot L$$

Abb. 2.28 Kraftgrößenverfahren am Beispiel eines Zweifeldträgers

Die statisch unbestimmte Größe X_1 nach Abb. 2.28 errechnet sich mit der Elastizitätsgleichung zu:

$$X_1 = -\frac{\delta_{10}}{\delta_{11}} = -\frac{-P \cdot z_{cp} \cdot L}{\frac{2}{3} \cdot L} = \frac{3}{2} \cdot P \cdot z_{cp}$$

Die Schnittgrößen aus X_1 entsprechen dem indirekten Anteil $M_{p,ind}$. Die Auflagerkräfte ergeben sich hieraus zu:

$$A = C = \frac{X_1}{L} = \frac{3}{2} \cdot \frac{P \cdot z_{cp}}{L}$$

$$B = -2 \cdot \frac{X_1}{L} = -3 \cdot \frac{P \cdot z_{cp}}{L}$$

Die Summe der Auflagerkräfte ist gleich null.
Das Stützmoment an der Stelle B beträgt mit den direkten und indirekten Anteilen des Momentes:

$$M_{p,ges} = M_{p,dir} + M_{p,ind} = -P \cdot z_{cp} + \frac{3}{2} \cdot P \cdot z_{cp} = +\frac{1}{2} \cdot P \cdot z_{cp}$$

Insgesamt ergeben sich die Schnittgrößen aus Vorspannung nach Abb. 2.29.

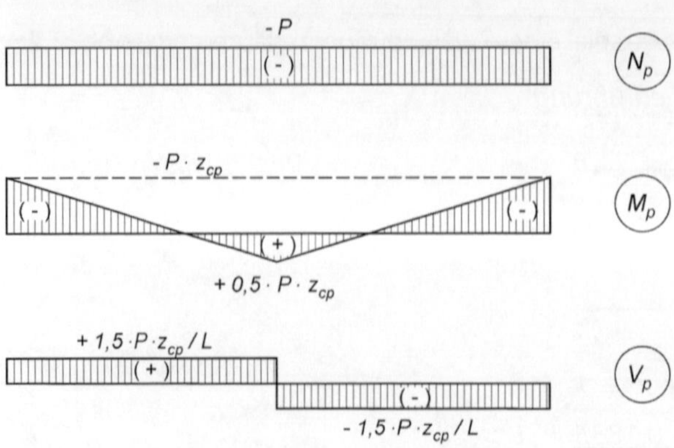

Abb. 2.29 Schnittgrößen aus Vorspannung

Wenn das Biegemoment aus der Einheitsvorspannung $P = 1$ ermittelt wird, entspricht der Momentenverlauf der sognannten Drucklinie der Vorspannkraft. Der Abstand der Drucklinie des direkten Anteils e_{dir} (gestrichelte Linie nach Abb. 2.30) zur Drucklinie aus dem Gesamtmoment wird als Drucklinienverschiebung e_{ind} bezeichnet. Diese entspricht dem indirekten Anteil des Momentes aus Vorspannung $M_{p,ind}$.

Abb. 2.30 Drucklinienverschiebung

Anmerkung: Durch die gerade Spanngliedführung parallel zur Schwerachse ergeben sich hier große Zwängungen aus Vorspannung und eine dementsprechend hohe Drucklinienverschiebung. Daher ist eine parabelförmige Vorspannung mit über der Stütze hochgeführten Spanngliedern sinnvoller.

2.4.4 Anwendungsbeispiel: Zweifeldträger

Aufgabe

Für den in Abb. 2.25 und Abb. 2.31 skizzierten Zweifeldträger ist die Drucklinienverschiebung über der Stütze nach dem Kraftgrößenverfahren zu ermitteln. Die direkten und indirekten Anteile der Schnittgrößen aus Vorspannung sind darzustellen.

Die Vorspannkraft beträgt: $P = 5000$ kN.

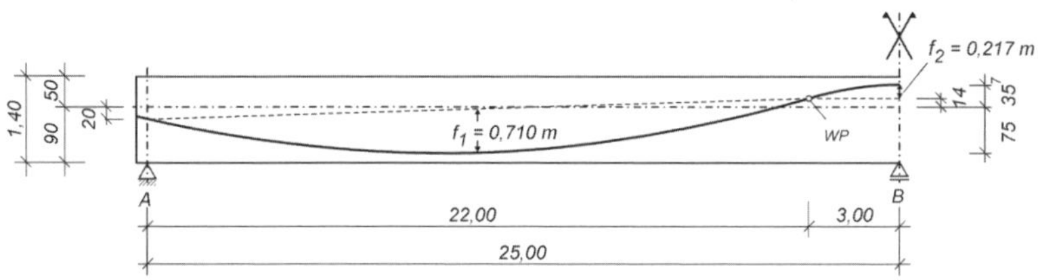

Abb. 2.31 Spanngliedführung

Durchführung

Ermittlung der statisch unbestimmten Größe

Das statisch bestimmte Hauptsystem wird durch ein Gelenk an der Stütze B gebildet, vgl. Abb. 2.28. Die gegenseitige Verdrehung δ_{10} wird durch die Überlagerung des Momentes M^1 am 1-System infolge der statisch unbestimmten Größe $X_1 = 1$ mit dem Moment $M_{p,\,dir}^{\;0} = -P \cdot z_{cp}$ am 0-System infolge Vorspannung ermittelt. Aus der Lösung der Elastizitätsgleichung folgen der indirekte Anteil des Momentes aus Vorspannung $M_{p,ind}$ (= X_1) an der Stelle B und die Drucklinienverschiebung über der Stütze. Für das halbe System ergibt sich:

$$\delta_{11} = \frac{1}{3} \cdot 1 \cdot 1 \cdot L = \frac{L}{3}$$

$$\begin{aligned}
\delta_{10} = & -\frac{1}{3} \cdot 0{,}88 \cdot 0{,}710 \cdot P \cdot 0{,}88 \cdot L = -0{,}1833 \cdot P \cdot L \\
& -\frac{1}{6} \cdot 0{,}88 \cdot 0{,}200 \cdot P \cdot 0{,}88 \cdot L = -0{,}0258 \cdot P \cdot L \\
& +\frac{1}{3} \cdot 0{,}88 \cdot 0{,}140 \cdot P \cdot 0{,}88 \cdot L = +0{,}0361 \cdot P \cdot L \\
& +\frac{1}{2} \cdot (0{,}88 + 1) \cdot 0{,}140 \cdot P \cdot 0{,}12 \cdot L = +0{,}0158 \cdot P \cdot L \\
& +\frac{2}{3} \cdot 0{,}88 \cdot 0{,}217 \cdot P \cdot 0{,}12 \cdot L = +0{,}0153 \cdot P \cdot L \\
& +\frac{5}{12} \cdot 0{,}12 \cdot 0{,}217 \cdot P \cdot 0{,}12 \cdot L = +0{,}0013 \cdot P \cdot L \\
\hline
& \qquad -0{,}1406 \cdot P \cdot L
\end{aligned}$$

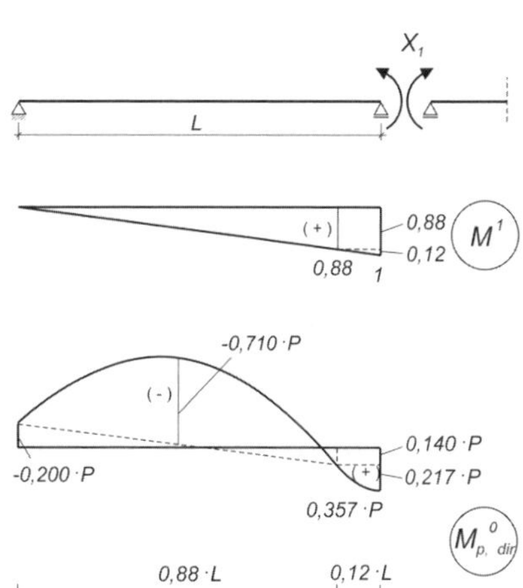

$$X_1 = -\frac{\delta_{10}}{\delta_{11}} = -3 \cdot (-0{,}1406) \cdot P = +0{,}4218 \cdot P$$

Die Drucklinienverschiebung über Stütze beträgt:

$$e_{ind} = \frac{M_{p,ind}}{P} = \frac{X_1}{P} = +0{,}4218 \text{ m}$$

Ermittlung der Schnittgrößen

Die Anteile des Stützmomentes aus Vorspannung an der Stelle B betragen:

$$M_{p,ind} = X_1 = 0{,}4218 \cdot 5000 = +2109 \text{ kNm}$$

$$M_{p,dir} = -z_{cp} \cdot P = -(-0{,}357) \cdot 5000 = +1785 \text{ kNm}$$

$$M_{p,ges} = 2109 + 1785 = +3894 \text{ kNm}$$

Der Vergleich mit dem Stützmoment nach Abb. 2.27 von 3895 kNm zeigt die Übereinstimmung mit der Umlenkkraftmethode. Der Verlauf des Momentes $M_{p,dir}$ ergibt sich aus $-P \cdot z_{cp}$ nach Abb. 2.31.

Die Querkraft aus dem indirekten Anteil infolge der statisch unbestimmten Größe X_1 beträgt:

$$V_{p,ind} = \frac{X_1}{L} = \frac{2109}{25{,}00} = 84{,}4 \text{ kN}$$

Dieser Anteil ist mit dem direkten Anteil der Querkraft $V_{p,dir} = P \cdot \tan\varphi$ zu überlagern. Der Verlauf der Querkraft $V_{p,dir}$ wird aus den Umlenk- und Verankerungskräften nach Abb. 2.26 bestimmt.

Darstellung der Schnittgrößen aus Vorspannung

In Abb. 2.32 sind die direkten und indirekten Anteile der Schnittgrößen aus Vorspannung dargestellt.

a) direkte Anteile:

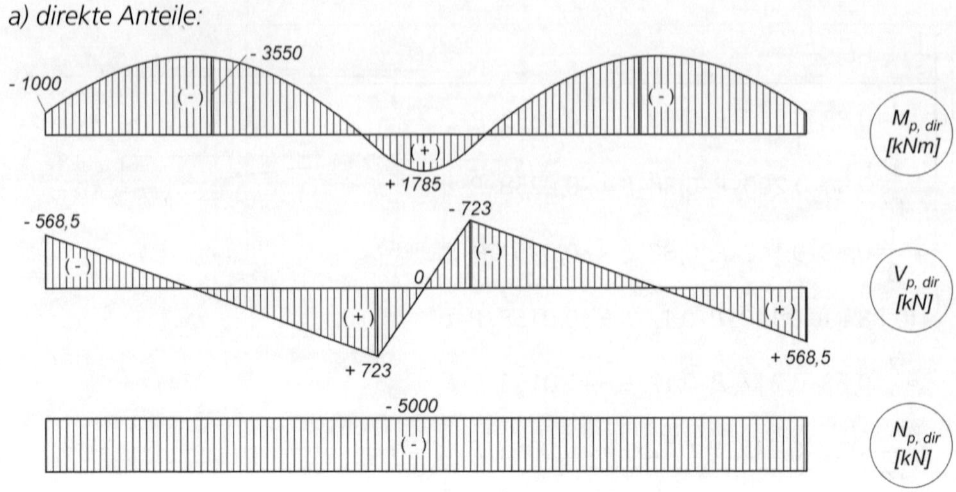

b) indirekte Anteile:

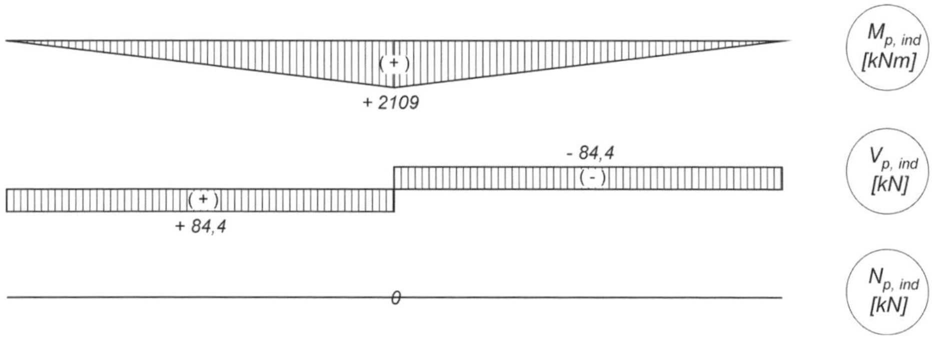

Abb. 2.32 Schnittgrößen aus Vorspannung

2.4.5 Anwendungsbeispiel: Rahmen

Aufgabe

Für den in Abb. 2.33 skizzierten Rahmen sind die Schnittgrößen aus Vorspannung zum Zeitpunkt $t = t_0$ zu ermitteln. Die direkten und indirekten Anteile der Schnittgrößen sind darzustellen.

Die Vorspannung mit nachträglichem Verbund erfolgt mit Litzenspanngliedern vom Typ 6807 [37].

Der Verlauf der beiden hochgeführten Spannglieder ist parabelförmig.

Die Vorspannkraft je Spannglied beträgt P_{m0} = 1250 kN ($\sigma_{pm0} = 1275$ N/mm^2).

Der Einfluss der Hohlplattendecke und der unterbrochenen Linienkonsole ist zu vernachlässigen.

a) Ansicht

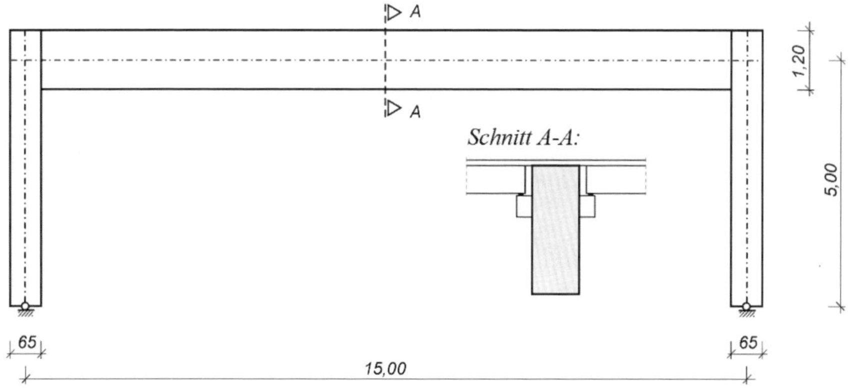

Abb. 2.33 Rahmen: Ansicht, Querschnitte und Baustoffe

b) Querschnitte

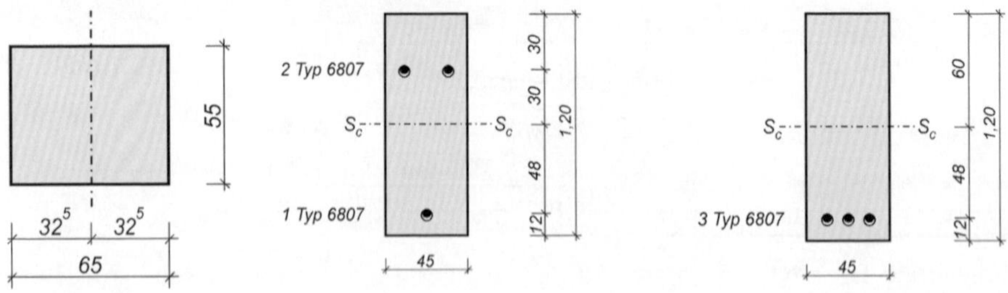

c) Baustoffe

Beton: C 45/55	Betonstahl: BSt 500	Spannstahl: St 1570/1770
f_{ck} = 45 N/mm²	f_{yk} = 500 N/mm²	$f_{p0,1k}$ = 1500 N/mm²
E_{cm} = 36 000 N/mm²	E_s = 200 000 N/mm²	f_{pk} = 1770 N/mm²
		E_p = 195 000 N/mm²

Durchführung

Spanngliedführung

Der Verlauf der beiden parabelförmigen Spannglieder ergibt sich mit Abb. 2.34 aus den Bedingungen

$z_{cp} = +0{,}48$ m bei $x = 0$ in Feldmitte und

$z_{cp} = -0{,}30$ m bei $x = \dfrac{15{,}00}{2} - \dfrac{0{,}65}{2} = 7{,}175$ m im Anschnitt zur Stütze zu:

$$z_{cp}(x) = 0{,}48 - 0{,}01515 \cdot x^2$$

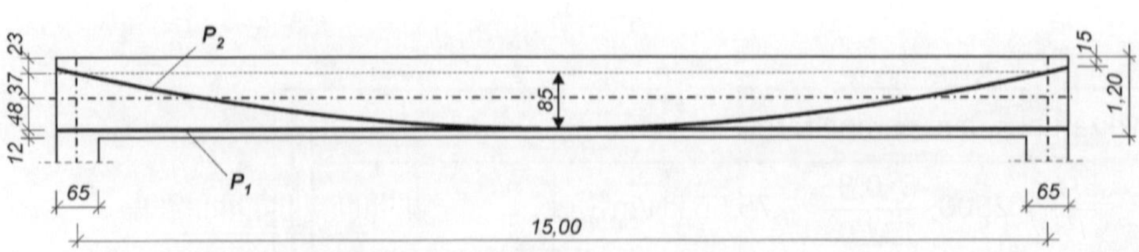

Abb. 2.34 Spanngliedführung für den geraden (P_1) und parabelförmigen (P_2) Spannstrang

Der Abstand der parabelförmigen Spannglieder von der Schwerachse des Riegels beträgt in der Systemachse der Stütze:

$$z_{cp} = 0{,}48 - 0{,}01515 \cdot \left(\frac{15{,}00}{2}\right)^2 = -0{,}37 \text{ m}$$

Der Parabelstich zwischen den Stützenachsen im Abstand von 15,00 m beträgt:

$$f = 0{,}48 + 0{,}37 = 0{,}85 \text{ m}$$

Der vertikale Randabstand der oberen Verankerung am Riegelende beträgt:

$$r = \frac{h}{2} + z_{cp}(x) = \frac{1{,}20}{2} + 0{,}48 - 0{,}01515 \cdot \left(\frac{15{,}00}{2} + \frac{0{,}65}{2} \right)^2 = 0{,}15\,\text{m} > 0{,}145\,\text{m}$$

Anmerkung: Der minimale Randabstand der Spannanker und der Festanker für die Litzenspannglieder ist eingehalten.

Ermittlung der Schnittgrößen nach der Umlenkkraftmethode

Die Schnittgrößen aus Vorspannung werden jeweils für die beiden Spannstränge P_1 und P_2 getrennt ermittelt. Für die Eckmomente ist die jeweilige Exzentrizität e_p der Spannstränge am Riegelende von 48 cm und 37 cm in der Systemachse der Stützen maßgebend, vgl. Abb. 2.35.

a) Einwirkungen aus P_1:

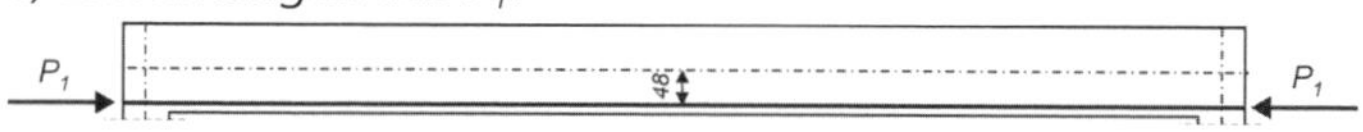

$P_1 = P_{m0} = 1250$ kN (1 Spannglied)

Moment aus der Exzentrizität der Verankerung:

$$M_{ep1} = -P_1 \cdot e_{P1} = -1250 \cdot 0{,}48 = -600\ \text{kNm}$$

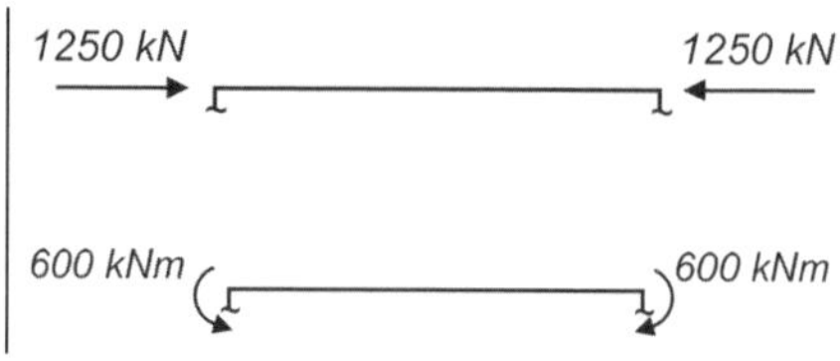

b) Einwirkungen aus P_2:

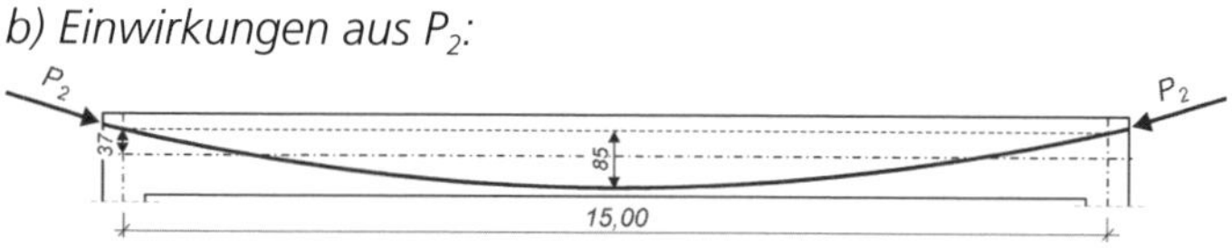

$P_2 = P_{m0} = 2500$ kN (2 Spannglieder)

Moment aus der Exzentrizität der Verankerung:

$$M_{ep2} = -P_2 \cdot e_{P2} = -2500 \cdot (-0{,}37) = +925\ \text{kNm}$$

Umlenkkraft aus dem parabelförmigen Verlauf:

$$u_P = P_2 \cdot \frac{8 \cdot f}{l^2} = 2500 \cdot \frac{8 \cdot 0{,}85}{15{,}00^2} = 75{,}56\ \text{kN/m}$$

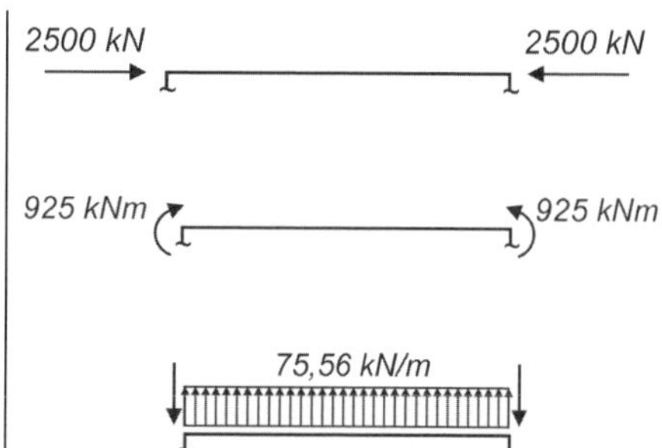

Abb. 2.35 Zusammenstellung der Einwirkungen aus P_1 und P_2

Die Schnittgrößen aus der Umlenkkraft u_p und den Eckmomenten aus der Exzentrizität der Spanngliedverankerungen M_p werden mit den üblichen Rahmenformeln ermittelt. Der Steifigkeitsbeiwert k beträgt mit den Trägheitsmomenten des Riegels (R) und der Stütze (S):

$$I_R = 0{,}45 \cdot \frac{1{,}20^3}{12} = 0{,}06480\ \text{m}^4, \qquad I_S = 0{,}55 \cdot \frac{0{,}65^3}{12} = 0{,}01259\ \text{m}^4$$

$$k = \frac{I_R}{I_S} \cdot \frac{h}{l} = \frac{0{,}06480}{0{,}01259} \cdot \frac{5{,}00}{15{,}0} = 1{,}716$$

Die Normalkraftverformung des Riegels wird aufgrund der hohen Steifigkeit gegenüber den Stielen vernachlässigt. Die Normalkraft aus der Vorspannung P_1 und P_2 erzeugt daher keine Biegemomente.

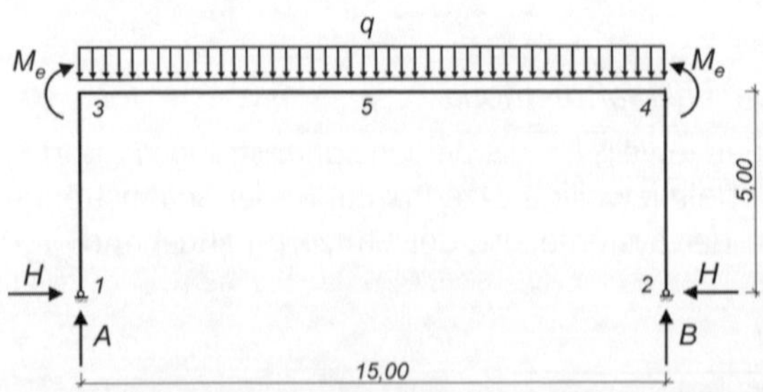

symmetrisches Eckmoment M_e:

$$A = B = 0, \qquad H = \frac{3 \cdot M_e}{h \cdot (2 \cdot k + 3)},$$

$$M_{3S} = -H \cdot h, \quad M_5 = M_{3S} + M_e$$

Gleichstreckenlast q auf Riegel:

$$A = B = \frac{q \cdot l}{2}, \qquad H = \frac{q \cdot l^2}{4 \cdot h \cdot (2 \cdot k + 3)},$$

$$M_3 = -H \cdot h, \quad M_5 = M_3 + \frac{q \cdot l^2}{8}$$

Schnittgrößen aus Lastfall P_1:

$$M_{ep1} = -600 \text{ kNm}$$

$$H = \frac{3 \cdot (-600)}{5{,}00 \cdot (2 \cdot 1{,}716 + 3)} = -55{,}97 \text{ kN}$$

$$M_{3S} = -(-55{,}97) \cdot 5{,}00 = +279{,}9 \text{ kNm}$$

$$M_5 = 279{,}9 - 600 = -320{,}1 \text{ kNm}$$

$$N_R = -1250 + 55{,}97 = -1194 \text{ kN}$$

Schnittgrößen aus Lastfall P_2:

$$M_{ep2} = +925 \text{ kNm}, \quad q = -u_P = -75{,}56 \text{ kN/m}$$

$$H = \frac{3 \cdot 925}{5{,}00 \cdot (2 \cdot 1{,}716 + 3)} + \frac{-75{,}56 \cdot 15{,}00^2}{4 \cdot 5{,}00 \cdot (2 \cdot 1{,}716 + 3)}$$

$$= 86{,}29 - 132{,}16 = -45{,}87 \text{ kN}$$

$$M_{3S} = -(-45{,}87 \cdot 5{,}00) = +229{,}4 \text{ kNm}$$

$$M_5 = 229{,}4 + 925 + \frac{-75{,}56 \cdot 15{,}00^2}{8}$$

$$= 1154{,}4 - 2125{,}1 = -970{,}7 \text{ kNm}$$

$$N_R = -2500 + 45{,}87 = -2454 \text{ kN}$$

Abb. 2.36 Statisches System mit Einwirkungen M_e und q sowie dazugehörige Rahmenformeln

Zusammenstellung der Schnittgrößen aus Vorspannung

Lastfall P_1 (gerades Spannglied):

Schnittgrößen an der Stelle:	*M* [kNm]	*N* [kN]	*V* [kN]
1-Stütze	0	0	+56,0
3-Stütze	+279,9	0	+56,0
3-Riegel	−320,1	−1194	0
5-Riegel	−320,1	−1194	0

Lastfall P_2 (parabelförmige Spannglieder):

Schnittgrößen an der Stelle:	*M* [kNm]	*N* [kN]	*V* [kN]
1-Stütze	0	0	+45,9
3-Stütze	+229,4	0	+45,9
3-Riegel	+1154	−2454	−566,7
5-Riegel	−970,7	−2454	0

Abb. 2.37 Gesamtschnittgrößen aus Vorspannung zum Zeitpunkt $t = t_0$

Die direkten Anteile werden am statisch bestimmten System ermittelt (Gelenk in der Rahmenecke 4).

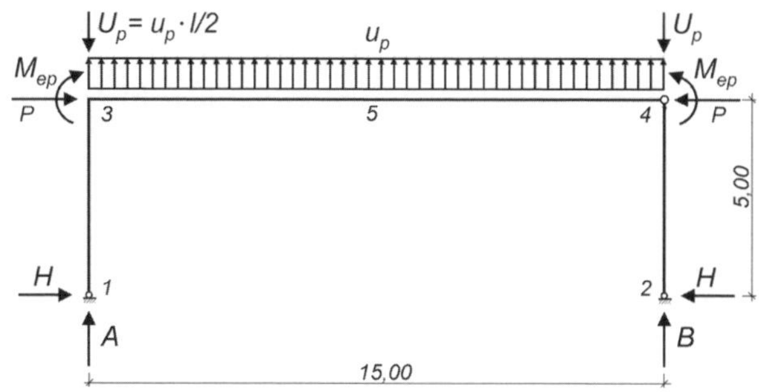

symmetrisches Eckmoment M_{ep}:

$A = B = 0, \qquad H = 0,$

$M_{3S} = 0, \qquad M_{3R} = M_5 = M_{ep}$

Gleichstreckenlast q auf Riegel:

$A = B = 0, \qquad H = 0,$

$M_3 = 0, \qquad M_5 = -\dfrac{u_p \cdot l^2}{8}$

Abb. 2.38 Statisch bestimmtes System mit Einwirkungen aus Vorspannung sowie Rahmenformeln

Direkter Anteil aus P_1:

$H_{dir} = 0$

$M_{3S,dir} = 0$

$M_{3R,dir} = M_{ep} = -600 \text{ kNm}$

$M_{5,dir} = M_{ep} = -600 \text{ kNm}$

$V_{3,dir} = 0$

$N_R = -P = -1250 \text{ kN}$

Direkter Anteil aus P_2:

$H_{dir} = 0$

$M_{3S,dir} = 0$

$M_{3R,dir} = M_{ep} \qquad = +925 \text{ kNm}$

$$M_{5,dir} = 925 - \frac{75{,}56 \cdot 15{,}00^2}{8} = -1200 \text{ kNm}$$

$$V_{3,dir} = \frac{u_P \cdot l}{2} = \frac{-75{,}56 \cdot 15{,}00}{2} = -566{,}7 \text{ k}$$

$N_R = -P = -2500 \text{ kN}$

Lastfall P_1 (gerades Spannglied):

Schnittgrößen an der Stelle:	***M* [kNm]**	***N* [kN]**	***V* [kN]**
1-Stütze	0	0	0
3-Stütze	0	0	0
3-Riegel	−600	−1250	0
5-Riegel	−600	−1250	0

Lastfall P_2 (parabelförmige Spannglieder):

Schnittgrößen an der Stelle:	***M* [kNm]**	***N* [kN]**	***V* [kN]**
1-Stütze	0	0	0
3-Stütze	0	0	0
3-Riegel	+925	−2500	−566,7
5-Riegel	−1200	−2500	0

Abb. 2.39 Schnittgrößen aus dem direkten Anteil der Vorspannung zum Zeitpunkt $t = t_0$

Die indirekten Anteile der Schnittgrößen ergeben sich aus der Differenz der Gesamtschnittgrößen und den direkten Anteilen, vgl. Abb. 2.37 und Abb. 2.39.

Lastfall P_1 (gerades Spannglied):

Schnittgrößen an der Stelle:	M [kNm]	N [kN]	V [kN]
1-Stütze	0	0	+56,0
3-Stütze	+279,9	0	+56,0
3-Riegel	+279,9	+56,0	0
5-Riegel	+279,9	+56,0	0

Lastfall P_2 (parabelförmige Spannglieder):

Schnittgrößen an der Stelle:	M [kNm]	N [kN]	V [kN]
1-Stütze	0	0	+45,9
3-Stütze	+229,4	0	+45,9
3-Riegel	+229,4	+45,9	0
5-Riegel	+229,4	+45,9	0

Abb. 2.40 Schnittgrößen aus dem indirekten Anteil der Vorspannung zum Zeitpunkt $t = t_0$

Darstellung der Schnittgrößen aus Vorspannung

Darstellung der direkten Anteile:

a) Lastfall P_1 (gerades Spannglied) *b) Lastfall P_2 (parabelförmige Spannglieder)*

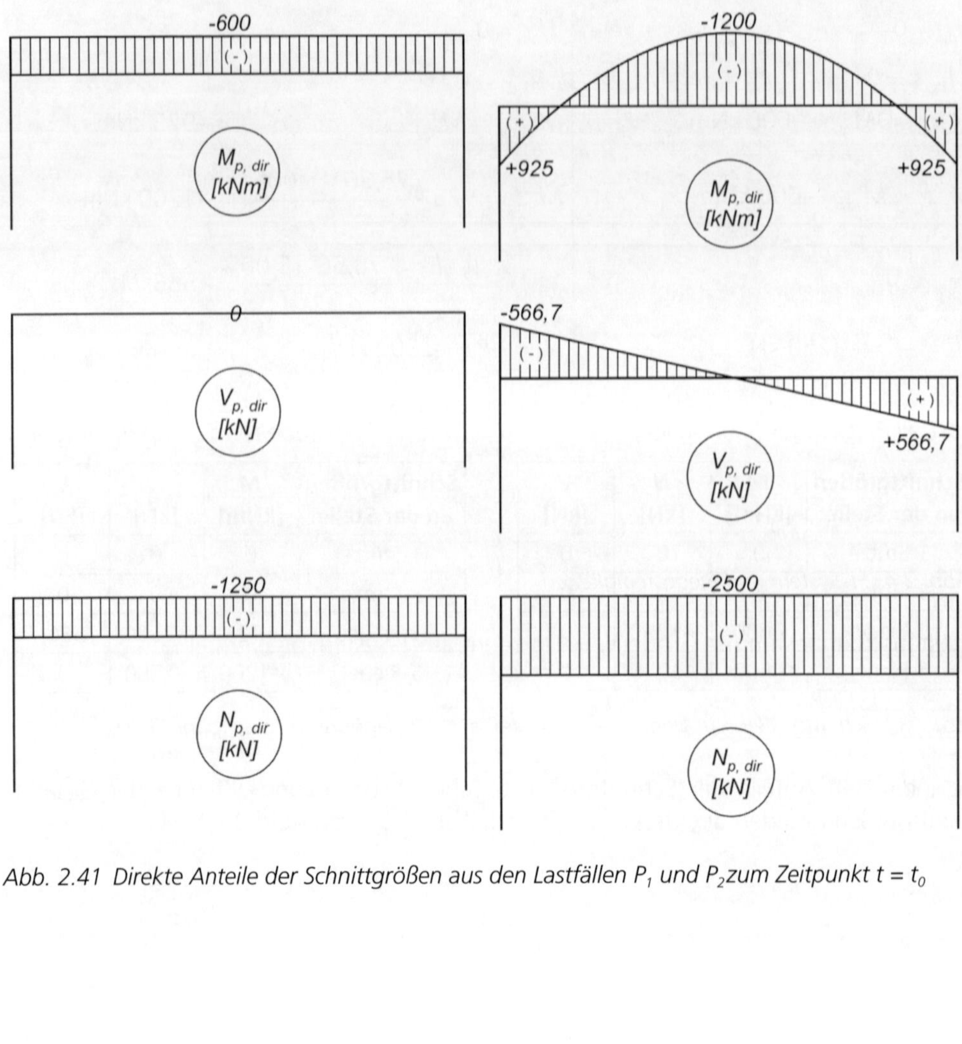

Abb. 2.41 Direkte Anteile der Schnittgrößen aus den Lastfällen P_1 und P_2 zum Zeitpunkt $t = t_0$

Darstellung der indirekten Anteile:

a) Lastfall P_1 (gerades Spannglied) *b) Lastfall P_2 (parabelförmige Spannglieder)*

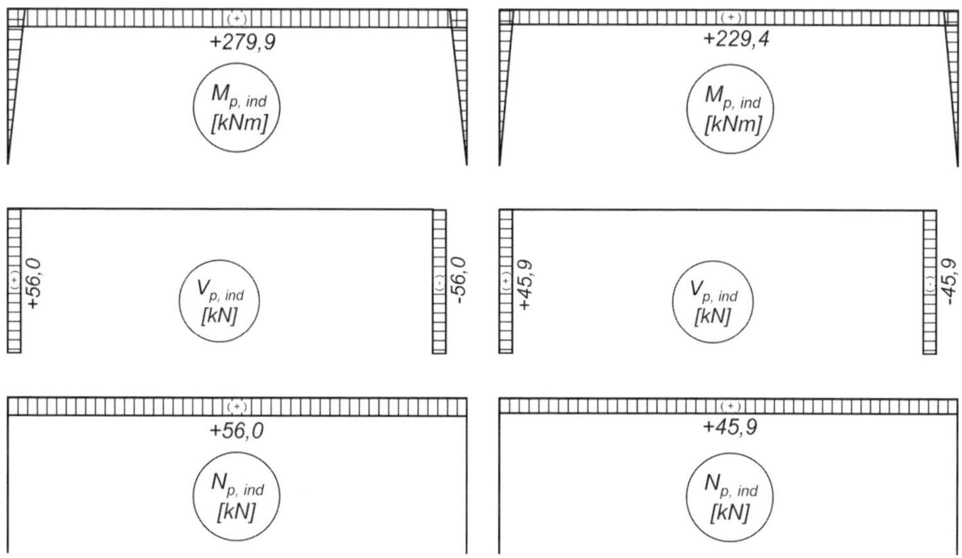

Abb. 2.42 Indirekte Anteile der Schnittgrößen aus den Lastfällen P_1 und P_2 zum Zeitpunkt $t = t_0$

Alternativ: Ermittlung der Schnittgrößen nach dem Kraftgrößenverfahren

Das statisch bestimmte Hauptsystem wird durch ein Gelenk in Riegelmitte gebildet, vgl. Abb. 2.43.

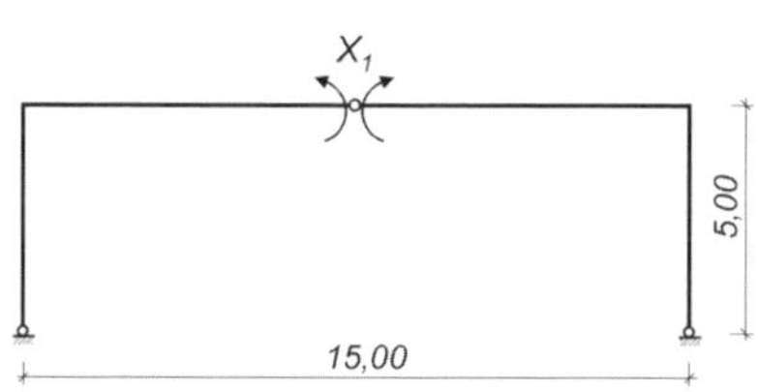

$$\text{Riegel: } EI_R = 36000 \cdot 0,45 \cdot \frac{1,20^3}{12} = 2332,8 \text{ MNm}^2$$

$$\text{Stütze: } EI_S = 36000 \cdot 0,55 \cdot \frac{0,65^3}{12} = 453,1 \text{ MNm}^2$$

Abb. 2.43 1-System und Biegesteifigkeiten

Die statisch unbestimmte Größe $X_1 = 1$ erzeugt am 1-System die Verdrehung δ_{11}:

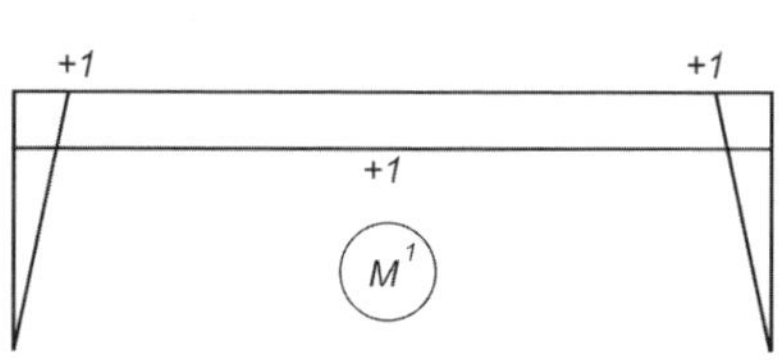

$$\delta_{11} = \frac{1 \cdot 1}{2332,8} \cdot 15,00 + 2 \cdot \frac{1}{3} \cdot \frac{1 \cdot 1}{453,1} 5,00$$

$$= 6,430 \cdot 10^{-3} + 7,357 \cdot 10^{-3} = 13,787 \cdot 10^{-3}$$

Abb. 2.44 Schnittgrößen am 1-System und Verdrehung δ_{11} infolge $X_1 = 1$

Die Schnittgrößen am 0-System ergeben sich aus den Biegemomenten infolge der Vorspannung. Der Einfluss der Normalkraft wird hierbei vernachlässigt.
Dies entspricht dem direkten Anteil der Schnittgrößen $M_{p,dir} = -P \cdot z_{cp}$ mit z_{cp} nach Abb. 2.35.

direkte Anteile aus P_1 = 1250 kN:

$M_{p,dir} = -1250 \cdot 0{,}48 = -600$ kNm

direkte Anteile aus P_2 = 2500 kN:

$$M_{p,dir} = -2500 \cdot ((-0{,}37) + 0{,}85) = 925 - 2125 = -1200 \text{ kNm}$$

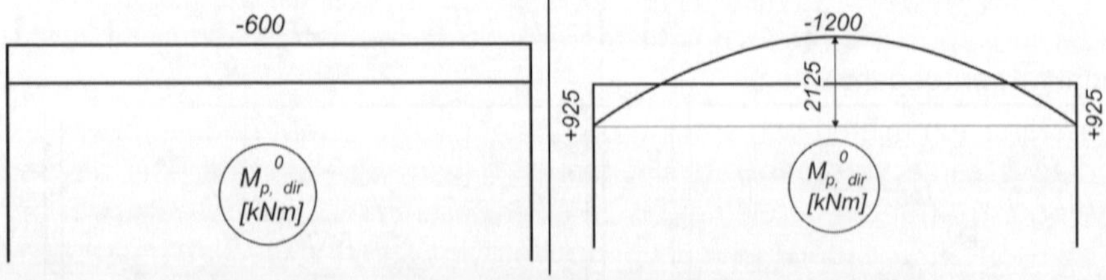

Abb. 2.45 Schnittgrößen am 0-System infolge der Vorspannung P_1 und P_2

Durch die Überlagerung der Schnittgrößen am 1-System mit denen des 0-Systems ergeben sich die Verdrehungen für die Vorspannung P_1 und P_2 zu:

$$\delta_{10} = \frac{1 \cdot (-600)}{2332{,}8} \cdot 15{,}00 = -3{,}858$$

$$\delta_{10} = \left(\frac{1 \cdot 925}{2332{,}8} + \frac{2}{3} \cdot \frac{1 \cdot (-2125)}{2332{,}8} \right) \cdot 15{,}00 = -3{,}161$$

Mit der Kontinuitätsbedingung wird hiermit die statisch unbestimmte Wirkung der Vorspannung X_1 berechnet, die den indirekten Anteilen der Schnittgrößen aus Vorspannung entspricht.

$$\delta_1 = \delta_{10} + \delta_{11} \cdot X_1 = 0 \qquad \Rightarrow \qquad X_1 = -\frac{\delta_{10}}{\delta_{11}}$$

indirekte Anteile aus P_1:

$$M_{R,ind} = X_1 = -\frac{-3{,}858}{13{,}787 \cdot 10^{-3}} = +279{,}8 \text{ kNm}$$

$$V_{S,ind} = N_{R,ind} = -H = -\frac{-279{,}8}{5.00} = 56{,}0 \text{ kN}$$

indirekte Anteile aus P_2:

$$M_{R,ind} = X_1 = -\frac{-3{,}161}{13.787 \cdot 10^{-3}} = +229{,}3 \text{ kNm}$$

$$V_{S,ind} = N_{R,ind} = -H = -\frac{-229{,}3}{5.00} = 45{,}9 \text{ kN}$$

Der Vergleich mit Abb. 2.41 und Abb. 2.42 zeigt die Übereinstimmung mit den Schnittgrößen, die nach der Umlenkkraftmethode bestimmt wurden.

2.5 Spannkraftverluste

2.5.1 Reibung

Werden Spannglieder in Hüllrohren geführt (bei Vorspannung mit nachträglichem Verbund und bei Vorspannung ohne Verbund), so wird beim Aufbringen der Vorspannkraft im Fall einer gekrümmten bzw. umgelenkten Spanngliedführung das Spannglied gegen die Hüllrohrwandung gepresst. Hierdurch entstehen die in Abschn. 2.3 beschriebenen Umlenkkräfte und gleichzeitig Reibungskräfte in Längsrichtung des Spannglieds, welche der Vorspannkraft entgegenwirken.

Die Reibungskräfte summieren sich entlang der Spanngliedlänge auf und vermindern so sukzessive die wirksame Vorspannkraft. Letztere ist daher nicht konstant über die Bauteillänge. Maßgebend für die Größe der bis zu einer bestimmten Stelle des Bauteils aufsummierten Reibungskräfte (und somit der Spannkraftverluste) sind die Summe der bis zu dieser Stelle vorhandenen Umlenkwinkel des Spanngliedes sowie der Reibungskoeffizient zwischen Spannstahl und Hüllrohr.

Die Grundlage für die rechnerische Erfassung der Spannkraftverluste infolge Reibung bildet die Euler'sche Differentialgleichung der Seilreibung. Hierbei betrachtet man zunächst ein kreisförmig gekrümmtes infinitesimales Element des Spanngliedes:

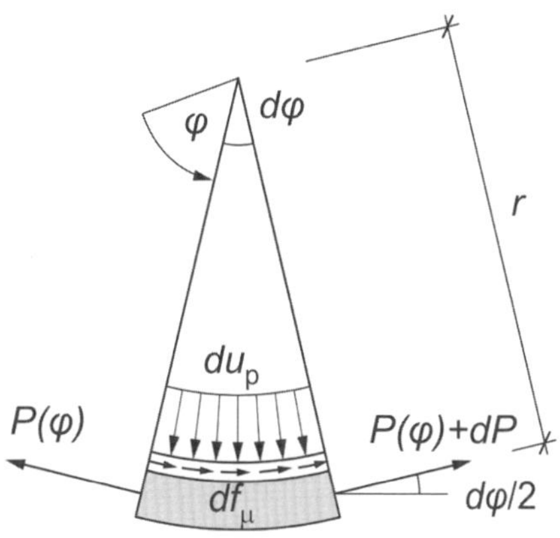

Abb. 2.46 Kräfte am infinitesimalen Spanngliedelement

Da der betrachtete Winkel $d\varphi$ klein ist, gilt $\cos(d\varphi/2) \approx 1$. Somit ergibt sich aus der Gleichgewichtsbedingung in x-Richtung:

$$dP + df_\mu = 0$$

Laut Coulomb'schem Reibungsgesetz gilt:

$$df_\mu = \mu \cdot du_\text{p}$$

Gemäß Abschn. 2.3.1 gilt zudem für den Umlenkdruck $u = P/r$. Setzt man dies in die Gleichgewichtsbedingung ein, so ergibt sich für einen Spanngliedausschnitt der Länge $r \cdot d\varphi$

$$dP + \mu \cdot \frac{P}{r} \cdot r \cdot d\varphi = 0 \quad \text{bzw.} \quad \frac{dP}{d\varphi} + \mu \cdot P = 0$$

Aus der Integration $\int \frac{dP}{P} = -\int \mu \cdot d\varphi$ folgt:

$$\ln P = -\mu \cdot \varphi + C$$

Die Integrationskonstante C lässt sich aus der Randbedingung für die Stelle am Spannanker ($P(\varphi = 0) = P_0$) ermitteln:

$$C = \ln P_0$$

Somit ergibt sich die Gleichung für den Spannkraftverlauf über die Trägerlänge zu

$$P(x) = P_0 \cdot e^{-\mu \cdot \varphi(x)}$$

und der Spannkraftverlust infolge Reibung bis zur Stelle x errechnet sich mit

$$\Delta P(x) = P_0 \cdot (1 - e^{-\mu \cdot \varphi(x)})$$

Der Reibungsbeiwert μ ist der Zulassung des jeweiligen Spannverfahrens zu entnehmen. $\varphi(x)$ bezeichnet die Summe der sich aus dem Spanngliedverlauf ergebenden Umlenkwinkel bis zur betrachteten Stelle x, wobei außer dem planmäßigen Umlenkwinkel gemäß EC2-1-1 auch ein ungewollter Umlenkwinkel zu berücksichtigen ist. Letzterer ergibt sich aus den Durchhängen der Hüllrohre zwischen den Unterstützungspunkten und ist somit u. a. abhängig von der Steifigkeit des Hüllrohres und dem Abstand der Unterstützungen. Beide Anteile, gewollter und ungewollter Umlenkwinkel, sind zu addieren. Es ergibt sich also für den gesamten Umlenkwinkel

$$\varphi(x) = \Sigma\theta(x) + k \cdot x$$

mit: $\Sigma\theta(x)$ = Summe der planmäßigen Umlenkwinkel bis zur Stelle x

k = ungewollter Umlenkwinkel

Die Werte für θ und k sind im Bogenmaß einzusetzen. Die Summe der planmäßigen Umlenkwinkel über die gesamte Trägerlänge lässt sich aus den Tangenten an den Spanngliedverlauf in den Wendepunkten bzw. am Spannanker ermitteln (vgl. Abb. 2.47). Die jeweiligen Vorzeichen der Umlenkwinkel sind hierbei nicht von Bedeutung.

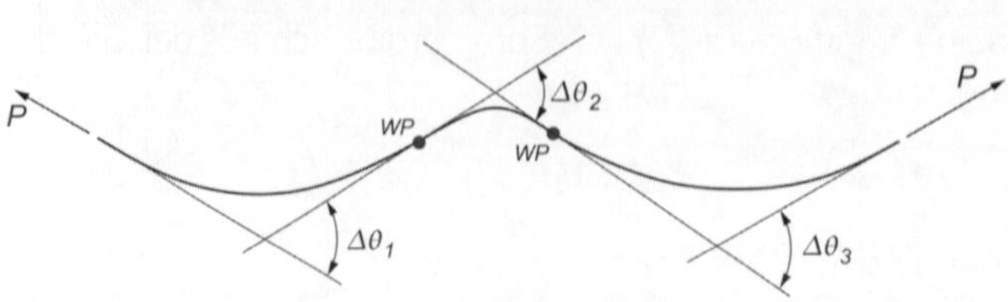

Abb. 2.47 Zeichnerische Ermittlung des planmäßigen Umlenkwinkels

Alternativ können die Umlenkwinkel aus der Ableitung der Funktion des Spanngliedverlaufs ermittelt werden. Liegt der Spanngliedverlauf als mathematische Funktion vor, können die Werte der Ableitung in den Punkten x_i und x_{i+1} analytisch berechnet und die Summe der Umlenkwinkel θ_i bis zur gesuchten Stelle ermittelt werden. Sind vom Spanngliedverlauf nur einzelne Koordinaten (x_0/z_0, x_1/z_1, x_2/z_2, …) bekannt, so können die Werte der Ableitungen mittels der Steigung der Sekanten numerisch berechnet werden (vgl. Abb. 2.48).

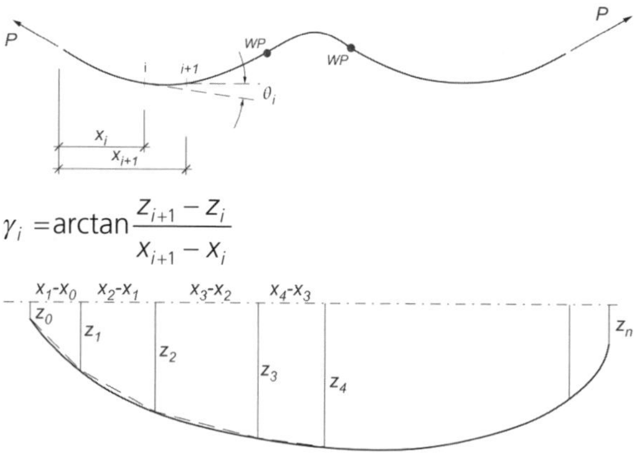

$$\gamma_i = \arctan \frac{z_{i+1} - z_i}{x_{i+1} - x_i}$$

Abb. 2.48 Ermittlung des planmäßigen Umlenkwinkels: analytische Berechnung der Ableitungen in den Punkten x_i und x_{i+1} und numerische Ermittlung der Ableitung mit Hilfe der Sekanten

Verlaufen die Spannglieder im Aufriss und im Grundriss gekrümmt, muss für den planmäßigen Umlenkwinkel der räumliche Verlauf zugrunde gelegt werden. Mit den horizontalen Umlenkwinkeln θ_h und den vertikalen Umlenkwinkeln θ_v ergibt sich als maßgebender Wert für den planmäßigen Umlenkwinkel:

$$\theta(x) = \sqrt{\theta_\text{v}^2 + \theta_\text{h}^2}$$

Die in den Gleichungen für den Spannkraftverlauf und den Spannkraftverlust auftretende Exponentialfunktion lässt sich in eine Reihe entwickeln. Berücksichtigt man nur die linearen Glieder der Reihe, ergibt sich folgende für Überschlagsrechnungen und für kleine Exponenten $\mu \cdot \varphi$ ausreichend genaue Beziehung zur Ermittlung der Spannkraftverluste:

$$\Delta P(x) = P_0 \cdot \mu \cdot \varphi(x) = P_0 \cdot \mu \cdot (\theta(x) + k \cdot x)$$

Arbeitet man mit dieser vereinfachten Funktion, so ergibt sich, wenn die Vorspannkraft von einer Seite aufgebracht und am anderen Ende des Trägers verankert wird, ein linearer Verlauf der Kraft über die Trägerlänge (vgl. Abb. 2.49).

Man erkennt, dass sich hierbei über die Trägerlänge beträchtliche Spannkraftverluste infolge Reibung ergeben können und dass die Vorspannkraft über die Trägerlänge stark variiert.

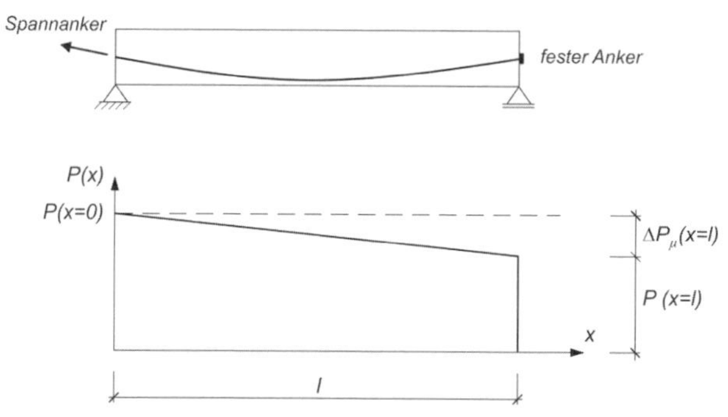

Abb. 2.49 Verlauf der Vorspannkraft bei einseitiger Vorspannung

Da dies im Allgemeinen zu unwirtschaftlichen Bemessungsergebnissen in einzelnen Bereichen führt, ist man bestrebt, die Reibungsverluste gering und die Vorspannkraft über die Bauteillänge möglichst konstant zu halten. Neben der Wahl eines geeigneten

Spannverfahrens (mit geringem Reibbeiwert μ und geringem ungewollten Umlenkwinkel k) bestehen hierfür in erster Linie folgende Möglichkeiten:

Beidseitiges Vorspannen

Hierbei wird das Spannglied zunächst von einer Seite angespannt, wodurch sich wiederum der Spannkraftverlauf gemäß Abb. 2.49 ergibt. Im zweiten Schritt wird die Spannpresse auf der anderen Seite angesetzt und dort nachgespannt. Dadurch stellt sich der in Abb. 2.50 dargestellte Spannkraftverlauf ein.

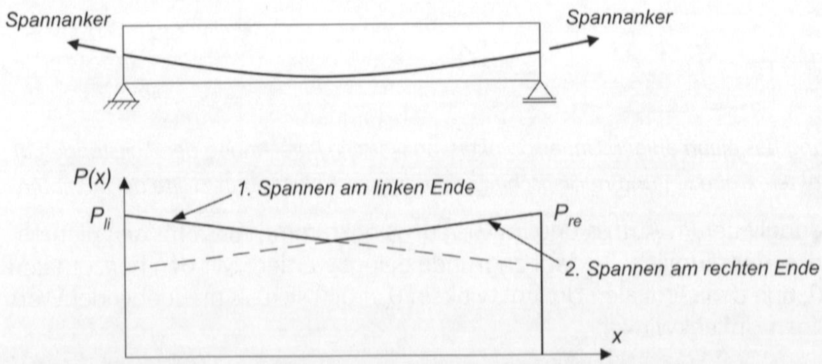

Abb. 2.50 Verlauf der Vorspannkraft bei Vorspannung von beiden Seiten

Überspannen und Nachlassen

An der Anspannstelle wird zunächst die erhöhte Vorspannkraft P_1 aufgebracht. Anschließend wird die Pressenkraft auf einen reduzierten Wert P_2 abgelassen. Hierbei kehrt sich die Gleitrichtung des Spannstahls und damit die Wirkungsrichtung der Reibungskräfte um. Anschließend kann zur weiteren Vergleichmäßigung der Vorspannkraft das Spannglied erneut angespannt werden auf den Wert P_3.

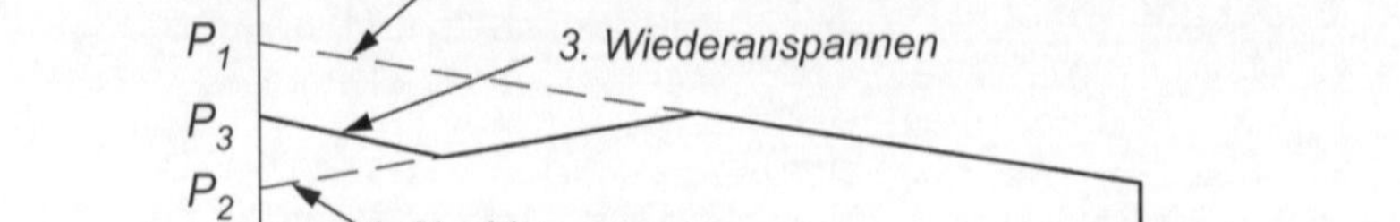

Abb. 2.51 Verlauf der Vorspannkraft bei Anwendung des Prinzips „Überspannen und Nachlassen“

Beide Maßnahmen, „beidseitiges Vorspannen“ und „Überspannen und Nachlassen“, können auch miteinander kombiniert werden.

2.5.2 Anwendungsbeispiel: Träger mit parabolischem Spanngliedverlauf

Aufgabe

Für den in Abb. 2.52 dargestellten Spannbetonträger sollen die Spannkraftverluste bis zur Stelle x = 11,0 m ermittelt werden.

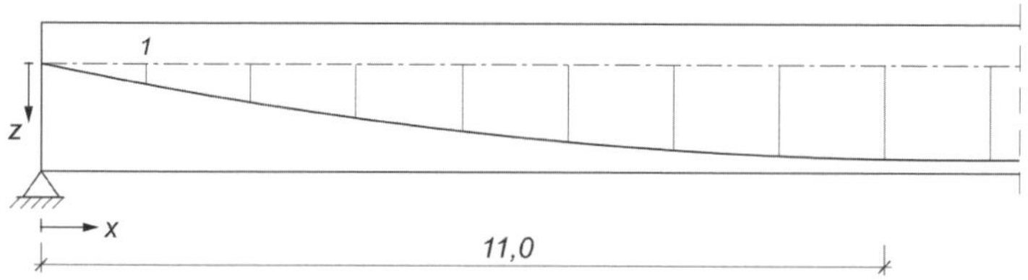

Abb. 2.52 Spannbetonträger, Spanngliedlage

Spanngliedlage	
x [m]	**z [m]**
1,375	0,1296
2,75	0,2435
4,125	0,3415
5,50	0,4239
6,875	0,4904
8,250	0,5412
9,625	0,5762
11,0	0,5954
12,375	0,5989

Reibbeiwert: $\mu = 0{,}2$

ungewollter Umlenkwinkel: $k = 0{,}5°/\text{m}$ (= 0,00873 rad/m)

Durchführung

Die Werte an der Stelle 1 errechnen sich wie folgt:

$$\gamma_1 = \arctan\frac{z_2 - z_1}{x_2 - x_1} = \arctan\frac{0{,}2435 - 0{,}1296}{2{,}75 - 1{,}375} = 0{,}0826$$

$$\theta_1 = |\gamma_1 - \gamma_0| = |0{,}0826 - 0{,}0940| = 0{,}0113$$

$$k \cdot x = 0{,}00873 \cdot 1{,}375 = 0{,}0120$$

Die Ermittlung der Reibungsverluste mit der genauen Formel ergibt:

$$1 - e^{-\mu(\theta(x)+k\cdot x)} = 1 - e^{-0{,}2\cdot(0{,}0113+0{,}0120)} = 0{,}0047$$

Mit der linearisierten Beziehung ergibt sich:

$$\mu \cdot \left(\theta(x) + k \cdot x\right) = 0{,}2 \cdot (0{,}0113 + 0{,}0120) = 0{,}0047$$

Im Folgenden werden die Ergebniswerte bis zur Stelle x = 11,0 m tabellarisch dargestellt. Man erkennt, dass die Ergebnisse, die sich mit der vereinfachten, linearisierten Beziehung ergeben, eine gute Näherung der Ergebnisse der exakten Berechnung darstellen. An der Stelle x = 11,0 m ergeben sich mit der genauen Formel Spannkraftverluste in Höhe von 3,68 %. Mit der vereinfachten Gleichung ermittelt man Verluste von 3,75 % der Vorspannkraft.

x	z	$\gamma_i = \arctan\frac{z_{i+1} - z_i}{x_{i+1} - x_i}$	$\theta_i = \lvert\gamma_i - \gamma_{i-1}\rvert$	$\Sigma\theta$	$k \cdot x$	$1 - e^{-\mu(\theta(x)+k\cdot x)}$	$\mu \cdot (\theta(x) + k \cdot x)$
0	0	0,0940					
1,375	0,1296	0,0826	0,0113	0,0113	0,0120	0,0047	0,0047
2,750	0,2435	0,0712	0,0115	0,0228	0,0240	0,0093	0,0094
4,125	0,3415	0,0599	0,0113	0,0341	0,0360	0,0139	0,0140
5,500	0,4239	0,0483	0,0115	0,0457	0,0480	0,0186	0,0187
6,875	0,4904	0,0369	0,0114	0,0570	0,0600	0,0231	0,0234
8,250	0,5412	0,0254	0,0115	0,0685	0,0720	0,0277	0,0281
9,625	0,5762	0,0140	0,0115	0,0800	0,0840	0,0323	0,0328
11,000	0,5954	0,0025	0,0114	0,0914	0,0960	0,0368	0,0375
12,375	0,5989						

Abb. 2.53 Tabellarische Ermittlung der Spannkraftverluste

2.5.3 Kriechen, Schwinden und Relaxation

Bei der Vorspannung mit sofortigem und mit nachträglichem Verbund wird gem. Abschn. 1.7 vorausgesetzt, dass die Dehnungen des Betons in Höhe der Spannglieder und die Zusatzdehnungen des Spannstahls nach Herstellung der Verbundwirkung gleich groß sind. Bei einer ständigen Einwirkung g ergibt sich hieraus die Verträglichkeitsbedingung zu

$$\varepsilon_{pg} = \varepsilon_{cg}$$

und ohne Berücksichtigung der zeitabhängigen Dehnung kann die Änderung der Spannstahlspannung zum Zeitpunkt $t = t_0$ direkt aus der Betonspannung berechnet werden:

$$\Delta\sigma_{pg} = \alpha_p \cdot \sigma_{cg} \qquad \text{mit } \alpha_p = \frac{E_p}{E_{cm}}$$

Im Unterschied dazu ergeben sich die Spannkraftverluste aus den zeitabhängigen Dehnungen des Betons infolge Kriechen (ε_{cc}) und Schwinden (ε_{cs}) sowie der Relaxation des Spannstahls. Daher ist die Änderung der Spannstahlspannung zum Zeitpunkt $t > t_0$ nicht proportional zur Betonspannung und die Verträglichkeitsbedingung zwischen Beton und Spannstahl lautet mit den zeitabhängigen Dehnungsanteilen des Betons:

$$\Delta\varepsilon_{p,c+s} = \varepsilon_{c,c+s} \qquad \text{mit } \varepsilon_{c,c+s} = \varepsilon_{cc} + \varepsilon_{cs}$$

Mit der konstanten Betonspannung σ_c und der zeitlich veränderlichen Betonspannung $\Delta\sigma_c$ kann die zeitabhängige Betondehnung ε_{cc} mit der Kriechzahl φ und dem Alterungsbeiwert ρ gem. Abschn. 1.3.2 ermittelt werden:

$$\varepsilon_{cc} = \frac{\sigma_c}{E_c} \cdot \varphi + \frac{\Delta\sigma_c}{E_c} \cdot (1 + \rho \cdot \varphi) \qquad \text{mit } \sigma_c = \sigma_{cg} + \sigma_{cp0}$$

Durch Einsetzen und Multiplikation mit dem E-Modul des Spannstahls ergibt sich aus der Verträglichkeitsbedingung die zeitabhängige Spannungsänderung mit der Relaxation des Spannstahls ($\Delta\sigma_{pr}$) zu

$$\Delta\sigma_{p,c+s+r} = \alpha_p \cdot [(\sigma_{cg} + \sigma_{cp0}) \cdot \varphi + \Delta\sigma_c (1 + \rho \cdot \varphi)] + E_p \cdot \varepsilon_{cs} + \Delta\sigma_{pr}$$

Zur Berechnung der Spannkraftverluste kann vorausgesetzt werden, dass die Spannungsänderung des Betons $\Delta\sigma_c$ aus der Spannungsänderung des Spannstahls $\Delta\sigma_{p,c+s+r}$ resultiert. Daher verhalten sich diese zeitlich veränderlichen Spannungen proportional zur Spannstahlspannung σ_{pm0} und den daraus resultierenden Betonspannungen σ_{cp0} zum Zeitpunkt $t = t_0$:

$$\frac{\Delta\sigma_{p,c+s+r}}{\Delta\sigma_c} = \frac{\sigma_{pm0}}{\sigma_{cp0}}$$

Hieraus ergibt sich durch Einsetzen und Umformen die zeitabhängige Spannungsänderung des Spannstahls zu

$$\Delta\sigma_{p,c+s+r} = \frac{\alpha_p \cdot (\sigma_{cg} + \sigma_{cp0}) \cdot \varphi + E_p \cdot \varepsilon_{cs} + \Delta\sigma_{pr}}{1 - \alpha_p \cdot \dfrac{\sigma_{cp0}}{\sigma_{pm0}} \cdot (1 + \rho \cdot \varphi)}$$

Die Betonspannung σ_{cp0} kann mit den ideellen Querschnittswerten und der (bei nachträglichem Verbund fiktiven) Spannbettspannung $\sigma_p^{(0)}$ ermittelt werden, vgl. Abschn. 1.7.4.

$$\sigma_{cp0} = -\frac{\sigma_p^{(0)}}{\alpha_p} \cdot \alpha_i \qquad \text{mit } \alpha_i = \alpha_p \cdot \frac{A_p}{A_{ci}} \cdot \left(1 + \frac{A_{ci}}{I_{ci}} \cdot z_{cip}^2\right)$$

Die Spannstahlspannung σ_{pm0} ergibt sich mit α_i zu

$$\sigma_{pm0} = \sigma_p^{(0)} - \alpha_i \cdot \sigma_p^{(0)} = \sigma_p^{(0)} \cdot (1 - \alpha_i)$$

Damit kann das Verhältnis $\sigma_{cp0}/\sigma_{pm0}$ mit den geometrischen Parametern α_i und α_p berechnet werden

$$\frac{\sigma_{cp0}}{\sigma_{pm0}} = -\frac{\alpha_i}{\alpha_p \cdot (1 - \alpha_i)}$$

und die zeitabhängigen Verluste der Spannstahlspannung ergeben sich aus

$$\Delta\sigma_{p,c+s+r} = \frac{\alpha_p \cdot (\sigma_{cg} + \sigma_{cp0}) \cdot \varphi + E_p \cdot \varepsilon_{cs} + \Delta\sigma_{pr}}{1 + \dfrac{\alpha_i}{1 - \alpha_i} \cdot (1 + \rho \cdot \varphi)}$$

Alternativ kann das Verhältnis $\sigma_{cp0}/\sigma_{pm0}$ mit den Nettoquerschnittswerten ausgedrückt werden

$$\sigma_{cp0} = -\frac{\sigma_{pm0}}{\alpha_p} \cdot \alpha_n \qquad \text{mit } \alpha_n = \alpha_p \cdot \frac{A_p}{A_{cn}} \cdot \left(1 + \frac{A_{cn}}{I_{cn}} \cdot z_{cnp}^2\right)$$

$$\frac{\sigma_{cp0}}{\sigma_{pm0}} = -\frac{\alpha_n}{\alpha_p}$$

Die zeitabhängigen Verluste betragen hiermit

$$\Delta\sigma_{p,c+s+r} = \frac{\alpha_p \cdot (\sigma_{cg} + \sigma_{cp0}) \cdot \varphi + E_p \cdot \varepsilon_{cs} + \Delta\sigma_{pr}}{1 + \alpha_n (1 + \rho \cdot \varphi)}$$

Vereinfachend dürfen gem. EC2-1-1, 5.10.6 (5.46) die zeitabhängigen Verluste zum Zeitpunkt t an der Stelle x mit den Bruttoquerschnittswerten und dem Alterungsbeiwert $\rho = 0{,}8$ berechnet werden:

$$\Delta P_{c+s+r} = A_p \cdot \Delta\sigma_{p,c+s+r} = A_p \cdot \frac{\varepsilon_{cs} \cdot E_p + 0{,}8 \cdot \Delta\sigma_{pr} + \frac{E_p}{E_{cm}} \cdot \varphi(t,t_0) \cdot \sigma_{c,QP}}{1 + \frac{E_p}{E_{cm}} \cdot \frac{A_p}{A_c} \cdot (1 + \frac{A_c}{I_c} \cdot z_{cp}^2) \cdot [1 + 0{,}8 \cdot \varphi(t,t_0)]}$$

Dabei ist

$\Delta\sigma_{p,c+s+r}$ der absolute Wert der Spannungsänderung in den Spanngliedern aus Kriechen, Schwinden und Relaxation an der Stelle x, bis zum Zeitpunkt t;

ε_{cs} die ermittelte Schwinddehnung als absoluter Wert nach Abschn. 1.3.2;

$\Delta\sigma_{pr}$ der absolute Wert der Spannungsänderung in den Spanngliedern an der Stelle x zum Zeitpunkt t infolge Relaxation des Spannstahls. Dieser darf mit den Angaben der Zulassung des Spannstahls für das Verhältnis der Ausgangsspannung zur charakteristischen Zugfestigkeit (σ_p/f_{pk}) bestimmt werden. Dabei ist $\sigma_p = \sigma_p\{G + P_{m0} + \psi_2 \cdot Q\}$ die Ausgangsspannung in den Spanngliedern unmittelbar nach dem Vorspannen und infolge der quasi-ständigen Einwirkungen;

$\varphi(t,t_0)$ der Kriechbeiwert zum Zeitpunkt t bei einer Lastaufbringung zum Zeitpunkt t_0 nach Abschn. 1.3.2;

$\sigma_{c,QP}$ die Betonspannung in Höhe der Spannglieder infolge Eigenlast und Ausgangsspannung sowie weiterer maßgebender quasi-ständiger Einwirkungen. Die Spannung $\sigma_{c,QP}$ darf je nach untersuchtem Bauzustand unter Ansatz nur eines Teils der Eigenlast und der Vorspannung oder unter der gesamten quasi-ständigen Einwirkungskombination $\sigma_c\{G + P_{m0} + \psi_2 \cdot Q\}$ ermittelt werden.

Druckspannungen und die entsprechenden Dehnungen sind mit positivem Vorzeichen einzusetzen.

2.5.4 Anwendungsbeispiel: Dachbinder

Aufgabe

Für den in Abb. 2.10 skizzierten Dachbinder sind die zeitabhängigen Spannkraftverluste an der Stelle 1 (x = 11,70 m) und an der Stelle 2 (x = 1,00 m) zu ermitteln, vgl. Abb. 3.4.

Die Vorspannkraft im Spannbett beträgt $P^{(0)}$ = 2226 kN (23 Litzen 0,5", A_p = 21,4 cm²)

Das Vorspannen erfolgt zum Zeitpunkt t_0 = 24 Stunden.

Die Dachdeckung wird zum Zeitpunkt t_1 = 21 Tage nach der Herstellung aufgebracht.

Für die Betonfestigkeitsklasse C 50/60 wird ein Zement CEM I 52,5 verwendet.

Die relative Luftfeuchte beträgt 50 %.

Durchführung

Ermittlung der Kriech- und Schwindbeiwerte

Für die Berechnung der zeitabhängigen Spannkraftverluste müssen die Betondruckspannungen aus quasi-ständiger Einwirkungskombination unmittelbar nach dem Vorspannen und nach dem Aufbringen der Dachlast berücksichtigt werden.

Beim Vorspannen nach 24 Stunden wird durch die negativen Durchbiegungen bereits das Eigengewicht aktiviert (Lastfall $P + g_1$). Infolge der Dachlast nach 21 Tagen vermindern sich die Betondruckspannungen in Höhe der Spannglieder (Lastfall g_2). Diese Betondruckspannungen werden mit der Vorspannkraft $P^{(0)}$ = 2226 kN und den ideellen Querschnittwerten sowie den Schnittgrößen aus den Lastfällen g_1 und g_2 berechnet, vgl. Abb. 1.39, Abb. 3.4 und Abb. 3.5.

In Höhe der Spannglieder an der Stelle 1

Lastfall $P + g_1$ (t_0 = 1 Tag):

$$\sigma_{cp0} = -2{,}226 \cdot \left(\frac{1}{0{,}385} + \frac{0{,}710}{0{,}1343}\right)$$

$$= -5{,}8 - 11{,}8 \qquad = -17{,}6 \text{ N/mm}^2$$

$$\sigma_{cg1} = \frac{0{,}966}{0{,}1343} \qquad = +7{,}2 \text{ N/mm}^2$$

Lastfall g_2 (t_1 = 21 Tage):

$$\sigma_{cg2} = \frac{1{,}006}{0{,}1343} \qquad = +7{,}5 \text{ N/mm}^2$$

In Höhe der Spannglieder an der Stelle 2

$$\sigma_{cp0} = -2{,}226 \cdot \left(\frac{1}{0{,}304} + \frac{0{,}481}{0{,}0807}\right)$$

$$= -7{,}3 - 13{,}3 \qquad = -20{,}6 \text{ N/mm}^2$$

$$\sigma_{cg1} = \frac{0{,}125}{0{,}0807} \qquad = +1{,}5 \text{ N/mm}^2$$

$$\sigma_{cg2} = \frac{0{,}136}{0{,}0807} \qquad = +1{,}7 \text{ N/mm}^2$$

Wegen des annähernd linearen Zusammenhangs zwischen der Betonspannung und der Kriechverformung im Bereich der Gebrauchsspannungen gilt das Prinzip der linearen Superposition. Der Verlauf der Kriechdehnungen ist in Abb. 2.54 dargestellt.

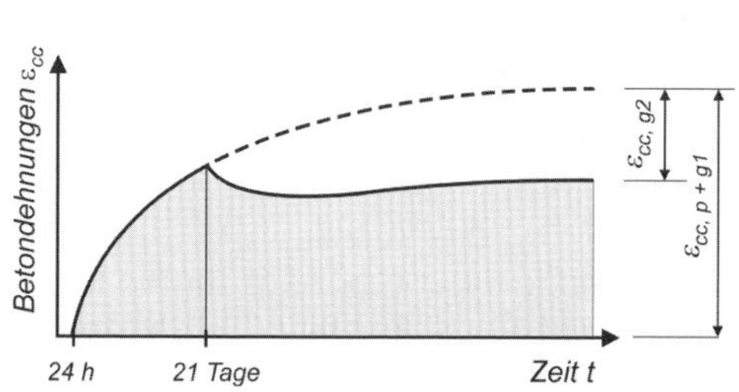

Belastungsintervall t_0 = 24 h bis t_∞ (LF $P + g_1$)

$$\varepsilon_{cc,p+g1} = \varphi(\infty, 1\text{d}) \cdot \frac{(\sigma_{cp0} + \sigma_{g1})}{E_c}$$

Belastungsintervall t_1 = 21 Tage bis t_∞ (LF g_2)

$$\varepsilon_{cc,g2} = \varphi(\infty, 21\text{d}) \cdot \frac{\sigma_{g2}}{E_c}$$

Abb. 2.54 Kriechdehnungen des Betons auf Höhe der Spannglieder

Die Ermittlung der Endkriechzahlen erfolgt daher gem. EC2-1-1, 3.1.4, Bild 3.1 a) für die beiden Belastungszeitpunkte 24 Stunden und 21 Tage nach der Herstellung, vgl. Abb. 2.56. Die wirksame Bauteildicke h_0 wird an der Stelle 1 ermittelt.

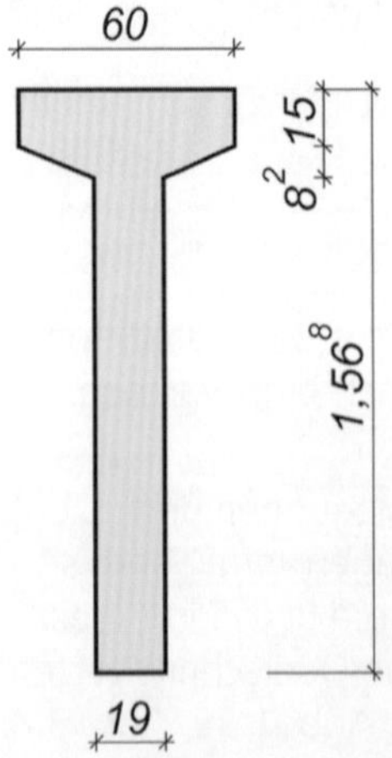

$A_c = 0{,}376\ \text{m}^2$

$$U = 2\cdot(1{,}336 + 0{,}15 + \sqrt{0{,}082^2 + 0{,}205^2}) + 0{,}60 + 0{,}19 = 4{,}20\ \text{m}$$

$$h_0 = \frac{2\cdot A_c}{U} = \frac{2\cdot 0{,}376}{4{,}20} = 0{,}179\ \text{m}$$

Diese wirksame Bauteildicke gilt näherungsweise auch für die Stelle 2.

Abb. 2.55 Querschnitt und wirksame Bauteildicke an der Stelle 1

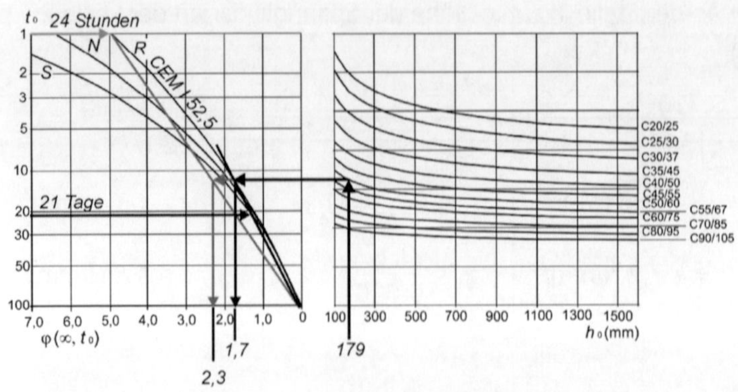

Abb. 2.56 Endkriechzahlen φ(∞, t_0) für das Belastungsalter 24 Stunden bzw. 21 Tage

Endkriechzahl für die Betondruckspannungen aus *P* und g_1: $\varphi(\infty,1\text{d}) = 2{,}3$
Endkriechzahl für die Betondruckspannungen aus g_2: $\varphi(\infty,21\text{d}) = 1{,}7$

Die autogene Schwinddehnung folgt zum Zeitpunkt t_∞ aus EC2-1-1, 3.1.4 (3.12).

$$\varepsilon_{ca}(\infty) = 2{,}5\cdot(f_{ck} - 10)\cdot 10^{-6}$$
$$= 2{,}5\cdot(50 - 10)\cdot 10^{-6} = 0{,}10\cdot 10^{-3}$$

Der Grundwert für die unbehinderte Trocknungsschwinddehnung beträgt für die Betonfestigkeit nach 28 Tagen $f_{ck} = 50\ \text{N/mm}^2$ und Zement CEM Klasse R gem. EC2-1-1, Anhang B, Tabelle NA.B.3:

$$\varepsilon_{cd,0} = 0{,}54\cdot 10^{-3}$$

Die Ermittlung der Trocknungsschwinddehnung zum Zeitpunkt t_∞ erfolgt gem. EC2-1-1, 3.1.4 (3.9).

$$\varepsilon_{cd}(t) = \beta_{ds}(t,t_s)\cdot k_h \cdot \varepsilon_{cd,0}$$

mit $\beta_{ds}(t_s,\infty) = 1{,}0$

$k_h = 0{,}882$ aus Tabelle 3.3 interpoliert für $h_0 = 179$ mm

$$\varepsilon_{cd}(\infty) = 1{,}0\cdot 0{,}882\cdot 0{,}54 \quad = 0{,}48\cdot 10^{-3}$$

Insgesamt beträgt die Schwinddehnung des Betons:

autogene Schwinddehnung	$\varepsilon_{ca}(\infty) = 0{,}10\cdot 10^{-3}$
Trocknungsschwinddehnung	$\varepsilon_{cd}(\infty) = 0{,}48\cdot 10^{-3}$
Gesamtschwinddehnung	$\varepsilon_{cs}(\infty) = 0{,}58\cdot 10^{-3}$

Spannstahlrelaxation

Die Spannstahlspannung $\sigma_p\{G + P_{m0} + \psi_2 \cdot Q\}$ ergibt sich mit $\psi_2 = 0$ aus

$$\sigma_{pm0} = \frac{P^{(0)}}{A_p} - \alpha_p \cdot \sigma_{cp0} = \frac{2{,}226}{21{,}4\cdot 10^{-4}} + 5{,}27\cdot(-17{,}6) = 1040 - 93 \quad = 947 \text{ N/mm}^2$$

$$\sigma_p = \sigma_{pm0} + \alpha_p \cdot (\sigma_{cg1} + \sigma_{cg2}) = 947 + 5{,}27\cdot(7{,}2 + 7{,}5) \quad = 1024 \text{ N/mm}^2$$

Das Verhältnis der Ausgangsspannung zur charakteristischen Zugfestigkeit beträgt damit

$$\frac{\sigma_p}{f_{pk}} = \frac{1024}{1770} = 0{,}58 \Rightarrow \approx 60\,\%$$

Hierfür wird der Relaxationsverlust der Litzen zum Zeitpunkt t_∞ mit Abb. 2.58 ermittelt.

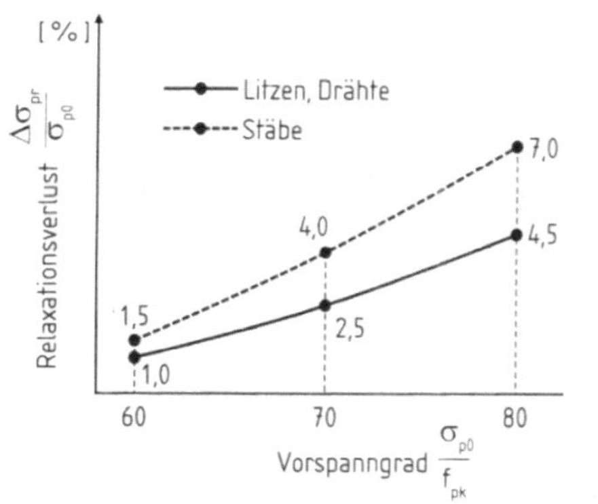

Vorspanngrad 60 %

Ablesung für Litzen nach 1000 h Belastung:

$$\frac{\Delta\sigma_{pr}}{\sigma_{p0}} = 1{,}0\,\%$$

Zeitpunkt $t = t_\infty$:

$$\frac{\Delta\sigma_{pr}}{\sigma_{p0}} = 3\cdot 1{,}0 = 3{,}0\,\%$$

Abb. 2.57 Relaxationsverluste für Spannstähle nach 1000 h (Endwert $\Delta\sigma_{pr\infty} = 3\ \Delta\sigma_{pr1000h}$) in Anlehnung an [27]

$$\Delta\sigma_{pr} = 3{,}0\cdot 10^{-2}\cdot 1024 = 30{,}7 \text{ N/mm}^2$$

Berechnung der zeitabhängigen Spannkraftverluste an der Stelle 1

$$\Delta P_{c+s+r} = A_p \cdot \frac{\varepsilon_{cs} \cdot E_p + 0{,}8 \cdot \Delta\sigma_{pr} + \frac{E_p}{E_{cm}} \cdot \varphi(t,t_0) \cdot \sigma_{c,QP}}{1 + \frac{E_p}{E_{cm}} \cdot \frac{A_p}{A_c} \cdot (1 + \frac{A_c}{I_c} \cdot z_{cp}^2) \cdot [1 + 0{,}8 \cdot \varphi(t,t_0)]} \qquad \text{(EC2-1-1, Gl. 5.46)}$$

Lastfall: $P + g_1$ (t_0 = 1 Tag):

$$\Delta P_{c+s+r} = 21{,}4 \cdot 10^{-4} \cdot \frac{0{,}58 \cdot 10^{-3} \cdot 195000 + 0{,}8 \cdot 30{,}7 + 5{,}27 \cdot 2{,}3 \cdot (17{,}6 - 7{,}2)}{1 + 5{,}27 \cdot \frac{21{,}4 \cdot 10^{-4}}{0{,}376} \cdot (1 + \frac{0{,}376}{0{,}0906} \cdot 0{,}727^2) \cdot (1 + 0{,}8 \cdot 2{,}3)} \cdot 10^3$$

$$= 21{,}4 \cdot 10^{-4} \cdot \frac{264}{1 + 0{,}272} \cdot 10^3 = +444 \text{ kN}$$

Lastfall: g_2 (t_1 = 21 Tage):

$$\Delta P_{c+s+r} = 21{,}4 \cdot 10^{-4} \cdot \frac{5{,}27 \cdot 1{,}7 \cdot (-7{,}5)}{1 + 5{,}27 \cdot \frac{21{,}4 \cdot 10^{-4}}{0{,}376} \cdot (1 + \frac{0{,}376}{0{,}0906} \cdot 0{,}727^2) \cdot (1 + 0{,}8 \cdot 1{,}7)} \cdot 10^3$$

$$= 21{,}4 \cdot 10^{-4} \cdot \frac{67{,}2}{1 + 0{,}226} \cdot 10^3 = -117 \text{ kN}$$

Insgesamt beträgt der Spannkraftverlust an der Stelle 1:

$\Delta P_{c+s+r} = +444 - 117 = -327$ kN Dies entspricht $\frac{327 \cdot 10^{-3}}{947 \cdot 21{,}4 \cdot 10^{-4}} \cdot 100 = -16{,}1\%$

Berechnung der zeitabhängigen Spannkraftverluste an der Stelle 2

Die nichtlineare Abhängigkeit des Kriechens von der kriecherzeugenden Spannung muss gem. EC2-1-1, 3.1.4 (3) berücksichtigt werden, wenn die kriecherzeugende Spannung den Wert $0{,}45 \cdot f_{ck}(t_0)$ überschreitet. Dabei ist $0{,}45 \cdot f_{ck}(t_0)$ die Zylinderdruckfestigkeit des Betons zum Zeitpunkt des Aufbringens der kriecherzeugenden Spannung.

Annahme: Bei der Spannkraftübertragung nach 24 h werden 65 % der Betondruckfestigkeit nach 28 Tagen erreicht (C 50/60: f_{ck}= 50 N/mm²).

Die nachzuweisende tatsächliche Betondruckfestigkeit zum Zeitpunkt t_0 = 24 h beträgt somit

$f_{ck}(t_0) = 0{,}65 \cdot 50 = 32{,}5$ N/mm²

$$|\sigma_c| = 20{,}6 - 1{,}5 = 19{,}1 \text{ N/mm}^2 \qquad \begin{cases} > 0{,}45 \cdot f_{ck(t0)} = 0{,}45 \cdot 32{,}5 = 14{,}6 \text{ N/mm}^2 \\ < 0{,}6 \cdot f_{ck(t0)} = 0{,}6 \cdot 32{,}5 = 19{,}5 \text{ N/mm}^2 \end{cases}$$

Um das nichtlineare Kriechen zu berücksichtigen, wird die Endkriechzahl gem. EC2-1-1, 3.1.4 (Gl. 3.7) ermittelt:

$$\varphi_{nl}(\infty,t_0) = \varphi(\infty,t_0) \cdot e^{1{,}5 \cdot (k_\sigma - 0{,}45)} \qquad \text{mit } k_\sigma = \frac{\sigma_c}{f_{ck}(t_0)}$$

Lastfall: $P + g_1$ (t_0 = 1 Tag):

$$\varphi(\infty,1\text{d})_k = 2{,}3 \cdot e^{1{,}5\cdot\left(\frac{19{,}1}{32{,}5}-0{,}45\right)} = 2{,}3 \cdot 1{,}23 = 2{,}8$$

$$\Delta P_{c+s+r} = 21{,}4 \cdot 10^{-4} \cdot \frac{0{,}58 \cdot 10^{-3} \cdot 195000 + 0{,}8 \cdot 30{,}7 + 5{,}27 \cdot 2{,}8 \cdot (20{,}6 - 1{,}5)}{1 + 5{,}27 \cdot \frac{21{,}4 \cdot 10^{-4}}{0{,}295} \cdot (1 + \frac{0{,}295}{0{,}0366} \cdot 0{,}496^2) \cdot (1 + 0{,}8 \cdot 2{,}8)} \cdot 10^3$$

$$= 21{,}4 \cdot 10^{-4} \cdot \frac{419}{1 + 0{,}369} \cdot 10^3 = +655 \text{ kN}$$

Lastfall: g_2 (t_1 = 21 Tage):

$$\varphi(\infty,21\text{d})_k = 1{,}7 \cdot 1{,}23 = 2{,}1$$

$$\Delta P_{c+s+r} = 21{,}4 \cdot 10^{-4} \cdot \frac{5{,}27 \cdot 2{,}1 \cdot (-1{,}7)}{1 + 5{,}27 \cdot \frac{21{,}4 \cdot 10^{-4}}{0{,}295} \cdot (1 + \frac{0{,}295}{0{,}0366} \cdot 0{,}496^2) \cdot (1 + 0{,}8 \cdot 2{,}1)} \cdot 10^3$$

$$= 21{,}4 \cdot 10^{-4} \cdot \frac{18{,}8}{1 + 0{,}306} \cdot 10^3 = -30{,}8 \text{ kN}$$

Insgesamt beträgt der Spannkraftverlust an der Stelle 2:

$\Delta P_{c+s+r} = +655 - 30{,}8 = -624$ kN Dies entspricht $\frac{624 \cdot 10^{-3}}{947 \cdot 21{,}4 \cdot 10^{-4}} \cdot 100 = 30{,}8\%$

2.6 Berechnung des Spannweges

Nachdem ein Bauteil vorgespannt wurde, muss kontrolliert werden, ob die Vorspannung auch tatsächlich gemäß den Vorgaben aus der statischen Berechnung im Bauteil wirkt.

Hierfür ist es nicht ausreichend, nur die Kraft an der Spannpresse zu kontrollieren. Es muss zusätzlich auch der Spannweg gemessen werden, um ausschließen zu können, dass durch einen ungewollten Blockierpunkt innerhalb des Spanngliedverlaufs zwar die geplante Spannkraft aufgebracht wird, aber der planmäßige Verlauf der Vorspannung über die Bauteillänge sich nicht einstellen kann.

Der Spannweg berechnet sich aus dem Unterschied zwischen der Spannstahlverlängerung δ_p und der Betonverkürzung δ_{cp} in Höhe des Spanngliedes. Des Weiteren ist ein Verankerungsschlupf δ_{sl} bei der Verankerung des Spanngliedes zu berücksichtigen. Für eine einsträngige Vorspannung ergibt sich der Spannweg δ zu:

$$\delta = \delta_p - \delta_{cp} + |\delta_{sl}|$$

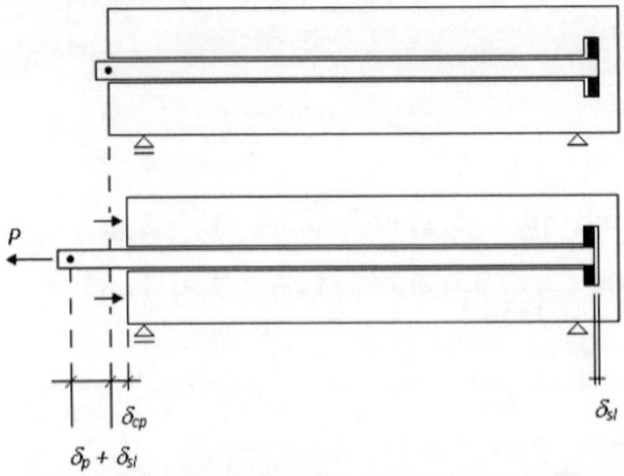

Abb. 2.58 Spannweg

Durch Integration der Spannstahldehnung über die Spanngliedlänge *l* wird die Spannstahlverlängerung berechnet. Die Dehnungsbehinderung infolge Reibung muss hierbei beachtet werden.

$$\delta_p = \int_0^l \frac{P(x)}{E_p \cdot A_p} \cdot dx = \frac{P}{E_p \cdot A_p} \cdot \int_0^l e^{-\mu \cdot (\Theta + k \cdot x)} \cdot dx$$

Die Stauchung des Betons in Höhe der Spanngliedlage wird mit folgendem Integral und den Nettoquerschnittswerten des Bauteils berechnet:

$$\delta_{cp} = \int_0^l \frac{N_{cp}}{E_c \cdot A_{cn}} \cdot dx + \int_0^l \frac{M_p(x) \cdot z_{cnp}}{E_c \cdot I_{cn}} \cdot dx + \int_0^l \frac{M_g(x) \cdot z_{cnp}}{E_c \cdot I_{cn}} \cdot dx$$

In der angegebenen Formel wurde berücksichtigt, dass die Vorspannung das Eigengewicht des Trägers aktiviert. Das zweite und dritte Integral besitzen deshalb betragsmäßig meist die gleiche Größenordnung, sodass sich diese Anteile annähernd gegenseitig aufheben und nur die Betonverkürzung infolge des Normalkraftanteils übrig bleibt.

Bei einem geplanten Spannprogramm mit Anspannen und Nachlassen müssen sowohl der Spannweg als auch der Nachlassweg rechnerisch bestimmt werden.

Der Nachlassweg, der an der Spannpresse gemessen wird, ist die Differenz aus der Summe der Dehnungen des Spannstahls und des Betons vom Verankerungspunkt bis zum Blockierpunkt und dem Keilschlupf, der den entsprechenden bauaufsichtlichen Zulassungen entnommen werden kann:

$$\delta_{sn} = \delta_p' + \delta_{cp}' - |\delta_{sl}|$$

Aufgrund des Nachlassens verringert sich die Spannkraft von *P* auf P_N. Die Änderung der Betondehnung ist vernachlässigbar klein, sodass der Nachlassweg mit hinreichender Genauigkeit allein über die Dehnung des Spannstahls und über den Keilschlupf berechnet werden kann.

$$\delta_{sn} = \int_0^{x_b} \frac{P \cdot e^{-\mu \cdot (\Theta + k \cdot x)} - P_N \cdot e^{-\mu \cdot (\Theta + k \cdot x)}}{E_p \cdot A_p} \cdot dx - |\delta_{sl}|$$

2.6.1 Anwendungsbeispiel: Zentrisch vorgespanntes Bauteil

Aufgabe

Der Spannweg eines analog zu Abb. 2.58 zentrisch vorgespannten Bauteils mit Vorspannung mit nachträglichem Verbund und geradliniger Spanngliedführung soll berechnet werden.

Länge des Bauteils: 10,00 m, Bruttoquerschnitt $A_c = 0{,}3600\ \mathrm{m}^2$

Spannstahllitzen St 1570/1770, C 40/50, $A_p = 9{,}8\ \mathrm{cm}^2$, Hüllrohrdurchmesser $d_H = 67\ \mathrm{mm}$

Es werden vier Spannglieder eingebaut, vereinfachend werden hier Reibung und Keilschlupf vernachlässigt.

Durchführung

Berechnung des Nettoquerschnitts A_{cn} und der Spannstahlspannung σ_{p0}:

$$A_{cn} = 0{,}3600\ \mathrm{m}^2 - 4 \cdot (6{,}7\ \mathrm{cm} / 2)^2 \cdot \pi \cdot 10^{-4} = 0{,}3459\ \mathrm{m}^2$$

$$\sigma_{pm0} \leq \begin{cases} 0{,}75 \cdot f_{pk} & = 1328\ \mathrm{N/mm^2} \\ 0{,}85 \cdot f_{p0,1k} & = 1275\ \mathrm{N/mm^2} \end{cases}$$

Daraus ergibt sich eine Spannstahlkraft während des Vorspannens von

$$P_{m0} = 1275 \cdot 4 \cdot 9{,}8 \cdot 10^{-4} = 4{,}998\ \mathrm{MN}$$

sowie eine Spannstahl- und Betondehnung von

$$\delta_p = \frac{4{,}998}{195000 \cdot 4 \cdot 9{,}8} \cdot 10^4 \cdot 10{,}00 \cdot 10^2 \qquad = 6{,}54\,\mathrm{cm}$$

$$\delta_{cp} = \frac{-4{,}998}{31400 \cdot 0{,}3459} \cdot 10{,}00 \cdot 10^2 \qquad = -0{,}46\,\mathrm{cm}$$

Der Spannweg ist die Summe der Dehnungen und beträgt $\delta = 6{,}54 - (-0{,}46) = 7{,}00$ cm.

2.7 Umlagerung von Betonspannungen und Schnittgrößen

2.7.1 Grundlagen und Definitionen

Wegen der zeitabhängigen Materialeigenschaften des Betons (vgl. Abschn. 1.3.2) ergeben sich aus den Betonspannungen zeitabhängige Verformungen (Kriechen). Diese Kriechverformungen addieren sich zu den elastischen Verformungen zum Zeitpunkt t_0 bei Belastungsbeginn. Die Zunahme der Verformung bei einer konstanten Druckbeanspruchung ist in Abb. 2.59 dargestellt.

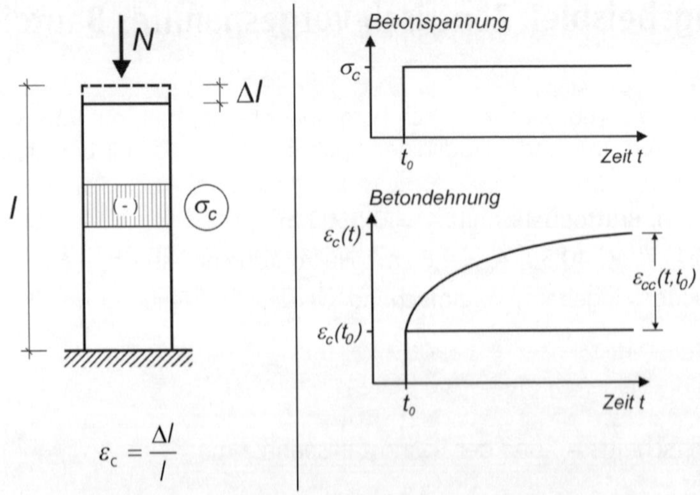

$$\sigma_c = \frac{N}{A_c}$$

Kriechdehnung:

$$\varepsilon_{cc}(t,t_0) = \frac{\sigma_c}{E_c} \cdot \varphi(t,t_0)$$

elastische Dehnung:

$$\varepsilon_c(t_0) = \frac{\sigma_c}{E_c}$$

Abb. 2.59 Elastische und zeitabhängige Betonverformungen

Insgesamt ergibt sich die Verformung zum Zeitpunkt *t* aus:

$$\varepsilon_c(t) = \varepsilon_c(t_0) + \varepsilon_{cc}(t,t_0) = \frac{\sigma_c}{E_c} + \frac{\sigma_c}{E_c} \cdot \varphi(t,t_0) = \varepsilon_c(t_0) \cdot [1 + \varphi(t,t_0)]$$

Die gesamte Verformung zum Zeitpunkt *t* kann daher grundsätzlich aus der Vergrößerung der elastischen Verformung zum Zeitpunkt t_0 durch Multiplikation mit dem Faktor $(1+\varphi)$ berechnet werden. Dementsprechend vergrößert sich bei einer Biegebeanspruchung die Durchbiegung im Zustand I durch die zeitabhängige Durchbiegung aus den Kriechverformungen, vgl. Abb. 2.60.

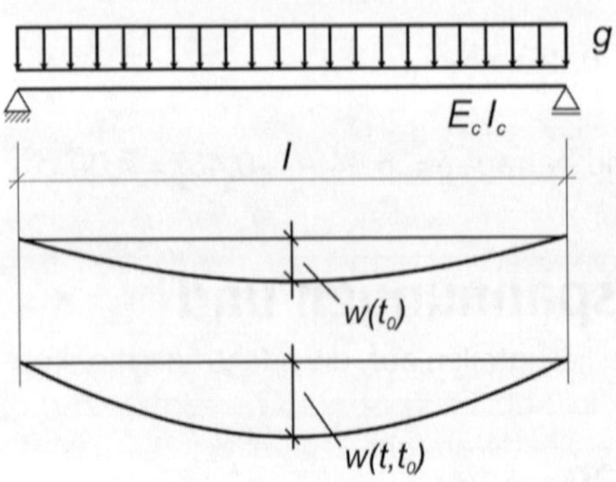

elastische Durchbiegung:

$$w(t_0) = \frac{5}{384} \frac{g \cdot l^4}{E_c \cdot I_c}$$

zeitabhängige Durchbiegung:

$$w(t,t_0) = w(t_0) \cdot \varphi(t,t_0)$$

Abb. 2.60 Elastische und zeitabhängige Durchbiegungen am Beispiel eines Einfeldträgers

Die Gesamtdurchbiegung ergibt sich aus den beiden affinen Biegelinien zu:

$$w(t) = w(t_0) + w(t,t_0) = w(t_0) \cdot [1 + \varphi(t,t_0)]$$

Die Vergrößerung der elastischen Betonverformungen durch die zeitabhängigen Materialeigenschaften kann hierbei durch die Berechnung mit dem effektiven *E*-Modul $E_{c,eff}$ erfasst werden.

$$E_{c,eff} = \frac{E_c}{1+\varphi(t,t_0)}$$

Bei statisch unbestimmten Tragwerken aus Beton mit unterschiedlichen Kriecheigenschaften entziehen sich die Bereiche mit größerem Kriechvermögen der Beanspruchung und die Spannungen bzw. Schnittgrößen lagern sich in die Tragwerksbereiche mit geringerem Kriechvermögen um.

Schnittgrößenumlagerungen entstehen z. B. bei Duchlaufträgern, insbesondere bei mehrfeldrigen Brücken, wenn die Felder zu unterschiedlichen Zeitpunkten hergestellt werden. Bei der in Abb. 2.61 dargestellten Brücke ergeben sich entsprechend dem unterschiedlichen Alter der Bauabschnitte zum Zeitpunkt t_0 bei Belastungsbeginn unterschiedliche Kriechzahlen φ. Aufgrund der unterschiedlichen Kriecheigenschaften lagern sich mit der Zeit die Schnittgrößen infolge der quasi-ständigen Einwirkungen nach der Herstellung in die Abschnitte mit dem geringeren Kriechmaß um. Durch die unterschiedlichen Steifigkeiten mit den effektiven *E*-Moduln $E_{ci,eff}$ können die Schnittgrößen zum Zeitpunkt *t* näherungsweise berechnet werden. Aus der Differenz zu den Schnittgrößen am Durchlaufträger mit konstanter Steifigkeit ergibt sich die Größe der Umlagerung der Schnittgrößen.

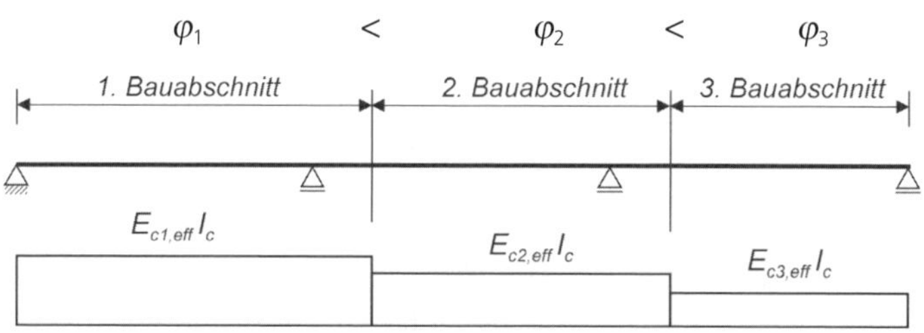

Abb. 2.61 Unterschiedliche Steifigkeiten zur Berechnung der Umlagerung der Schnittgrößen

Darüber hinaus lagern sich Schnittgrößen um, wenn bei statisch unbestimmten Tragwerken das statische System im Endzustand vom Bauzustand abweicht. Die daraus resultierenden Schnittgrößendifferenzen werden durch die Kriechverformungen mit der Zeit zum Teil abgebaut.

Diese Schnittgrößenumlagerungen treten z. B. bei Fertigteilen auf, die nachträglich gekoppelt werden, insbesondere bei Fertigteilbrücken. In Abb. 2.62 ist ein Zweifeldträger dargestellt, bei dem die Fertigteile im Bauzustand als Einfeldträger verlegt werden und im Endzustand durch die Ortbetonergänzung als Durchlaufträger wirken. Durch die Kriechverformungen lagert sich das Biegemoment aus Eigengewicht im Bauzustand M_B in das Biegemoment $M(t)$ um. Mit der Zeit nähert sich dieses Biegemoment größtenteils dem fiktiven Biegemoment M_E an, das sich am sogenannten „Eingusssystem" (hier: Durchlaufträger) ohne Berücksichtigung der Bauzustände ergeben würde.

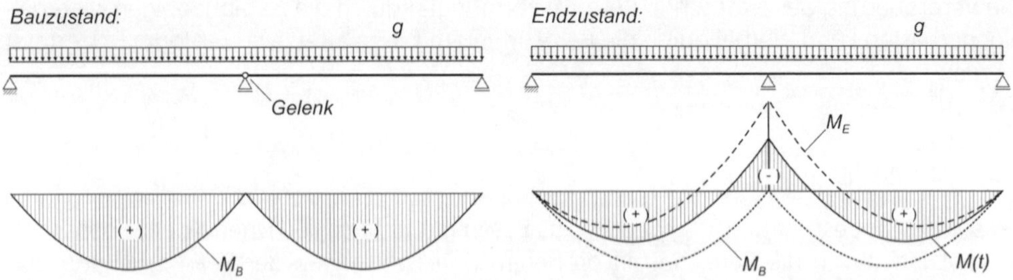

Abb. 2.62 Umlagerung der Biegemomente bei nachträglicher Kopplung zum Durchlaufträger

Die Umlagerung der Schnittgrößen muss bei vorgespannten Tragwerken in der Regel berücksichtigt werden. Entsprechend den Abb. 2.61 und 2.62 wird hierbei zwischen Material- und Systemkriechen unterschieden. Hierfür gelten die folgenden Definitionen.

Materialkriechen: Spannungs- und Schnittgrößenumlagerungen, welche durch von Bauabschnitt zu Bauabschnitt unterschiedlich kriechfähigen Beton entstehen.

Systemkriechen: Spannungs- und Schnittgrößenumlagerungen, welche durch Systemwechsel ausgelöst werden, bei vorausgesetzt gleichen Kriecheigenschaften des Betons.

2.7.2 Umlagerung der Betonspannungen bei Halbfertigteilen

Spannungsumlagerungen durch Systemkriechen infolge von Querschnittsveränderungen und durch Materialkriechen aufgrund von unterschiedlich kriechfähigem Beton treten am häufigsten bei Fertigteilen mit einer nachträglichen Ortbetonergänzung, auch als „Halbfertigteile" bezeichnet, auf. Hierbei ist zwischen den Einwirkungen vor und nach dem Erhärten der Ortbetonergänzung zu unterscheiden. Die Einwirkungen vor dem Erhärten der Ortbetonergänzung wirken zunächst allein auf den Fertigteilquerschnitt. Diese Betonspannungen lagern sich nach der Ortbetonergänzung mit der Zeit zum Teil in die Spannungen des Verbundquerschnitts um. Im Unterschied dazu wirken die Einwirkungen nach dem Erhärten der Ortbetonergänzung von Anfang an auf den Verbundquerschnitt. Durch das höhere Kriechmaß der Ortbetonbereiche lagern sich diese Spannungen zum Teil auf das Fertigteil um. Für beide Fälle sind die Umlagerungen der Betonspannungen am Beispiel eines vorgefertigten Plattenbalkens mit einer Ortbetonergänzung in Abb. 2.63 dargestellt. Hierbei gelten folgende Definitionen.

$\sigma_c(t_0)$: Betonspannung zum Zeitpunkt $t = t_0$ beim Aufbringen der Einwirkung

$\sigma_c(t)$: Betonspannung zum betrachteten Zeitpunkt t

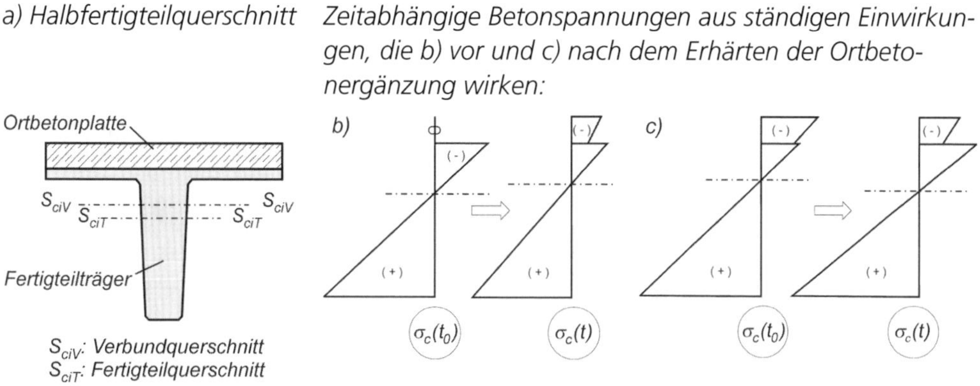

Abb. 2.63 Halbfertigteilquerschnitt mit Spannungsumlagerungen

Die in Abb. 2.63 dargestellten Spannungsumlagerungen werden als Querschnittsumlagerungen bezeichnet. Die zeitabhängige Verschiebung der Nulllinie führt bei der Vorspannung durch die Veränderung des Hebelarms zu Schnittgrößenumlagerungen. Im Folgenden wird ein anschauliches Verfahren zur Berechnung der Querschnittsumlagerungen nach Trost [13] erläutert. Weitere Berechnungsverfahren sind in [22] enthalten.

Bei einer zeitlich veränderlichen Betonspannung ergeben sich die elastischen Betondehnungen zu:

$$\varepsilon_{ce}(t) = \frac{\sigma_c(t_0)}{E_c} + \frac{\sigma_c(t) - \sigma_c(t_0)}{E_c}$$

Die zeitabhängigen Betondehnungen aus dem Kriechen bis zum Zeitpunkt t betragen:

$$\varepsilon_{cc}(t) = \frac{\sigma_c(t_0)}{E_c} \cdot \varphi(t,t_0) + \frac{1}{E_c} \cdot \int_0^t \frac{\partial \sigma_c(\tau)}{\partial \tau} \cdot \varphi(t,\tau) \cdot d\tau$$

Mit dem Alterungsbeiwert ρ ($0{,}6 \leq \rho \leq 1{,}0$ in der Regel $\rho \approx 0{,}8$) nach Abschn. 1.3.2 wird berücksichtigt, dass $\sigma(t)$ nicht von Anfang an wirkt, sondern allmählich aus der Umlagerung entsteht. Damit kann die Kriechdehnung direkt ohne die Lösung des Integrals berechnet werden:

$$\varepsilon_{cc}(t) = \frac{\sigma_c(t_0)}{E_c} \cdot \varphi(t,t_0) + \frac{\sigma_c(t) - \sigma_c(t_0)}{E_c} \cdot \rho \cdot \varphi(t,t_0)$$

Aus der Addition der elastischen und zeitabhängigen Betondehnungen folgt insgesamt:

$$\varepsilon_c(t) = \varepsilon_{ce}(t) + \varepsilon_{cc}(t) = \frac{\sigma_c(t_0)}{E_c} \cdot \left[1 + \varphi(t,t_0)\right] + \frac{\sigma_c(t) - \sigma_c(t_0)}{E_c} \cdot \left[1 + \rho \cdot \varphi(t,t_0)\right]$$

Um die Größe der Spannungsumlagerungen zwischen Fertigteil und Ortbetonergänzung aus den unterschiedlichen Kriechverformungen zu berechnen, wird das Kraftgrößenverfahren verwendet. Das Verfahren wird am Beispiel des Plattenbalkens nach Abb. 2.63 erläutert. Zunächst werden hierbei die beiden Bereiche gedanklich getrennt und die Kopplungskraft X_1 als statisch unbestimmte Größe im Schwerpunkt der Ortbetonplatte (Stelle 1) angesetzt, vgl. Abb. 2.64.

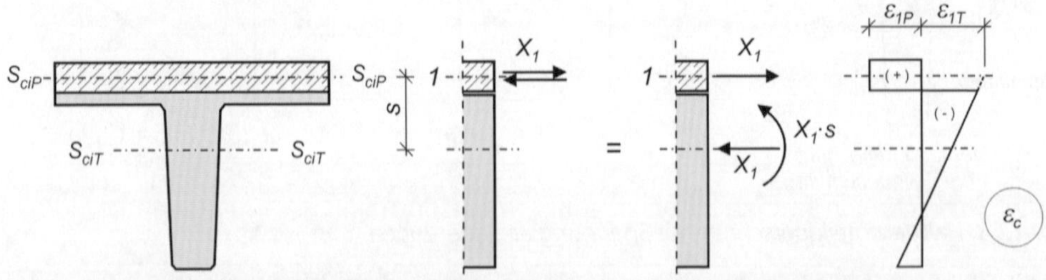

Abb. 2.64 Nachträglich ergänzter Querschnitt mit Dehnungen infolge der Kopplungskraft X_1

Die Kopplungskraft X_1 erzeugt an der Stelle 1 den Verschiebungssprung δ_{11}. Dieser ergibt sich aus dem Dehnungsunterschied infolge $X_1 = 1$, d. h. aus der zentrischen Dehnung der Ortbetonplatte (P) und der Dehnungsebene des Fertigteilträgers (T) in Höhe der Stelle 1 entlang der Länge Δx:

$$\delta_{11} = \delta_{1P} + \delta_{1T} = (\varepsilon_{1P} - \varepsilon_{1T}) \cdot \Delta x$$

mit ε_{1P} = elastische Dehnung der Ortbetonplatte

ε_{1T} = elastische Dehnung des Fertigteilträgers

Die Dehnungen errechnen sich mit den ideellen Querschnittswerten von Ortbetonplatte und Fertigteilträger. Hierbei wird die im Vergleich zum Träger geringe Biegesteifigkeit der Ortbetonplatte vernachlässigt. Infolge $X_1 = 1$ ergibt sich:

$$\varepsilon_{1P} = \frac{1}{E_{cP} \cdot A_{ciP}} \quad \text{und} \quad \varepsilon_{1T} = -\frac{1}{E_{cT} \cdot A_{ciT}} - \frac{s^2}{E_{cT} \cdot I_{ciT}}$$

mit s = Abstand der Schwerachsen von Ortbetonplatte und Fertigteilträger, vgl. Abb. 2.64

Die entsprechenden Verschiebungsanteile lauten für die betrachtete Länge $\Delta x = 1$ und mit $n = \frac{E_{cP}}{E_{cT}}$:

$$E_{cT} \cdot \delta_{1P} = \frac{1}{n \cdot A_{ciP}} \quad \text{und} \quad E_{cT} \cdot \delta_{1T} = \frac{1}{A_{ciT}} + \frac{s^2}{I_{ciT}}$$

Um die unterschiedlichen Kriecheigenschaften zu erfassen, wird die weitere Berechnung mit den folgenden Kriechzahlen durchgeführt.

φ_P Kriechzahl $\varphi(t,t_0)$ der Ortbetonplatte

φ_T Kriechzahl $\varphi(t,t_0)$ des Fertigteilträgers

Hiermit ergibt sich der Verschiebungssprung infolge $X_1 = 1$ zum Zeitpunkt t zu:

$$\delta_{11}(t) = \delta_{1P} + \delta_{1T} + \delta_{1P} \cdot \varphi_P + \delta_{1T} \cdot \varphi_T$$

Durch die Definition der Systemkriechzahl

$$\varphi_{PT} = \frac{\delta_{1P} \cdot \varphi_P + \delta_{1T} \cdot \varphi_T}{\delta_{1P} + \delta_{1T}}$$

kann dieser zeitabhängige Verschiebungssprung folgendermaßen ausgedrückt werden:

$$\delta_{11}(t) = \delta_{11} \cdot (1 + \varphi_{PT})$$

Falls $X_1 = 1$ nicht von Anfang an wirkt, sondern entsprechend der Kriechverformung mit der Zeit anwächst, kann dies durch den Alterungsbeiwert ρ berücksichtigt werden.

$$\delta_{11}(t) = \delta_{11} \cdot (1 + \rho \cdot \varphi_{PT})$$

Die zeitabhängigen Kopplungskräfte $X_1(t)$ werden nachfolgend für einen schnell und einen langsam auftretenden Verschiebungssprung sowie für ständige Einwirkungen, die vor und nach dem Erhärten der Ortbetonergänzung wirken, aus der Kontinuitätsbedingung der Betondehnungen von Ortbetonplatte und Fertigteilträger hergeleitet.

Bei einem schnell auftretenden Verschiebungssprung δ_{10}, z. B. aus Differenzdehnungen infolge Temperaturunterschieden beim Abfließen der Hydratationswärme der Ortbetonplatte (plötzlicher Zwang), ergibt sich zum Zeitpunkt $t = t_0$ die Größe der Kopplungskraft X_{1e} aus der Kontinuitätsbedingung für die elastischen Dehnungen:

$$\delta_{1e} = \delta_{10} + X_{1e} \cdot \delta_{11} = 0$$

$$X_{1e} = -\frac{\delta_{10}}{\delta_{11}}$$

Wie bei den Verformungen infolge ständiger Last nach Abb. 2.60 erzeugt der Spannungszustand infolge X_{1e} Kriechverformungen, die mit der Zeit zu einem zusätzlichen Verschiebungssprung in Richtung X_{1e} führen. Auch hierfür gilt die Kontinuitätsbedingung, wobei die statisch unbestimmte Größe X_{1c} als zeitabhängiger Anteil der Kopplungskraft diesem zusätzlichen Verschiebungssprung mit einem elastischen Anteil und mit einem Kriechanteil entgegenwirkt. Entsprechend der zunehmenden Verformung infolge X_{1e} wächst die statisch unbestimmte Größe X_{1c} mit der Zeit allmählich an. Wegen der veränderlichen Betonspannungen wird der Kriechanteil infolge X_{1c} mit dem Alterungsbeiwert multipliziert und die zeitabhängige Kontinuitätsbedingung lautet:

$$\begin{aligned}\delta_{1c} &= X_{1e} \cdot \delta_{11} \cdot \varphi_{PT} + X_{1c} \cdot \delta_{11} \cdot (1 + \rho \cdot \varphi_{PT}) \\ &= -\delta_{10} \cdot \varphi_{PT} \quad + X_{1c} \cdot \delta_{11} \cdot (1 + \rho \cdot \varphi_{PT}) = 0\end{aligned}$$

Der zeitabhängige Anteil der Kopplungskraft ergibt sich hieraus zu:

$$X_{1c} = +\frac{\delta_{10}}{\delta_{11}} \cdot \frac{\varphi_{PT}}{1 + \rho \cdot \varphi_{PT}}$$

Insgesamt ergibt sich die statisch unbestimmte Größe X_1 zum Zeitpunkt t aus den elastischen und den zeitabhängigen Anteilen der Kopplungskraft zu:

$$X_1(t) = X_{1e} + X_{1c} = -\frac{\delta_{10}}{\delta_{11}} + \frac{\delta_{10}}{\delta_{11}} \cdot \frac{\varphi_{PT}}{1+\rho \cdot \varphi_{PT}} = -\frac{\delta_{10}}{\delta_{11}} \cdot \left(1 - \frac{\varphi_{PT}}{1+\rho \cdot \varphi_{PT}}\right)$$

Hiermit und mit der Kontinuitätsbedingung für die elastischen Dehnungen ergibt sich die zeitabhängige Kopplungskraft $X_1(t)$ aus der Abminderung der elastischen Kopplungskraft X_{1e}.

$$X_1(t) = X_{1e} \cdot \left(1 - \frac{\varphi_{PT}}{1+\rho \cdot \varphi_{PT}}\right)$$

Bei einem langsam auftretenden Verschiebungssprung δ_{10}, z. B. aus Differenzdehnungen infolge der Schwindverkürzung der Ortbetonplatte (allmählicher Zwang), sind die elastischen Dehnungen und damit die Kopplungskraft X_{1e} zum Zeitpunkt $t = t_0$ gleich null. Daher werden lediglich die zeitabhängigen Anteile berücksichtigt. Hiermit ergeben sich die Kontinuitätsbedingung und die Kopplungskraft zum Zeitpunkt t zu:

$$\delta_{1c} = \delta_{10} + X_{1c} \cdot \delta_{11} \cdot (1+\rho \cdot \varphi_{PT}) = 0$$

$$X_{1c} = -\frac{\delta_{10}}{\delta_{11}} \cdot \frac{1}{1+\rho \cdot \varphi_{PT}}$$

Hiermit und mit der Kopplungskraft X_{1e}, die aus den elastischen Dehnungen infolge einer Verschiebung δ_{10} resultieren würde, ergibt sich die unbestimmte Größe X_1 zum Zeitpunkt t zu:

$$X_1(t) = X_{1c} = X_{1e} \cdot \frac{1}{1+\rho \cdot \varphi_{PT}}$$

Bei ständigen Einwirkungen, die vor dem Erhärten der Ortbetonergänzung wirken, wie z.B. das Eigengewicht des Trägers und der Ortbetonplatte sowie die Vorspannung des Fertigteilträgers im Bauzustand, ist die Kopplungskraft X_{1e} zum Zeitpunkt $t = t_0$ wegen der spannungslosen Ortbetonplatte gleich null, vgl. Abb. 2.63 b). Die Spannungen des Fertigteilträgers führen zu Kriechverformungen und damit zu einem zeitabhängigen Verschiebungssprung gegenüber der Ortbetonplatte, die am gedanklich getrennten System spannungslos bleibt.

Da in diesem Fall die elastischen Verformungen und damit die Verschiebung δ_{10} vor der Herstellung des Verbundquerschnitts auftreten, ergibt sich der Verschiebungssprung zum Zeitpunkt t ausschließlich aus dem Kriechanteil des Fertigteilträgers. Dieser kann aus der elastischen Verschiebung δ_{10} des Trägers durch die Multiplikation mit der Kriechzahl φ_T berechnet werden. Die Kontinuitätsbedingung und die zeitabhängige Kopplungskraft ergibt sich daher zu:

$$\delta_{1c} = \delta_{10} \cdot \varphi_T + X_{1c} \cdot \delta_{11} \cdot (1+\rho \cdot \varphi_{PT}) = 0$$

$$X_{1c} = -\frac{\delta_{10}}{\delta_{11}} \cdot \frac{\varphi_T}{1+\rho \cdot \varphi_{PT}}$$

Hiermit und mit der Kopplungskraft X_{1e} infolge der elastischen Verschiebung δ_{10} des Fertigteilträgers ergibt sich die unbestimmte Größe X_1 zum Zeitpunkt t zu:

$$X_1(t) = X_{1c} = X_{1e} \cdot \frac{\varphi_T}{1 + \rho \cdot \varphi_{PT}}$$

Ständige Einwirkungen, die nach dem Erhärten der Ortbetonergänzung auftreten, wie z. B. die Ausbaulast oder eine zusätzliche Vorspannung, wirken von Anfang an auf den Verbundquerschnitt, vgl. Abb. 2.63 c). Die Spannungsumlagerungen ergeben sich hierbei ausschließlich aus den unterschiedlichen Kriecheigenschaften von Ortbetonplatte und Fertigteilträger. Der Berechnung wird der belastete Fertigteilträger am gedanklich getrennten System zugrunde gelegt. Der Verschiebungssprung δ_{10} zur unbelasteten Ortbetonplatte wird durch die Kopplungskraft X_{1e} rückgängig gemacht.

$$X_{1e} = -\frac{\delta_{10}}{\delta_{11}}$$

Hierdurch ergeben sich an der Stelle 1 zum Zeitpunkt $t = t_0$ gleiche Dehnungen von Ortbetonplatte und Fertigteilträger. Bei gleichen Kriechzahlen treten daher keine zeitabhängigen Differenzdehnungen und kein Verschiebungssprung zum Zeitpunkt t auf. Wenn die Kriechzahl φ_Π der Ortbetonplatte jedoch von der Kriechzahl φ_T des Trägers abweicht, ergibt sich mit der Zeit ein Verschiebungssprung am getrennten System:

$$\delta_{1c} = X_{1e} \cdot \delta_{1P} \cdot (\varphi_P - \varphi_T)$$

Durch Einsetzen der Systemkriechzahl φ_{PT} kann dieser zeitabhängige Verschiebungssprung in Abhängigkeit vom Verschiebungssprung δ_{10} ausgedrückt werden.

$$\delta_{1c} = -X_{1e} \cdot (\delta_{1P} + \delta_{1T}) \cdot (\varphi_T - \varphi_{PT}) = -X_{1e} \cdot \delta_{11} \cdot (\varphi_T - \varphi_{PT}) = +\delta_{10} \cdot (\varphi_T - \varphi_{PT})$$

Dieser Verschiebungssprung wird durch die statisch unbestimmte Größe X_{1c} rückgängig gemacht. Die zeitabhängige Kontinuitätsbedingung und die Kopplungskraft ergeben sich hiermit zu:

$$\delta_{1c} = +\delta_{10} \cdot (\varphi_T - \varphi_{PT}) + X_{1c} \cdot \delta_{11} \cdot (1 + \rho \cdot \varphi_{PT}) = 0$$

$$X_{1c} = -\frac{\delta_{10}}{\delta_{11}} \cdot \frac{\varphi_T - \varphi_{PT}}{1 + \rho \cdot \varphi_{PT}}$$

Insgesamt ergibt sich die Kopplungskraft aus den elastischen und zeitabhängigen Anteilen zu:

$$X_1(t) = X_{1e} + X_{1c} = -\frac{\delta_{10}}{\delta_{11}} - \frac{\delta_{10}}{\delta_{11}} \cdot \frac{\varphi_T - \varphi_{PT}}{1 + \rho \cdot \varphi_{PT}} = -\frac{\delta_{10}}{\delta_{11}} \cdot \left(1 + \frac{\varphi_T - \varphi_{PT}}{1 + \rho \cdot \varphi_{PT}}\right)$$

$$X_1(t) = X_{1e} \cdot \left(1 + \frac{\varphi_T - \varphi_{PT}}{1 + \rho \cdot \varphi_{PT}}\right)$$

Für die vier beschriebenen Fälle unterschiedlicher Verformung von Fertigteil und Ortbetonergänzung ergibt sich die zeitabhängige Kopplungskraft $X_1(t)$ mit einem Abminderungsfaktor aus der elastischen Kopplungskraft X_{1e} und die allgemeine Formulierung lautet:

$$X_1(t) = X_{1e} \cdot C$$

Hierbei ist X_{1e} die elastische Kopplungskraft von Fertigteilträger und Ortbetonplatte, die sich am (fiktiven) Eingusssystem ergeben würde. Die jeweiligen Abminderungsfaktoren C können hierbei in guter Näherung mit dem Alterungsbeiwert $\rho = 0{,}8$ berechnet werden und es ergeben sich die Ausdrücke nach Abb. 2.65.

Plötzlicher Zwang:	$C_{p,zw} = 1 - \frac{\varphi_{PT}}{1+\rho \cdot \varphi_{PT}} = 1 - \frac{\varphi_{PT}}{1+0{,}8 \cdot \varphi_{PT}}$
Allmählicher Zwang:	$C_{a,zw} = \frac{1}{1+\rho \cdot \varphi_{PT}} = \frac{1}{1+0{,}8 \cdot \varphi_{PT}}$
Ständige Einwirkungen, die vor der Herstellung des Verbundquerschnitts wirken:	$C_{d,zw} = \frac{\varphi_T}{1+\rho \cdot \varphi_{PT}} = \frac{\varphi_T}{1+0{,}8 \cdot \varphi_{PT}}$
Ständige Einwirkungen, die nach der Herstellung des Verbundquerschnitts wirken:	$C_d = 1 + \frac{\varphi_T - \varphi_{PT}}{1+\rho \cdot \varphi_{PT}} = 1 + \frac{\varphi_T - \varphi_{PT}}{1+0{,}8 \cdot \varphi_{PT}}$

Abb. 2.65 Abminderungsfaktoren zur Berechnung der Querschnittsumlagerungen

Die Spannungen aus der Kopplungskraft X_{1e} ändern sich im gleichen Verhältnis wie die Kopplungskraft $X_1(t)$. Daher beschreiben die hergeleiteten Zusammenhänge die Umlagerung der Spannungen infolge der quasi-ständigen Einwirkungen bis zum Zeitpunkt t. Hierbei gelten folgende Definitionen:

$\sigma_{c,V}$ Betonspannung am Verbundsystem zum Zeitpunkt t

$\sigma_{c,B}$ Betonspannung im Bauzustand (Fertigteilträger alleine)

$\sigma_{c,E}$ Betonspannung am (fiktiven) Eingusssystem

Da sich die Betonspannungen am Eingusssystem $\sigma_{c,E}$ aus der Addition der Betonspannungen $\sigma_{c,B}$ im Bauzustand (Fertigteilträger alleine) und der Betonspannungen aus der elastischen Kopplungskraft X_{1e} ergeben, entspricht die Differenz $\sigma_{c,E} - \sigma_{c,B}$ der Kopplungskraft X_{1e}. Mit dem Verhältnis C der Kopplungskräfte $X_1(t)$ und X_{1e} kann daraus die tatsächliche Spannungsdifferenz zum Zeitpunkt t ermittelt werden. Daher kann die Spannungsumlagerung im Allgemeinen aus der Differenz der Betonspannungen am Eingusssystem und im Bauzustand sowie mit den Abminderungsfaktoren C nach Abb. 2.65 berechnet werden.

$$\begin{aligned} \sigma_{c,V} &= \sigma_{c,B} + C \cdot (\sigma_{c,E} - \sigma_{c,B}) \\ &= (1-C) \cdot \sigma_{c,B} + C \cdot \sigma_{c,E} \end{aligned}$$

Bei der Ermittlung der Betonspannungen $\sigma_{c,V}$ zum Zeitpunkt t ist es demnach im Allgemeinen ausreichend, die Betonspannungen im Bauzustand und am Eingusssystem sowie den jeweiligen Abminderungsfaktor C zu berechnen. Bei Zwang aus unterschiedlichen Verformungen z. B. infolge von Temperatur- und Schwinddehnungen der Ortbetonplatte sind die Betonspannungen $\sigma_{c,B}$ im Bauzustand gleich null, sodass lediglich die Betonspannungen $\sigma_{c,E}$ am Eingusssystem ermittelt werden müssen. Bei ständigen Einwirkungen, die nach der Herstellung des Verbundquerschnitts auftreten, sind die Betonspannungen $\sigma_{c,B}$ im Bauzustand fiktiv, bei dem diese Einwirkungen immer dem Fertigteilträger alleine zugewiesen werden müssen.

2.7.3 Anwendungsbeispiel: Fertigteilbrücke

Aufgabe

Für den in Abb. 2.66 skizzierten Träger einer Fertigteilbrücke sind die zeitabhängigen Betonspannungen für die beiden Zeitpunkte $t = t_0$ (Bauzustand) und $t = t_\infty$ (Endzustand) zu ermitteln.

Die zeitabhängigen Verluste der Vorspannkraft nach der Herstellung des Verbundquerschnitts können mit 12 % angenommen werden. Die Endkriechzahlen betragen näherungsweise für die Ortbetonplatte $\varphi_P(\infty, t_0) = 2{,}8$ und für den Fertigteilträger $\varphi_T(\infty, t_0) = 1{,}5$.

Die Vorspannungen P_1 (28 Litzen 0,5") und P_2 (1 SUSPA-Litzenspannglied Typ 6-11) werden vor der Herstellung des Verbundquerschnitts aufgebracht. Die Vorspannung P_3 (1 SUSPA-Litzenspannglied Typ 6-11) erfolgt nach der Herstellung des Verbundquerschnitts.

a) Querschnitt

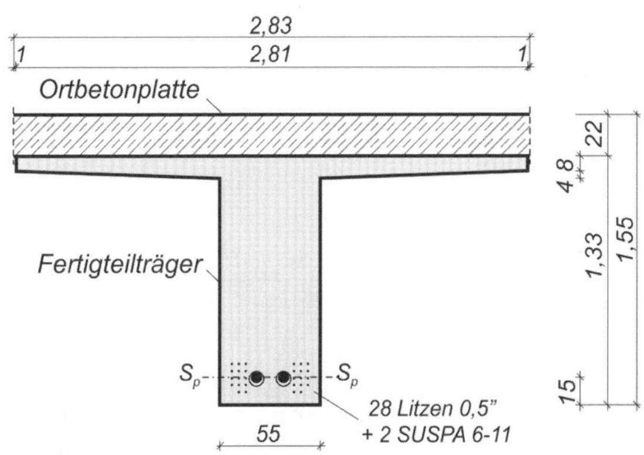

b) Baustoffe

Ortbeton:	*Beton C 40/50*
	$f_{ck} = 40\ N/mm^2$
	$E_{cm} = 34\,500\ N/mm^2$
Fertigteil:	*Beton C 50/60*
	$f_{ck} = 50\ N/mm^2$
	$E_{cm} = 36\,800\ N/mm^2$
Spannstahl:	*St 1570/1770*
	$f_{p0,1k} = 1500\ N/mm^2$
	$f_{pk} = 1770\ N/mm^2$
	$E_p = 195\,000\ N/mm^2$

Abb. 2.66 Nachträglich ergänzter Querschnitt einer Fertigteilbrücke im Feldbereich

Einwirkung		wirkt auf	Bauzustand		Eingusssystem	
			M [kNm]	N [kN]	M [kNm]	N [kN]
Fertigteilträger	g_{1T}	Fertigteilträger	+2497	0	+2497	0
Vorspannung	P_1	Fertigteilträger	−2082	−3154	−2836	−3154
Vorspannung	P_2	Fertigteilträger	−944	−1964	−1061	−1964
Ortbetonplatte	g_{1P}	Fertigteilträger	+867	*0*	+867	0
Vorspannung	P_3	Verbundquerschnitt	*−944**)	*−1964**)	−1061	−1964
Ausbaulast	g_2	Verbundquerschnitt	*+581**)	*0*	+581	0

*) *fiktiv*

Abb. 2.67 Ständige Einwirkungen und Schnittgrößen an der maßgebenden Stelle in Feldmitte

Die Temperaturdifferenz aus Erwärmung der Ortbetonplatte bei der Hydratation beträgt $\Delta T = -16$ K. Die Differenz der Schwinddehnungen von Ortbeton und Fertigteil beträgt $\Delta\varepsilon_{cs}(\infty, t_0) = -5 \cdot 10^{-5}$.

Durchführung

Ermittlung der Querschnittswerte

Die Querschnittswerte der Ortbetonplatte ergeben sich zu:

$$A_c = b \cdot h = 2{,}83 \cdot 0{,}22 = 0{,}6226\ \text{m}^2,\ I_c = b \cdot \frac{h^3}{12} = 2{,}83 \cdot \frac{0{,}22^3}{12} = 2{,}51 \cdot 10^{-3}\ \text{m}^4$$

Die ideellen Querschnittswerte des Fertigteilträgers und des Verbundquerschnitts wurden durch eine Nebenrechnung bestimmt. Hierbei wurde der Anteil der Ortbetonplatte im Verhältnis der E-Moduln n abgemindert, um den im Vergleich zum Fertigteilträger geringeren E-Modul zu berücksichtigen.

$$n = \frac{E_{cP}}{E_{cT}} = \frac{34500}{36800} = 0{,}9375$$

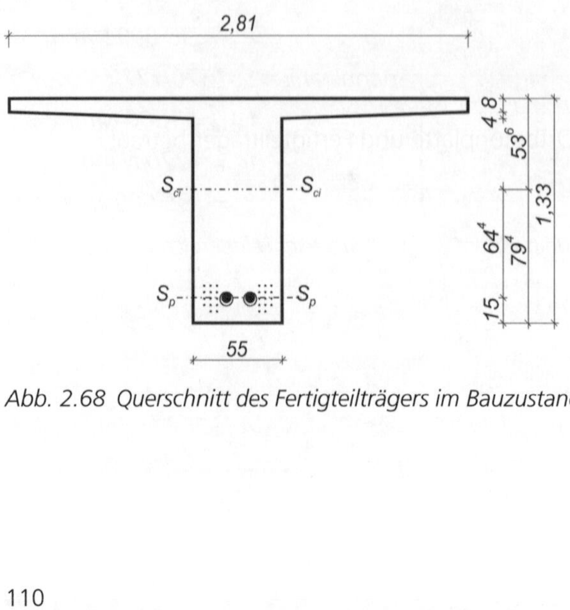

Querschnittswerte

A_{ci} [m²]	0,982
I_{ci} [m⁴]	0,1836
z_{cio} [m]	−0,536
z_{ciu} [m]	0,794
W_{cio} [m³]	−0,342
W_{ciu} [m³]	0,231

Abb. 2.68 Querschnitt des Fertigteilträgers im Bauzustand

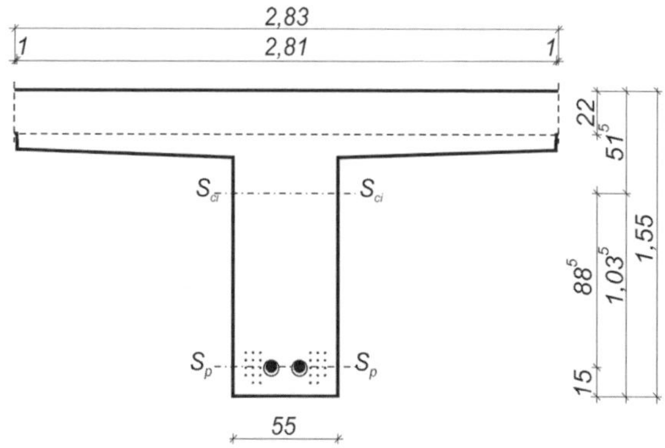

Querschnittswerte

A_{ci} [m²]	1,566
I_{ci} [m⁴]	0,3389
z_{cio} [m]	-0,515
z_{ciu} [m]	1,035
W_{cio} [m³]	-0,658
$W_{ci,T/P}$ [m³]	-1,147
W_{ciu} [m³]	0,328

Abb. 2.69 Verbundquerschnitt im Endzustand und Eingusssystem

Anmerkung:

Das Trägheitsmoment der Ortbetonplatte ist im Vergleich zum Fertigteilträger vernachlässigbar klein.

Ermittlung der Betonspannungen im Bauzustand und am Eingusssystem

Die Betonspannungen ergeben sich mit den Einwirkungen nach Abb. 2.67 und mit den Querschnittswerten nach Abb. 2.68 bzw. Abb. 2.69. Im Bauzustand nimmt der Fertigteilträger die Einwirkungen aus den Lastfällen g_{1T}, P_1, P_2 und g_{1P} alleine auf. Die Spannungen aus diesen Einwirkungen am fiktiven Eingusssystem werden zur weiteren Berechnung benötigt. Beim Verbundquerschnitt wurden die Betonspannungen der Ortbetonplatte im Verhältnis der E-Moduln *n* abgemindert, vgl. Abb. 2.70.

	Bauzustand, $\sigma_{c,B}$ [N/mm²]						**Eingusssystem, $\sigma_{c,E}$ [N/mm²]**					
	g_{1T}	P_1	P_2	g_{1P}	P_3	g_2	g_{1T}	P_1	P_2	g_{1P}	P_3	g_2
$\sigma_{cP,oben}$	-	-	-	-	-	-	−3,56	+2,15	+0,34	−1,24	+0,34	−0,83
$\sigma_{cP,unten}$	-	-	-	-	-	-	−2,04	+0,43	−0,31	−0,71	−0,31	−0,47
$\sigma_{cT,oben}$	−7,30	+2,87	+0,76	−2,53	+0,76	−1,70	−2,18	+0,46	−0,33	−0,76	−0,33	−0,51
$\sigma_{cT,unten}$	+10,79	−12,21	−6,08	+3,75	−6,08	+2,51	+7,62	−10,67	−4,49	+2,65	−4,49	+1,77

Abb. 2.70 Zusammenstellung der Betonspannungen aus ständigen Einwirkungen

Ermittlung des Verschiebungssprungs infolge der Kopplungskraft X1 = 1

Der Abstand *s* der Schwerpunkte von Ortbetonplatte und Fertigteilträger beträgt:

$s = 0{,}536 + 0{,}22/2 = 0{,}646$ m

Der elastische Verschiebungssprung δ_{11} infolge der Kopplungskraft $X_1 = 1$ im Schwerpunkt der Ortbetonplatte ergibt sich aus den Verformungsanteilen der Ortbetonplatte (ohne Biegesteifigkeit) und des Fertigteilträgers, vgl. Abb. 2.64.

$$E_{cT} \cdot \delta_{1P} = \frac{1}{n \cdot A_{ciP}} = \frac{1}{0{,}9375 \cdot 0{,}6226} = 1{,}713\ \mathrm{m}^{-2}$$

$$E_{cT} \cdot \delta_{1T} = \frac{1}{A_{ciT}} + \frac{s^2}{I_{ciT}} = \frac{1}{0{,}982} + \frac{0{,}646^2}{0{,}1836} = 3{,}291\ \mathrm{m}^{-2}$$

$$E_{cT} \cdot \delta_{11} = 1{,}713 + 3{,}291 = 5{,}00\ \mathrm{m}^{-2}$$

Ermittlung der Betonspannungen am Eingusssystem aus Zwang

Aus der Temperaturdifferenz $\Delta T = -16$ K, der Wärmedehnzahl $\alpha = 10 \cdot 10^{-6}$ und mit dem Abminderungsbeiwert $k_E = 0{,}45$ für zentrischen Zwang nach [11] ergibt sich die Differenzdehnung zu:

$$\delta_{10} = \Delta\varepsilon_{ct} = \quad \Delta T \cdot \alpha \cdot k_E \quad = -16 \cdot 10 \cdot 10^{-6} \cdot 0{,}45 = -7{,}2 \cdot 10^{-5}$$

Die Kopplungskraft X_{1e} ergibt sich aus der Kontinuitätsbedingung der elastischen Verformungsanteile.

$$X_{1e} = -\frac{\delta_{10}}{\delta_{11}} = -\frac{-7{,}2 \cdot 10^{-5}}{5{,}00} \cdot 36800 \cdot 10^3 = +530 \text{ kN}$$

In der Schwerachse des Fertigteilträgers wirken (vgl. Abb. 2.64):

$$N_{cT} = -X_{1e} = -530 \text{ kN}$$

$$M_{cT} = X_{1e} \cdot s = 530 \cdot 0{,}646 = +342 \text{ kNm}$$

Die Betonspannungen des Fertigteilträgers ergeben sich mit den Querschnittswerten nach Abb. 2.68.

$$\sigma_{cT,\,oben} \quad = \frac{-0{,}530}{0{,}982} + \frac{0{,}342}{-0{,}342} \qquad = -0{,}54 - 1{,}00 = -1{,}54 \text{ N/mm}^2$$

$$\sigma_{cT,\,unten} \quad = \frac{-0{,}530}{0{,}982} + \frac{0{,}342}{0{,}231} \qquad = -0{,}54 + 1{,}48 = +0{,}94 \text{ N/mm}^2$$

Mit der zentrischen Betonspannung der Ortbetonplatte und dem *n*-fachen Spannungsgradienten des Fertigteilträgers können die Randspannungen der Ortbetonplatte bestimmt werden.

$$\sigma_{cP,\,oben} \quad = \frac{0{,}530}{0{,}6226} - 0{,}9375 \cdot \frac{1{,}54 + 0{,}94}{1{,}33} \cdot \frac{0{,}22}{2} \quad = +0{,}85 - 0{,}19 = +0{,}66 \text{ N/mm}^2$$

$$\sigma_{cP,\,unten} \qquad = +0{,}85 + 0{,}19 = +1{,}04 \text{ N/mm}^2$$

Die Schwinddifferenz resultiert aus der größeren Schwindverkürzung der Ortbetonplatte im Vergleich zum Fertigteilträger.

$$\Delta\varepsilon_{cs}(\infty, t_0) = -5 \cdot 10^{-5}$$

Die Betonspannungen aus der Schwinddifferenz können aus der Umrechnung der Betonspannungen infolge der Temperaturdifferenz ermittelt werden. Der Umrechnungsfaktor beträgt:

$$\Delta\varepsilon_{cs} / \Delta\varepsilon_{cT} = 5{,}0 / 7{,}2 = 0{,}694$$

Ermittlung der Abminderungsfaktoren

$$\varphi_{PT} = \frac{\delta_{1P} \cdot \varphi_P + \delta_{1T} \cdot \varphi_T}{\delta_{1P} + \delta_{1T}} = \frac{1{,}713 \cdot 2{,}8 + 3{,}291 \cdot 1{,}5}{1{,}713 + 3{,}291} = 1{,}945$$

Für ständige Einwirkungen:

$$C_{d,zw} = \frac{\varphi_T}{1+0,8\cdot\varphi_{PT}} = \frac{1,5}{2,556} = 0,587$$

$$C_d = 1+\frac{\varphi_T-\varphi_{PT}}{1+0,8\cdot\varphi_{PT}} = 1+\frac{1,5-1,945}{2,556} = 0,826$$

Für Zwang:

$$C_{p,zw} = 1-\frac{\varphi_{PT}}{1+0,8\cdot\varphi_{PT}} = 1-\frac{1,945}{2,556} = 0,239$$

$$C_{a,zw} = \frac{1}{1+0,8\cdot\varphi_{PT}} = \frac{1}{2,556} = 0,391$$

Ermittlung der Betonspannungen

Die Betonspannungen $\sigma_{c,V}$ zum Zeitpunkt t_∞ (Endzustand) werden mit den Abminderungsfaktoren sowie den Spannungen zum Zeitpunkt t_0 (Bauzustand) und am Eingusssystem ermittelt, vgl. Abb. 2.70.

$$\sigma_{c,V} = (1-C)\cdot\sigma_{c,B} + C\cdot\sigma_{c,E}$$

Das Eigengewicht des Fertigteilträgers g_{1T} und der Ortbetonplatte g_{1P} sowie die beiden Vorspannstufen P_1 und P_2 wirken vor der Herstellung des Verbundquerschnitts zunächst auf den Fertigteilträger:

$$\sigma_{c,V} = (1-C_{d,zw})\cdot\sigma_{c,B} + C_{d,zw}\cdot\sigma_{c,E} \qquad = (1-0,587)\cdot\sigma_{c,B} + 0,587\cdot\sigma_{c,E}$$

Die Vorspannstufe P_3 und die Ausbaulast g_2 wirken von Anfang an auf den Verbundquerschnitt:

$$\sigma_{c,V} = (1-C_d)\cdot\sigma_{c,B} + C_d\cdot\sigma_{c,E} \qquad = (1-0,826)\cdot\sigma_{c,B} + 0,826\cdot\sigma_{c,E}$$

Die Betonspannungen aus Zwang werden am Eingusssystem ermittelt ($\sigma_{c,B}$ = 0):

$$\sigma_{c,V} = 0 + C_{p,zw}\cdot\sigma_{c,E} \qquad = 0,239\cdot\sigma_{c,E} \text{ (Temperaturdifferenz } \Delta T)$$

$$\sigma_{c,V} = 0 + C_{a,zw}\cdot\sigma_{c,E} \qquad = 0,391\cdot\sigma_{c,E} \text{ (Schwinddifferenz } \Delta S)$$

Die Betonspannungen $\sigma_{c,B}$ im Bauzustand (t_0), $\sigma_{c,E}$ am Eingusssystem und $\sigma_{c,V}$ im Endzustand (t_∞) enthält Abb. 2.71. Bei P_1 – P_3 wurden zusätzlich die Spannkraftverluste von 12 % berücksichtigt (t_∞).

	Fertigteilträger g_{1T}			**Vorspannung P_1**			**Vorspannung P_2**			**Ortbetonplatte g_{1P}**		
	Bau(t_0)	**Eing.**	**End(t_∞)**	**Bau(t_0)**	**Eing.**	**End(t_∞)**	**Bau(t_0)**	**Eing.**	**End(t_∞)**	**Bau(t_0)**	**Eing.**	**End(t_∞)**
$\sigma_{cP,oben}$	-	–3,56	–2,09	-	+2,15	+1,11	-	+0,34	+0,17	-	–1,24	–0,73
$\sigma_{cP,unten}$	-	–2,04	–1,20	-	+0,43	+0,22	-	–0,31	–0,16	-	–0,71	–0,42
$\sigma_{cT,oben}$	–7,30	–2,18	–4,29	+2,87	+0,46	+1,28	+0,76	–0,33	+0,11	–2,53	–0,76	–1,49
$\sigma_{cT,unten}$	+10,79	+7,62	+8,93	–12,21	–10,67	–9,95	–6,08	–4,49	–4,53	+3,75	+2,65	+3,10

	Vorspannung P_3			Ausbaulast g_2			Temperaturdif. ΔT			Schwinddif. ΔS		
	Bau(t_0)	Eing.	End(t_∞)	Bau(t_0)	Eing.	End(t_∞)	Bau(t_0)	Eing.	End(t_∞)	Bau(t_0)	Eing.	End(t_∞)
$\sigma_{cP,oben}$	-	+0,34	+0,25	-	−0,83	−0,68	-	+0,66	+0,16	-	+0,46	+0,18
$\sigma_{cP,unten}$	-	−0,31	−0,22	-	−0,47	−0,39	-	+1,04	+0,25	-	+0,72	+0,28
$\sigma_{cT,oben}$	+0,76	−0,33	−0,12	−1,70	−0,51	−0,71	-	−1,54	−0,37	-	−1,07	−0,42
$\sigma_{cT,unten}$	−6,08	−4,49	−4,20	+2,51	+1,77	+1,90	-	+0,94	+0,22	-	+0,65	+0,26

Abb. 2.71 Betonspannungen im Bauzustand (t_0), am Eingusssystem und im Endzustand (t_∞)

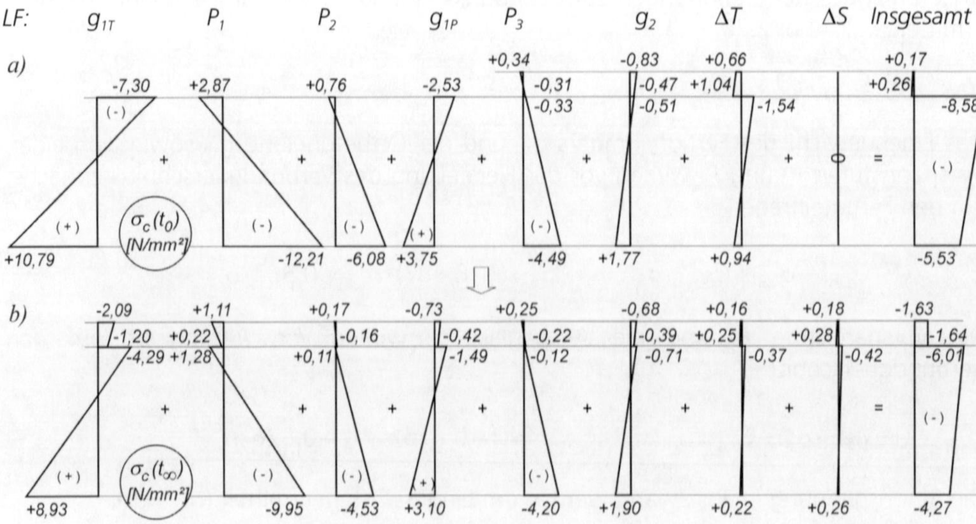

Abb. 2.72 Betonspannungen aus ständigen Einwirkungen zum Zeitpunkt a) $t = t_0$ und b) $t = t_\infty$

2.7.4 Umlagerung der Schnittgrößen infolge des Bauablaufs

Im Folgenden werden die Systemumlagerungen der Schnittgrößen behandelt, die z. B. aus der nachträglichen Verbindung von Fertigteileinfeldträgern zum Durchlaufsystem entstehen, vgl. Abb. 2.62. Die Berechnung der Umlagerungsgrößen wird anhand der zeitabhängigen Biegemomente eines in Längsrichtung zwängungsfrei gelagerten Durchlaufträgers mit beliebig vielen Feldern erläutert. Zunächst wird die Umlagerungsgröße als Differenz der Biegemomente im Bauzustand und zum Zeitpunkt t infolge einer quasi-ständigen Einwirkung definiert:

$$M_\varphi(t) = M(t) - M_B$$

mit M_B Biegemoment im Bauzustand zum Zeitpunkt $t = t_0$ (Ausrüstzustand)

$M(t)$ Biegemoment zum betrachteten Zeitpunkt t

Die Berechnung erfolgt mit dem Kraftgrößenverfahren. Das statisch bestimmte Hauptsystem wird durch Gelenke an den Auflagern gebildet. Der statisch unbestimmte Anteil des Biegemomentes ergibt sich hierbei aus der Summe der statisch unbestimmten Größen $X_i = 1$, vgl. Abb. 2.73.

$$M = \sum_i X_i \cdot M_i$$

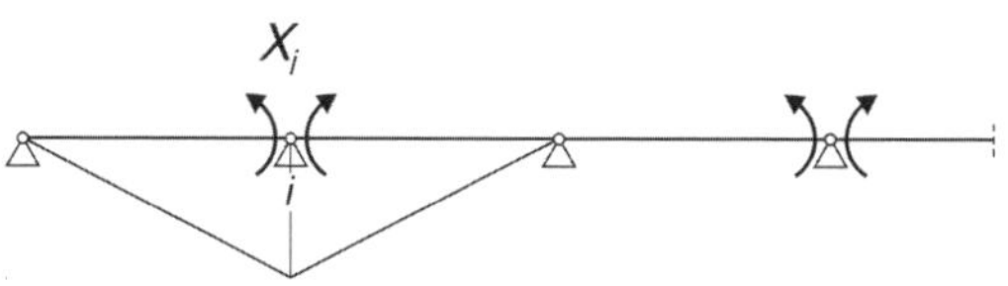

M_i infolge $X_i = 1$

Abb. 2.73 Biegemoment am i-System

Da sich das Umlagerungsmoment $M\varphi(t)$ ausschließlich aus der zeitabhängigen Veränderung der Stützmomente ergibt, kann $M\varphi(t)$ durch die statisch unbestimmten Größen $X_i\varphi$ ausgedrückt werden.

Im Unterschied zu Abb. 2.62 treten im Allgemeinen bereits beim Ausrüsten im Bauzustand Stützmomente X_{iB} auf und das Umlagerungsmoment ergibt sich daher zu:

$$M_\varphi(t) = \sum_i X_{i\varphi} \cdot M_i = \sum_i \left[X_i(t) - X_{iB}\right] \cdot M_i$$

Am Hauptsystem resultiert die zeitabhängige Verdrehung an der Stelle *i* aus den Kriechverformungen des Betons infolge des Biegemoments M_B im Bauzustand und des Umlagerungsmoments $M\varphi(t)$. Da $M\varphi(t)$ mit der Zeit anwächst, wird dieser Kriechanteil mit dem Alterungsbeiwert ρ multipliziert.

$$\delta_i(t) = \delta_{iB}(t) + \delta_{i\varphi}(t) = \int_x \frac{M_B \cdot M_i}{EI} \cdot \varphi(t,t_0) \cdot dx + \int_x \frac{M_\varphi(t) \cdot M_i}{EI} \cdot \left(1 + \rho \cdot \varphi(t,t_0)\right) \cdot dx$$

$$= \int_x \frac{M_B \cdot M_i}{EI} \cdot \varphi(t,t_0) \cdot dx + \sum_k X_{k\varphi} \cdot \int_x \frac{M_k \cdot M_i}{EI} \cdot \left(1 + \rho \cdot \varphi(t,t_0)\right) \cdot dx$$

Zur weiteren Berechnung wird vereinfachend angenommen, dass das Bauwerk unabhängig vom Bauabschnitt gleiche Kriecheigenschaften besitzt und damit die Kriechzahl $\varphi(t,t_0)$ ortsunabhängig ist.

$$\int_x \frac{M_B \cdot M_i}{EI} \cdot \varphi(t,t_0) \cdot dx = \varphi(t,t_0) \cdot \int_x \frac{M_B \cdot M_i}{EI} \cdot dx = \delta_{iB} \cdot \varphi(t,t_0) \qquad \text{mit} \quad \delta_{iB} = \delta_{Bi} = \int_x \frac{M_B \cdot M_i}{EI} \cdot dx$$

$$\sum_k X_{k\varphi} \cdot \int_x \frac{M_k \cdot M_i}{EI} \cdot \left(1 + \rho \cdot \varphi(t,t_0)\right) \cdot dx = \sum_k X_{k\varphi} \cdot \delta_{ki} \cdot \left(1 + \rho \cdot \varphi(t,t_0)\right) \quad \text{mit} \quad \delta_{ki} = \int_x \frac{M_k \cdot M_i}{EI} \cdot dx$$

Die Kontinuitätsbedingung für die zeitabhängigen Verformungsanteile lautet hiermit an der Stelle i:

$$\delta_i(t) = \delta_{iB} \cdot \varphi(t,t_0) + \sum_k X_{k\varphi} \cdot \delta_{ki} \cdot \left(1 + \rho \cdot \varphi(t,t_0)\right) = 0$$

Das Biegemoment im Bauzustand zum Zeitpunkt t_0 setzt sich aus den statisch bestimmten und unbestimmten Anteilen zusammen:

$$M_B = M_{B0} + \sum_k X_{kB} \cdot M_k$$

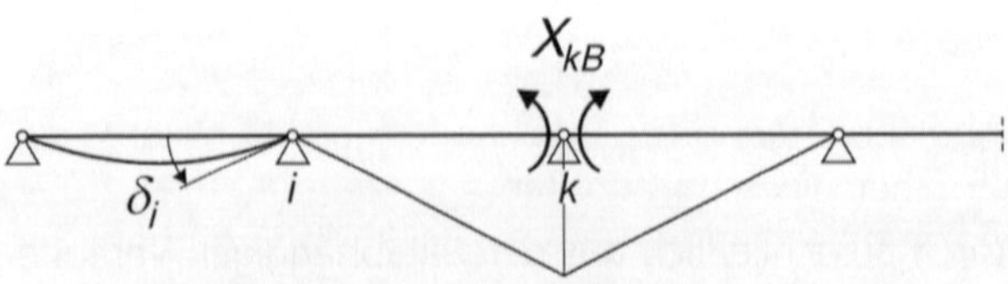

Abb. 2.74 Verdrehung und Biegemoment am k-System

Dementsprechend ergibt sich die elastische Verdrehung an der Stelle *i* zum Zeitpunkt t_0 aus den Verdrehungen δ_{i0} infolge der Momente M_{B0} aus den Einwirkungen im Bauzustand am 0-System und den Verdrehungen infolge der statisch unbestimmten Stützmomente X_{kB} am k-System zu:

$$\delta_{iB} = \delta_{i0} + \sum_k X_{kB} \cdot \delta_{ki}$$

Wenn die im Bauzustand vorhandenen Momente X_{kB} von den Stützmomenten abweichen, die sich am Durchlaufträger als Eingusssystem ergeben würden (Schnittgrößendifferenz infolge Systemwechsel), ist δ_{iB} ungleich null und die Kontinuitätsbedingung für die zeitabhängigen Verformungen lautet:

$$\delta_i(t) = (\delta_{i0} + \sum_k X_{kB} \cdot \delta_{ki}) \cdot \varphi(t,t_0) + \sum_k X_{k\varphi} \cdot \delta_{ki} \cdot \left(1 + \rho \cdot \varphi(t,t_0)\right) = 0$$

Für den einfach statisch unbestimmten Zweifeldträger ergeben sich hieraus am mittleren Auflager mit *i* = *k* = 1 die Kontinuitätsbedingung und die Umlagerungsgröße zu:

$$\delta_1(t) = (\delta_{10} + X_{1B} \cdot \delta_{11}) \cdot \varphi(t,t_0) + X_{1\varphi} \cdot \delta_{11} \cdot \left(1 + \rho \cdot \varphi(t,t_0)\right) = 0$$

$$X_{1\varphi} = -\frac{\varphi(t,t_0)}{1 + \rho \cdot \varphi(t,t_0)} \cdot \left(\frac{\delta_{10}}{\delta_{11}} + X_{1B}\right)$$

Durch Einsetzen der statisch unbestimmten Größe am fiktiven Eingusssystem

$$X_{1E} = -\frac{\delta_{10}}{\delta_{11}}$$

folgt die Umlagerungsgröße des zeitabhängigen Stützmomentes:

$$X_{1\varphi} = C \cdot (X_{1E} - X_{1B}) \qquad \text{mit } C = \frac{\varphi(t,t_0)}{1+\rho \cdot \varphi(t,t_0)} = \frac{\varphi(t,t_0)}{1+0{,}8 \cdot \varphi(t,t_0)}$$

Das Umlagerungsmoment ergibt sich demnach mit dem Abminderungsfaktor C aus der Differenz der Momente infolge der quasi-ständigen Einwirkungen im Bauzustand und am fiktiven Eingusssystem.

$$M_{\varphi}(t) = C \cdot (M_E - M_B)$$

$$M(t) = M_B + M_{\varphi}(t) = M_B + C \cdot (M_E - M_B)$$

Dies ist auch die Lösung der Kontinuitätsbedingung für Durchlaufträger mit beliebig vielen Feldern. Im Allgemeinen können daher die Schnittgrößen zum Zeitpunkt t mit dem Abminderungsfaktor C aus der Differenz der Schnittgrößen im Bauzustand und am Eingusssystem ermittelt werden:

$$\begin{aligned} S_{d,V} &= S_{d,B} + C \cdot (S_{d,E} - S_{d,B}) \\ &= (1-C) \cdot S_{d,B} + C \cdot S_{d,E} \end{aligned}$$

Hierbei gelten folgende Definitionen für die Schnittgrößen infolge einer quasi-ständigen Einwirkung:

$S_{d,V}$ Schnittgrößen am Durchlaufsystem zum Zeitpunkt t

$S_{d,B}$ Schnittgrößen im Bauzustand (Herstellzustand unmittelbar nach dem Ausrüsten)

$S_{d,E}$ Schnittgrößen am fiktiven Eingusssystem

2.7.5 Anwendungsbeispiel: Fertigteilbrücke

Aufgabe

Für die in Abb. 2.75 und Abb. 2.76 dargestellte Fertigteilbrücke sind der Bauablauf zu skizzieren und die daraus resultierenden Momentenumlagerungen für die Innenträger zum Zeitpunkt $t = t_\infty$ zu ermitteln.

Die Träger werden mit Spanngliedern im sofortigen und nachträglichen Verbund vorgespannt.

- Vorspannstufe 1 (P_1): 28 Litzen 0,5" (Spannbettvorspannung)
- Vorspannstufe 2 (P_2): 1 Litzenspannglied SUSPA 6-11 (Kontinuitätsspannglied)
- Vorspannstufe 3 (P_3): 1 Litzenspannglied SUSPA 6-11 (Kontinuitätsspannglied)

Die Spannkraftverluste können i. M. mit 12 % angenommen werden. Für P_1 sind zusätzliche Spannkraftverluste von 5 % bis zur Herstellung des Durchlaufsystems zu berücksichtigen.

Der Querschnitt mit der Anordnung der Spannstahlbewehrung im Feld und die Baustoffkennwerte können dem Beispiel in Abschn. 2.7.3, Abb. 2.66, Abb. 2.68 und Abb. 2.69 entnommen werden.

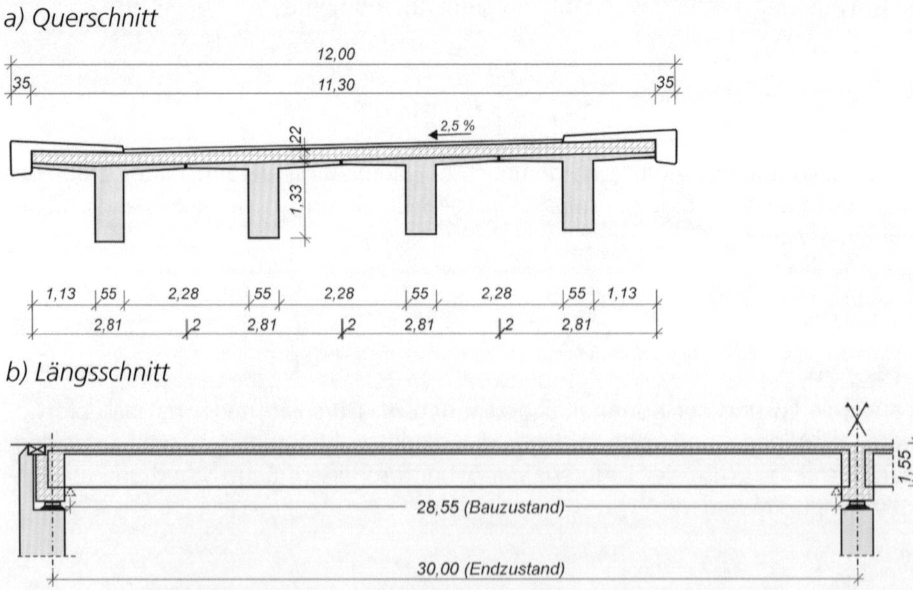

Abb. 2.75 Fertigteilbrücke: Querschnitt und Längsschnitt

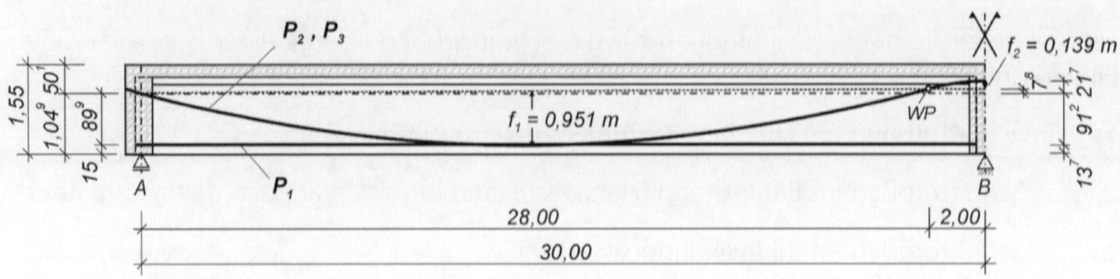

Abb. 2.76 Spanngliedführung

Die Herstellung des Überbaus erfolgt in drei Phasen:

- Im Bauzustand werden die Fertigteilträger zunächst auf Hilfsstützen aufgelegt und die Stützweite beträgt 28,55 m, vgl. Abb. 2.75 b). Zu diesem Zeitpunkt wirkt bereits die Vorspannstufe P_1.
- Nach der Herstellung der Ortbetonquerträger erfolgt die Verbindung der Fertigteilträger durch ein Kontinuitätsspannglied zum Durchlaufträger (Vorspannstufe P_2).
- Die Ortbetonplatte wird betoniert. Nach dem Erhärten erfolgt die Vorspannung mit dem zweiten Kontinuitätsspannglied (Vorspannstufe P_3). Anschließend wird die Ausbaulast aufgebracht.

Durchführung

Darstellung des Bauablaufs

Die einzelnen Herstellungsphasen sind in Abb. 2.77 dargestellt:

Phase A: Auflegen der Fertigteilträger auf Hilfsstützen

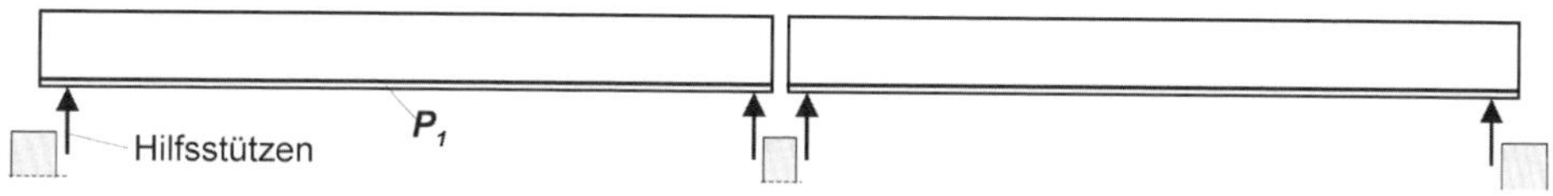

Phase B: Herstellen der Querträger und Durchlaufwirkung mit Kontinuitätsspannglied P_2

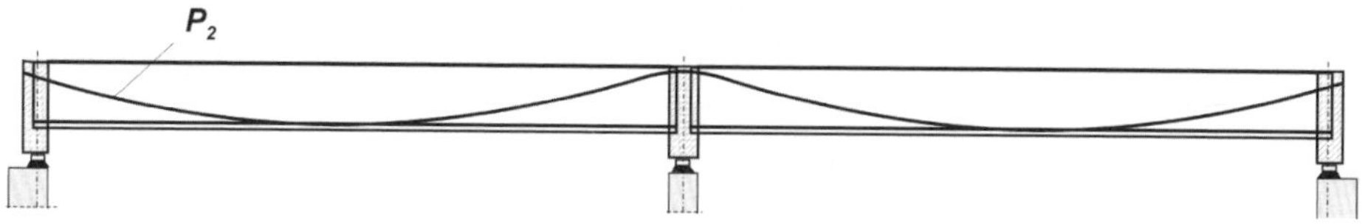

Phase C: Herstellen der Ortbetonplatte und Vorspannen des Kontinuitätsspannglieds P_3

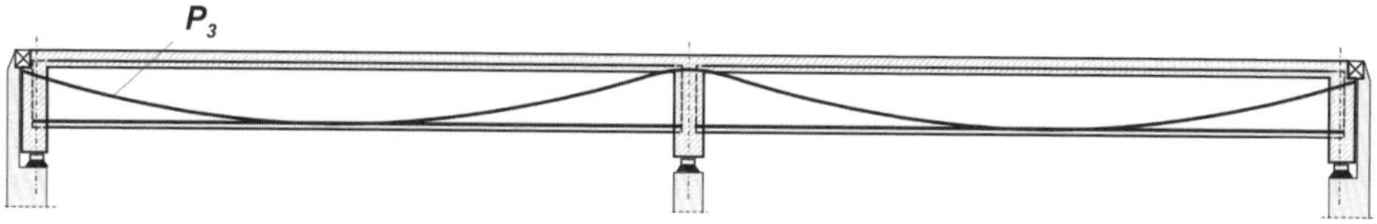

Abb. 2.77 Herstellung des Überbaus in drei Phasen

Anmerkung: Die stufenweise Vorspannung ist erforderlich, um die zulässigen Betonspannungen nach den Abschn. 3.2.1 und 3.2.3 im Bauzustand einzuhalten.

Zusammenstellung der ständigen Einwirkungen

Für die Ermittlung der Systemumlagerungen aus Schnittgrößendifferenzen infolge des Systemwechsels vom Einfeldträger zum Durchlaufträger sind die ständigen Einwirkungen zu berücksichtigen, die im Bauzustand vor der Herstellung des Durchlaufsystems auftreten. Bei der Vorspannstufe P_1 werden im Bauzustand die Spannkraftverluste von 5 % berücksichtigt, die bereits vor der Herstellung des Durchlaufsystems zum Zeitpunkt $t = t_0$ eingetreten sind.

Eigengewicht der Fertigteilträger: $g_{1T} = A_c \cdot \gamma_{Beton} = 0{,}9575 \cdot 25 = 23{,}94$ kN/m

Vorspannstufe 1 (28 Litzen 0,5"): $P_1(t_0) = \sigma_{pm}(t_0) \cdot A_p = 1275 \cdot 0{,}95 \cdot 28 \cdot 0{,}93 \cdot 10^{-1} = 3154$ kN

Die weiteren Vorspannstufen P_2 und P_3 sowie das Eigengewicht der Ortbetonplatte und die Ausbaulast wirken von Anfang an auf das Durchlaufsystem und erzeugen keine Schnittgrößendifferenzen aus dem Systemwechsel. Durch die Verschiebung der Schwerachse infolge der Querschnittsumlagerungen (vgl. Abb. 2.63) ergeben sich jedoch zeitabhängige Änderungen der Schnittgrößen aus Vorspannung, die zusätzlich berücksichtigt werden müssen.

Vorspannstufe 2 (11 Litzen 0,6"): $P_2(t_0) = \sigma_{pm0} \cdot A_p = 1275 \cdot 11 \cdot 1{,}40 \cdot 10^{-1} = 1964$ kN

Vorspannstufe 3 (11 Litzen 0,6"): $P_3(t_0) = \quad = 1964$ kN

Querschnittswerte

Die ideellen Querschnittswerte im Bau- und Endzustand werden Abb. 2.68 und Abb. 2.69 entnommen. Die Biegemomente aus Vorspannung werden vereinfachend mit den Bruttoquerschnittswerten berechnet.

Ermittlung der Biegemomente im Bauzustand

Das für die Berechnung der Umlagerungen maßgebende Biegemoment aus Eigengewicht ergibt sich zunächst aus dem Einfeldsystem (Phase A). Durch das Entfernen der Hilfsstützen am endgültigen System (Phase B) vergrößert sich die Stützweite. Die daraus resultierende Zusatzbeanspruchung wirkt auf das Durchlaufsystem und erzeugt im Bauzustand ein geringes Stützmoment, vgl. Abb. 2.78.

Das Biegemoment aus der Vorspannstufe P_1 ergibt sich aus dem statisch bestimmten Anteil:

$$M_{p1} = -P_1(t_0) \cdot z_{cp} = -3154 \cdot 0{,}660 = -2082 \text{ kNm}$$

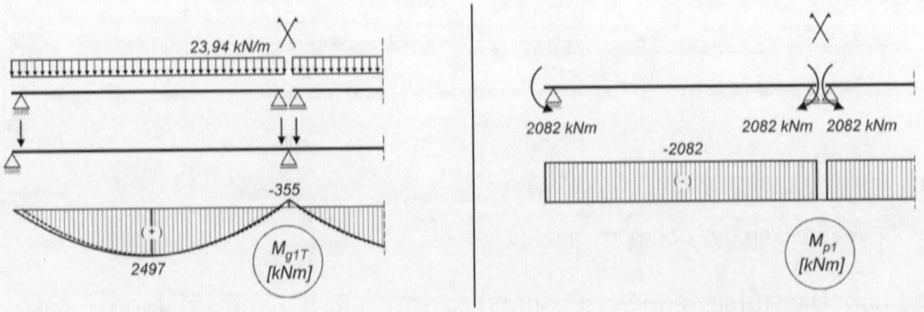

Abb. 2.78 Biegemoment aus Trägereigengewicht und Vorspannstufe P_1 im Bauzustand

Ermittlung der Biegemomente am Durchlaufsystem

Nachfolgend sind die Biegemomente dargestellt, die sich am fiktiven Eingusssystem (hier: Durchlaufträger) ergeben würden, wenn das Eigengewicht des Trägers g_{1T} und die Vorspannstufe P_1 ausschließlich auf das Durchlaufsystem wirken würden.

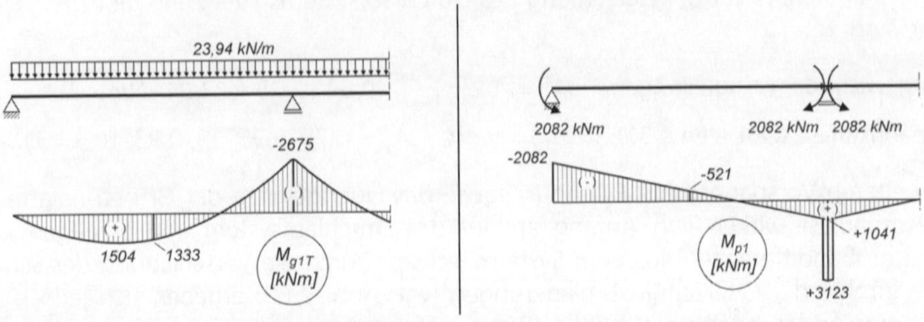

Abb. 2.79 Biegemoment aus Trägereigengewicht und Vorspannstufe P_1 am Durchlaufsystem

Ermittlung der Biegemomente im Endzustand

Die Berechnung der Biegemomente im Endzustand ($t = t_\infty$) erfolgt mit dem Abminderungsfaktor C.

$$M_{d,V} = (1 - C) \cdot M_{d,B} + C \cdot M_{d,E}$$

Um die unterschiedlichen Kriecheigenschaften von Ortbetonplatte und Fertigteilträger zu berücksichtigen, wird der Abminderungsfaktor mit der Systemkriechzahl φ_{PT} nach Abschn. 2.7.2 berechnet:

$$C = \frac{\varphi_{PT}}{1+0,8\cdot\varphi_{PT}} = 1 - C_{p,zw} = 1-0,239 = 0,761$$

Die Stützmomente aus den Lastfällen g_{1T} und P_1 ergeben sich hiermit zum Zeitpunkt t_∞ zu:

$$M_{g1T,V} = (1-C)\cdot M_{g1T,B} + C\cdot M_{g1T,E} = 0,239\cdot(-355) \quad +0,761\cdot(-2675) \quad = -2121\text{ kNm}$$

$$M_{p1,V} = (1-C)\cdot M_{p1,B} + C\cdot M_{p1,E} = 0,239\cdot 0 \quad +0,761\cdot 3123 \quad = +2377\text{ kNm}$$

Zusätzlich ändert sich das Biegemoment aus der Vorspannung P_1 durch die Verschiebung der Schwerachse infolge der Querschnittsumlagerungen, vgl. Abb. 2.63. Am Eingusssystem ergibt sich die Verschiebung gegenüber dem Bauzustand durch die Ergänzung der Ortbetonplatte für P_1 zu:

$$\Delta z_{cp} = 0,899 - 0,660 = 0,239\text{ m}$$

Entsprechend dieser Vergrößerung des Hebelarms wächst das Biegemoment aus der Vorspannung P_1 mit der Zeit an. Am Eingusssystem beträgt das Moment aus der Verankerungsexzentrizität:

$$M_{ep1,E} = -2082\cdot\frac{0,899}{0,660} = -2836\text{ kNm}$$

Das Moment im Endzustand zum Zeitpunkt t_∞ ergibt sich hieraus mit den Abminderungskoeffizienten für die Querschnittsumlagerungen nach Abschn. 2.7.3, Abb. 2.65. Da die Vorspannstufe 1 zunächst auf den Fertigteilträger alleine wirkt, ist der Abminderungsfaktor $C_{d,zw}$ maßgebend, vgl. Seite 113.

$$M_{ep1,V} = (1-C_{d,zw})\cdot M_{ep1,B} + C_{d,zw}\cdot M_{ep1,E}$$

$$= (1-0,587)\cdot(-2082) + 0,587\cdot(-2836) = -2525\text{ kNm}$$

Der Momentenverlauf, der ausschließlich aus Verankerungsmomenten resultiert, erhöht sich dementsprechend proportional und das Stützmoment aus Vorspannung P_1 beträgt insgesamt zum Zeitpunkt t_∞:

$$M_{p1,V} = +2377\cdot\frac{2525}{2082} = +2883\text{ kNm}$$

Bei den Vorspannstufen 2 und 3 ergeben sich die Schnittgrößenumlagerungen ausschließlich aus der Veränderung des Hebelarms z_{cp} infolge der Querschnittsumlagerungen, da die Vorspannkraft von Anfang an auf das Durchlaufsystem wirkt und kein Systemwechsel erfolgt. Um die daraus resultierenden Umlagerungen zu ermitteln, werden die Biegemomente am Durchlaufsystem zum einen mit dem reinen Fertigteilquerschnitt und zum anderen mit dem Verbundquerschnitt (Eingusssystem) berechnet. Für diese beiden Grenzfälle ergibt sich der Momentenverlauf nach Abb. 2.80.

Während sich am reinen Fertigteilquerschnitt Endmomente aus der Verankerungsexzentrizität ergeben, treten beim Verbundquerschnitt keine Endmomente auf, da die Verankerungskraft in der Schwerachse angreift, vgl. Abb. 2.76. Am reinen Fertigteilquerschnitt beträgt die Exzentrizität der Verankerrung in der Auflagerachse 0,239 m und das Moment ergibt sich an dieser Stelle (vgl. Abb. 2.80 a) zu:

$$M_{p23,V} = = 2 \cdot 0{,}239 \cdot 1964 = +939 \text{ kNm}$$

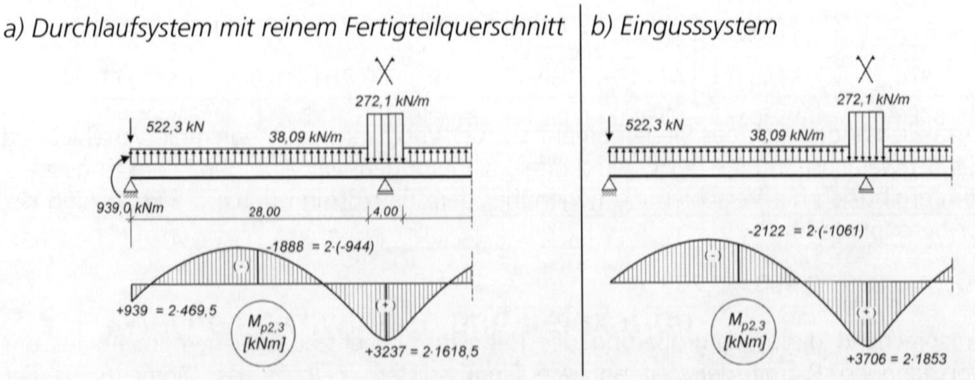

Abb. 2.80 Biegemomente aus den Vorspannstufen P_2 und P_3 am Durchlaufsystem

Hierbei ist zwischen der Vorspannstufe 2 (P_2 wirkt zunächst auf den reinen Fertigteilquerschnitt) und der Vorspannstufe 3 (P_3 wirkt von Anfang an auf den Verbundquerschnitt) zu unterscheiden. Mit den unterschiedlichen Abminderungsfaktoren nach Abb. 2.65 und Seite 113 ergeben sich die anteiligen Biegemomente aus P_2 und P_3 über der Stütze zu:

$$M_{p2,V} = (1 - C_{d,zw}) \cdot M_{p2,B} + C_{d,zw} \cdot M_{p2,E} = (1 - 0{,}587) \cdot 1618{,}5 + 0{,}587 \cdot 1853 = +1756 \text{ kNm}$$

$$M_{p3,V} = (1 - C_d) \cdot M_{p3,B} + C_d \cdot M_{p3,E} = (1 - 0{,}826) \cdot 1618{,}5 + 0{,}826 \cdot 1853 = +1812 \text{ kNm}$$

$$= +3568 \text{ kNm}$$

Zusammenstellung der Biegemomente

Insgesamt ergeben sich über der Stütze ($x = 1{,}0 \cdot L$) und an der Bemessungsstelle im Feld ($x = 0{,}5 \cdot L$) die Biegemomente und die Systemumlagerungsgröße $X_1\varphi$ nach Abb. 2.81.

Stütze ($x = 1{,}0 \cdot L$):

LF	$M_{d,B}(t_0)$ [kNm]	$M_{d,E}$ [kNm]	$M_{d,V}(t_\infty)$ [kNm]	$X_1\varphi$ [kNm]
g_{1T}	−355	−2675	−2121	−1766
P_1	0	+4254	+2883	+2883
P_2	+1618,5	+1853	+1756	0
P_3	*+1618,5**)	+1853	+1812	0

*) *fiktiv*

Feld ($x = 0{,}5 \cdot L$):

LF	$M_{d,B}(t_0)$ [kNm]	$M_{d,V}(t_\infty)$ [kNm]	$0{,}5 \cdot X_1\varphi$ [kNm]
g_{1T}	+2497	+1614	−883
P_1	−2082	−1084	+1442
P_2	+944	+1013	0
P_3	*+944**)	+1041	0

Abb. 2.81 Biegemomente aus ständigen Einwirkungen zum Zeitpunkt $t = 0$ und $t = t_\infty$

Bei der Vorspannung P_1 bis P_3 müssen zum Zeitpunkt $t = t_\infty$ zusätzlich Spannkraftverluste in Höhe von 12 % berücksichtigt werden, vgl. Abb. 2.82.

Darstellung der Biegemomente

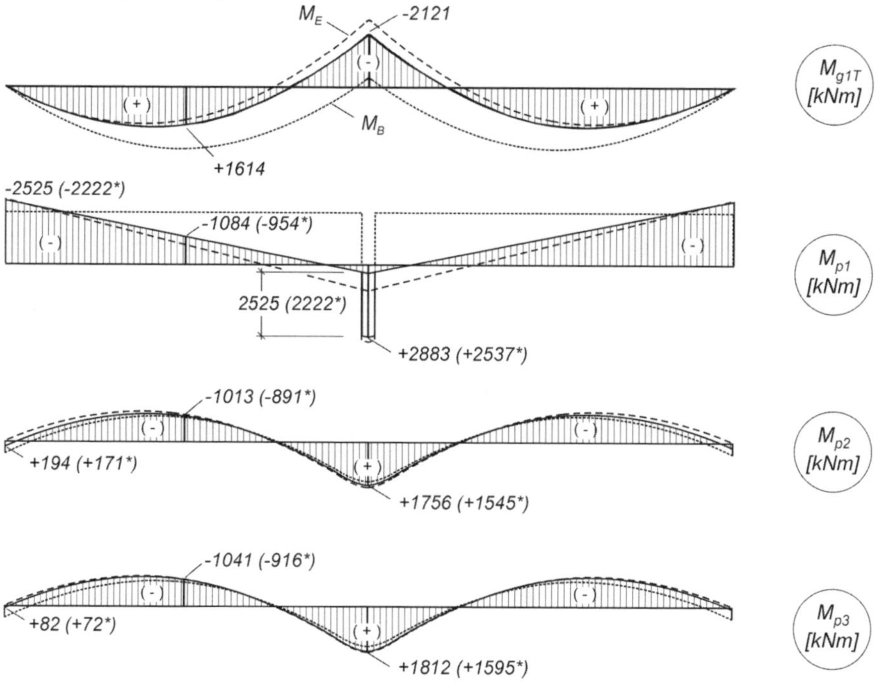

Abb. 2.82 Zeitabhängige Biegemomente aus ständigen Einwirkungen, (...) mit Spannkraftverlusten*

Anmerkung: Aus der Systemumlagerung $X_1\varphi$ resultiert einschließlich der Spannkraftverluste im Feld ein Zusatzmoment von insgesamt +386 kNm. Hieraus ergeben sich Betonspannungen am unteren Querschnittsrand zum Zeitpunkt $t = t_\infty$ analog zum LF g_2 (vgl. Abb. 2.72) in Höhe von +1,26 N/mm².

Durch das Biegemoment aus dem quasi-ständigen Anteil der Verkehrslast sowie den Lastfällen Temperatur und Stützensenkung von +963 kNm vergrößert sich die Betonspannung um +2,94 N/mm².

Mit der Betonspannung aus ständiger Einwirkung nach Abb. 2.72 beträgt die untere Randspannung $\sigma_{c,\text{unten}} = -4{,}27 + 1{,}26 + 2{,}94 = -0{,}1$ N/mm² und der Nachweis der Dekompression ist im Feld erfüllt.

3 Bemessung von vorgespannten Bauteilen nach EC2-1-1

3.1 Vorbemerkung

3.1.1 Nachweiskonzept und Einwirkungskombinationen

Im Grenzzustand der Tragfähigkeit werden bei Spannbetontragwerken folgende Nachweise geführt:

- Bemessung für Biegung mit Normalkraft,
- Bemessung für Querkraft,
- Bemessung für Torsion,
- Nachweis gegen Ermüdung.

Bei vorgespannten Flachdecken ist darüber hinaus der Nachweis der Durchstanztragfähigkeit zu führen. Für die Nachweise und Bemessungen im Grenzzustand der Tragfähigkeit sind wie bei Stahlbetonbauteilen zwei Gruppen von Einwirkungskombinationen zu unterscheiden:

- ständige und vorübergehende Bemessungssituationen (Grundkombination)

$$\sum_{j\geq 1}\gamma_{G,j}\cdot G_{k,j}\oplus\gamma_P\cdot P_k\oplus\gamma_{Q,1}\cdot Q_{k,1}\oplus\sum_{i>1}\gamma_{Q,i}\cdot\psi_{0,i}\cdot Q_{k,i}$$

- außergewöhnliche Bemessungssituationen (wenn nicht anders angegeben)

$$\sum_{j\geq 1}\gamma_{GA,j}\cdot G_{k,j}\oplus\gamma_{PA}\cdot P_k\oplus A_d\oplus\psi_{1,1}\cdot Q_{k,1}\oplus\sum_{i>1}\psi_{2,i}\cdot Q_{k,i}$$

- Bemessungssituation für Erdbeben

$$\sum_{j\geq 1}G_{k,j}\oplus P_k\oplus\gamma_1\cdot A_{Ed}\oplus\sum_{i\geq 1}\psi_{2,i}\cdot Q_{k,i}$$

Für die Vorspannung gilt als Sicherheitsbeiwert im Grenzzustand der Tragfähigkeit $\gamma_P = 1{,}0$.

Im Grenzzustand der Gebrauchstauglichkeit sind folgende Nachweise erforderlich:

- Begrenzung der Spannungen im Beton, im Stahl sowie im Spannstahl
- Nachweis der Dekompression
- Beschränkung der Rissbreiten/Nachweis der Mindestbewehrung
- Einhaltung der maximal zulässigen Durchbiegungen.

Für diese Nachweise sind die folgenden Einwirkungskombinationen zu verwenden:

- Charakteristische (seltene) Kombination:

$$E_{d,rare}=\sum_{j\geq 1}G_{k,j}\oplus P_k\oplus Q_{k,1}\oplus\sum_{i>1}\psi_{0,i}\cdot Q_{k,i}$$

- Häufige Kombination:

$$E_{d,frequ} = \sum_{j\geq 1} G_{k,j} \oplus P_k \oplus \psi_{1,1} \cdot Q_{k,1} \oplus \sum_{i>1} \psi_{2,i} \cdot Q_{k,i}$$

- Quasi-ständige Kombination:

$$E_{d,perm} = \sum_{j\geq 1} G_{k,j} \oplus P_k \oplus \sum_{i\geq 1} \psi_{2,i} \cdot Q_{k,i}$$

Die Teilsicherheitsbeiwerte sind gem. Abb. 3.1 zu wählen.

Auswirkung	Ständige Einwirkungen γ_G	Veränderl. Einwirkungen γ_Q	Vorspannung γ_P
ungünstig	1,35	1,50	1,00
günstig	1,00	0,00	1,00

Abb. 3.1 Teilsicherheitsbeiwerte γ der ständigen und vorübergehenden Bemessungssituation

Mögliche Streuungen der Vorspannkraft werden im Grenzzustand der Gebrauchstauglichkeit dadurch erfasst, dass jeweils der ungünstigere der beiden Werte $P_{k,\,sup}$ und $P_{k,\,inf}$ angesetzt wird.

$$P_{k,sup} = r_{sup} \cdot P_{mt}$$

$$P_{k,inf} = r_{inf} \cdot P_{mt}$$

Die Werte für r_{sup} und r_{inf} können Abb. 3.2 entnommen werden.

	Vorspannung mit sofortigem Verbund oder Vorspannung ohne Verbund	Vorspannung mit nachträglichem Verbund
r_{sup}	1,05	1,10
r_{inf}	0,95	0,90

Abb. 3.2 Beiwerte der oberen und unteren Grenzwerte der charakteristischen Vorspannkraft

Die Annahme von $r_{sup} = r_{inf} = 1{,}0$ ist gemäß EC2-1-1/NA, 5.10.9 (1)P unzulässig.

Im Brückenbau wird im Grenzzustand der Gebrauchstauglichkeit noch eine weitere Einwirkungskombination verwendet, siehe hierzu auch Abschn. 4.2.11:

- Nicht-häufige Kombination:

$$E_{d,non\text{-}fr} = \sum_{j\geq 1} G_{k,j} \oplus P_k \oplus \psi'_1 \cdot Q_{k,1} \oplus \sum_{i\geq 1} \psi_{1,i} \cdot Q_{k,i}$$

Zudem ist die bauliche Durchbildung vorgespannter Tragwerke besonders zu beachten.

3.1.2 Nachweise der Dauerhaftigkeit

Eine Rissbildung auf Gebrauchslastniveau beeinflusst wegen der erhöhten Korrosionsempfindlichkeit der Spannstähle die Dauerhaftigkeit von Spannbetonbauteilen in größerem Maße als bei Stahlbetonbauteilen. Daher wurden Anforderungsklassen für Stahlbeton- und Spannbetonbauteile in Abhängigkeit von den Expositionsklassen definiert, über die die Einwirkungskombinationen festgelegt werden, mit denen die Nachweise im Grenzzustand der Gebrauchstauglichkeit geführt werden müssen.

Expositionsklasse	Stahlbeton und Vorspannung ohne Verbund	Vorspannung mit nachträglichem Verbund	Vorspannung mit sofortigem Verbund	
	mit Einwirkungskombination			
	quasi-ständig	häufig	häufig	selten
X0, XC1	0,4[a)]	0,2	0,2	-
XC2 – XC4	0,3	0,2[b), c)]	0,2[b)]	
XS1 – XS3, XD1, XD2, XD3[d)]			Dekompression	0,2

a) Bei den Expositionsklassen X0 und XC1 hat die Rissbreite keinen Einfluss auf die Dauerhaftigkeit und dieser Grenzwert wird i. Allg. zur Wahrung eines akzeptablen Erscheinungsbildes gesetzt. Fehlen entsprechende Anforderungen an das Erscheinungsbild, darf dieser Grenzwert erhöht werden.

b) Zusätzlich ist der Nachweis der Dekompression unter der quasi-ständigen Einwirkungskombination zu führen.

c) Wenn der Korrosionsschutz anderweitig sichergestellt wird (Hinweise hierzu in den Zulassungen der Spannverfahren), darf der Dekompressionsnachweis entfallen.

d) Es können besondere Maßnahmen erforderlich werden, deren Wahl von der Art des Angriffsrisikos abhängt.

Abb. 3.3 Rechenwerte für w_{max} in [mm] gem. EC2-1-1/NA, Tabelle 7.1DE

3.2 Grenzzustand der Gebrauchstauglichkeit

3.2.1 Begrenzung der Spannungen

Im Gegensatz zu nicht vorgespannten Bauteilen des üblichen Hochbaus ist bei Spannbetontragwerken auch stets der Nachweis für die Einhaltung der Spannungsbegrenzungen zu führen. Dies ist in den strengeren Anforderungen an die Dauerhaftigkeit begründet. Nur ein Teil der nachfolgend aufgeführten Nachweise sind daher tatsächliche Gebrauchstauglichkeitsnachweise, während ein anderer Teil implizite Nachweise der Dauerhaftigkeit sind, die das Auftreten breiter Risse verhindern sollen.

Grundsätzlich ist bei der Ermittlung der Spannungen zu unterscheiden, ob der betrachtete Bemessungsquerschnitt sich im Zustand I (ungerissen) oder im Zustand II (gerissen) befindet. Überschreiten die im Zustand I ermittelten Betonzugspannungen für die seltene Einwirkungskombination die mittlere Betonzugfestigkeit f_{ctm}, wird davon ausgegangen, dass sich das Bauteil im Zustand II befindet. Anderenfalls ist Zustand I anzunehmen.

Im Abschn. 1.7 wurde gezeigt, wie für die verschiedenen Zeitpunkte (d. h. mit den verschiedenen Querschnittswerten) und für die verschiedenen Einwirkungen (äußere Einwirkungen, Vorspannung) die Beton- und Stahlspannungen in einem vorgespannten Bauteil ermittelt werden können. Gemäß EC2-1-1, 7.2 sind diese Spannungen im Grenzzustand der Gebrauchstauglichkeit zu begrenzen.

Betonspannungen

Voraussetzung für die in EC2-1-1 angegebene lineare Beziehung zur Ermittlung der Kriechdehnung ist, dass die Betondruckspannungen infolge der quasi-ständigen Einwirkungskombination begrenzt werden auf

$$\sigma_c \leq 0{,}45 \cdot f_{ck}$$

Wird diese Grenze nicht eingehalten, so treten verstärkt Mikrorisse im Betongefüge und infolgedessen überproportional große Kriechdehnungen auf.

Zudem erzeugen hohe Betondruckspannungen Querzugspannungen, die zu Rissen führen können. Da diese Risse in Längsrichtung und somit parallel zu den Bewehrungsstäben verlaufen, wird durch sie die Gefahr der Bewehrungskorrosion vergrößert. Wenn keine besonderen Maßnahmen erfolgen, sind daher für die Expositionsklassen XD1 bis XD3, XF1 bis XF4 sowie XS1 bis XS3 die Betondruckspannungen infolge der seltenen Einwirkungskombination zu begrenzen auf

$$\sigma_c \leq 0{,}6 \cdot f_{ck}$$

Als besondere Maßnahmen gelten in diesem Zusammenhang die Erhöhung der Betondeckung in der Druckzone oder die Umschnürung der Druckzone durch Querbewehrung gemäß EC2-1-1, 7.2 (2) (Empfehlung: Bügel $d_s \geq 10$ mm, s_{max} gemäß Tabelle NA.9.1, Zeile 3).

Im Bereich von Verankerungen und Auflagerungen dürfen diese Nachweise entfallen, falls die Regeln für die bauliche Durchbildung dieser Bereiche beachtet werden (EC2-1-1, 8.10.3 sowie EC2-1-1, Abschn. 9).

Betonstahlspannungen

Die Begrenzung der Stahlspannungen dient zur Vermeidung von plastischen Dehnungen im Betonstahl, die zu breiten Rissen im Beton führen und dadurch die Dauerhaftigkeit einschränken würden. Bei Lastbeanspruchung gilt daher als Grenzwert für die Betonstahlspannungen

$$\sigma_s \leq 0{,}8 \cdot f_{yk}$$

Dieser Wert ist für die seltene Einwirkungskombination einzuhalten, da bereits ein einmaliges Überschreiten der Streckgrenze zu den ungewollten irreversiblen Stahldehnungen und den damit verbundenen Rissen im Beton führen würde. Durch die Festlegung auf 80 % der Streckgrenze sollen unberücksichtigte Zwangbeanspruchungen und zeitabhängige Kraftumlagerungen abgedeckt werden. Bei ausschließlicher Zwangbeanspruchung gilt für die seltene Einwirkungskombination die Grenze

$$\sigma_s \leq 1{,}0 \cdot f_{yk}$$

Spannstahlspannungen

Gemäß EC2-1-1/NA, 7.2 (NA.6) muss nach dem Absetzen der Pressenkraft bzw. dem Lösen der Verankerung der Mittelwert der Spannstahlspannung unter der seltenen Einwirkungskombination an jeder Stelle und zu jedem Zeitpunkt die Bedingung

$$\sigma_p \leq \begin{cases} 0{,}80 \cdot f_{pk} \\ 0{,}90 \cdot f_{p0,1k} \end{cases}$$

erfüllen.

Zudem muss für die quasi-ständige Einwirkungskombination die mit dem Mittelwert der Vorspannkraft nach Abzug sämtlicher Spannkraftverluste (Reibung, Kriechen, Schwinden und Relaxation) errechnete Spannstahlspannung die Bedingung

$$\sigma_p \leq 0{,}65 \cdot f_{pk}$$

einhalten.

Zusätzlich gelten die Begrenzungen der Vorspannkraft gemäß EC2-1-1, 5.10.2 und 5.10.3, aus denen sich gleichsam eine Begrenzung der zulässigen Spannstahlspannungen ergibt. Zum Zeitpunkt $t = t_0$ unmittelbar nach dem Absetzen der Pressenkraft bzw. nach dem Lösen der Verankerung ist der Mittelwert der Spannstahlspannung wie folgt zu begrenzen (EC2-1-1, 5.10.3 (2)):

$$\sigma_{pm0} \leq \begin{cases} 0{,}75 \cdot f_{pk} \\ 0{,}85 \cdot f_{p0,1k} \end{cases}$$

Für die am Spannglied aufgebrachte Höchstkraft am Spannanker während des Spannvorgangs bzw. im Spannbett müssen gemäß EC2-1-1, 5.10.2.1 (1) folgende Spannstahlspannungen eingehalten werden:

$$\sigma_{p,max} \leq \begin{cases} 0{,}80 \cdot f_{pk} \\ 0{,}90 \cdot f_{p0,1k} \end{cases}$$

Reibungsverluste führen stets dazu, dass die wirksame Vorspannkraft mit der Entfernung vom Spannanker abnimmt, vgl. Abschn. 2.5.1. Um dies ausgleichen zu können, kann am Spannanker kurzzeitig eine größere Spannung als die oben genannte Spannung aufgebracht werden. Gemäß Heft 600 des DAfStb ist ein solches Überspannen auf $0{,}95 \cdot f_{p0,1k}$ bei Spanngliedern mit nachträglichem Verbund oder internen, mehrfach umgelenkten Spanngliedern ohne Verbund jedoch nur mit Zustimmung der Bauaufsicht und erhöhtem Messaufwand zulässig. Im Brückenbau ist gemäß DIN-Fachbericht 102 ein Überspannen auf diesen Wert sogar grundsätzlich unzulässig. Um dennoch eine Überspannreserve im Falle größerer Reibungsverluste zu haben, ist es daher sinnvoll, die Spannglieder während des Spannvorganges planmäßig nicht voll auszunutzen. Ergeben sich dann beispielsweise wegen eines korrodierten Hüllrohres größere Reibungsverluste als erwartet, so ist zu deren Ausgleich eine Erhöhung der Vorspannkraft ohne Überspannen möglich. Die genannten Grenzwerte sind deshalb gemäß EC2-1-1/NA, 5.10.2.1(NA.3) für Spannglieder mit nachträglichem Verbund mit dem Faktor k_μ abzumindern, so dass in diesem Fall gilt:

$$\sigma_{p,max} \leq \begin{cases} k_\mu \cdot 0{,}80 \cdot f_{pk} \\ k_\mu \cdot 0{,}90 \cdot f_{p0,1k} \end{cases}$$

mit $k_{\mu} = e^{-\mu \cdot \gamma \cdot (\kappa - 1)}$

μ	Reibungsbeiwert des Spanngliedes gemäß Zulassung
$\gamma = \theta + k \cdot x$	Umlenkwinkel des Spanngliedes
κ	Vorhaltemaß zur Sicherung einer Überspannreserve = 1,5 bei ungeschützter Lage des Spanngliedes im Hüllrohr bis zu drei Wochen oder mit Maßnahmen zum Korrosionsschutz = 2,0 bei ungeschützter Lage über mehr als drei Wochen

3.2.2 Anwendungsbeispiel: Dachbinder

Aufgabe

Für den in Abb. 3.4 skizzierten Dachbinder sind die Spannungsnachweise im Grenzzustand der Gebrauchstauglichkeit an den maßgebenden Stellen zu führen.

Die Vorspannkraft im Spannbett beträgt $P^{(0)} = 2226$ kN. Die zeitabhängigen Spannkraftverluste können dem Anwendungsbeispiel im Abschn. 2.5.4 entnommen werden.

Durchführung

Maßgebende Nachweisstellen und Schnittgrößen

Die maßgebenden Stellen ergeben sich aus der größten Biegebeanspruchung M/z bei $x = 11{,}70$ m (Stelle 1) und durch die maximale Druckbeanspruchung am Ende der Eintragungslänge der Vorspannkraft bei $x \approx 1{,}00$ m (Stelle 2).

Die Bemessungsschnittgrößen ergeben sich aus der quasi-ständigen Einwirkungskombination:

$E_{d,perm} = \Sigma G_k + P_k + \Sigma \psi_2 \cdot Q_k$ mit $\psi_2 = 0{,}0$ (für Schnee)

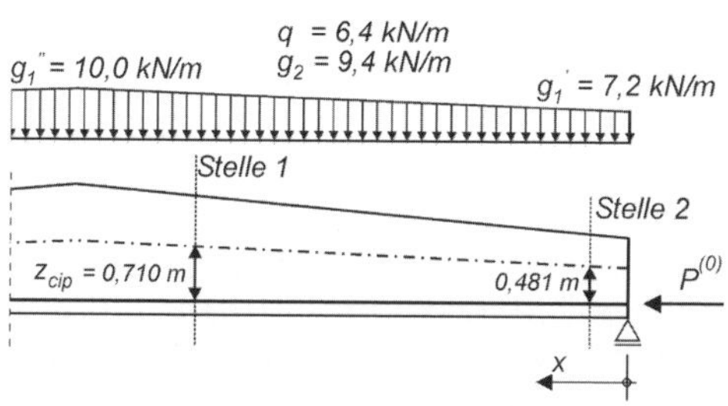

$N_{p0} = -P^{(0)}$, $M_{p0} = -P^{(0)} \cdot z_{cip}$

	Stelle 1 (x = 11,70 m)	Stelle 2 (x = 1,00 m)
$P^{(0)}$ [kN]	2226	2226
z_{cip} [m]	0,710	0,481
N_{p0} [kN]	−2226	−2226
M_{p0} [kNm]	−1580	−1071
M_{g1} [kNm]	+966	+125
M_g [kNm]	+1972	+261
M_q [kNm]	+685	+93

Abb. 3.4 Schnittgrößen aus quasi-ständigen Einwirkungen an den Nachweisstellen 1 und 2 ($t = t_0$)

Die Spannungsnachweise werden mit den ideellen Querschnittswerten geführt. Diese wurden bei einer Nebenrechnung bestimmt.

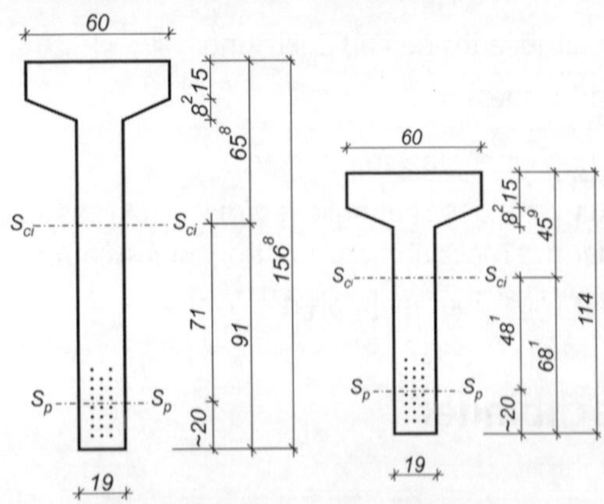

	Stelle 1 (x = 11,70 m)	Stelle 2 (x = 1,00 m)
A_{ci} [m²]	0,385	0,304
I_{ci} [m⁴]	0,0953	0,0388
z_{cio} [m]	−0,658	−0,459
z_{ciu} [m]	0,910	0,681
z_{cip} [m]	0,710	0,481
W_{cio} [m³]	−0,1448	−0,0844
W_{ciu} [m³]	0,1048	0,0570
W_{cip} [m³]	0,1343	0,0807

Abb. 3.5 Querschnitte und ideelle Querschnittswerte an den Nachweisstellen 1 und 2

Begrenzung der Betondruckspannungen

Der Binder in einer geschlossenen Halle ohne Chlorideinwirkung und ohne Betonangriff durch Frost ist ein Bauteil nach Expositionsklasse XC1. Daher ist gem. EC2-1-1, 7.2 kein Nachweis der Begrenzung der Betondruckspannungen auf $0{,}6 \cdot f_{ck}$ erforderlich.

Um nichtlineares Kriechen im Endzustand zu vermeiden, wird die Begrenzung der Betondruckspannungen unter der quasi-ständigen Einwirkungskombination auf $0{,}45 \cdot f_{ck}$ nachgewiesen:

$$\sigma_c \le 0{,}45 \cdot f_{ck} = 0{,}45 \cdot 50 = 22{,}5 \text{N/mm}^2$$

Der zeitabhängige Spannkraftverlust an der Stelle 1 beträgt nach Abschn. 2.5.4:

$$\Delta\sigma_{p,c+s+r} = 16\%$$

Zusätzlich sind im Grenzzustand der Gebrauchstauglichkeit gem. EC2-1-1, NDP zu 5.10.9 (1)P die Streuungen der Vorspannkraft zu berücksichtigen. Für sofortigen Verbund gilt nach Abschn. 3.2.1:

$$P_k = \begin{bmatrix} r_{inf} = 0{,}95 \\ r_{sup} = 1{,}05 \end{bmatrix} \cdot P_{mt}$$

Nachweis an der Stelle 1 (max. Biegebeanspruchung)

Für die Betondruckspannung am oberen Querschnittsrand ist der Endzustand zum Zeitpunkt $t = \infty$ und $r_{inf} = 0{,}95$ maßgebend. Zunächst werden hierfür die Betonspannungen im Zustand I berechnet:

$$N_{d,perm} = 0{,}95 \cdot (-2226) \cdot 0{,}84 = -1776 \text{ kN}$$

$$M_{d,perm} = 1972 + 0{,}95 \cdot (-1580) \cdot 0{,}84 = +711 \text{ kNm}$$

$$\sigma_{c,ober} = \frac{-1{,}776}{0{,}385} + \frac{0{,}711}{-0{,}1448} = -4{,}6 - 4{,}9 = -9{,}5 \text{ N/mm}^2 > -22{,}5 \text{ N/mm}^2$$

$$\sigma_{c,unten} = \frac{-1{,}776}{0{,}385} + \frac{0{,}711}{0{,}1048} = -4{,}6 + 6{,}8 = +2{,}2 \text{ N/mm}^2 > 0$$

Unter der quasi-ständigen Einwirkungskombination treten bereits Betonzugspannungen auf, vgl. Abb. 3.6 a). Daher wird nach Abschn. 3.2.1 untersucht, ob die Betonzugspannungen unter der seltenen Einwirkungskombination den Wert f_{ctm} = 4,1 N/mm² überschreiten und die Berechnung der Spannungen im Zustand II erfolgen muss.

Maßgebend ist der untere Rand im Endzustand zum Zeitpunkt $t = t_\infty$ und r_{inf} = 0,95:

$$N_{d,rare} = 0{,}95 \cdot (-2226) \cdot 0{,}84 = -1776 \text{ kN}$$

$$M_{d,rare} = 1972 + 685 + 0{,}95 \cdot (-1580) \cdot 0{,}84 = +1396 \text{ kNm}$$

$$\sigma_{c,unten} = \frac{-1{,}776}{0{,}385} + \frac{1{,}396}{0{,}1048} = -4{,}6 + 13{,}3 = +8{,}7 \text{ N/mm}^2 > 4{,}1 \text{ N/mm}^2$$

Demnach befindet sich der Querschnitt unter seltener Einwirkungskombination im Zustand II. Die Betondruckspannungen müssen daher am gerissenen Querschnitt im Zustand II ohne den Ansatz von Betonzugspannungen ermittelt werden.

Die quasi-ständige Einwirkungskombination ergibt sich hierbei aus den äußeren Einwirkungen zu:

$$M_{d,perm} = +1972 \text{kNm}$$

Aufgrund einer Nebenrechnung ergibt sich hierfür die Spannungsverteilung gem. Abb. 3.6 b). Die Vorspannkraft wurde hierbei durch die Vordehnung von 4,48 ‰ zum Zeitpunkt $t = \infty$ mit r_{inf} = 0,95 berücksichtigt, vgl. Seite 133.

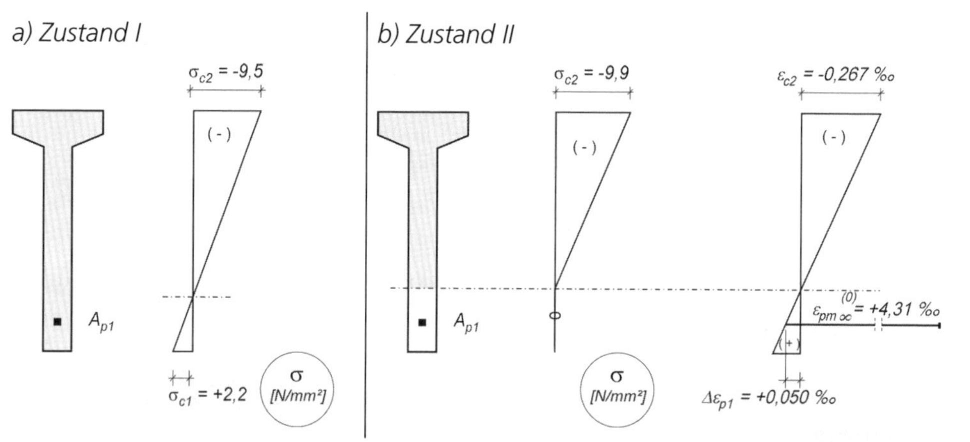

Abb. 3.6 Betonspannungen an der Stelle 1 im Zustand I und im Zustand II mit Dehnungsverteilung

Der Vergleich zeigt, dass die Betondruckspannungen im Zustand II durch den Ausfall der Betonzugspannungen geringfügig größer sind als im Zustand I. Die zulässige Betondruckspannung von 22,5 N/mm² wird auch im Zustand II eingehalten, vgl. Abb. 3.6 b).

Bei den übrigen Nachweisen treten keine Betonzugspannungen auf oder diese sind geringer als nach Abb. 3.6 a), so dass die Betonspannungen im Folgenden im Zustand I ermittelt werden.

Nachweis an der Stelle 1 (min. Biegebeanspruchung)

Unterer Rand, maßgebend ist der Endzustand zum Zeitpunkt $t = t_0$ und $r_{sup} = 1{,}05$:

$$N_{d,perm} = 1{,}05 \cdot (-2226) = -2337 \text{ kN}$$

$$M_{d,perm} = 1972 + 1{,}05 \cdot (-1580) = +313 \text{ kNm}$$

$$\sigma_{c,unten} = \frac{-2{,}337}{0{,}385} + \frac{0{,}313}{0{,}1048} = -6{,}1 + 3{,}0 = -3{,}1 \text{ N/mm}^2 >> -22{,}5 \text{ N/mm}^2$$

Nachweis an der Stelle 2 (≈ Ende der Eintragungslänge)

Unterer Rand, maßgebend ist der Endzustand zum Zeitpunkt $t = t_0$ und $r_{sup} = 1{,}05$:

$$N_{d,perm} = 1{,}05 \cdot (-2226) = -2337 \text{ kN}$$

$$M_{d,perm} = 261 + 1{,}05 \cdot (-1071) = -864 \text{ kNm}$$

$$\sigma_{c,unten} = \frac{-2{,}337}{0{,}304} + \frac{-0{,}864}{0{,}0570} = -7{,}7 - 15{,}2 = -22{,}9 \text{ N/mm}^2 \approx -22{,}5 \text{ N/mm}^2$$

Gem. EC2-1-1, 5.10.2.2 (5) wird bei Spannbetonbauteilen mit Spanngliedern im sofortigen Verbund empfohlen, die Betondruckspannung bei Eintragung des Mittelwertes der Vorspannkraft auf 70 % der tatsächlichen Festigkeit $f_{ck}(t)$ zu begrenzen.

Annahme: Bei der Spannkraftübertragung nach 24 h werden 65 % der 28-Tage-Betondruckfestigkeit (C 50/60: $f_{ck} = 50$ N/mm²) erreicht.

Die nachzuweisende Festigkeit beim Lösen der Spannbettverankerung nach 24 Stunden beträgt somit:

$$f_{ck}(t) = 0{,}65 \cdot 50 = 32{,}5 \text{ N/mm}^2$$

$$N_{d,perm} = \; = -2226 \text{ kN}$$

$$M_{d,perm} = 125 + (-1071) = -946 \text{ kNm}$$

$$\sigma_{c,unten} = \frac{-2{,}226}{0{,}304} + \frac{-0{,}946}{0{,}0570} = -7{,}3 - 16{,}6 = -23{,}9 \text{ N/mm}^2 \approx 0{,}7 \cdot (-32{,}5) = -22{,}8 \text{ N/mm}^2$$

Anmerkung: Dieser Nachweis ist für die Wahl der Vorspannkraft maßgebend. Die kurzzeitige Überschreitung der zulässigen Betonrandspannung um 4,8 % ist im Hinblick auf die nicht berücksichtigten Spannkraftverluste bis zum Zeitpunkt t_0 bei der Spannkrafteinleitung nach 24 Stunden vertretbar.

Begrenzung der Betonstahlspannungen

Der Nachweis der Begrenzung der Zugspannungen in der Betonstahlbewehrung erfolgt unter der seltenen Einwirkungskombination im Zustand II:

$$\sigma_s \leq 0{,}8 \cdot f_{yk} = 0{,}8 \cdot 500 = 400 \text{ N/mm}^2$$

Seltene Einwirkungskombination:

$$E_{d,rare} = \Sigma G_k + P_k + Q_{k1} + \Sigma \psi_{0i} \cdot Q_{ki}$$

Maßgebend ist die Stelle 1 zum Zeitpunkt $t = t_\infty$ und $r_{inf} = 0{,}95$:

$N_{d,rare}$ = 0,95 · (–2226) · 0,82 = –1734 kN

$M_{d,rare}$ = 1972 + 685 = +2657 kNm

Aus der Biegebemessung folgt mit $\xi = 0{,}940$ und $d = 1{,}37$ m nach Abschn. 3.3.3 sowie

$A_{p,vorh} = 21{,}4$ cm² (23 Litzen 0,5") und $A_{s,vorh} = 3{,}1$ cm² (2 ∅ 14):

$$\sigma_s = \frac{10^4}{21{,}4+3{,}1} \cdot \left(\frac{2{,}657}{0{,}940 \cdot 1{,}37} + (-1{,}734) \right) = 134 \text{ N/mm}^2 < 400 \text{ N/mm}^2$$

Begrenzung der Spannstahlspannungen

Der Nachweis der Begrenzung der Spannstahlspannungen erfolgt mit dem Mittelwert der Vorspannung (ohne r_{inf} bzw. r_{sup}) unter der quasi-ständigen Einwirkungskombination nach Abzug aller Spannkraftverluste:

$$\sigma_p \leq 0{,}65 \cdot f_{pk} = 0{,}65 \cdot 1770 = 1151 \text{ MN/m}^2$$

Maßgebend ist die Stelle 1 zum Zeitpunkt $t = \infty$. Die wirksame Vorspannkraft beträgt mit

$$\alpha_i = \alpha_p \cdot \frac{A_p}{A_{ci}} \cdot \left(1 + \frac{A_{ci}}{I_{ci}} \cdot z_{cip}^2\right) = 5{,}27 \cdot \frac{21{,}4 \cdot 10^{-4}}{0{,}385} \cdot \left(1 + \frac{0{,}385}{0{,}0953} \cdot 0{,}710^2\right) = 0{,}0889$$

$$P_{m0} = P^{(0)} \cdot (1 - \alpha_i) = 2226 \cdot (1 - 0{,}0889) = 2028 \text{ kN}$$

$N_{d,perm}$ = 1,0 · (–2028) · 0,84 = –1704 kN

$M_{d,perm}$ = = +1972 kNm

$$\Delta\sigma_{p,g+q} = \alpha_p \cdot \frac{M_{d,perm}}{W_{cip}} = 5{,}27 \cdot \frac{1{,}972}{0{,}1343} = 77{,}4 \text{ N/mm}^2$$

$$\sigma_p = \frac{N_{d,perm}}{A_p} + \Delta\sigma_{p,g_2+q} = \frac{1{,}704}{21{,}4 \cdot 10^{-4}} + 77{,}4 = 874 \text{ N/mm}^2 < 1151 \text{ N/mm}^2$$

3.2.3 Nachweis der Dekompression

Der Grenzzustand der Dekompression ergibt sich, wenn in einem Bauteil eine Spannungsverteilung z. B. gemäß Abb. 2.9 vorliegt. Hierbei wirken im gesamten Querschnitt Druckspannungen und in der Randfaser betragen die Spannungen $\sigma_c = 0$. Diejenigen Schnittgrößen, die gemeinsam mit den Schnittgrößen infolge Vorspannung diesen Spannungszustand hervorrufen, nennt man Dekompressionsschnittgrößen.

Der Nachweis der Dekompression dient einerseits dem Korrosionsschutz der Bewehrung, andererseits wird dadurch erreicht, dass die Spannungsschwankungen im Stahl geringer ausfallen, als dies der Fall wäre, wenn sich das Bauteil im Zustand II befinden würde.

In Abhängigkeit von der Anforderungsklasse (vgl. Abschn. 3.1.2) wird der Nachweis der Dekompression für die seltene, die häufige oder die quasi-ständige Einwirkungskombination wie folgt geführt:

$$\sigma_c = \frac{N_{g+q} - P_{mt}}{A_c} + \frac{M_{g+q} - P_{mt} \cdot z_{cp}}{I_c} \cdot z_k = 0$$

Dabei ist z_k der Abstand des maßgebenden Querschnittsrands zur Schwerachse.

Da gemäß EC2-1-1 im Allgemeinen der gesamte Querschnitt überdrückt sein muss, kann im Normalfall mit den Querschnittswerten des ungerissenen Zustandes (Zustand I) gerechnet werden.

Bei Biegebauteilen muss der Nachweis der Dekompression gemäß EC2-1-1, NCI zu 7.3.1 (5) nicht für den gesamten Querschnitt erfüllt sein, sofern der verbleibende überdrückte Querschnitt einen ausreichenden Korrosionsschutz für die Spannglieder bietet und die Rissbreiten an dieser Stelle für die geforderte Einwirkungskombination begrenzt werden. Demnach ist die Dekompression nachgewiesen, wenn für die maßgebende Einwirkungskombination der Abstand der Dekompressionslinie vom äußeren Rand des Spanngliedes den größeren der beiden Werte von 100 mm oder *h*/10 einhält. Dieser Nachweis ist dann im Zustand II zu führen, vgl. Abb. 3.7.

a) Spannbetonbalken mit maßgebenden Einwirkungen und Nachweisschnitten

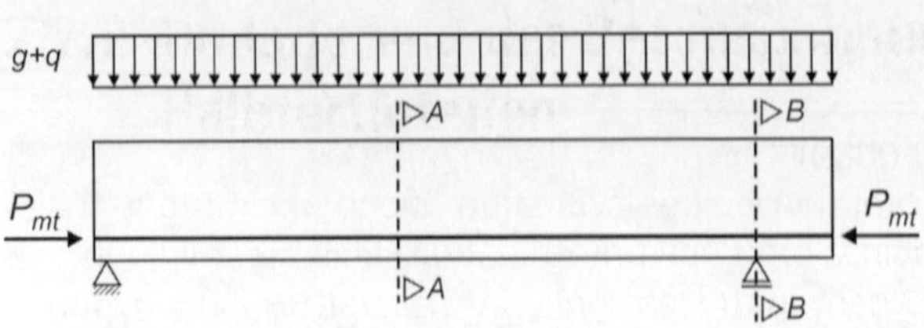

b) Betonspannungen im Zustand II aus maßgebender Einwirkungskombination

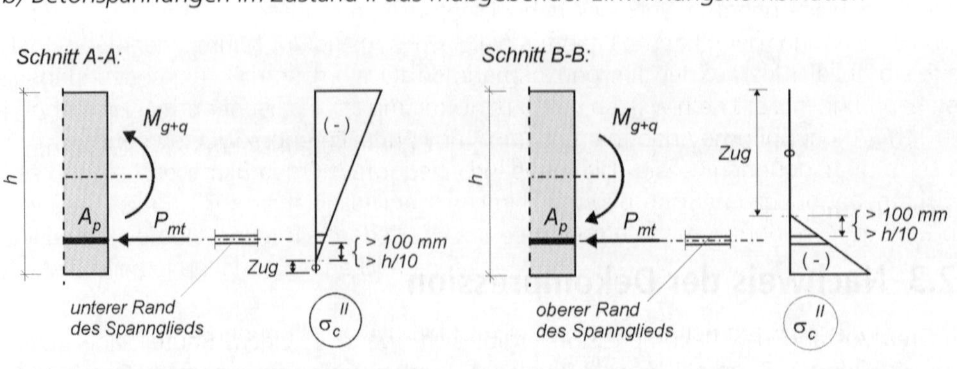

Abb. 3.7 Betonspannungen im Grenzzustand der Dekompression

Aus dem Nachweis der Dekompression ergeben sich in der Regel höhere Vorspanngrade als z. B. bei Innenbauteilen ohne Anforderungen an die Dekompression.

3.2.4 Anwendungsbeispiel: Rahmen

Aufgabe

Für den in Abb. 3.8 skizzierten Rahmen ist die erforderliche Vorspannkraft für die Einhaltung der Dekompression zu ermitteln. Hiermit ist der Nachweis der Dekompression zu führen.

Der Rahmen im Außenbereich einer Industriehalle trägt die Lasten aus einer befahrbaren Decke ab und nimmt die Windlasten der anschließenden Halle auf.

Der Achsabstand der Rahmen beträgt 6,00 m.

Die Anordnung der Spannglieder ist in Abb. 2.33 dargestellt.

Das Vorspannen erfolgt bei einem Betonalter von 7 Tagen.

Die Decke wird im Zuge einer späteren Erweiterung eingebaut.

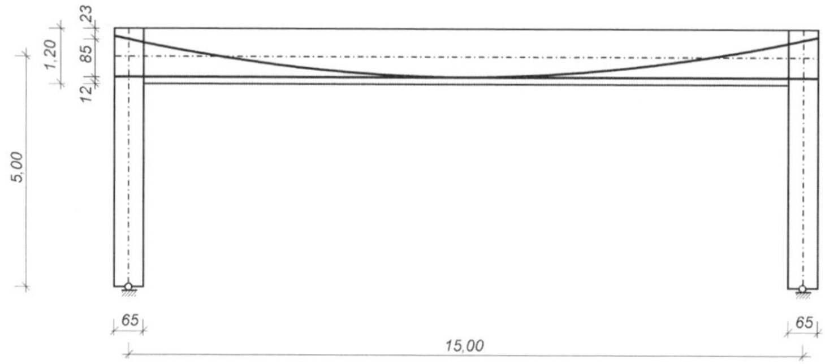

Abb. 3.8 Rahmen: Ansicht mit Spanngliedern

Einwirkungen:

Hohlplattendecke (h = 26 cm)	g_2	=	4,0 kN/m²
Abdichtung und Belag	Δg_2	=	1,0 kN/m²
Verkehrslast	q	=	12,5 kN/m²
Windlast auf Riegel	Q_W	=	± 300 kN

Kombination	Verkehrslast	Windlast
selten	$\psi_0 = 0,8$	$\psi_0 = 0,6$
häufig	$\psi_1 = 0,7$	$\psi_1 = 0,5$
quasi-ständig	$\psi_2 = 0,5$	$\psi_2 = 0$

Abb. 3.9 Kombinationsbeiwerte

Durchführung

Zusammenstellung der Einwirkungen

Eigengewicht des Riegels mit Linienkonsolen:	g_1	$= 0{,}45 \cdot 1{,}20 \cdot 25{,}0 + 1{,}5$	= 15,0 kN/m
Ausbaulast:			
Hohlplatten (h = 26 cm) zwischen den Riegeln		$= 4{,}0 \cdot (6{,}00 - 0{,}45)$	= 22,2 kN/m
Abdichtung und Belag		$= 1{,}0 \cdot 6{,}00$	= 6,0 kN/m
	g_2		= 28,2 kN/m
Verkehrslast:	q	$= 12{,}5 \cdot 6{,}00$	= 75,0 kN/m
Windlast:	Q_W		= ± 300 kN

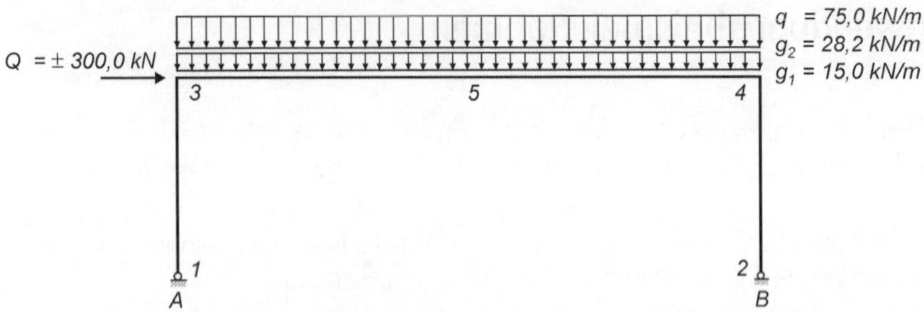

Abb. 3.10 Darstellung des statischen Systems mit den äußeren Einwirkungen

Ermittlung der Schnittgrößen

Die Schnittgrößen werden mit Hilfe von Rahmentafeln ermittelt. Der Steifigkeitsbeiwert k beträgt 1,716 (vgl. Seite 68). Für den Lastfall g_1 = 15 kN/m ergibt sich beispielsweise:

$$A = B = \frac{15{,}0 \cdot 15{,}0}{2} = 112{,}5 \text{ kN}, \qquad H = \frac{15{,}0 \cdot 15{,}0^2}{4 \cdot 5{,}0 \cdot (2 \cdot 1{,}716 + 3)} = 26{,}24 \text{ kN}$$

$$M_3 = -26{,}24 \cdot 5{,}0 = -131{,}2 \text{ kNm}, \qquad M_5 = -131{,}2 + \frac{15{,}0 \cdot 15{,}0^2}{8} = +290{,}7 \text{ kNm}$$

Zusammenstellung der Schnittgrößen

a) aus ständigen Einwirkungen

Schnittgrößen an der Stelle:	M [kNm]	N [kN]	V [kN]
Lastfall g_1			
1-Stütze	0	−112,5	−26,2
3-Stütze	−131,2	−112,5	−26,2
3-Riegel	−131,2	−26,2	+112,5
5-Riegel	+290,7	−26,2	0
Lastfall g_2			
1-Stütze	0	−211,5	−49,3
3-Stütze	−246,6	−211,5	−49,3
3-Riegel	−246,6	−49,3	+211,5
5-Riegel	+546,5	−49,3	0

b) aus veränderlichen Einwirkungen

Schnittgrößen an der Stelle:	M [kNm]	N [kN]	V [kN]
Lastfall q			
1-Stütze	0	−562,5	−131,2
3-Stütze	−655,9	−562,5	−131,2
3-Riegel	−655,9	−131,2	+562,5
5-Riegel	+1453	−131,2	0
Lastfall Q_W			
1-Stütze	0	±100,0	±150,0
3-Stütze	±750,0	±100,0	±150,0
3-Riegel	±750,0	±150,0	±100,0
5-Riegel	0	±150,0	±100,0

Abb. 3.11 Schnittgrößen aus äußeren Einwirkungen

Für den Nachweis der Dekompression ist das maximale Biegemoment in Riegelmitte (Stelle 5) maßgebend.

Schnittgrößen aus Vorspannung

Die indirekten Anteile der Schnittgrößen aus Vorspannung werden an der Nachweisstelle 5 mit dem Kraftgrößenverfahren für die gesamte Vorspannkraft P der drei Spannglieder ermittelt.

Die Verhältnisse der Längen und Steifigkeiten von Riegel und Stiel betragen:

$$\frac{L_R}{L_S} = \frac{15,0}{5,00} = 3\,,\quad \frac{I_R}{I_S} = \frac{0,45 \cdot 1,20^3/12}{0,55 \cdot 0,65^3/12} = \frac{0,06480}{0,01259} = 5,147$$

Für das halbe System ergibt sich die Verdrehung infolge $X_1 = 1$:

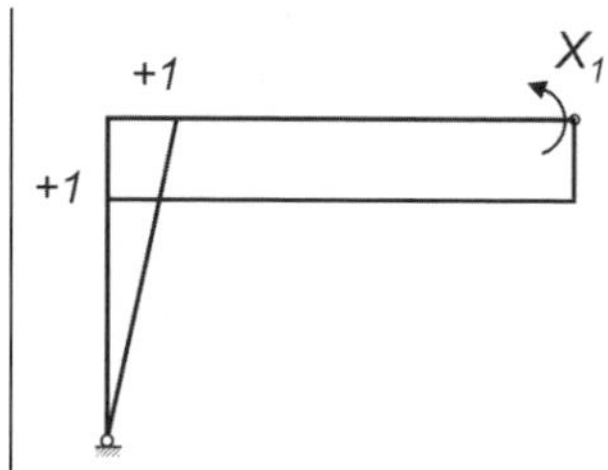

$$EI_R \cdot \delta_{11} = 1 \cdot 1 \cdot \frac{L_R}{2} + \frac{1}{3} \cdot 1 \cdot 1 \cdot \frac{5,147 \cdot L_R}{3} = +1,072 \cdot L_R$$

Für das gerade Spannglied mit $P_1 = \frac{1}{3} \cdot P$:

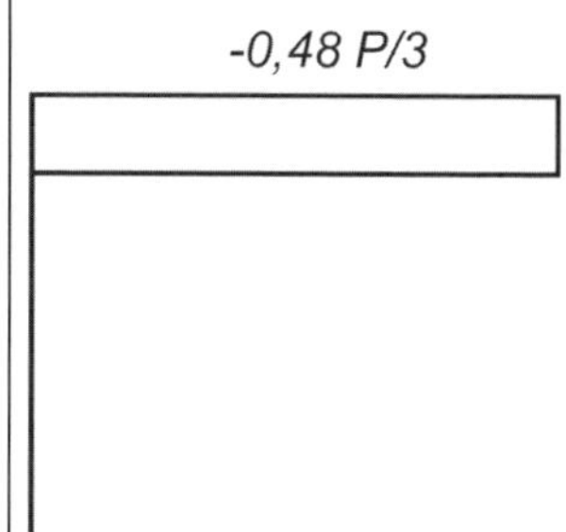

$$z_{cp} = \frac{1,20}{2} - 0,12 = +0,48 \text{ m}$$

$$EI_R \cdot \delta_{10} = -0,48 \cdot \frac{1}{3} \cdot P \cdot 1 \cdot \frac{L_R}{2} \qquad = -0,0800 \cdot P \cdot L_R$$

Für die beiden parabelförmigen Spannglieder mit $P_2 = \frac{2}{3} \cdot P$:

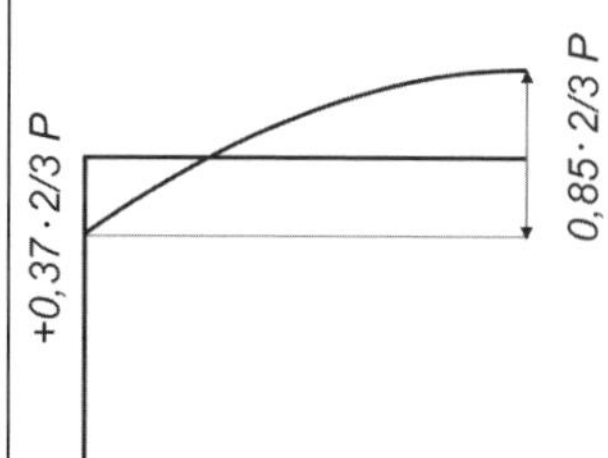

$$z_{cpe} = -(\frac{1,20}{2} - 0,23) = -0,37 \text{ m}\,,\; f = 0,85 \text{ m}$$

$$EI_R \cdot \delta_{10} = +0,37 \cdot \frac{2}{3} \cdot P \cdot 1 \cdot \frac{L_R}{2} - \frac{2}{3} \cdot 0,85 \cdot \frac{2}{3} \cdot P \cdot 1 \cdot \frac{L_R}{2}$$

$$= (+0,1233 - 0,1889) \cdot P \cdot L_R \qquad = -0,0656 \cdot P \cdot L_R$$

$$= -0,1456 \cdot P \cdot L_R$$

$$M_{p,ind} = X_1 = -\frac{-0,1456 \cdot P \cdot L_R}{1,072 \cdot L_R} = +0,1358 \cdot P$$

$$N_{p,ind} = \frac{X_1}{L_S} = \frac{0,1358 \cdot P}{5,00} = +0,02716 \cdot P$$

Die direkten Anteile der Schnittgrößen aus Vorspannung an der Nachweisstelle 5 betragen:

$$M_{p,dir} = -P \cdot z_{cp} = -0,4800 \cdot P,\; N_{p,dir} = -P$$

Ermittlung der erforderlichen Vorspannkraft

Der Rahmenriegel ist Teil einer befahrbaren Decke mit Chlorideinwirkung und Betonangriff durch Frost. Wegen des Belags mit darunter liegender Abdichtung mit Wartungsplan ist gem. DAfStb-Heft 525 [4] die Expositionsklasse XD1 maßgebend. Daher ist gem. EC2-1-1, NDP zu 7.3.1 (5) der Nachweis der Dekompression unter der quasi-ständigen Einwirkungskombination zu führen. Der Kombinationsbeiwert für die Verkehrslast beträgt hierfür $\psi_2 = 0,5$.

$$N_{perm} = -26,2 - 49,3 - 0,5 \cdot 131,2 \qquad = -141,1 \text{ kN}$$

$$M_{perm} = 290,7 + 546,5 + 0,5 \cdot 1453 \qquad = 1564 \text{ kNm}$$

Die Dekompression ist nachgewiesen, wenn die Spannglieder im überdrückten Beton bis zu einer Entfernung von 100 mm bzw. $h/10$ bis zur Dekompressionslinie im Zustand II unter der maßgebenden Lastfallkombination liegen. Maßgebend wird hier der untere Querschnittsrand: $W_{c,Dek} = W_{cu}$.

Die Ermittlung der erforderlichen Vorspannkraft erfolgt näherungsweise mit den Brutto-Querschnittswerten, vgl. Abb. 1.34. Hierbei werden die direkten und indirekten Anteile aus P berücksichtigt:

$$\text{erf}\,P_{mt} = \frac{\dfrac{N_{perm}}{A_c} + \dfrac{M_{perm}}{W_{c,Dek}}}{\begin{pmatrix} r_{inf} \\ r_{sup} \end{pmatrix} \cdot \left(\dfrac{1 - \dfrac{N_{p,ind}}{P}}{A_c} + \dfrac{z_{cp} - \dfrac{M_{p,ind}}{P}}{W_{c,Dek}} \right)}$$

$$\text{erf}\,P_{mt} = \frac{\dfrac{-0,141}{0,540} + \dfrac{1,564}{0,108}}{0,9 \cdot \left(\dfrac{1 - 0,02716}{0,540} + \dfrac{0,4800 - 0,1358}{0,108} \right)} = \frac{-0,26 + 14,48}{4,49} = 3,17\text{ MN}$$

Die zeitabhängigen Spannkraftverluste werden auf 15 % geschätzt. Damit ergibt sich die erforderliche Vorspannkraft zum Zeitpunkt $t = t_0$ zu:

$$\text{erf}\,P_{m0} = \frac{1}{0,85} \cdot 3,17 = 3,73\text{ MN}$$

Die zulässige Spannstahlspannung zum Zeitpunkt $t = t_0$ beträgt:

$$\sigma_{pm0,\max} = \begin{cases} 0,75 \cdot f_{pk} = 0,75 \cdot 1770 = 1327,5\text{ N/mm}^2 \\ 0,85 \cdot f_{p0,1k} = 0,85 \cdot 1500 = 1275\text{ N/mm}^2 \end{cases}$$

$$\text{erf}\,A_p = \frac{3,73}{1275} \cdot 10^4 = 29,3\text{ cm}^2$$

gewählt: 3 Litzenspannglieder Typ 6807 [37]

vorh $A_p = 3 \cdot 9,8 = 29,4\text{ cm}^2$

vorh $P_{m0} = 29,4 \cdot 10^{-4} \cdot 1275 = 3,75\text{ MN}$

Nachweis der Dekompression in Riegelmitte (Stelle 5)

Mit der gewählten Vorspannkraft ergeben sich die Schnittgrößen aus Vorspannung an der Stelle 5 zu:

$$M_{p,ges} = M_{p,dir} + M_{p,ind} = -0,4800 \cdot P_{m0} + 0,1358 \cdot P_{m0} = (-0,3442) \cdot 3,75 \cdot 10^3 = -1291\text{ kNm}$$

$$N_{p,ges} = N_{p,dir} + N_{p,ind} = -P_{m0} + 0,02716 \cdot P_{m0} = (-0,9728) \cdot 3,75 \cdot 10^3 = -3648\text{ kN}$$

Die Anteile der Schnittgrößen aus Vorspannung sind in Abb. 2.41 und Abb. 2.42 dargestellt. Für den Nachweis der Dekompression werden die zeitabhängigen Spannkraftverluste berechnet.

Die Betonspannung unter der quasi-ständigen Einwirkungskombination wird hierfür auf der sicheren Seite ohne den Anteil der befahrbaren Decke ermittelt, da diese erst im Zuge einer späteren Erweiterung eingebaut wird.

Für die Berechnung der Betonspannung in Höhe der Spannglieder aus den Einwirkungen vor Herstellung der Verbundwirkung sind die Netto-Querschnittswerte maßgebend, vgl. Abb. 1.34.

$$\sigma_{cg1} = \frac{-0{,}026}{0{,}531} + \frac{0{,}291}{0{,}126} = -0{,}05 + 2{,}31 = +2{,}3 \text{ N/mm}^2$$

Der Anfangswert der Betonspannung in Höhe der Spannglieder infolge Vorspannung beträgt:

$$\sigma_{cp0} = \frac{-3{,}648}{0{,}531} + \frac{-1{,}291}{0{,}126} = -6{,}87 - 10{,}25 = -17{,}1 \text{ N/mm}^2$$

Die relative Luftfeuchte für den Außenbereich beträgt 80 %.

Die Endkriechzahl für die Betondruckspannung aus g_1 und P beträgt:

$$\varphi(\infty, 7\text{d}) = 1{,}7$$

(Ablesung EC2-1-1, 3.1.4, Bild 3.1 b) für Zement 32,5R)

Für die Ermittlung der Schwinddehnung ergibt sich die wirksame Bauteildicke zu:

$$h_0 = \frac{2 \cdot A_c}{U} = \frac{2 \cdot 45 \cdot 120}{2 \cdot 45 + 2 \cdot 120} = 32{,}7 \text{ cm}$$

Die Schwinddehnung aus dem Trocknungsschwinden ergibt sich hieraus zu:

$$\varepsilon_{cs}(\infty) = -0{,}27 \cdot 10^{-3}$$

Anmerkung: Die Schrumpfdehnung wird vernachlässigt, da diese beim Vorspannen bei einem Betonalter von 7 Tagen bereits zum großen Teil abgeschlossen ist.

Die ständige Einwirkung aus dem Eigengewicht des Riegels wirkt bereits bei der Vorspannung. Wegen des wesentlich späteren Einbaus der Decke werden hier keine weiteren ständigen Einwirkungen berücksichtigt. Für die Ermittlung der Spannstahlrelaxation ergibt sich daher die anfängliche Spannstahlspannung aus der Vorspannung und den ständigen Einwirkungen zu:

$$\sigma_p = \sigma_{pm0} + \alpha_p \cdot \sigma_{cg} = 1275 + 0 = 1275 \text{ N/mm}^2$$

Der Vorspanngrad beträgt $\frac{\sigma_{p0}}{f_{pk}} = \frac{1275}{1770} = 0{,}72 \Rightarrow 72\ \%$

Ablesung in Abb. 2.57 für Litzen nach 1000 h Belastung: $\frac{\Delta\sigma_{pr}}{\sigma_{p0}} = 2{,}8\ \%$

Zum Zeitpunkt $t = \infty$ gilt der 3-fache Wert: $\frac{\Delta\sigma_{pr}}{\sigma_{p0}} = 3 \cdot 2{,}8 = 8{,}4\%$

$$\Delta\sigma_{pr} = 8{,}4 \cdot 10^{-2} \cdot 1275 = 107 \text{ N/mm}^2$$

Die zeitabhängigen Spannkraftverluste ergeben sich nach Abschn. 2.5.3 bzw. EC2-1-1, Gl. 5.46 zu:

$$\Delta\sigma_{\text{p,c+s+r}} = \frac{\varepsilon_{\text{cs}} \cdot E_{\text{p}} + 0{,}8 \cdot \Delta\sigma_{\text{pr}} + \dfrac{E_{\text{p}}}{E_{\text{cm}}} \cdot \varphi(t,t_0) \cdot \sigma_{\text{c,QP}}}{1 + \dfrac{E_{\text{p}}}{E_{\text{cm}}} \cdot \dfrac{A_{\text{p}}}{A_{\text{c}}} \cdot (1 + \dfrac{A_{\text{c}}}{I_{\text{c}}} \cdot z_{\text{cp}}^2) \cdot [1 + 0{,}8 \cdot \varphi(t,t_0)]}$$

$$\Delta\sigma_{p,c+s+r} = \frac{0{,}27 \cdot 10^{-3} \cdot 195\,000 + 0{,}8 \cdot 107 + 5{,}42 \cdot 1{,}7 \cdot (17{,}1 - 2{,}3)}{1 + 5{,}42 \cdot \dfrac{29{,}4 \cdot 10^{-4}}{0{,}540} \cdot (1 + \dfrac{0{,}540}{0{,}0648} \cdot 0{,}480^2) \cdot [1 + 0{,}8 \cdot 1{,}7]}$$

$$= \frac{275}{1 + 0{,}203} = -229 \text{ N/mm}^2$$

Der prozentuale Spannkraftverlust beträgt somit: $\frac{229}{1275} \cdot 100 = 18\%$

Für den Nachweis der Dekompression wurden die Betonrandspannungen unter quasiständiger Einwirkungskombination beim Anwendungsbeispiel im Abschn. 1.7.3 ermittelt. Mit den zeitabhängigen Spannkraftverlusten von rund 20 % ergab sich die untere Randspannung zu:

$\sigma_{\text{c, unten}} = -0{,}3 \text{ N/mm}^2 < 0 \text{ N/mm}^2$

Die Spannglieder liegen im überdrückten Beton, vgl. Abb. 1.42.

Der Nachweis der Dekompression ist erbracht.

3.2.5 Begrenzung der Rissbreiten

Wegen der höheren Korrosionsanfälligkeit der Spannstähle ist bei Spannbetonbauteilen die Dauerhaftigkeit stärker gefährdet. Daher gelten für Spannbetonbauteile mit im Verbund liegenden Spanngliedern höhere Anforderungen bezüglich der Rissbreiten als in Stahlbetonbauteilen. Vorgespannte Bauteile ohne Verbund sind wie Stahlbetonbauteile zu behandeln, da bei ihnen der Korrosionsschutz der Spannglieder anderweitig sichergestellt wird.

Formal werden die Nachweise zur Begrenzung der Rissbreiten analog zu den entsprechenden Nachweisen im Stahlbetonbau geführt. Jedoch muss berücksichtigt werden, dass der Spannstahl aufgrund seines gegenüber Betonstahl schlechteren Verbundverhaltens nur eingeschränkt an der Begrenzung der Rissbreiten mitwirkt. Die Rissbreiten können wie folgt berechnet werden:

$$w_{\text{k}} = s_{\text{r,max}} \cdot (\varepsilon_{\text{sm}} - \varepsilon_{\text{cm}})$$

mit $s_{\text{r,max}}$ = maximaler Rissabstand

$(\varepsilon_{\text{sm}} - \varepsilon_{\text{cm}})$ = Differenz der mittleren Dehnungen von Beton und Betonstahl

Der maximale Rissabstand wird unterschiedlich ermittelt, je nachdem, ob der Abstand der im Verbund liegenden Bewehrungsstäbe untereinander ≤ 5 · (c+∅/2) ist oder nicht.

≤ 5 · (c+∅/2): $s_{r,max} = \frac{\phi}{3{,}6 \cdot \rho_{p,eff}} \leq \frac{\sigma_s \cdot \phi}{3{,}6 \cdot f_{ct,eff}}$

> 5 · (c+∅/2): 1,3·(*h*-*x*)

Hierin gilt wie im Stahlbetonbau:

∅ = Durchmesser der Betonstahlbewehrung; bei unterschiedlichen Durchmessern in einem Querschnitt darf ein Mittelwert gebildet werden; bei Stabbündeln gilt der Vergleichsdurchmesser, bei Doppelstäben der Durchmesser des Einzelstabes

$f_{ct,eff}$ = wirksame Betonzugfestigkeit zum betrachteten Zeitpunkt

Für im Verbund liegende Spannglieder muss beim effektiven Bewehrungsgrad das Mitwirken der in $A_{c,eff}$ liegenden Spannbewehrung berücksichtigt werden. Bei der Berechnung der Betonstahlspannung σ_s im Zustand II wird berücksichtigt, dass es aufgrund des schlechteren Verbundverhaltens des Spannstahls zu Zugkraftumlagerungen vom Spannstahl auf den Betonstahl kommt, so dass die Spannungszunahme im Spannstahl geringer ausfällt als im Betonstahl.

Den effektiven Bewehrungsgrad berechnet man mit

$$\rho_{p,eff} = \frac{A_s + \xi_1^2 \cdot A_p}{A_{c,eff}}$$

mit $A_{c,eff} = h_{c,ef} \cdot b_w$

$$h_{c,ef} = \min\begin{cases} 2{,}5 \cdot (h-d) \\ (h-x)/3 \\ h/2 \end{cases}$$

ξ_1 $= \sqrt{\xi \cdot \phi_s / \phi_p}$ = gewichtetes Verhältnis der Verbundfestigkeiten

ζ = Verhältnis der Verbundfestigkeiten von Spannstahl und Betonstahl nach Abb. 3.12

ϕ_p = Durchm. der Spannbew. $\phi_p = 1{,}60 \cdot \sqrt{A_p}$ für Bündelspannglieder

$\phi_p = 1{,}20 \cdot \phi_{wire}$ für Einzellitzen mit 3 Drähten

$\phi_p = 1{,}75 \cdot \phi_{wire}$ für Einzellitzen mit 7 Drähten

	Spannglieder im sofortigen Verb.		Spannglieder im nachträglichen Verb.	
	bis C 50/60	**ab C 70/85**	**bis C 50/60**	**ab C 70/85**
glatte Stäbe	-	-	0,3	0,15
Litzen	0,6	0,3	0,5	0,25
profilierte Drähte	0,7	0,35	0,6	0,30
gerippte Stäbe	0,8	0,4	0,7	0,35

Abb. 3.12 Verhältnis der Verbundfestigkeit von Spannstahl zur Verbundfestigkeit von Betonstahl – für Werte zwischen C 50/60 und C 70/85 darf interpoliert werden

Die Betonstahlspannung im Zustand II ergibt sich aus:

$$\sigma_s = \sigma_{s2} + 0{,}4 \cdot f_{ct,eff} \cdot \left(\frac{1}{\rho_{p,eff}} - \frac{1}{\rho_{tot}} \right)$$

mit σ_{s2} = Betonstahlspannung im Zustand II

ρ_{tot} = geometrischer Bewehrungsgrad

$$= \frac{A_s + A_p}{A_{c,eff}}$$

Die Differenz der mittleren Dehnungen berechnet man wie im Stahlbetonbau mit der Beziehung

$$(\varepsilon_{sm} - \varepsilon_{cm}) = \frac{\sigma_s - k_t \cdot \frac{f_{ct,eff}}{\rho_{p,eff}} \cdot (1 + \alpha_e \cdot \rho_{p,eff})}{E_s} \geq 0{,}6 \cdot \frac{\sigma_s}{E_s}$$

mit α_e = Verhältnis der E-Moduln von Stahl und Beton

= E_s / E_{cm}

k_t = Faktor zur Berücksichtigung der Dauer der Lasteinwirkung; bei langfristiger Lasteinwirkung $k_t = 0{,}4$

3.2.6 Begrenzung der Rissbreiten ohne direkte Berechnung

Wie im Stahlbetonbau kann die Begrenzung der Rissbreiten auch ohne eine direkte Berechnung anhand einer Begrenzung der Stabdurchmesser bzw. der Stababstände in Abhängigkeit von der Stahlspannung erfolgen.

Stahlspannung σ_s **[N/mm²]**	**Grenzdurchmesser der Stäbe in mm in Abhängigkeit vom Rechenwert der Rissbreite** w_k		
	w_k **= 0,4 mm**	w_k **= 0,3 mm**	w_k **= 0,2 mm**
160	54	41	27
200	35	26	17
240	24	18	12
280	18	13	9
320	14	10	7
360	11	8	5
400	9	7	4
450	7	5	3

Abb. 3.13 Grenzdurchmesser ∅ von Betonstählen gemäß EC2-1-1/NA, Tabelle NA.7.2*

Stahlspannung σ_s **[N/mm²]**	**Höchstwerte der Stababstände in mm in Abhängigkeit vom Rechenwert der Rissbreite** w_k		
	w_k **= 0,4 mm**	w_k **= 0,3 mm**	w_k **= 0,2 mm**
160	300	300	200
200	300	250	150
240	250	200	100
280	200	150	50
320	150	100	-
360	100	50	-

Abb. 3.14 Höchstwerte der Stababstände bei Betonstählen gemäß EC2-1-1, Tabelle 7.3N

Die Tabelle der Grenzdurchmesser darf sowohl im Fall von direkten Einwirkungen (Lasten) als auch im Fall von indirekten Einwirkungen (Zwang) angewendet werden. Die Tabelle der Stababstände wird ausschließlich bei direkten Einwirkungen verwendet.

Die zur Ablesung benötigten Stahlspannungen σ_s sind hierbei wie zuvor unter Berücksichtigung der Spannungsumlagerungen auf den Betonstahl als Folge des schlechteren Verbundverhaltens des Spannstahls zu ermitteln. Ebenfalls ist wiederum der effektive Bewehrungsgrad $\rho_{p,eff}$ für die Berechnung der Stahlspannungen zu verwenden.

Aufgrund von Annahmen, die bei der Herleitung der Grenzdurchmessertabelle getroffen wurden, ergibt sich, dass die aus Abb. 3.13 in Abhängigkeit von den Stahlspannungen abgelesenen Werte noch modifiziert werden müssen.

- Tabelle NA.7.2 des EC2-1-1/NA (Abb. 3.13) basiert auf der Annahme, dass die effektive Betonzugfestigkeit $f_{ct,eff}$ = 2,9 N/mm² beträgt. Ist die effektive Betonzugfestigkeit kleiner als dieser Wert, so liegen die Werte für ∅* auf der unsicheren Seite und *müssen* korrigiert werden mit

$$\phi_s = \phi_s^* \cdot \frac{f_{ct,eff}}{2,9}$$

- Bei abgeschlossenem Rissbild können größere Werte als die in Abb. 3.13 enthaltenen Grenzwerte zugelassen werden. Die dort angegebenen Grenzdurchmesser *dürfen* deshalb zusätzlich korrigiert werden mit

$$\phi_s = \phi_s^* \cdot \frac{\sigma_s \cdot A_s}{4 \cdot (h-d) \cdot b \cdot 2,9}$$

Insgesamt ergibt sich somit die Modifikation der Grenzdurchmesser gemäß EC2-1-1 zu

$$\phi_s = \phi_s^* \cdot \frac{\sigma_s \cdot A_s}{4 \cdot (h-d) \cdot b \cdot 2,9} \geq \phi_s^* \cdot \frac{f_{ct,eff}}{2,9}$$

3.2.7 Mindestbewehrung

Die Mindestbewehrung in Spannbetonbauteilen dient ebenso wie im Stahlbetonbau dazu, rechnerisch nicht erfasste Zwangeinwirkungen abzudecken und gleichzeitig die infolge dieser Zwangeinwirkungen auftretenden Risse in ihrer Breite zu begrenzen. Auf eine Mindestbewehrung kann in Spannbetonbauteilen mit im Verbund liegenden Spanngliedern verzichtet werden, wenn infolge der seltenen Einwirkungskombination und unter Verwendung der charakteristischen Werte der Vorspannung Betondruckspannungen am Querschnittsrand auftreten, die dem Betrag nach größer sind als 1 N/mm². Ansonsten ist eine Mindestbewehrung vorzusehen, die wie im Stahlbetonbau in der Lage ist, die beim Auftreten eines Risses freiwerdende Betonzugkraft aufzunehmen. Der Querschnitt der Mindestbewehrung darf abgemindert werden, wenn die Zwangschnittgröße kleiner als die Rissschnittgröße ist. Die Mindestbewehrung ist in diesem Fall durch eine Bemessung für diese Zwangschnittgröße zu ermitteln. Man ermittelt die Mindestbewehrung mit

$$A_{s,min} = k_c \cdot k \cdot f_{ct,eff} \cdot \frac{A_{ct}}{\sigma_s}$$

Ein im Verbund liegendes Spannglied darf auf den Teil der Mindestbewehrung angerechnet werden, der innerhalb eines Quadrates mit 30 cm Kantenlänge um das Spannglied erforderlich ist. Bei der Anrechnung des Spanngliedes ist wiederum dessen schlechteres Verbundverhalten durch den Faktor ξ_1 zu berücksichtigen.

Somit ergibt sich in diesem Fall unter Berücksichtigung der Tatsache, dass der Spannungszuwachs $\Delta\sigma_p$ im Spannstahl nicht exakt übereinstimmt mit der Spannung im Betonstahl σ_s

$$A_{s,min} = k_c \cdot k \cdot f_{ct,eff} \cdot \frac{A_{ct}}{\sigma_s} - \xi_1 \cdot A_p \cdot \frac{\Delta\sigma_p}{\sigma_s}$$

In den vorgenannten Gleichungen bedeuten

k_c = Beiwert zur Berücksichtigung der Spannungsverteilung innerhalb der Zugzone im Zustand I

= $k_c = 0{,}4 \cdot \left[1 - \dfrac{\sigma_c}{k_1 \cdot (h / h^*) \cdot f_{ct,eff}}\right]$ ≤ 1, bei Rechteckquerschnitten und Stegen

= $k_c = 0{,}9 \cdot \dfrac{F_{cr}}{A_{ct} \cdot f_{ct,eff}}$ ≥ 0,5, bei Gurten

σ_c = Betonspannungen in Höhe der Schwerlinie des Querschnittes bzw. des Teilquerschnittes im Zustand I, Druckspannungen positiv

k_1 = 1,5 für Drucknormalkraft

= $2h^* / (3h)$ für Zugnormalkraft

h^* = h für $h < 1$ m

= 1 m für $h \geq 1$ m

$f_{ct,eff}$ = wirksame Betonzugfestigkeit des Betons zum betrachteten Zeitpunkt. Falls die Rissbildung nicht mit Sicherheit innerhalb der ersten 28 Tage stattfindet, gilt für Normalbeton eine Mindestzugfestigkeit von 3 N/mm^2

k = Beiwert zur Berücksichtigung nichtlinear über den Querschnitt verteilter Eigenspannungen

= 0,8 für $h \leq 300$ mm
= 0,5 für $h \geq 800$ mm
} bei Zugspannungen infolge im Bauteil selbst hervorgerufenen Zwangs (z. B. bei abfließender Hydratationswärme); Zwischenwerte interpolieren

= 1,0 bei Zugspannungen infolge außerhalb des Bauteils hervorgerufenen Zwangs (z. B. bei Stützensenkung)

σ_s = zulässige Stahlspannung zur Begrenzung der Rissbreiten in Abhängigkeit vom Grenzdurchmesser ∅*.

F_{cr} = Absolutwert der Zugkraft im Gurt infolge des Rissmoments

Begrenzt man wiederum die Stabdurchmesser in Abhängigkeit von der Stahlspannung gem. Abb. 3.13, so werden die Rissbreiten auf die dort angegebenen Maße beschränkt.

Wie zuvor sind wieder die der Stahlspannung zugeordneten Grenzdurchmesser ∅* aus Abb. 3.13 noch zu modifizieren. Hierbei gilt

$$\phi_s = \phi_s^* \cdot \frac{k_c \cdot k \cdot h_{cr}}{4 \cdot (h-d)} \cdot \frac{f_{ct,eff}}{2{,}9} \geq \phi_s^* \cdot \frac{f_{ct,eff}}{2{,}9} \quad \text{bei Biegung und}$$

$$\phi_s = \phi_s^* \cdot \frac{k_c \cdot k \cdot h_{cr}}{8 \cdot (h-d)} \cdot \frac{f_{ct,eff}}{2{,}9} \geq \phi_s^* \cdot \frac{f_{ct,eff}}{2{,}9} \quad \text{bei zentrischem Zug.}$$

mit

h_{cr} = Höhe der Zugzone im Querschnitt bzw. im Teilquerschnitt unmittelbar vor Rissbildung unter Berücksichtigung der charakteristischen Werte der Vorspannung und der Normalkräfte für die quasi-ständige Einwirkungskombination

Die Mindestbewehrung ist in der Zugzone des betrachteten Querschnittes bzw. Teilquerschnittes anzuordnen. Sie soll überwiegend am gezogenen Rand eingelegt werden. Ein Teil der Bewehrung muss auch derart über die Zugzone verteilt werden, dass breite Sammelrisse vermieden werden.

Bei dickeren Bauteilen besteht die Möglichkeit einer wirtschaftlichen Ermittlung der Mindestbewehrung für Zwang unter Anwendung von EC2-1-1/NA, 7.3.2(NA.5). Da diese Regelung im Wesentlichen bei den im Brückenbau zum Einsatz kommenden Querschnittsabmessungen zum Tragen kommt, wird hierfür auf Abschn. 4 verwiesen.

3.2.8 Anwendungsbeispiel: Dachbinder

Aufgabe

Für den in Abb. 2.10 skizzierten Dachbinder ist die Mindestbewehrung zur Begrenzung der Rissbreiten infolge Zwang zu ermitteln. Zudem sind die Rissbreiten infolge der äußeren Lasten an der Stelle 1 (x = 11,70 m) für die maßgebende Einwirkungskombination zu berechnen.

Aus bisheriger Berechnung bekannt (vgl. Abschn. 2.2.1):

$P_{m0} = 2031\,\text{kN}$	$A_p = 21{,}4\,\text{cm}^2$ (23 Litzen 0,5")	$z_{cp} = 0{,}727\,\text{m}$
$M_g = 1972\,\text{kNm}$	$h = 1{,}568\,\text{m}$	$z_{cu} = 0{,}927\,\text{m}$
$M_s = 685\,\text{kNm}$	$A_c = 0{,}376\,\text{m}^2$	$W_{cu} = 0{,}0977\,\text{m}^3$

Die Spannkraftverluste betragen 16,1 % (vgl. Abschn. 2.5.4).

Expositionsklasse XC1

⇒ Vorspannung mit sofortigem Verbund

zulässige Rissbreite: $w_k = 0{,}2\,\text{mm}$ für die häufige Einwirkungskombination

Durchführung

Ermittlung der Mindestbewehrung

Ein Nachweis der Mindestbewehrung ist entbehrlich, wenn unter der seltenen Einwirkungskombination und mit den charakteristischen Werten der Vorspannung am Querschnittsrand Druckspannungen auftreten, die dem Betrag nach größer als 1 N/mm² sind.

$$N_{d,selten} = 0{,}95 \cdot (-2031) \cdot 0{,}839 = -1619 \text{ kN}$$

$$M_{d,selten} = 1972 + 685 + 0{,}95 \cdot (-1477) \cdot 0{,}839 = 1480 \text{ kNm}$$

$$\Rightarrow \sigma_{c,unten} = \frac{-1{,}619}{0{,}376} + \frac{1{,}480}{0{,}0977} = -4{,}31 + 15{,}15 = +10{,}8 \text{ N/mm}^2$$

Da Zugspannungen auftreten, ist ein Nachweis der Mindestbewehrung erforderlich! Der Nachweis wird nur für den Steg geführt, auf die Darstellung der Berechnung der Mindestbewehrung für den Gurt wird verzichtet.

$$A_{s,min} = k_c \cdot k \cdot f_{ct,eff} \cdot \frac{A_{ct}}{\sigma_s}$$

$$\text{mit } k_c = 0{,}4 \cdot \left[1 - \frac{\sigma_c}{k_1 \cdot (h/h^*) \cdot f_{ct,eff}}\right] \leq 1$$

$$\sigma_c = r_{inf} \cdot \frac{N_{p(t)}}{A_c} = 0{,}95 \cdot \frac{2{,}031 \cdot 0{,}839}{0{,}376} = 4{,}31 \text{ N/mm}^2$$

$$f_{ct,eff} = f_{ctm} = 4{,}1 \text{ N/mm}^2 \text{ (C 50/60)}$$

$$k_1 = 1{,}5$$

$$h/h^* = 1{,}568/1{,}0 = 1{,}568$$

$$\Rightarrow k_c = 0{,}4 \cdot \left[1 - \frac{4{,}31}{1{,}5 \cdot 1{,}568 \cdot 4{,}1}\right] = 0{,}22 \leq 1{,}0$$

$k = 0{,}8$ (für $h \leq 300$ mm; hierbei ist für h der kleinere Wert von Höhe und Breite des Querschnittes einzusetzen)

Bestimmung von A_{ct}

A_{ct} bezeichnet den Teil des Querschnitts oder des Teilquerschnitts, der unmittelbar vor der Erstrissbildung unter Zug steht. Hierfür wird deshalb zunächst das Rissmoment M_{cr} (vgl. auch Abschn. 3.4.1) ermittelt:

$$\sigma_{c,unten} = 0{,}95 \cdot \left(\frac{-2{,}031}{0{,}376} + \frac{-1{,}477}{0{,}0977}\right) \cdot 0{,}839 + \frac{M_{cr}}{0{,}0977} = f_{ct,eff} = +4{,}1 \text{ N/mm}^2$$

$$\Rightarrow M_{cr} = \left[4{,}1 - 0{,}95 \cdot \left(\frac{-2{,}031}{0{,}376} + \frac{-1{,}477}{0{,}0977}\right) \cdot 0{,}839\right] \cdot 0{,}0977 = 1{,}998 \text{ MNm} = 1998 \text{ kNm}$$

Hiermit lassen sich h_{cr} und A_{ct} wie folgt ermitteln:

$$z_{co} = 0,927 - 1,568 = -0,641\,\text{m}$$

$$W_{co} = \frac{0,0906}{-0,641} = -0,141\,\text{m}^3$$

$$\sigma_{c,oben} = 0,95 \cdot \left(\frac{-2,031}{0,376} + \frac{-1,477}{-0,141} \right) \cdot 0,839 - \frac{1,998}{0,141} = 4,04 - 14,17 = -10,13\ \text{N/mm}^2$$

$$\Rightarrow \quad h_{cr} = \frac{4,1}{4,1 + 10,13} \cdot 1,568 = 0,45\,\text{m}$$

$$A_{ct} = b_w \cdot h_{cr} = 0,19 \cdot 0,45 = 0,086\,\text{m}^2$$

Bestimmung von σ_s

$$\phi_s = \phi_s^* \cdot \frac{k_c \cdot k \cdot h_{cr}}{4 \cdot (h - d)} \cdot \frac{f_{ct,eff}}{2,9}$$

$$= \phi_s^* \cdot \frac{0,22 \cdot 0,8 \cdot 0,45}{4 \cdot (1,568 - 1,52)} \cdot \frac{4,1}{2,9} = \phi_s^* \cdot 0,58 \ < \ \phi_s^* \cdot \frac{4,1}{3,0} = \phi_s^* \cdot 1,37$$

Für einen gewählten Stabdurchmesser von ϕ_s = 14 mm ergibt sich somit

$$\phi_s^* = \frac{14}{1,37} = 10,2\,\text{mm}$$

Für die zulässige Rissbreite w_k = 0,2 mm interpoliert man hierfür $\sigma_s = 264\,\text{MN/m}^2$, vgl. Abb. 3.13.

Somit ergibt sich folgende Mindestbewehrung:

$$A_s = 0,22 \cdot 0,8 \cdot 4,1 \cdot \frac{0,086}{264} \cdot 10^4 = 2,35\,\text{cm}^2$$

gewählt: 2 ∅ 14 , $A_{s,\,vorh}$ = 3,1 cm² > 2,35 cm²

Auf die Anrechnung der Spannglieder kann daher verzichtet werden.

Berechnung der Rissbreiten an der Stelle 1 für die häufige Einwirkungskombination

Kombinationsbeiwerte:

$$\psi_{1,1} = 0,2$$

$$\psi_{2,1} = 0 \text{ (für Schnee)}$$

$$P_k = r_{inf} \cdot P_{mt} = 0,95 \cdot P_{mt}$$

$$N_{d,häufig} = 0,95 \cdot (-2031) \cdot 0,839 = -1619\ \text{kN} \ \text{(greift auf Höhe des Spannstahls an)}$$

$$M_{d,häufig} = 1972 + 0,2 \cdot 685 = +2109\ \text{kNm}$$

Da die Normalkraft auf Höhe des Spannstahls angreift, ist M_d auch gleichzeitig M_s, also das auf die Schwerelinie der Bewehrung bezogene Moment.

Die Spannungen in der Bewehrung werden ermittelt mit

$$\sigma_s = \sigma_{s2} + 0{,}4 \cdot f_{ct,eff} \cdot \left(\frac{1}{\rho_{p,eff}} - \frac{1}{\rho_{tot}} \right)$$

Hierbei gilt näherungsweise

$$\sigma_{s2} = \frac{1}{A_s + A_p} \cdot \left(\frac{M_s}{z} + N \right)$$

Der Hebelarm der inneren Kräfte z ergibt sich bei der Biegebemessung zu $z = 1{,}29$ m (vgl. S. 133).

$$\Rightarrow \quad \sigma_{s2} = \frac{1}{3{,}1+21{,}4} \cdot \left(\frac{2{,}109}{1{,}29} - 1{,}619 \right) \cdot 10^4 = 6{,}5 \text{ N/mm}^2$$

$$\rho_{p,eff} = \frac{A_s + \xi_1^2 \cdot A_p}{A_{c,eff}}$$

Auf der sicheren Seite werden nur die beiden untersten Spanngliedlagen angesetzt (vgl. Abb. 3.27).

mit $d_1 \approx 6$ cm (aus gewichtetem Schwerpunkt von Betonstahl und Spannstahl)

$$A_{c,eff} = h_{c,ef} \cdot b_w$$

$$h_{c,ef} = \min \begin{Bmatrix} 2{,}5 \cdot (h-d) \\ (h-x)/3 \\ h/2 \end{Bmatrix} = 2{,}5 \cdot 0{,}06 = 0{,}15 \text{ m}$$

$$A_{c,eff} = 0{,}15 \cdot 0{,}19 = 0{,}0285 \text{m}^2$$

$$\xi_1 = \sqrt{\xi \cdot \frac{\phi_s}{\phi_p}} = \sqrt{0{,}6 \cdot \frac{14}{7{,}2}} = 1{,}1$$

$$\rho_{p,eff} = \frac{2 \cdot 1{,}54 + 1{,}1^2 \cdot 6 \cdot 0{,}93}{0{,}0285 \cdot 10^4} = 0{,}0345$$

$$\rho_{tot} = \frac{A_s + A_p}{A_{c,eff}} = \frac{2 \cdot 1{,}54 + 6 \cdot 0{,}93}{0{,}0285 \cdot 10^4} = 0{,}0304$$

$$\Rightarrow \quad \sigma_s = 6{,}5 + 0{,}4 \cdot 4{,}1 \cdot \left(\frac{1}{0{,}0345} - \frac{1}{0{,}0304} \right) = 6{,}5 - 6{,}4 = 0{,}1 \text{ N/mm}^2$$

Aufgrund der geringen Stahlspannung wird deutlich, dass der Nachweis der Rissbreitenbegrenzung erfüllt ist. Auf die weitere Berechnung kann daher verzichtet werden.

3.2.9 Durchbiegungen

Während in Stahlbetonbauteilen anstelle von genauen Verformungsberechnungen der Nachweis der zulässigen Durchbiegungen häufig durch eine Begrenzung der Biegeschlankheit erbracht wird, ist ein solches Vorgehen in Spannbetonbauteilen nicht sinnvoll. Stattdessen werden die Durchbiegungen infolge der quasi-ständigen Einwirkungskombination ermittelt und den zulässigen Werten gegenübergestellt.

Als zulässiger Wert für den Durchhang (= Durchbiegung abzüglich der Überhöhung) wird aus ästhetischer Sicht sowie wegen des subjektiven Sicherheitsempfindens der Nutzer im Allgemeinen

$$f \leq \frac{l}{250}$$

erachtet. Die Überhöhung darf jedoch ebenfalls den Grenzwert $l/250$ nicht überschreiten. Falls infolge der Durchbiegungen Schäden an angrenzenden Bauteilen auftreten können, ist ein schärferer Grenzwert einzuhalten. In diesen Fällen gilt für die Durchbiegungen

$$f \leq \frac{l}{500}$$

Angaben zur Berechnung der Durchbiegungen finden sich in EC2, 7.4.3 sowie in Heft 600 des DAfStb [14]. Üblicherweise verbleiben Spannbetonquerschnitte im Zustand I, wodurch sich die Berechnung der Durchbiegungen gegenüber der von Stahlbetonbauteilen erheblich vereinfacht. Zur Beurteilung, ob Zustand I oder Zustand II vorliegt, sind, wie bei der Begrenzung der Spannungen nach Abschn. 3.2.1, die maximalen Randzugspannungen infolge der seltenen Einwirkungskombination dem Wert f_{ctm} gegenüberzustellen. Wird f_{ctm} nicht überschritten, kann für die Durchbiegungsberechnung Zustand I angesetzt werden, anderenfalls ist eine Berechnung unter Verwendung des Rissverteilungsbeiwertes ς durchzuführen (vgl. EC2, 7.4.3).

3.3 Grenzzustand der Tragfähigkeit

3.3.1 Biegung bei Vorspannung mit Verbund

Die Bemessung von Spannbetonbauteilen im Grenzzustand der Tragfähigkeit (GZT) erfolgt nach denselben Prinzipien wie die Bemessung von Stahlbetonbauteilen. Im Folgenden wird vorausgesetzt, dass die theoretischen Grundlagen für die Bemessung von Stahlbetonbauteilen im GZT bekannt sind.[1] Innerhalb dieses Abschnitts wird ausschließlich auf die Besonderheiten einer Vorspannung beim Biegenachweis eingegangen.

Für die Biegebemessung eines Querschnittes mit Längskraft ist der innere Dehnungszustand unter der im Grenzzustand der Tragfähigkeit maßgebenden Einwirkungskombination nach EC 0 zu bestimmen. Hierfür wird davon ausgegangen, dass der Beton sich im

[1] Für die Grundlagen des Stahlbetonbaus empfehlen wir: *Wommelsdorf/Albert/Fischer,* Stahlbetonbau Teil 1 und Teil 2, Reguvis Fachmedien.

Zustand II befindet (gerissener Querschnitt), die Querschnitte eben bleiben und die Betonzugfestigkeit im Zugbereich des Querschnittes vernachlässigt werden kann.

Im Grenzzustand der Tragfähigkeit ergibt sich der erforderliche Stahlquerschnitt der Längsbewehrung wie bei Stahlbetonbauteilen aus dem Gleichgewicht mit den äußeren Einwirkungen. Anders als bei der Bemessung von Stahlbetonbauteilen, bei der der erforderliche Betonstahlquerschnitt im GZT ermittelt wird und anschließend überprüft wird, ob dieser auch für die Nachweise im Grenzzustand der Gebrauchstauglichkeit ausreichend ist, wird bei Spannbetonbauteilen der erforderliche Spannstahlquerschnitt häufig zuerst im Grenzzustand der Gebrauchstauglichkeit berechnet (z. B. Dekompressionsnachweis), so dass im Grenzzustand der Tragfähigkeit nur der gegebenenfalls zusätzlich erforderliche Betonstahlquerschnitt bestimmt werden muss.

Im Grenzzustand der Tragfähigkeit wird für den Beton das Parabel-Rechteckdiagramm und für den Spannstahl ein bilineares Spannungs-Dehnungs-Diagramm, entweder mit einem horizontalen oberen Ast oder unter Berücksichtigung der Verfestigung des Spannstahls angesetzt.

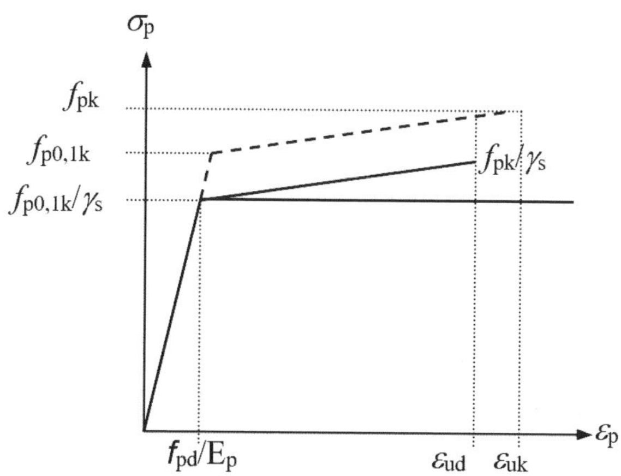

Abb. 3.15 Spannungs-Dehnungs-Diagramm des Spannstahls für Nachweise im GZT

Die Gesamtdehnung des Spannstahls setzt sich aus zwei Anteilen zusammen:

1. Die Dehnung des Spannstahls gegenüber dem in Spanngliedhöhe dehnungslosen Beton wird als Vordehnung $\varepsilon_p^{(0)}$ bezeichnet. Hierauf wird im Folgenden noch näher eingegangen.
2. Infolge der Biegebeanspruchung muss der Spannstahl eine zusätzliche Zugbeanspruchung und somit eine zusätzliche Dehnung aufnehmen, die als Zusatzdehnung $\Delta\varepsilon_p$ bezeichnet wird.

Die Zusatzdehnung wird gemäß EC2-1-1 unter Annahme einer Verfestigung des Spannstahls auf 25 ‰ begrenzt, so dass für die maximale Gesamtdehnung ε_{ud} gilt:

$$\varepsilon_{ud} = \varepsilon_p^{(0)} + 0{,}025 \leq 0{,}9 \cdot \varepsilon_{uk}$$

Wird für die Querschnittsbemessung die Verfestigung des Spannstahls vernachlässigt und mit einem horizontalen oberen Ast gerechnet, gibt es laut EC2-1-1 keine Dehnungsbegrenzung. Da eine unbegrenzte Stahldehnung zu technisch unsinnigen Werten führen kann, empfehlen die Autoren auch für die Annahme des horizontalen Astes ohne Verfestigung die Stahldehnung auf $\varepsilon_{ud} = \varepsilon_p^{(0)} + 0{,}025 \leq 0{,}9 \cdot \varepsilon_{uk}$ zu beschränken.

Besonders anschaulich ist die Definition der Vordehnung $\varepsilon_p^{(0)}$ bei der Vorspannung mit sofortigem Verbund: Die Spannglieder werden im Spannbett vorgespannt. Vor dem Durchtrennen der Spannglieder wird der Beton durch die Vorspannung nicht belastet. Die Spannglieder werden also gedehnt, während der Beton noch keine Dehnung erfährt. Diese Dehnung wird als Vordehnung bezeichnet. Die Vordehnung entspricht daher der Dehnung des Spannstahls im Spannbett bei Vorspannung mit sofortigem Verbund:

a) spannungsloser Beton

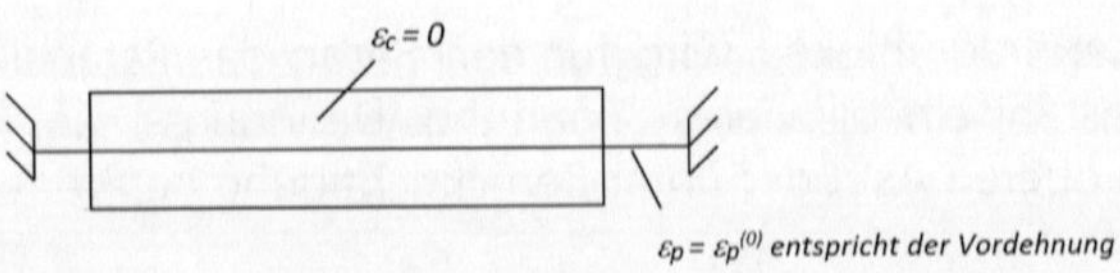

b) vorgespannter Beton

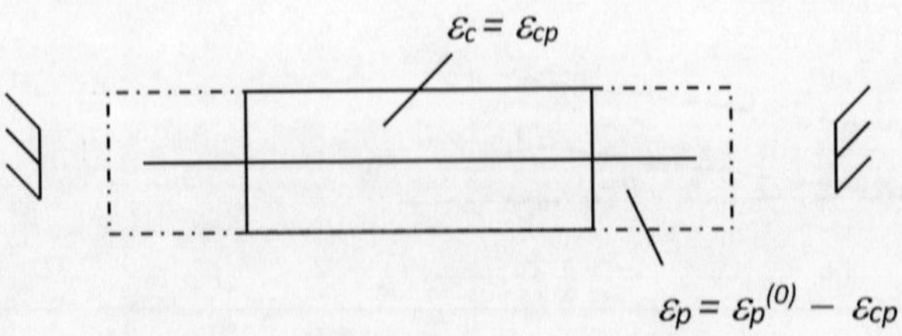

Abb. 3.16 Vordehnung bei Vorspannung mit sofortigem Verbund

Bei der Vorspannung mit nachträglichem Verbund wird mit Spannpressen, die gegen den Betonquerschnitt abgestützt werden, der Stahl gedehnt. Mit dem Aufbringen der Vorspannkraft wachsen sowohl die Spannstahldehnung als auch die Betondehnung betragsmäßig gleichzeitig an.

Bei der Vorspannung mit nachträglichem Verbund bedient man sich deshalb des folgenden Gedankenmodells, um die Vordehnung rechnerisch erfassen zu können:

Der Beton wird gedanklich solange gezogen, bis er spannungslos ist ($\varepsilon_c = 0$). Die daraus resultierende Dehnung im Spannstahl ist gerade wieder $\varepsilon_p^{(0)}$ wie bei der Vorspannung mit sofortigem Verbund.

a) vorgespannter Beton

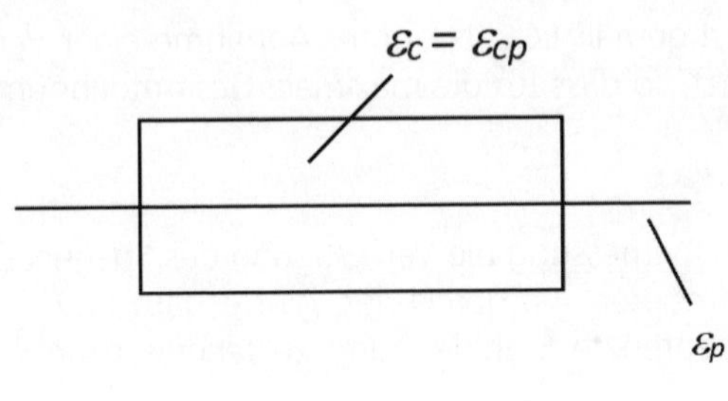

b) Gedankenmodell: spannungsloser Beton

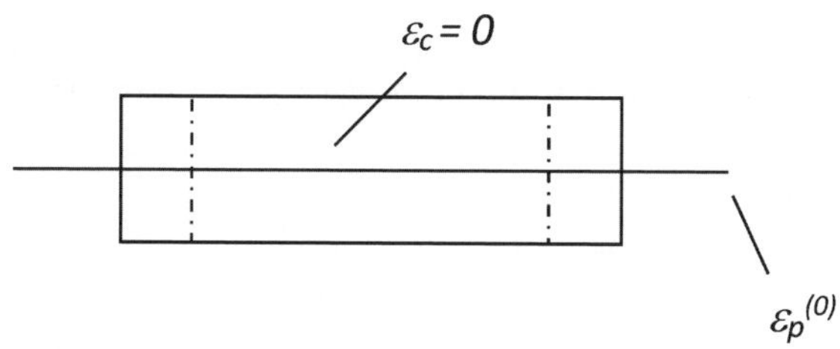

Abb. 3.17 Vordehnung bei Vorspannung mit nachträglichem Verbund

Durch das Zurückführen auf einen gedachten Spannbettzustand lässt sich die Vordehnung bei Vorspannung mit nachträglichem Verbund wie folgt berechnen:

$$\varepsilon_p^{(0)} = \varepsilon_p + \varepsilon_{cp}$$

Bei einer *zentrischen* Vorspannung ergibt sich somit

$$\frac{P^{(0)}}{E_p \cdot A_p} = \frac{P_{m0}}{E_p \cdot A_p} + \frac{P_{m0}}{E_c \cdot A_c}$$

Wird die Gleichung nach $P^{(0)}$ aufgelöst und werden die Verhältniswerte $\alpha = E_p / E_c$ sowie $\rho_p = A_p / A_c$ eingeführt, erhält man für die Vorspannung im Spannbett

$$P^{(0)} = \left(1 + \alpha \cdot \rho_p\right) \cdot P_{m0}$$

und entsprechend für die Vordehnung

$$\varepsilon_p^{(0)} = \frac{P^{(0)}}{E_p \cdot A_p} = \frac{\left(1 + \alpha \cdot \rho_p\right) \cdot P_{m0}}{E_p \cdot A_p}$$

Bei einem *exzentrisch* liegenden Spannglied sind für ε_{cp} zusätzlich die Dehnungsanteile aus dem Biegemoment zu berücksichtigen:

$$\frac{P^{(0)}}{E_p \cdot A_p} = \frac{P_{m0}}{E_p \cdot A_p} + \underbrace{\frac{P_{m0}}{E_c \cdot A_c} + \frac{P_{m0} \cdot z_{cp}}{E_c \cdot I_c} \cdot z_{cp}}_{\varepsilon_{cp}}$$

Hierin ist z_{cp} der Abstand vom Schwerpunkt des Betonquerschnittes zur Schwerachse des Spannstahls. Aufgelöst nach $P^{(0)}$ ergibt sich die folgende Gleichung

$$P^{(0)} = \left[1 + \alpha \cdot \rho_p \cdot \left(1 + \frac{z_{cp}^2 \cdot A_c}{I_c}\right)\right] \cdot P_{m0}$$

sowie für die Vordehnung

$$\varepsilon_p^{(0)} = \frac{P^{(0)}}{E_p \cdot A_p} = \frac{\left[1 + \alpha \cdot \rho_p \cdot \left(1 + \frac{z_{cp}^2 \cdot A_c}{I_c}\right)\right] \cdot P_{m0}}{E_p \cdot A_p}$$

Dieser Zusammenhang wurde bereits in Abschn. 1.7.4 für die Spannungsermittlung hergeleitet.

Bei der Biegebemessung von Spannbetonbauteilen im Grenzzustand der Tragfähigkeit muss zwischen der Vorspannung mit und ohne Verbund unterschieden werden.

Bei der Vorspannung mit Verbund kann die Vorspannung oder genauer ausgedrückt der direkte Anteil der Vorspannung über drei verschiedene Ansätze berücksichtigt werden, die alle zu dem gleichen Ergebnis führen. Bei statisch unbestimmten Systemen wird zusätzlich der indirekte Anteil der Vorspannung auf der Einwirkungsseite rechnerisch erfasst.

Diese Aufteilung ist sinnvoll, da bei einem statisch bestimmten Tragwerk die Vorspannung einen Eigenspannungszustand darstellt, der am Gesamtquerschnitt keine Schnittgrößen erzeugt. Dieser Anteil der Vorspannung wird somit vollständig über die Vordehnung innerhalb des Spannstahls berücksichtigt. Lediglich der indirekte Anteil der Vorspannung erzeugt am Gesamtquerschnitt Schnittgrößen, die den Querschnitt wie eine äußere Last beanspruchen, weshalb dieser Anteil der Einwirkungsseite zugewiesen wird.

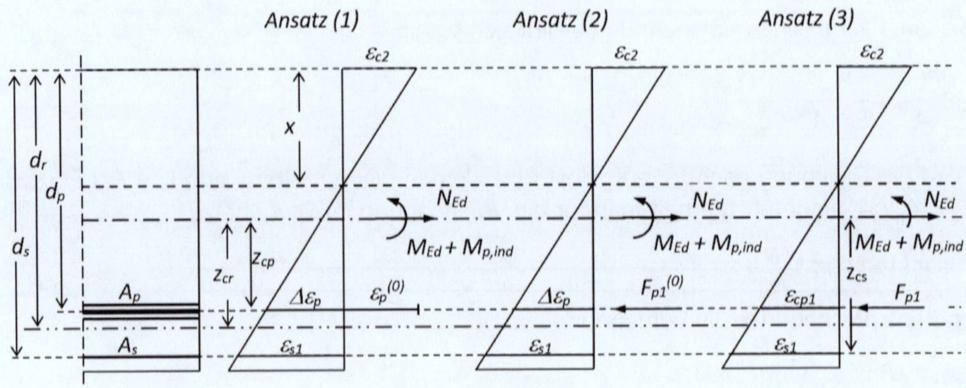

Abb. 3.18 Berücksichtigung der statisch bestimmten Vorspannwirkung bei der Ermittlung der Spannungen und Dehnungen im Zustand II nach [15]

Ansatz 1: Berücksichtigung der Vordehnung $\varepsilon_p^{(0)}$ bei der Ermittlung des Dehnungszustands am Gesamtquerschnitt (bestehend aus Betonquerschnitt, Betonstahl- und Spannstahlbewehrung). Der indirekte Anteil wird auf der Einwirkungsseite zu den Bemessungsschnittgrößen addiert.

Ansatz 2: Berücksichtigung einer zur Vordehnung $\varepsilon_p^{(0)}$ korrespondierenden Spanngliedkraft $F_{p1}^{(0)} = E_p \cdot A_p \cdot \varepsilon_p^{(0)}$ in Höhe der Spanngliedlage als „einwirkende" Schnittgröße. Für die Berechnung der Dehnungsebene am Gesamtquerschnitt ist die Spannstahlbewehrung so zu behandeln, als wäre sie nicht vorgespannt.

Ansatz 3: Berücksichtigung einer aus der Vordehnung $\varepsilon_p^{(0)}$ und Zusatzdehnung $\Delta\varepsilon_p$ resultierenden Normalkraft F_{p1} in Höhe der Spanngliedlage als zusätzlich einwirkende Schnittgröße. Der Querschnitt wird im weiteren Berechnungsverlauf als ein fiktives, komplett schlaff bewehrtes Stahlbetonbauteil betrachtet. Dabei ist für die Spanngliedkraft bzw. für die Zusatzdehnung zunächst ein Wert zu schätzen, welcher dann iterativ verbessert werden muss.

Der in der Praxis wohl am häufigsten verwendete Ansatz ist Ansatz 1. Hierbei sind die Bemessungsschnittgrößen auf die Schwerachse der Spannbewehrung zu beziehen:

$$M_{\text{Eds}} = M_{\text{Ed}} + M_{\text{p,ind}} - N_{\text{Ed}} \cdot z_{\text{cp}}$$

$$\mu_{\text{Eds}} = \frac{M_{\text{Eds}}}{b \cdot d^2 \cdot f_{\text{cd}}}$$

Den erforderlichen Spannstahlquerschnitt $A_{\text{p, erf}}$ erhält man aus dem Gleichgewicht mit den äußeren Einwirkungen:

$$A_{\text{p,erf}} = \frac{1}{\sigma_{\text{pd}}}\left(\frac{M_{\text{Eds}}}{\zeta \cdot d_{\text{p}}} + N_{\text{Ed}}\right) = \frac{1}{\sigma_{\text{pd}}}(\omega \cdot b \cdot d_{\text{p}} \cdot f_{\text{cd}} + N_{\text{Ed}})$$

Die Spannstahlspannung berechnet sich unter Berücksichtigung der Vordehnung zu:

$$\sigma_{\text{pd}} = E_{\text{p}} \cdot (\varepsilon_{\text{p}}^{(0)} + \Delta\varepsilon_{\text{p}}) \leq \frac{f_{\text{p0,1k}}}{\gamma_{\text{s}}} = f_{\text{pd}}$$

Die Zusatzdehnung $\Delta\varepsilon_{\text{p}}$ sowie der bezogene innere Hebelarm $\zeta = z/d$ können in Abhängigkeit von dem bezogenen Moment μ_{Eds} mit Hilfe der üblichen Bemessungshilfsmittel, beispielsweise mit dem „Allgemeinen Bemessungsdiagramm", analog zu einer Stahlbetonbemessung bestimmt werden. Ist der erforderliche Spannstahlquerschnitt $A_{\text{p, erf}}$ größer als der vorhandene Querschnitt $A_{\text{p, vorh}}$, dann sollte die Differenz mit Betonstahl abgedeckt werden. Der erforderliche Betonstahlquerschnitt $\Delta A_{\text{s, erf}}$ kann über das Verhältnis von Spannstahlspannung zu Betonstahlspannung sowie über das Verhältnis der entsprechenden statischen Höhen berechnet werden:

$$\Delta A_{\text{s,erf}} = (A_{\text{p,erf}} - A_{\text{p,vorh}}) \cdot \frac{\sigma_{\text{pd}} \cdot d_{\text{p}}}{f_{\text{yd}} \cdot d_{\text{s}}}$$

Wenn für die Biegebemessung im Grenzzustand der Tragfähigkeit der zweite Ansatz gewählt wird, ändert sich lediglich die Berücksichtigung des direkten Anteils der Vorspannung innerhalb der Gleichungen zur Berechnung der erforderlichen Spannstahlbewehrung. Das auf die Spannstahllage bezogene Moment M_{Eds} ändert sich nicht, so dass die Zusatzdehnung $\Delta\varepsilon_{\text{p}}$ sowie der bezogene innere Hebelarm ζ ebenfalls gleich bleiben.

$$A_{\text{p,erf}} = \frac{1}{\Delta\sigma_{\text{pd}}}\left(\frac{M_{\text{Eds}}}{\zeta \cdot d_{\text{p}}} + N_{\text{Ed}} - E_{\text{p}} \cdot A_{\text{p}} \cdot \varepsilon_{\text{p}}^{(0)}\right)$$

Da in dieser Gleichung bereits der direkte Anteil der Vorspannung über die zur Vordehnung korrespondierende Kraft berücksichtigt wurde, wird für die Spannstahlspannung nur noch die zur Zusatzdehnung $\Delta\varepsilon_{\text{p}}$ zugehörige Spannung angesetzt:

$$\Delta\sigma_{\text{pd}} = E_{\text{p}} \cdot \Delta\varepsilon_{\text{p}} \leq \frac{f_{\text{p0,1k}}}{\gamma_{\text{s}}} - E_{\text{p}} \cdot \varepsilon_{\text{p}}^{(0)}$$

Im dritten Ansatz wird die infolge Vordehnung und Zusatzdehnung resultierende Spanngliedkraft als zusätzlich einwirkende Schnittgröße betrachtet. Diese Spanngliedkraft ist zunächst sinnvoll abzuschätzen und im Anschluss zu überprüfen.

Da das Bauteil nun als fiktives, komplett schlaff bewehrtes Stahlbetonbauteil betrachtet wird, sollten die Bemessungsschnittgrößen auf die Schwerachse der Betonstahlbewehrung bezogen werden.

$$M_{\mathrm{Eds}} = M_{\mathrm{Ed}} + M_{\mathrm{p,ind}} - N_{\mathrm{Ed}} \cdot z_{\mathrm{cs}} + F_{\mathrm{p1}} \cdot (z_{\mathrm{cs}} - z_{\mathrm{cp}})$$

Im Gegensatz zu den Ansätzen 1 und 2 ändert sich das bezogene Moment μ_{Eds}. Beispielsweise mit dem „Allgemeinen Bemessungsdiagramm" können der innere Hebelarm sowie die Zusatzdehnung ermittelt werden. Anschließend ist die Spanngliedkraft zu überprüfen:

$$F_{\mathrm{p1}} = E_{\mathrm{p}} \cdot A_{\mathrm{p,vorh}} \cdot (\varepsilon_{\mathrm{p}}^{(0)} + \Delta\varepsilon_{\mathrm{p}})$$

Bei Abweichungen zur geschätzten Spanngliedkraft ist diese iterativ zu verbessern. Besteht eine ausreichende Übereinstimmung, kann die zusätzlich erforderliche Betonstahlbewehrung mit der folgenden Gleichung berechnet werden:

$$A_{\mathrm{s,erf}} = \frac{1}{f_{\mathrm{yd}}} \left(\frac{M_{\mathrm{Eds}}}{\zeta \cdot d_{\mathrm{s}}} + N_{\mathrm{Ed}} - F_{\mathrm{p1}} \right)$$

Meistens kann die Spanngliedkraft für Spannglieder, die in der Zugzone liegen, gleich der „Fließkraft" $A_{\mathrm{p,\,vorh}} \cdot f_{\mathrm{p0,1k}}/\gamma_{\mathrm{s}}$ gesetzt werden, wodurch eine Iteration der Spanngliedkraft entfallen und die zusätzlich erforderliche Betonstahlbewehrung in einem Rechenschritt bestimmt werden kann. Der Ansatz 1 wird bei den Anwendungsbeispielen im Abschn. 3.3.3 und Abschn. 3.3.4 sowie der Ansatz 3 im Abschn. 4.6 verwendet.

3.3.2 Biegung bei Vorspannung ohne Verbund

Die Biegebemessung bei der Vorspannung ohne Verbund wird prinzipiell auf die gleiche Art und Weise durchgeführt wie die Biegebemessung bei Vorspannung mit Verbund. Aufwändiger sind hierbei allerdings die Berechnungen der Spannungen und Dehnungen, was anhand des folgenden, einfachen Beispiels bereits verdeutlicht werden kann:

Betrachtet wird ein statisch bestimmt gelagerter Einfeldträger, der mit einem geradlinigen Spanngliedverlauf ohne Verbund exzentrisch vorgespannt wird. Das System ist innerlich einfach statisch unbestimmt. Die Spanngliedkraft infolge einer äußeren Verkehrslast q_{k} muss somit über eine statisch unbestimmte Berechnung ermittelt werden. Der Berechnung liegt die Annahme zugrunde, dass der Querschnitt sich im Zustand I befindet.

Es wird nur auf den Spannkraftzuwachs durch eine Verkehrslast eingegangen, da die Vorspannkraft, die an der Spannpresse abgelesen werden kann, bereits den Zugkraftanteil beinhaltet, der infolge des Eigengewichtes entsteht.

Innerlich einfach statisch unbestimmtes System:

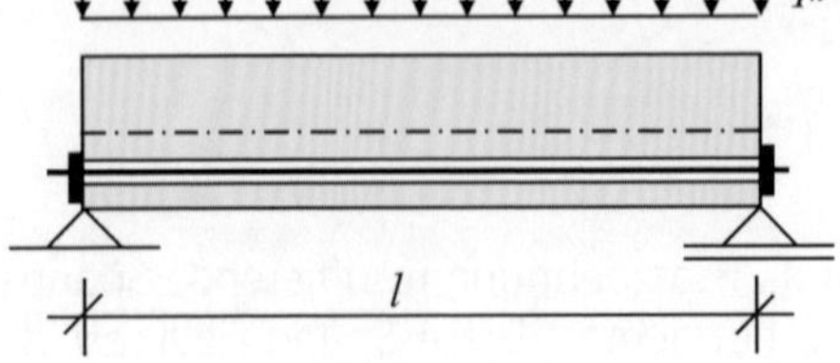

Abb. 3.19 Exzentrische Vorspannung ohne Verbund

Die Berechnung der Spanngliedkraft infolge der Belastung q_k wird mit dem Kraftgrößenverfahren durchgeführt. Für das statisch bestimmte Hauptsystem wird das Spannglied freigeschnitten.

Statisch bestimmtes Hauptsystem (0-System):

Belasteter Betonquerschnitt:

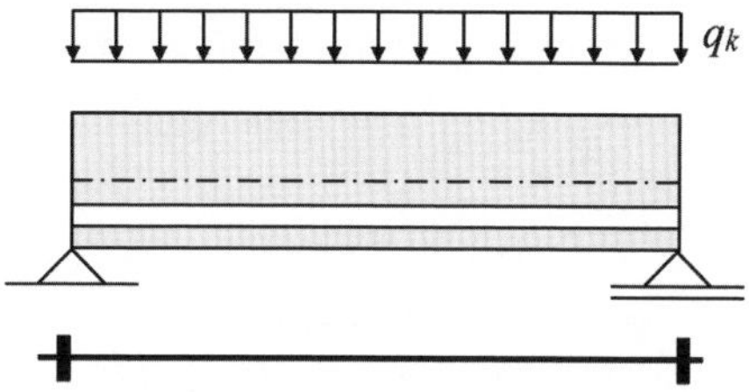

Abb. 3.20 Hauptsystem

Die Schnittgrößen innerhalb des 0-Systems betragen

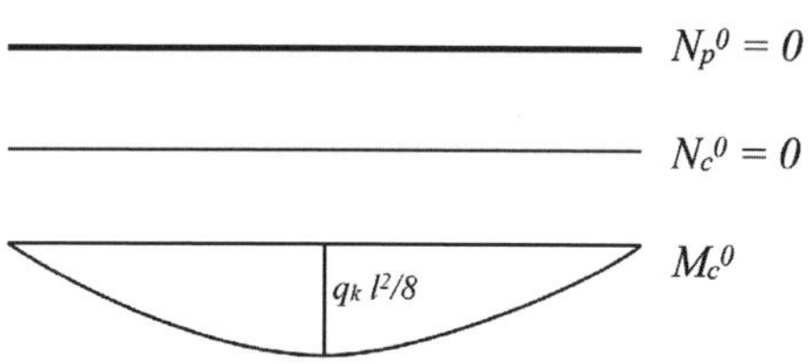

Abb. 3.21 Schnittgrößen im 0-System

Am 1-System wird die Spanngliedkraft als statisch Unbestimmte mit dem Wert „1" angesetzt.

1-System:

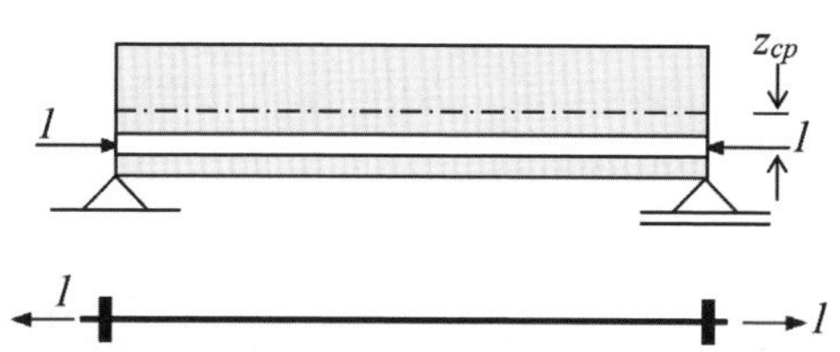

Abb. 3.22 1-System

Die Schnittgrößen innerhalb des 1-Systems betragen

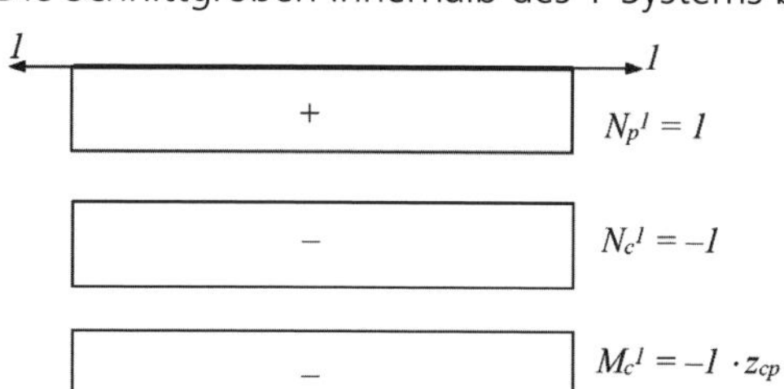

Abb. 3.23 Schnittgrößen am 1-System

Die entsprechenden δ_{10}- und δ_{11}-Werte betragen

$$\delta_{10} = \frac{2}{3} \cdot l \cdot \frac{q_k \cdot l^2}{8} \frac{(-z_{cpn})}{E_c \cdot I_{cn}} = -\frac{q_k \cdot l^3}{12 \cdot E_c \cdot I_{cn}} \cdot z_{cpn}$$

$$\delta_{11} = \frac{l}{E_c \cdot I_{cn}} \cdot z_{cpn}^2 + \frac{l}{E_c \cdot A_{cn}} + \frac{l}{E_p \cdot A_p}$$

Die Verträglichkeitsbedingung lautet bei einer einfach statisch unbestimmten Berechnung:

$$\delta_{10} + X \cdot \delta_{11} = 0 \quad \Rightarrow \quad X = -\frac{\delta_{10}}{\delta_{11}}$$

Die statisch Unbestimmte X entspricht dem Spannkraftzuwachs ΔP infolge der Gleichlast q_k, welche durch Einsetzen der Gleichungen für δ_{10} und δ_{11} berechnet werden kann.

Beachtet werden muss, dass beim Übergang in den Zustand II der Spannkraftzuwachs allerdings nicht mehr proportional zur äußeren Last q_k ist.

Bei einer parabolischen Spanngliedführung und statisch unbestimmter Lagerung des Systems wird die Berechnung aufwendig, weshalb häufig der Spannungszuwachs im Grenzzustand der Gebrauchstauglichkeit vernachlässigt und im Grenzzustand der Tragfähigkeit abgeschätzt wird. Gemäß EC2-1-1, Abschn. 5.10.8 (2) darf bei Tragwerken mit exzentrisch geführten internen Spanngliedern ohne Verbund der Spannungszuwachs $\Delta\sigma_{pULS}$ in diesen Spanngliedern vereinfacht mit 100 N/mm² angesetzt werden.

Wenn der Spannungszuwachs berechnet bzw. abgeschätzt wird, kann die Biegebemessung im Grenzzustand der Tragfähigkeit analog zum Ansatz 3 bei der Vorspannung mit Verbund durchgeführt werden: Die gesamte Vorspannung wird unter Berücksichtigung des Spannungszuwachses auf der Einwirkungsseite angesetzt und die Bemessung auf die Betonstahllage bezogen.

$$N_{pd} = A_{p,vorh} \cdot \left(\sigma_{pmt} + \gamma_p \cdot \Delta\sigma_{pk}\right)$$

Bei einer linear elastischen Berechnung wird $\gamma_p = 1{,}0$ gesetzt. σ_{pmt} ist die Spannung infolge der mittleren Vorspannkraft zum betrachteten Zeitpunkt t.

$$M_{Eds} = M_{Ed} + M_{pd} - \left(N_{Ed} - N_{pd}\right) \cdot z_{cs}$$

M_{pd} entspricht hierbei der Summe aus dem direkten und dem indirekten Momentenanteil der Vorspannung unter Berücksichtigung des Anstiegs der Spannkraft, weshalb die Vorspannkraft N_{pd} in Höhe der Schwerachse des Bauteils angesetzt wird. Der erforderliche Betonstahlquerschnitt kann auch hier wieder mit dem „Allgemeinen Bemessungsdiagramm" bestimmt werden.

$$A_{s,erf} = \frac{1}{f_{yd}} \left(\frac{M_{Eds}}{\zeta \cdot d_s} + N_{Ed} - P_d \right)$$

3.3.3 Anwendungsbeispiel: Dachbinder

Aufgabe

Für den in Abb. 2.10 und Abb. 3.4 skizzierten Dachbinder ist der Nachweis im Grenzzustand der Tragfähigkeit für Biegung zu führen. Hierfür ist die erforderliche Bewehrung zu bestimmen.

Die Vorspannkraft im Spannbett beträgt $P^{(0)}$ = 2226 kN (23 Litzen 0,5", A_p = 21,4 cm²)

Durchführung

Umgebungsbedingungen und Betondeckung

Für den Binder in einer geschlossenen Halle ist die Expositionsklasse XC1 maßgebend. Für die Betonstahl- und Spannstahlbewehrung ergeben sich gem. EC2-1-1, 4.4.1 unterschiedliche Maße der Betondeckung.

Betonstahl:	Spannstahl (Litzen 0,5", $d_p = 12{,}5\,\text{mm}$)
$c_{min} = 10\ \text{mm}$	$c_{min} = 20\ \text{mm} \geq 2{,}5 \cdot d_p = 2{,}5 \cdot 12{,}5 = 31{,}3\ \text{mm}$
$\Delta c_{dev} = 5\ \text{mm}$	$\Delta c_{dev} = 5\ \text{mm}$
Verlegemaß $c_v = c_{nom} = 15\ \text{mm}$	Verlegemaß $c_v = c_{nom} = 37\ \text{mm}$

Anmerkung: Die Werte für das Vorhaltemaß Δc dürfen gem. EC2-1-1, NDP zu 4.4.1.3 (3) um 5 mm abgemindert werden, wenn dies durch eine entsprechende Qualitätskontrolle bei Planung, Entwurf, Herstellung und Bauausführung gerechtfertigt werden kann (DBV-Merkblätter „Betondeckung und Bewehrung" [23] und „Abstandhalter" [24]).

Maßgebende Nachweisstellen und Schnittgrößen

Der Nachweis wird an den Stellen mit maximaler Biegebeanspruchung geführt. Maßgebend für das

- positive Biegemoment ist Stelle 1 bei x = 11,70 m,
- negative Biegemoment ist Stelle 2 bei x = 1,00 m.

Die Schnittgrößen aus äußerer Beanspruchung wurden durch eine Nebenrechnung bestimmt:

	Stelle 1	**Stelle 2**
M_{g1} [kNm]	966	125
M_g [kNm]	1972	261
M_q [kNm]	685	93

Abb. 3.24 Biegemomente an den maßgebenden Nachweisstellen

Nachweis an der Stelle 1 (positives Biegemoment)

Maßgebende Schnittgrößenkombination (Grundkombination)

$$M_{Ed} = \gamma_G \cdot M_G + \gamma_Q \cdot M_Q = 1{,}35 \cdot 1972 + 1{,}5 \cdot 685 = 3690\ \text{kNm}$$

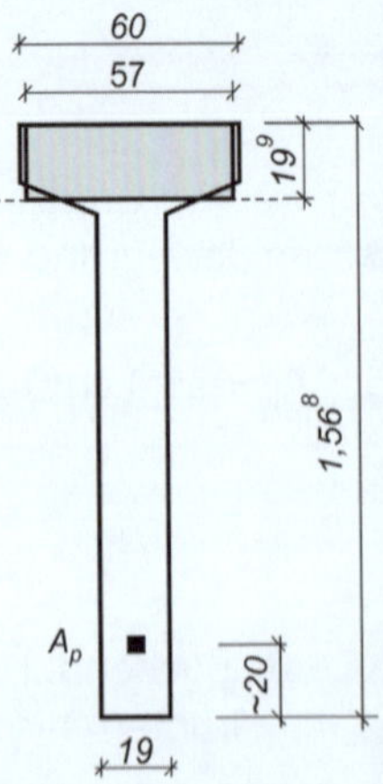

Statische Nutzhöhe der Spannstahlbewehrung:

$d \approx 1{,}568 - 0{,}20 = 1{,}37\,\text{m},\ h_f = 15\,\text{cm}$, vgl. Abb. 3.5

Nulllinie im Steg und $b/b_0 = 60/19 = 3{,}16 < 5$:

Bemessung als gedrungener Plattenbalken mit $h_f/d = 0{,}15/1{,}37 = 0{,}11$

Ersatzbreite aus Iteration: $b_i = 0{,}95 \cdot 0{,}60 = 0{,}57\,\text{m}$

$$\mu_{\text{Eds}} = \frac{3{,}690}{0{,}57 \cdot 1{,}37^2 \cdot \dfrac{50{,}0}{1{,}35} \cdot 0{,}85} = 0{,}110$$

Ablesung aus Bemessungstabelle mit dimensionslosen Beiwerten:

$\xi = 0{,}145,\ x = 0{,}145 \cdot 1{,}37 = 0{,}199\ \text{m}$

$\zeta = 0{,}940,\ z = 0{,}940 \cdot 1{,}37 = 1{,}29\ \text{m}$

$\varepsilon_{c2} = -3{,}5‰,\ \Delta\varepsilon_{p1} = 20{,}71‰,\ \omega = 0{,}117$

Abb. 3.25 Querschnitt mit Druckzone und Ablesewerte an der Stelle 1

Überprüfung der Dehnung im Betonstahl:

$d_{s1} \approx 1{,}568 - 0{,}045 = 1{,}52$

$$\varepsilon_{s1} = \frac{20{,}71 + 3{,}50}{1{,}37} \cdot 1{,}52 - 3{,}50 = 23{,}36‰ < 25‰$$

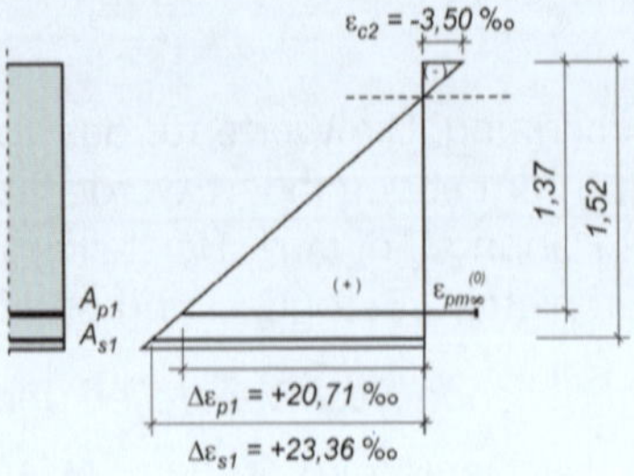

Abb. 3.26 Dehnungsverteilung

Ermittlung der Vordehnung des Spannstahls:

$$\sigma_p^{(0)} = \frac{P^{(0)}}{A_p} = \frac{2{,}226}{21{,}4 \cdot 10^{-4}} = 1040\,\text{N/mm}^2$$

$$\varepsilon_{\text{pm0}}^{(0)} \cong \frac{1040}{195\,000} \cdot 10^3 = 5{,}33‰$$

Die zeitabhängigen Spannkraftverluste an der Stelle 1 betragen 16 %, vgl. Abschn. 2.5.4.

$$\varepsilon_{\text{pm}\infty}^{(0)} = (1 - 0{,}16) \cdot \varepsilon_{\text{pm0}}^{(0)} = 0{,}84 \cdot 5{,}33 = +\,4{,}48‰$$

Hieraus ergibt sich die Gesamtdehnung zu:

$$\varepsilon_{p1} = \varepsilon_{\text{pm}\infty}^{(0)} + \Delta\varepsilon_{p1} = 4{,}48 + 20{,}71 = 25{,}2‰$$

$$\sigma_{\text{pd1}} = 25{,}2 \cdot 10^{-3} \cdot 195\,000 = 4914\ \text{N/mm}^2 \quad >> \quad \frac{f_{\text{p0,1k}}}{\gamma_s} = \frac{1500}{1{,}15} = 1304\ \text{N/mm}^2$$

Die Streckgrenze des Spannstahls wird erreicht.

$$f_{cd} = \alpha \cdot \frac{f_{ck}}{\gamma_c} = 0{,}85 \cdot \frac{50}{1{,}35} = 31{,}5\,\text{N/mm}^2$$

$$A_{p,erf} = \frac{1}{\sigma_{pd}}(\omega \cdot b \cdot d_p \cdot f_{cd} + N_{Ed}) = \frac{1}{1304}(0{,}117 \cdot 0{,}57 \cdot 1{,}37 \cdot 31{,}5) \cdot 10^4 = 22{,}1\,\text{cm}^2 > 21{,}4\,\text{cm}^2$$

Die vorhandene Spannstahlbewehrung $A_{p,vorh} = 21{,}4\,\text{cm}^2$ (23 Litzen 0,5") ist alleine nicht ausreichend.

Ermittlung der zusätzlichen Betonstahlbewehrung:

$$\Delta A_{s,erf} = (A_{p,erf} - A_{p,vorh}) \cdot \frac{\sigma_{pd} \cdot d_p}{f_{yd} \cdot d_s} = (22{,}1 - 21{,}4) \cdot \frac{1304 \cdot 1{,}37}{435 \cdot 1{,}52} = 1{,}9\,\text{cm}^2$$

$$A_{s,vorh} = 3{,}1\,\text{cm}^2\,(2\varnothing 14, \text{vgl. Abschn. } 3.2.8) > 1{,}9\,\text{cm}^2$$

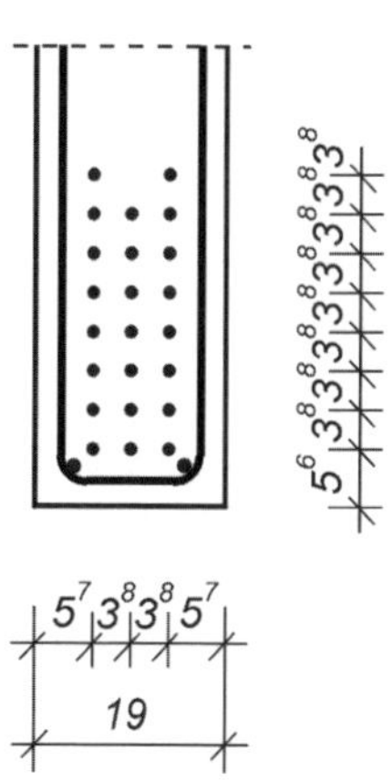

Abb. 3.27 *Bewehrungsanordnung*

Überprüfung der Anordnung der Spannstähle:

Betondeckung der Litzen ($\varnothing = 12{,}5$ mm)

$$c = 57 - 12{,}5/2 = 51\,\text{mm} > c_{nom} = 37\,\text{mm}$$

Lichter Mindestabstand der Litzen gem. EC2-1-1, Bild 8.14

$$s = 38 - 12{,}5 = 26\text{mm} \begin{cases} > d_g + 5 = 16 + 5 = 21\,\text{mm} \\ > 2\varnothing = 25\,\text{mm} \\ > 20\,\text{mm} \end{cases}$$

Nachweis an der Stelle 2 (max. negatives Biegemoment)

Die Schnittgrößen aus der Vorspannkraft der Spannglieder in der Druckzone werden als eine äußere Einwirkung angesetzt (Biegung mit Normalkraft). Die Stauchung der Spannglieder in der Druckzone wird auf der sicheren Seite vernachlässigt.

Maßgebende Schnittgrößenkombination (vgl. Abb. 3.4):

$$N_{Ed} = \gamma_G \cdot N_G + \gamma_p \cdot N_p = 1{,}0 \cdot 0 + 1{,}0 \cdot (-2{,}226) = -2{,}226\,\text{MN}$$

$$M_{p0} = -P_0 \cdot z_{cp} = -2{,}226 \cdot 0{,}496 = -1{,}104\,\text{MNm}$$

$$M_{Ed} = \gamma_G \cdot M_G + \gamma_p \cdot M_p = 1{,}0 \cdot 0{,}125 - 1{,}0 \cdot 1{,}104 = -0{,}979\,\text{MNm}$$

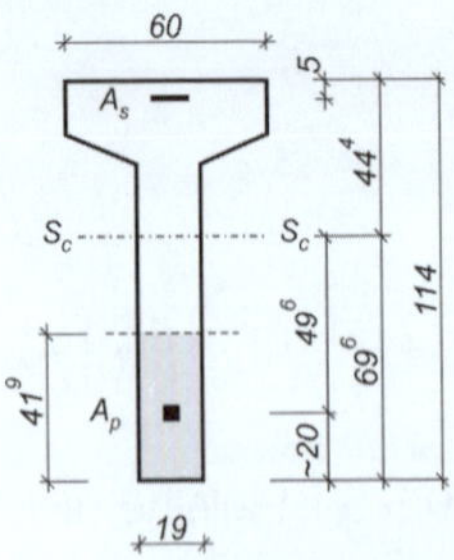

Statische Nutzhöhe:

$$d = 1{,}14 - 0{,}05 = 1{,}09\text{m}$$

$$M_{\text{Eds}} = 0{,}979 + 2{,}226 \cdot (1{,}09 - 0{,}696) = 1{,}856 \text{ MNm}$$

$$\mu_{\text{Eds}} = \frac{1{,}856}{0{,}19 \cdot 1{,}09^2 \cdot 31{,}5} = 0{,}261$$

Ablesung aus Bemessungstabelle mit dimensionslosen Beiwerten:

$$\xi = 0{,}384 \cdot x = 0{,}384 \cdot 1{,}09 = 0{,}419\text{m}$$

$$\omega = 0{,}311$$

Abb. 3.28 Querschnitt mit Druckzone und Ablesewerte an der Stelle 2

$$A_{s2,\text{erf}} = \frac{10^4}{435} \cdot (0{,}311 \cdot 0{,}19 \cdot 1{,}09 \cdot 31{,}5 - 2{,}226) < 0$$

Im Grenzzustand der Tragfähigkeit ist keine zusätzliche Betonstahlbewehrung am oberen Querschnittsrand erforderlich.

3.3.4 Anwendungsbeispiel: Rahmen

Aufgabe

Für den in Abb. 3.8 skizzierten Rahmen ist der Nachweis im Grenzzustand der Tragfähigkeit für Biegung zu führen. Hierfür ist die erforderliche Bewehrung zu bestimmen und zu skizzieren.

Die Vorspannung mit nachträglichem Verbund erfolgt mit drei Litzenspanngliedern, Typ 6807 [37].

$A_\text{p} = 9{,}80 \text{ cm}^2$ je Spannglied, $\sigma_{\text{pm0}} = 1275 \text{ N/mm}^2$

Die Ausbaulast (g_2) und die Verkehrslast (q) können im Zuge der späteren Erweiterung zu einem beliebigen Zeitpunkt t nach dem Vorspannen zum Zeitpunkt $t = t_0$ aufgebracht werden.

Die zeitabhängigen Spannkraftverluste betragen 18 %, vgl. Seite 140.

Die Kombinationsbeiwerte betragen für die Einwirkungen aus

- Verkehrslast $\psi_{0,\text{Q}} = 0{,}8,$
- Windlast $\psi_{0,\text{W}} = 0{,}6.$

Durchführung

Maßgebende Nachweisstellen

Die Bemessung im Bereich der Rahmenecke erfolgt näherungsweise im Anschnitt zur Stütze und zum Riegel. Die Querschnitte an den maßgebenden Nachweisstellen sind in Abb. 3.29 dargestellt.

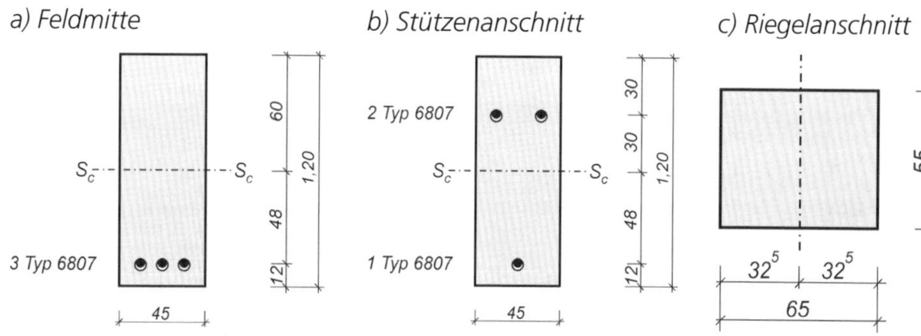

Abb. 3.29 Querschnitte an den maßgebenden Nachweisstellen

Zusammenstellung der Schnittgrößen

Die Schnittgrößen wurden bei einer Nebenrechnung mit Rahmentafeln ermittelt, vgl. Abb. 2.40 und Abb. 3.11.

a) Feldmitte

Lastfall	*M* [kNm]	*N* [kN]
g_1	+290,7	−26,2
g_2	+546,5	−49,3
q	+1453	−131,2
Q_W	0	±150,0
$P_{1,\,ind}$	+279,9	+56,0
$P_{2,\,ind}$	+229,4	+45,9

b) Stützenanschnitt

Lastfall	*M* [kNm]	*N* [kN]
g_1	−95,4	−26,2
g_2	−179,4	−49,3
q	−477,0	−131,2
Q_W	±717,5	±150,0
$P_{1,\,ind}$	+279,9	+56,0
$P_{2,\,ind}$	+229,4	+45,9

c) Riegelanschnitt

Lastfall	*M* [kNm]	*N* [kN]
g_1	−115,4	−112,5
g_2	−217,0	−211,5
q	−577,2	−562,5
Q_W	±660,0	±100,0
$P_{1,\,ind}$	+246,3	0
$P_{2,\,ind}$	+201,8	0

Abb. 3.30 Maßgebende Schnittgrößen an den Nachweisstellen zum Zeitpunkt $t = t_0$

Nachweis des Riegels in Feldmitte

Die indirekten Anteile aus der Vorspannung $P_{1,\,ind}$ und $P_{2,\,ind}$ werden als äußere Einwirkungen angesetzt. Mögliche Streuungen der Vorspannkraft nach EC2-1-1, NDP zu 5.10.9 (1) P dürfen bei den Nachweisen im Grenzzustand der Tragfähigkeit vernachlässigt werden. Mit den indirekten Anteilen der Vorspannung ergibt sich die Schnittgrößenkombination mit den Lastfällen nach Abb. 3.30 zu:

$$M_{Ed} = \gamma_G \cdot M_G \oplus \gamma_Q \cdot M_Q \oplus \gamma_{Q,W} \cdot \psi_{0,W} \cdot M_{Q,W} \oplus \gamma_p \cdot M_{p,ind}$$

$$N_{Ed} = \gamma_G \cdot N_G \oplus \gamma_Q \cdot N_Q \oplus \gamma_{Q,W} \cdot \psi_{0,W} \cdot N_{Q,W} \oplus \gamma_p \cdot N_{p,ind}$$

In Feldmitte wirken die indirekten Anteile aus Vorspannung ungünstig, vgl. Abb. 2.42 und Abb. 3.31. Daher wird hier die größte Vorspannkraft zum Zeitpunkt $t = t_0$ maßgebend.

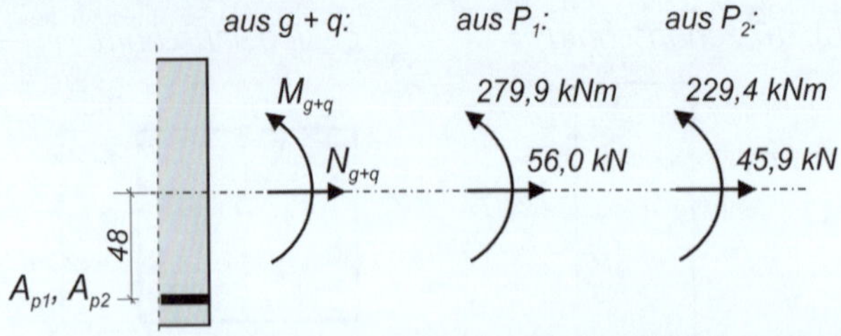

Abb. 3.31 Schnittgrößen aus g + q sowie den indirekten Anteilen aus P_1 und P_2 in Feldmitte

Mit den indirekten Anteilen ergibt sich die maßgebende Schnittgrößenkombination zum Zeitpunkt t_0:

$$M_{Ed} = 1{,}35 \cdot (290{,}7 + 546{,}5) + 1{,}5 \cdot 1453 + 1{,}5 \cdot 0{,}6 \cdot 0 + 1{,}0 \cdot (279{,}9 + 229{,}4) = 3819 \text{ kNm}$$

$$N_{Ed} = 1{,}35 \cdot (-26{,}2 - 49{,}3) + 1{,}5 \cdot (-131{,}2) + 1{,}5 \cdot 0{,}6 \cdot 150{,}0 + 1{,}0 \cdot (56{,}0 + 45{,}9) = -61{,}8 \text{ kN}$$

Das auf die Schwerachse des Spannstahls bezogene Moment beträgt:

$$M_{Eds} = M_{Ed} - N_{Ed} \cdot z_{cp} = 3819 + 61{,}8 \cdot 0{,}48 = 3849 \text{ kNm}$$

Aus der Bemessungstabelle mit dimensionslosen Beiwerten für Rechteckquerschnitte ergibt sich mit

$$f_{cd} = \alpha \cdot \frac{f_{ck}}{\gamma_c} = 0{,}85 \cdot \frac{45}{1{,}5} = 25{,}5 \text{N/mm}^2:$$

$$\mu_{Eds} = \frac{3{,}849}{0{,}45 \cdot 1{,}08^2 \cdot 25{,}5} = 0{,}288$$

$$\varepsilon_{c2} = -3{,}50‰, \ \Delta\varepsilon_{p1} = 4{,}56‰, \ \omega = 0{,}352$$

Die Vordehnung des Spannstahls beträgt:

$$\varepsilon_{pm0}^{(0)} \cong \frac{1275}{195\,000} \cdot 10^3 = 6{,}54‰$$

Hieraus ergibt sich die Gesamtdehnung zu:

$$\varepsilon_{p1} = \varepsilon_{pm0}^{(0)} + \Delta\varepsilon_{p1} = 6{,}54 + 4{,}56 = 11{,}1‰$$

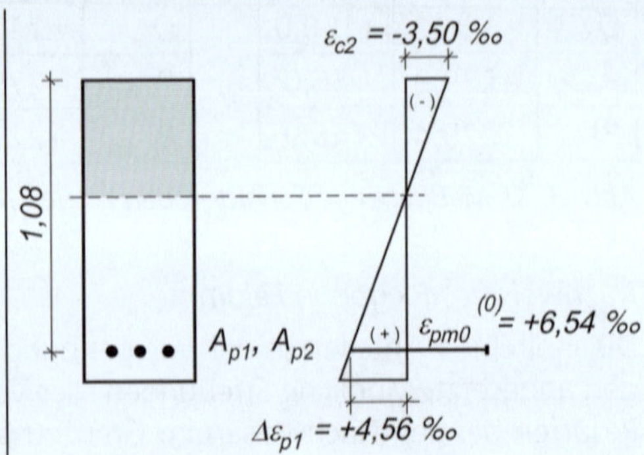

Abb. 3.32 Dehnungen in Feldmitte

$$\sigma_{pd1} = 11{,}1 \cdot 10^{-3} \cdot 195\,000 = 2165 \text{ N/mm}^2 > \frac{f_{p0,1k}}{\gamma_s} = \frac{1500}{1{,}15} = 1304 \text{ N/mm}^2$$

Die Streckgrenze des Spannstahls wird erreicht.

$$A_{p,erf} = \frac{1}{\sigma_{pd}}(\omega \cdot b \cdot d_p \cdot f_{cd} + N_{Ed}) \ \frac{1}{1304}(0{,}352 \cdot 0{,}45 \cdot 1{,}08 \cdot 25{,}5 - 0{,}0618) \cdot 10^4 = 33{,}0 \text{ cm}^2$$

Die vorhandene Spannstahlbewehrung $A_{p,\,vorh}$ = 29,4 cm² (3 Typ 6807) ist alleine nicht ausreichend.

Ermittlung der zusätzlichen Betonstahlbewehrung:

$$\Delta A_{s,erf} = (A_{p,erf} - A_{p,vorh}) \cdot \frac{\sigma_{pd} \cdot d_p}{f_{yd} \cdot d_s} = (33{,}0 - 29{,}4) \cdot \frac{1304 \cdot 1{,}08}{435 \cdot (1{,}20 - 0{,}05)} = 10{,}1\,\text{cm}^2$$

gewählt: zusätzlich $2\varnothing 20 + 2\varnothing 16$, $A_{s,vorh} = 10{,}3\,\text{cm}^2 > A_{s,erf} = 10{,}1\,\text{cm}^2$

Anmerkung: Für den Nachweis am oberen Querschnittsrand ist der Anschnitt zur Stütze maßgebend.

Nachweis des Riegels im Anschnitt zur Stütze

Im Anschnitt zur Stütze sind für die Bemessung die Schnittgrößenkombinationen für das maximale und minimale Biegemoment in der Rahmenecke maßgebend. Bei der Bemessung sind zusätzlich zu den indirekten Anteilen nach Abb. 2.42 jeweils die direkten Anteile nach Abb. 2.41 aus der Vorspannkraft der Spannglieder in der Druckzone als äußere Einwirkung anzusetzen. Hierbei ist die Dehnungs-verminderung des Spannstahls infolge der Betonstauchung zu berücksichtigen.

Ermittlung der unteren Bewehrung (max. Eckmoment)

Die Lastfälle g_2 und q wirken hierbei günstig und werden nicht angesetzt. Die Schnittgrößenkombination ergibt sich mit den indirekten Anteilen aus P_1 und P_2 sowie den direkten Anteilen aus P_2 zu:

$$M_{Ed} = \gamma_G \cdot M_G \oplus \gamma_{Q,W} \cdot M_{Q,W} \oplus \gamma_p \cdot M_{p,ind} \oplus \gamma_p \cdot M_{p2,dir}$$

$$N_{Ed} = \gamma_G \cdot N_G \oplus \gamma_{Q,W} \cdot N_{Q,W} \oplus \gamma_p \cdot N_{p,ind} \oplus \gamma_p \cdot N_{p2,dir}$$

Die direkten und indirekten Anteile aus Vorspannung wirken ungünstig. Daher ist der Zeitpunkt t_0 maßgebend. Aus einer Iteration ergibt sich die Dehnungsverminderung der oberen Spanngliedlage.

$$\Delta\varepsilon_{p2} = -0{,}60\ ‰$$

Mit der Vordehnung des Spannstahls ergibt sich hieraus die einwirkende Normalkraft aus P_2 zu:

$$N_{p2,dir} = -(\varepsilon_{pm0}{}^{(0)} + \Delta\varepsilon_p) \cdot E_p \cdot A_p = -(6{,}54 - 0{,}60) \cdot 195000 \cdot 2 \cdot 9{,}8 \cdot 10^{-4} = -2270\,\text{kN}$$

Das einwirkende Biegemoment aus P_2 beträgt:

$$M_{p2,dir} = N_{p2,dir} \cdot z_{cp} = -2270 \cdot (-0{,}30) = +681\,\text{kNm}$$

Hieraus ergibt sich die maßgebende Schnittgrößenkombination zu:

$$M_{Ed} = 1{,}0 \cdot (-95{,}4) + 1{,}5 \cdot 717{,}5 + 1{,}0 \cdot (279{,}9 + 229{,}4 + 681) = +2171\ \text{kNm}$$

$$N_{Ed} = 1{,}0 \cdot (-26{,}2) + 1{,}5 \cdot 150{,}0 + 1{,}0 \cdot (56{,}0 + 45{,}9 - 2270) = -1969\ \text{kN}$$

$$M_{Eds} = M_{Ed} - N_{Ed} \cdot z_{cp} = 2171 + 1969 \cdot 0{,}48 = 3116\ \text{kNm}$$

$$\mu_{Eds} = \frac{3{,}116}{0{,}45 \cdot 1{,}08^2 \cdot 25{,}5} = 0{,}233$$

$\varepsilon_{c2} = -3{,}50‰$, $\Delta\varepsilon_{p1} = 6{,}97‰$, $\omega = 0{,}271$

Überprüfung der Dehnung der oberen Spanngliedlage:

$$\Delta\varepsilon_{p2} = -3{,}50 + \frac{6{,}97 + 3{,}50}{1{,}08} \cdot 0{,}30 = -0{,}59 \approx -0{,}60‰$$

Die Dehnung der unteren Spanngliedlage beträgt:

$$\varepsilon_{p1} = \varepsilon_{pm0}^{(0)} + \Delta\varepsilon_{p1} = 6{,}54 + 6{,}97 = +13{,}5‰$$

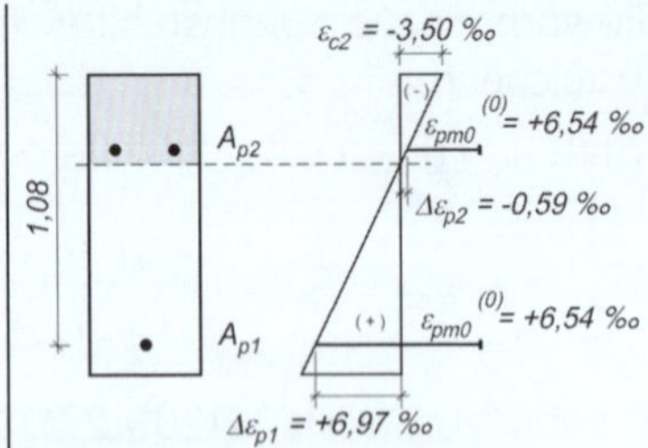

Abb. 3.33 Dehnungen am Stützenanschnitt

Die Streckgrenze des Spannstahls A_{p1} wird erreicht.

$$A_{p,erf} = \frac{1}{1304}(0{,}271 \cdot 0{,}45 \cdot 1{,}08 \cdot 25{,}5 - 1{,}969) \cdot 10^4 = 10{,}7\ \text{cm}^2$$

Die vorhandene Spannstahlbewehrung $A_{p,vorh} = 9{,}8\ \text{cm}^2$ (1 Typ 6807) ist alleine nicht ausreichend.

Ermittlung der zusätzlichen Betonstahlbewehrung:

$$\Delta A_{s,erf} = (A_{p,erf} - A_{p,vorh}) \cdot \frac{\sigma_{pd} \cdot d_p}{f_{yd} \cdot d_s} = (10{,}7 - 9{,}8) \cdot \frac{1304 \cdot 1{,}08}{435 \cdot (1{,}20 - 0{,}05)} = 2{,}5\ \text{cm}^2$$

gewählt: zusätzlich 2∅16, $A_{s,vorh} = 4{,}0\text{cm}^2 > A_{s,erf} = 2{,}5\text{cm}^2$

Ermittlung der oberen Bewehrung (min. Eckmoment)

Die Verkehrslast wirkt ungünstig und für die Bemessung der oberen Bewehrung ergibt sich die maßgebende Schnittgrößenkombination mit den direkten Anteilen aus P_1 zu:

$$M_{Ed} = \gamma_G \cdot M_G \oplus \gamma_Q \cdot \psi_{0,Q} \cdot M_Q \oplus \gamma_{Q,W} \cdot M_{Q,W} \oplus \gamma_p \cdot M_{p,ind} \oplus \gamma_p \cdot M_{p1,dir}$$

$$N_{Ed} = \gamma_G \cdot N_G \oplus \gamma_Q \cdot \psi_{0,Q} \cdot N_Q \oplus \gamma_{Q,W} \cdot N_{Q,W} \oplus \gamma_p \cdot N_{p,ind} \oplus \gamma_p \cdot N_{p1,dir}$$

Die direkten und indirekten Anteile aus Vorspannung wirken insgesamt günstig und der Zeitpunkt t_∞ ist maßgebend. Die Vordehnungen beider Spannstahllagen werden näherungsweise mit den Spannkraftverlusten von 18 % ermittelt.

$$\varepsilon_{pm\infty}^{(0)} = 0{,}82 \cdot \varepsilon_{pm0}^{(0)} = 0{,}82 \cdot 6{,}54 = +5{,}36‰$$

Aus einer Iteration ergibt die Dehnungsverminderung der unteren Spanngliedlage: $\Delta\varepsilon_{p1} = -2{,}15‰$

Mit der Vordehnung des Spannstahls ergibt sich hieraus die einwirkende Normalkraft aus P_1 zu:

$$N_{p1,dir} = -(\varepsilon_{pmt}^{(0)} + \Delta\varepsilon_p) \cdot E_p \cdot A_p = -(5{,}36 - 2{,}15) \cdot 195000 \cdot 9{,}8 \cdot 10^{-4} = -613\ \text{kN}$$

Das einwirkende Biegemoment aus P_1 beträgt:

$$M_{p1,dir} = N_{p1,dir} \cdot z_{cp} = -613 \cdot 0{,}48 = -294\ \text{kNm}$$

Mit den Spannkraftverlusten von 18 % ergibt sich zum Zeitpunkt $t = t_\infty$:

$M_{Ed} = 1{,}35 \cdot (-95{,}4 - 179{,}4) + 1{,}5 \cdot 0{,}8 \cdot (-477{,}0) + 1{,}5 \cdot (-717{,}5) + 1{,}0 \cdot (279{,}9 + 229{,}4) \cdot 0{,}82 + 1{,}0 \cdot (-294) = -1896$ kNm

$N_{Ed} = 1{,}35 \cdot (-26{,}2 - 49{,}3) + 1{,}5 \cdot 0{,}8 \cdot (-131{,}2) + 1{,}5 \cdot (-150{,}0) + 1{,}0 \cdot (56{,}0 + 45{,}9) \cdot 0{,}82 - 1{,}0 \cdot 613 = -1014$ kN

$M_{Eds} = M_{Ed} - N_{Ed} \cdot z_{cp} = 1896 + 1014 \cdot 0{,}30 = 2200$ kNm

$$\mu_{Eds} = \frac{2{,}200}{0{,}45 \cdot 0{,}90^2 \cdot 25{,}5} = 0{,}237$$

$\varepsilon_{c1} = -3{,}50‰$, $\Delta\varepsilon_{p2} = 6{,}76‰$, $\omega = 0{,}276$

Überprüfung der Dehnung der unteren Spanngliedlage:

$$\Delta\varepsilon_{p1} = -3{,}50 + \frac{6{,}76 + 3{,}50}{0{,}90} \cdot 0{,}12 = -2{,}13 \approx -2{,}15‰$$

Ermittlung der Dehnung der oberen Spanngliedlage:

$$\varepsilon_{p2} = \varepsilon_{pm\infty}^{(0)} + \Delta\varepsilon_{p2} = 5{,}36 + 6{,}76 = +12{,}1‰$$

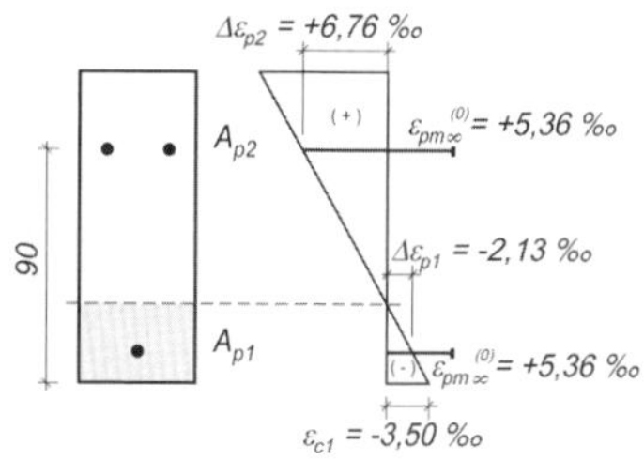

Abb. 3.34 Dehnungen in Feldmitte

Die Streckgrenze des Spannstahls A_{p2} wird erreicht.

$$A_{p,erf} = \frac{1}{1304}(0{,}276 \cdot 0{,}45 \cdot 0{,}90 \cdot 25{,}5 - 1{,}014) \cdot 10^4 = 14{,}1\,\text{cm}^2 < A_{p,vorh} = 19{,}6\,\text{cm}^2 \text{ (2 Typ 6807)}$$

Es ist keine zusätzliche Betonstahlbewehrung am oberen Querschnittsrand erforderlich.

Nachweis der Stütze im Anschnitt zum Riegel

Wie beim Nachweis des Riegels im Anschnitt zur Stütze sind für die Bemessung der Stütze die beiden Schnittgrößenkombinationen für das minimale und maximale Eckmoment maßgebend. Bei dem Querschnitt ohne Spannglieder sind hierbei die indirekten Anteile aus Vorspannung zu berücksichtigen.

Ermittlung der Bewehrung für das maximale Eckmoment (M+)

Die Verkehrslast wirkt günstig und für die Bemessung der inneren Bewehrung ergibt sich:

$$M_{Ed} = \gamma_G \cdot M_G \oplus \gamma_{Q,W} \cdot M_{Q,W} \oplus \gamma_p \cdot M_{p,ind}$$

$$N_{Ed} = \gamma_G \cdot N_G \oplus \gamma_{Q,W} \cdot N_{Q,W} \oplus \gamma_p \cdot N_{p,ind}$$

Die indirekten Anteile aus Vorspannung wirken ungünstig und der Zeitpunkt $t = 0$ ist maßgebend.

$M_{Ed} = 1{,}0 \cdot (-115{,}4) + 1{,}5 \cdot 660{,}0 + 1{,}0 \cdot (246{,}3 + 201{,}8) \qquad = +1323 \text{ kNm}$

$N_{Ed} = 1{,}0 \cdot (-112{,}5) + 1{,}5 \cdot 100{,}0 + 1{,}0 \cdot 0 \qquad = +38 \text{ kN}$

$M_{Eds} = M_{Ed} - N_{Ed} \cdot z_{cp} = 1323 - 38 \cdot 0{,}26 = 1313 \text{ kNm}$

$$\mu_{Eds} = \frac{1{,}313}{0{,}55 \cdot 0{,}58^2 \cdot 25{,}5} = 0{,}278$$

$\omega = 0{,}336$

$$A_{s1,erf} = \frac{1}{435} \cdot (0{,}336 \cdot 0{,}55 \cdot 0{,}58 \cdot 25{,}5 + 0{,}038) \cdot 10^4 = 63{,}7 \text{ cm}^2$$

gewählt: innen $4 \varnothing 28 + 8 \varnothing 25$, $A_{s,vorh} = 63{,}8 \text{cm}^2 > A_{s,erf} = 63{,}7 \text{cm}^2$

Ermittlung der Bewehrung für das minimale Eckmoment (M–)

Die Verkehrslast wirkt ungünstig und die maßgebende Schnittgrößenkombination ergibt sich zu:

$$M_{Ed} = \gamma_G \cdot M_G \oplus \gamma_Q \cdot \psi_{0,Q} \cdot M_Q \oplus \gamma_{Q,W} \cdot M_{Q,W} \oplus \gamma_p \cdot M_{p,ind}$$

$$N_{Ed} = \gamma_G \cdot N_G \oplus \gamma_Q \cdot \psi_{0,Q} \cdot N_Q \oplus \gamma_{Q,W} \cdot N_{Q,W} \oplus \gamma_p \cdot N_{p,ind}$$

Die indirekten Anteile aus Vorspannung wirken günstig und der Zeitpunkt $t = \infty$ ist maßgebend.

$M_{Ed} = 1{,}35 \cdot (-115{,}4 - 217{,}0) + 1{,}5 \cdot 0{,}8 \cdot (-577{,}2) + 1{,}5 \cdot (-660{,}0) + 1{,}0 \cdot (246{,}3 + 201{,}8) \cdot 0{,}82$
$\quad = -1764 \text{ kNm}$

$N_{Ed} = 1{,}35 \cdot (-112{,}5 - 211{,}5) + 1{,}5 \cdot 0{,}8 \cdot (-562{,}5) + 1{,}5 \cdot (-100{,}0) + 1{,}0 \cdot 0 = -1262 \text{ kN}$

Wegen überwiegender Normalkraftbeanspruchung wird die Bemessung mit Hilfe des Interaktionsdiagramms durchgeführt.

Die Ablesung für den symmetrisch bewehrten Rechteckquerschnitt ($d_1/h = 0{,}10$) ergibt mit

$$\mu_{Ed} = \frac{1{,}764}{0{,}55 \cdot 0{,}65^2 \cdot 25{,}5} = 0{,}298,$$

$$\nu_{Ed} = \frac{-1{,}262}{0{,}55 \cdot 0{,}65 \cdot 25{,}5} = -0{,}138{:}\ \omega_{tot} = 0{,}59$$

$$A_{s,tot} = 0{,}59 \cdot \frac{0{,}55 \cdot 0{,}65}{435/25{,}5} \cdot 10^4 = 123{,}6 \text{ cm}^2 \text{, je Seite } A_{s,erf} = 61{,}8 \text{cm}^2$$

gewählt: außen $10 \varnothing 25 + 4 \varnothing 20$, $A_{s,vorh} = 61{,}6 \text{cm}^2 \approx A_{s,erf} = 61{,}8 \text{cm}^2$

3.3.5 Querkraft

Im Wesentlichen verhalten sich Spannbetonbauteile unter Querkraftbeanspruchung wie Stahlbetonbauteile. Wie schon im vorangegangenen Abschnitt „Biegung" wird vorausgesetzt, dass der Leser mit der Querkraftbemessung von Stahlbetonbauteilen vertraut ist. Die Grundlagen des Querkrafttragverhaltens werden daher an dieser Stelle nicht erläutert. Stattdessen werden die für die Bemessung erforderlichen Formeln sowie die Besonderheiten der Querkraftbemessung im Spannbetonbau erläutert.

Wie im Stahlbetonbau wird auch im Spannbetonbau die einwirkende Querkraft mit der aufnehmbaren Querkraft verglichen. Es muss gelten

$$V_{Ed} < V_{Rd}$$

Hierbei ist zu beachten, dass Spannglieder, deren Achse nicht parallel zur Schwerlinie des betreffenden Bauteils verläuft, eine Querkraftkomponente beinhalten (vgl. Abb. 3.35). Der Querkraftanteil, der sich aus der Neigung der Spannglieder ergibt, wird berechnet mit

$$V_{pd} = F_{pd} \cdot \sin \psi_p$$

mit ψ_p Neigungswinkel des Spannglieds gegen die Bauteilachse

$P_d = \gamma_p \cdot P_{mt} = 1{,}0 \cdot P_{mt}$ wirksame Spanngliedkraft (mit $P_{mt} \leq A_p \cdot f_{p0,1k}$)

Zusätzlich werden der Einfluss einer veränderlichen Bauteilhöhe und die damit verbundenen Querkraftanteile der geneigten Gurtkräfte wie bei Stahlbetonbauteilen berücksichtigt. Im Unterschied zu DIN 1045-1 [2], wo die genannten Querkraftkomponenten auf der Seite der Einwirkung subtrahiert wurden, werden sie gemäß EC2-1-1 auf der Widerstandsseite addiert. Im Folgenden wird die Darstellung der DIN 1045-1 gewählt. Der Bemessungswert der einwirkenden Querkraft V_{Ed} ergibt sich somit insgesamt zu:

$$V_{Ed} = V_{Ed0} - V_{ccd} - V_{td}$$

mit V_{Ed} Bemessungswert der einwirkenden Querkraft (maßgebend für die Nachweise)

V_{Ed0} Grundbemessungswert der einwirkenden Querkraft

V_{ccd} Bemessungswert der Querkraftkomponente der geneigten Druckgurtkraft

V_{td} Bemessungswert der Querkraftkomponente der geneigten Zuggurtkraft einschließlich des Querkraftanteils der Vorspannung V_{pd}

Die Komponenten der geneigten Gurtkräfte bzw. des geneigten Spanngliedes können die Querkraftbeanspruchung sowohl vergrößern als auch verringern. Ändern sich Biegemoment und Bauteilhöhe gleichsinnig, so wird ein Teil der Querkraft von den geneigten Gurt- und Spanngliedkräften übernommen und darf somit von dem aus der Schnittgrößenermittlung erhaltenen Grundbemessungswert der Querkraft abgezogen werden. Ändern sich jedoch das Biegemoment und die Bauteilhöhe gegenläufig, so wird durch die Komponenten V_{ccd} und V_{td} die Querkraftbeanspruchung des Querschnittes vergrößert.

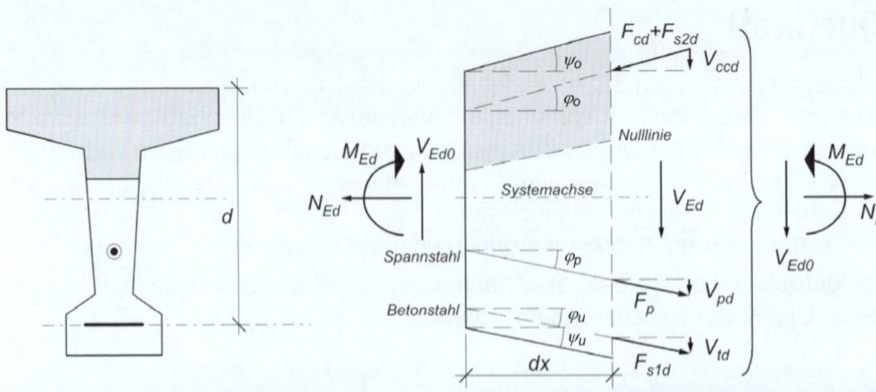

Abb. 3.35 Querkraftkomponenten bei einem Spannbetonträger mit veränderlicher Bauhöhe

Auf der Seite der aufnehmbaren Querkraft ist wie bei Stahlbetonbauteilen zu unterscheiden in Bauteile mit Querkraftbewehrung und Bauteile ohne Querkraftbewehrung. Ist der Wert der einwirkenden Querkraft V_{Ed} kleiner als der Wert $V_{Rd,c}$, so ist rechnerisch keine Querkraftbewehrung erforderlich (siehe Bauteile ohne Querkraftbewehrung). Überschreitet die einwirkende Querkraft V_{Ed} den Wert $V_{Rd,c}$, (siehe Bauteile mit Querkraftbewehrung), muss nachgewiesen werden, dass die Druckstrebentragfähigkeit ausreicht ($V_{Ed} < V_{Rd,max}$) und dass eine ausreichende Querkraftbewehrung vorhanden ist ($V_{Ed} < V_{Rd,s}$).

Bei allen vorgenannten Nachweisen wird stets vorausgesetzt, dass sich das betrachtete Bauteil im gerissenen Zustand II befindet. In dem speziellen Fall, dass das Bauteil im Grenzzustand der Tragfähigkeit infolge der Biegebeanspruchung ungerissen bleibt, darf der Nachweis der Querkrafttragfähigkeit mit Hilfe der Hauptspannungen geführt werden. Für alle drei Fälle (ungerissene Bauteile, Bauteile ohne Querkraftbewehrung, Bauteile mit Querkraftbewehrung) wird im Folgenden die Berechnung von V_{Rd} erläutert.

Ungerissene Querschnitte

Sind die Betonzugspannungen im Grenzzustand der Tragfähigkeit kleiner als der Wert f_{ctd}, so wird das Bauteil als ungerissen angesehen. Der Nachweis der Querkrafttragfähigkeit wird in diesem Fall mit Hilfe der Hauptspannungen durchgeführt. Um das gleiche Nachweisformat wie für gerissene Bauteile verwenden zu können, wird aus den zulässigen Hauptzugspannungen wiederum eine maximal aufnehmbare Querkraft ermittelt. Der Nachweis lautet in diesem Fall

$$V_{Ed} \leq V_{Rd,c} = \frac{I \cdot b_w}{S} \cdot \sqrt{f_{ctd}^2 + \alpha_1 \cdot \sigma_{cp} \cdot f_{ctd}}$$

mit I Flächenträgheitsmoment des Querschnittes

S statisches Moment des Querschnittes oberhalb der Schwerachse

b_w kleinste Querschnittsbreite in der Zugzone in mm

$\alpha_1 = l_x / l_{pt2} \leq 1{,}0$ bei Vorspannung mit sofortigem Verbund

$= 1{,}0$ in den übrigen Fällen

l_x Abstand des betrachteten Querschnittes vom Beginn der Übertragungslänge des Spanngliedes

l_{pt2} oberer Grenzwert der Übertragungslänge des Spanngliedes

$f_{ctd} = \alpha_{ct} \cdot \frac{f_{ctk,0,05}}{\gamma_c}$, i.d.R. $\alpha_{ct} = 0,85$ und $\gamma_{ct} = 1,5$ (ständig und vorübergehend)

σ_{cp} Bemessungswert der Betonlängsspannung in Höhe des Schwerpunktes;

$\sigma_{cp} = N_{Ed} / A_c$ [N/mm²], $N_{Ed} > 0$ bei Druck

Bauteile ohne Querkraftbewehrung

Die Berechnung des Bemessungswertes der aufnehmbaren Querkraft von Spannbetonbauteilen ohne Querkraftbewehrung entspricht der von Bauteilen aus Stahlbeton. Der Nachweis für ein Spannbetonbauteil ohne Querkraftbewehrung lautet daher

$V_{Ed} \leq V_{Rd,c} = [C_{Rd,c} \cdot k \cdot (100 \cdot \rho_l \cdot f_{ck})^{1/3} + 0,12 \cdot \sigma_{cp}] \cdot b_w \cdot d$ mit einem Mindestwert von

$V_{Rd,c} = (v_{min} + 0,12 \cdot \sigma_{cp}) \cdot b_w \cdot d$

mit $v_{min} = (0,0525 / \gamma_c) \cdot k^{3/2} \cdot f_{ck}^{1/2}$ für $d \leq 600$ mm

$v_{min} = (0,0375 / \gamma_c) \cdot k^{3/2} \cdot f_{ck}^{1/2}$ für $d > 800$ mm

(für 600 mm $< d \leq$ 800 mm darf interpoliert werden)

$C_{Rd,c} = 0,15 / \gamma_c$

$k = 1 + \sqrt{200 / d} \leq 2,0$ (d in mm)

ρ_l Längsbewehrungsgrad

$\rho_l = A_{sl} / (b_w \cdot d) \leq 0,02$

σ_{cp} Bemessungswert der Betonlängsspannung in Höhe des Schwerpunktes

$\sigma_{cp} = N_{Ed} / A_c < 0,2 \cdot f_{cd}$ [N/mm²]

b_w kleinste Querschnittsbreite in der Zugzone in mm

d statische Nutzhöhe der Längsbewehrung im betrachteten Querschnitt in mm

Bei Bauteilen mit auflagernahen Einzellasten kann der Nachweis der Druckstrebe maßgebend werden, selbst wenn rechnerisch keine Querkraftbewehrung erforderlich ist. Daher ist in diesem Fall zusätzlich nachzuweisen, dass gilt

$V_{Ed} \leq 0,5 \cdot b_w \cdot d \cdot v \cdot f_{cd}$

mit $\nu = 0{,}675$,

für Betonfestigkeitsklassen ≥ C55/67 ist ν mit dem Faktor $\nu_2 = (1{,}1 - f_{ck}/500)$ abzumindern.

Bauteile mit Querkraftbewehrung

Die Bemessung von Bauteilen mit Querkraftbewehrung basiert auf einem Fachwerkmodell, dessen Druckstrebenneigung in Grenzen frei gewählt werden kann. Wie bei Stahlbetonbauteilen gilt für den Winkel θ, unter dem die Druckstreben geneigt sind:

$$1{,}0 \leq \cot\theta \leq \frac{1{,}2 + 1{,}4 \cdot \sigma_{cd}/f_{cd}}{1 - V_{Rd,cc}/V_{Ed}} \leq 3{,}0$$

Hierin ist

$$V_{Rd,cc} = c \cdot 0{,}48 \cdot f_{ck}^{\;1/3} \cdot (1 - 1{,}2 \cdot \frac{\sigma_{cd}}{f_{cd}}) \cdot b_w \cdot z$$

und

c = 0,5

σ_{cd} Bemessungswert der Betonlängsspannung in Höhe des Schwerpunktes

= N_{Ed}/A_c [N/mm²], $N_{Ed} > 0$ als Längsdruckkraft

Die Grenze der Querkrafttragfähigkeit, die sich aus der angeordneten Querkraftbewehrung ergibt, errechnet sich dann mit

$$V_{Rd,s} = \frac{A_{sw}}{s} \cdot f_{ywd} \cdot z \cdot \sin\alpha \cdot (\cot\theta + \cot\alpha)$$

mit A_{sw} Querschnittsfläche der Querkraftbewehrung

s Bügelabstand

f_{ywd} Bemessungswert der Streckgrenze der Querkraftbewehrung

α Neigungswinkel der Bügel gegen die Bauteilachse

Für Querkraftbewehrung, die senkrecht zur Bauteilachse angeordnet wird, vereinfacht sich die Gleichung wie folgt:

$$V_{Rd,s} = \frac{A_{sw}}{s} \cdot f_{ywd} \cdot z \cdot \cot\theta$$

Für die Druckstrebenneigung dürfen zudem vereinfachend folgende Werte gewählt werden:

bei reiner Biegung oder Biegung mit Längsdruckkraft: $\cot\theta = 1{,}2$

bei Biegung mit Längszugkraft: $\cot\theta = 1{,}0$

Die Grenze der Querkrafttragfähigkeit, die sich aus der Druckstrebentragfähigkeit ergibt, errechnet sich allgemein mit

$$V_{Rd,max} = b_w \cdot z \cdot \nu_1 \cdot f_{cd} \cdot \frac{\cot\theta + \cot\alpha}{1 + \cot^2\theta}$$

Im Fall, dass die Querkraftbewehrung senkrecht zur Bauteilachse angeordnet wird, vereinfacht sich die Berechnung wiederum wie folgt:

$$V_{Rd,max} = b_w \cdot z \cdot \nu_1 \cdot f_{cd} \cdot \frac{1}{\cot\theta + \tan\theta}$$

mit ν_1 Abminderungsbeiwert für die Druckstrebenfestigkeit, $\nu_1 = 0{,}75 \cdot \nu_2$

$\nu_2 = 1{,}0$ für $\leq$ C50/60, $\nu_2 = 1{,}1 - \frac{f_{ck}}{500}$ für $\geq$ C55/67

z Hebelarm der inneren Kräfte

$= 0{,}9 \cdot d \leq \max\{d - 2 \cdot c_{v,1}, d - c_{v,1} - 30\text{ mm}\}$

Bei der anzusetzenden Querschnittsbreite b_w sind Schwächungen des Betonquerschnitts durch Hüllrohre zu berücksichtigen. Bei nebeneinander in Hüllrohren liegenden, verpressten Spanngliedern, für die gilt, dass die Summe ihrer Durchmesser größer ist als $b_w/8$, ist daher als rechnerische Querschnittsbreite anzusetzen

$$b_{w,nom} = b_w - 0{,}5 \cdot \Sigma\varnothing$$

für Betonfestigkeitsklassen bis C 50/60

$b_{w,nom} = b_w - 1{,}0 \cdot \Sigma\varnothing$ für Betonfestigkeitsklassen ab 55/67

Für nebeneinander in Hüllrohren liegende und noch nicht verpresste Spannglieder sowie für verpresste Kunststoffhüllrohre oder bei Vorspannung ohne Verbund gilt

$b_{w,nom} = b_w - 1{,}2 \cdot \Sigma\varnothing$ für alle Betonfestigkeitsklassen

In den obigen Gleichungen ist $\varnothing$ der äußere Hüllrohrdurchmesser eines Spannglieds.

3.3.6 Torsion

Wie für Stahlbetonbauteile erfolgt der Nachweis der Torsionstragfähigkeit unter Annahme eines dünnwandigen, geschlossenen Querschnitts.

Auf der Seite des einwirkenden Torsionsmomentes muss ggf. das aus der Vorspannung resultierende Torsionsmoment berücksichtigt werden.

$$T_{Ed} = T_{Ed0} - T_{pd}$$

mit T_{Ed0} Torsionsmoment infolge äußerer Lasten

T_{pd} Torsionsmoment infolge Vorspannung im Grenzzustand der Tragfähigkeit

$$T_{\mathrm{pd}} = T_{\mathrm{pk}} \cdot \gamma_{\mathrm{p}}$$

Die Torsionstragfähigkeit errechnet sich wie für Stahlbetonbauteile. Hierfür wird daher auf [10] verwiesen.

3.3.7 Anwendungsbeispiel: Dachbinder

Aufgabe

Der in Abb. 2.10 und Abb. 3.36 skizzierte Dachbinder ist für den Grenzzustand der Tragfähigkeit für Querkraft zu bemessen. Die Auflagerbreite beträgt 20 cm.

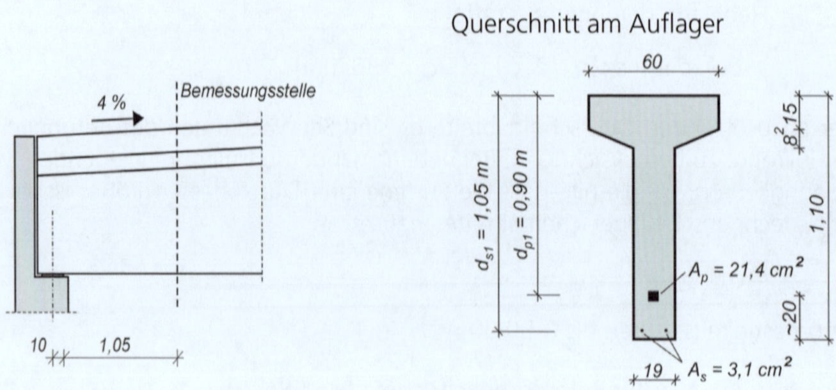

Abb. 3.36 Binder: Ansicht Auflagerbereich und Querschnitt

Der Mittelwert der Vorspannkraft beträgt P_{m0} = 2031 kN, vgl. Abb. 2.12, die Spannkraftverluste an der Nachweisstelle infolge Kriechen, Schwinden und Relaxation 30,8 %, vgl. Abschn. 2.5.4.

Durchführung

Bemessungswerte der Einwirkungen

$$g'_{1,\mathrm{d}} = 1{,}35 \cdot 10{,}0 = 13{,}5 \text{ kN/m}, \quad g''_{1,\mathrm{d}} = 1{,}35 \cdot 7{,}2 = 9{,}72 \text{ kN/m}$$

$$g_{2,\mathrm{d}} = 1{,}35 \cdot 9{,}4 = 12{,}69 \text{ kN/m}$$

$$s_{\mathrm{d}} = 1{,}5 \cdot 6{,}4 = 9{,}6 \text{ kN/m}$$

$$C_{\mathrm{Ed,g}} = (9{,}72 + \frac{13{,}5 - 9{,}72}{2} + 12{,}69) \cdot \frac{30}{2} = 364{,}5 \text{ kN}$$

$$C_{\mathrm{Ed,s}} = 1{,}5 \cdot 6{,}4 \cdot \frac{30}{2} = 144 \text{ kN}$$

$$C_{\mathrm{Ed}} = 144 + 364{,}5 = 508{,}5 \text{ kN}$$

Bemessungswert der Querkraft

Im Abstand d_{S1} = 1,05 m vom Auflagerrand bzw. x = 1,15 m von der Auflagerachse ergibt sich:

$$V_{Ed0} = C_{Ed} - (g_d + s_d) \cdot 1{,}15 = 508{,}5 - (9{,}72 + 12{,}69 + 9{,}6) \cdot 1{,}15 = 471{,}7 \text{ kN}$$

Das dazugehörige Biegemoment an der Bemessungsstelle beträgt:

$$M_{Ed0} = C_{Ed} \cdot 1{,}15 - (g_d + s_d) \cdot \frac{1{,}15^2}{2} = 508{,}5 \cdot 1{,}15 - (9{,}72 + 12{,}69 + 9{,}6) \cdot \frac{1{,}15^2}{2} = 564 \text{ kNm}$$

Der gewichtete Schwerpunkt von Betonstahl- und Spannstahlbewehrung ergibt sich mit den unterschiedlichen Festigkeiten an der Bemessungsstelle im Abstand von d = 95,3 cm vom oberen Rand.

Die geneigte Biegedruckkraft beträgt hiermit gem. Abb. 3.35:

$$V_{ccd} = -\frac{M_{Ed,0}}{z} \cdot \tan\psi_o = -\frac{564}{0{,}9 \cdot 0{,}953} \cdot 0{,}04 = -26{,}3 \text{ kN}$$

$$V_{Ed} = V_{Ed0} - V_{ccd} = 471{,}7 - 26{,}3 = 445 \text{ kN}$$

Querkrafttragfähigkeit ohne Querkraftbewehrung

$$V_{Rd,c} = [C_{Rd,c} \cdot k \cdot (100 \cdot \rho_l \cdot f_{ck})^{1/3} + 0{,}12 \cdot \sigma_{cp}] \cdot b_w \cdot d$$

$$f_{ck} = 50 \text{ MN/m}^2$$

$$k = 1 + \sqrt{\frac{200}{d}} = 1 + \sqrt{\frac{200}{953}} = 1{,}46 \quad < 2{,}0$$

$$\rho_1 = \frac{(21{,}4 + 3{,}1) \cdot 10^{-4}}{0{,}19 \cdot 0{,}953} = 0{,}0135 \quad < 0{,}02$$

$$\sigma_{cp} = \frac{2{,}031}{0{,}296} \cdot (1 - 0{,}308) = -6{,}86 \cdot 0{,}692 = -4{,}75 \text{ N/mm}^2$$

$$V_{Rd,c} = \left[\frac{0{,}15}{1{,}5} \cdot 1{,}46 \cdot (100 \cdot 0{,}0135 \cdot 50)^{1/3} + 0{,}12 \cdot 4{,}62\right] \cdot 0{,}19 \cdot 0{,}953$$
$$= 0{,}208 \text{ MN} \ < \ V_{Ed} = 0{,}445 \text{ MN}$$

$\Rightarrow$ Querkraftbewehrung ist erforderlich!

Ermittlung der Druckstrebenneigung

$$V_{Rd,cc} = \left[c \cdot 0{,}48 \cdot f_{ck}^{1/3} \cdot (1 - 1{,}2 \cdot \frac{\sigma_{cd}}{f_{cd}})\right] \cdot b_w \cdot z$$

$$c = 0{,}5$$

$$\sigma_{cd} = 4{,}62 \text{ N/mm}^2$$

$$f_{cd} = 0{,}85 \cdot \frac{50}{1{,}35} = 31{,}5\ \text{N/mm}^2$$

$$z = 0{,}9 \cdot 0{,}953 = 0{,}858 \leq 0{,}953 - 2 \cdot 0{,}025 = 0{,}903$$

$$V_{Rd,c} = 0{,}5 \cdot 0{,}48 \cdot 50^{1/3} \cdot (1 - 1{,}2 \cdot \frac{4{,}62}{31{,}5}) \cdot 0{,}19 \cdot 0{,}858 = 0{,}119\ \text{MN} = 119\ \text{kN}$$

$$\cot\theta \leq \frac{1{,}2 + 1{,}4 \cdot \sigma_{cd} / f_{cd}}{1 - V_{Rd,cc} / V_{Ed}} = \frac{1{,}2 + 1{,}4 \cdot 4{,}62 / 31{,}5}{1 - 119 / 445} = 1{,}92 \quad \begin{cases} \geq 1{,}0 \\ \leq 3{,}0 \end{cases}$$

Nachweis der Druckstrebentragfähigkeit

$$V_{Rd,max} = b_w \cdot z \cdot \nu_1 \cdot f_{cd} \cdot \frac{1}{\cot\theta + \tan\theta}$$

mit $\nu_1 = 0{,}75$

$$V_{Rd,max} = 0{,}19 \cdot 0{,}858 \cdot 0{,}75 \cdot 31{,}5 \cdot \frac{1}{1{,}92 + 1/1{,}92} = 1{,}578\ \text{MN} = 1578\ \text{kN} > C_{Ed} = 508{,}5\ \text{kN}$$

Erforderliche Querkraftbewehrung

senkrechte Bügel mit $\alpha = 90°$

$$a_{sw} = \frac{A_{sw}}{s} = \frac{V_{Ed}}{f_{ywd} \cdot z \cdot \cot\theta} = \frac{0{,}445}{435 \cdot 0{,}858 \cdot 1{,}92} \cdot 10^4 = 6{,}21\ \text{cm}^2/\text{m}$$

3.3.8 Ermüdung

Grundlagen

Im Vergleich zu statischen Belastungen weisen Werkstoffe bzw. Bauteile gegenüber häufig wiederholten oder schwingenden Belastungen eine erheblich niedrigere Widerstandsfähigkeit auf. Die Ursache liegt in kleinsten plastischen Wechselverformungen, die zunächst zur Bildung von Mikro- sowie Makrorissen und schließlich zum Materialversagen führen. Der Versagensmechanismus kann bei tragenden Elementen auftreten, die nicht vorwiegend ruhenden Einwirkungen ausgesetzt sind. Dies sind unter anderem: Straßen- und Eisenbahnbrücken, Krane und Kranbahnen, Maschinenfundamente, Industriedecken, stark befahrene Gebäudedecken, Meeresbauwerke im Wellenschlag, winderregte Türme, Schornsteine, Dächer und Fassaden. Für Tragwerke des allgemeinen Hochbaus braucht üblicherweise der Nachweis gegen Ermüdung nicht geführt zu werden (vgl. EC2-1-1/NA, 6.8.1 (2)).

Die maßgebenden Beanspruchungsgrößen sind die aufgebrachte Anzahl an Lastspielen N und die einwirkende Spannungsschwingbreite $\Delta\sigma$. Die wesentlichen Begriffe sind Abb. 3.37 zu entnehmen, die in (a) eine regelmäßige und in (b) eine realitätsnahe, regellos zyklisch schwingende Beanspruchung zeigt.

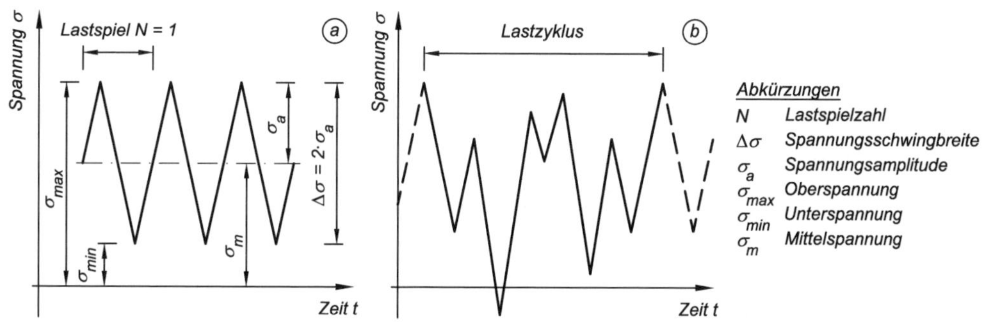

Abb. 3.37 Zyklisch schwingende Beanspruchungen; a) regelmäßig und b) regellos

Hinsichtlich der Materialermüdung werden zwei Beanspruchungsarten unterschieden: Kurzzeitig wirkende Beanspruchungen mit geringer Anzahl an Lastwechseln bei vergleichsweise hohen Amplituden (z.B. Erdbeben, niederzyklisch) und langfristig wirkende Beanspruchungen mit hoher Anzahl Lastwechsel bei geringeren Amplituden (z.B. Straßenbrücken und Kranbahnen, hochzyklisch). Im Nachweis der Ermüdungssicherheit wird im Betonbau ausschließlich die zweite genannte Beanspruchungsform betrachtet.

Der Ermüdungsnachweis ist im Grenzzustand der Tragfähigkeit zu führen. Da das Ermüdungsversagen von realen Bauteilen als Akkumulation von eingetragenen Schäden über die gesamte Lebensdauer zu verstehen ist, gehen in die Nachweisführung Beanspruchungen auf Gebrauchslastniveau ein. Die Betrachtung von extremalen Einwirkungen, die mit Hilfe von Teilsicherheitsbeiwerten gewonnen wurden, ist wenig zielführend. Eine wesentliche Herausforderung im Nachweis der Ermüdungssicherheit stellt daher die Ermittlung von Beanspruchungskollektiven dar, welche realitätsnah die vorgesehene Lebensdauer eines Bauteils beschreiben (vgl. auch die beispielhafte Darstellung in Abb. 3.37 b).

Die Betrachtung von realen Beanspruchungen, wie sie sich unter Betriebsbedingungen ergeben, führt auf den Begriff des Betriebsfestigkeitsnachweises. Der Nachweis im EC2 ist grundsätzlich als solcher konzipiert, sieht jedoch auch einen vereinfachten Nachweis vor, der als Dauerfestigkeitsnachweis verstanden werden kann.

Nachfolgend wird zunächst auf die Beschreibung des Werkstoffverhaltens, hiernach auf die Ermittlung von realitätsnahen Beanspruchungskollektiven und schließlich auf die Möglichkeiten der Nachweisführung der Normung eingegangen.

Werkstoffverhalten

Das Ermüdungsverhalten der Werkstoffe Beton, Beton- und Spannstahl wird üblicherweise im Einstufenversuch ermittelt. Hierbei wird der Versuchskörper einer zyklischen Beanspruchung mit konstanter Oberspannung und Spannungsschwingbreite bis zum Eintreten des Bruchs oder bis zum Erreichen einer vorgegebenen Lastspielzahl ausgesetzt (vgl. Abb. 3.37 a). Das Wertepaar aus erhaltener Lastspielzahl N und angewandter Schwingbreite $\Delta\sigma$ wird vermerkt und der Versuch mit veränderter Schwingbreite erneut durchgeführt. Die statistische Auswertung der erhaltenen Wertepaare aus N und $\Delta\sigma$ ergibt grafisch dargestellt die Wöhlerlinie.

Eine schematische Darstellung ist in Abb. 3.38 gegeben.

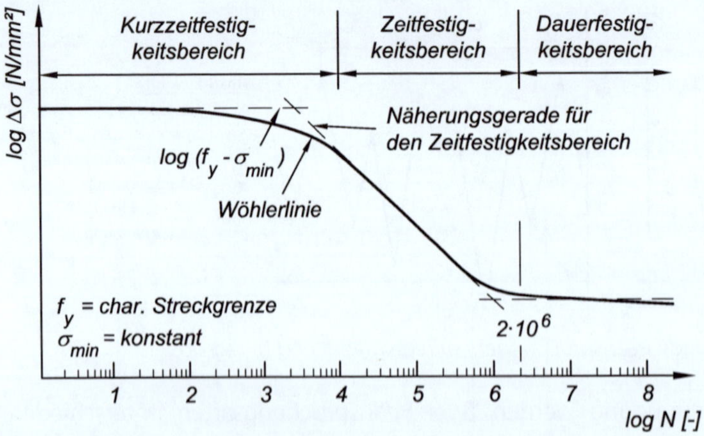

Abb. 3.38 Wöhlerlinie, schematische Darstellung

Die Wöhlerlinie wird in die drei Bereiche der niederzyklischen Kurzzeitfestigkeit für Lastspielzahlen N bis ca. 10^4, der Zeitfestigkeit für $N \leq 2 \cdot 10^6$ sowie der Dauerfestigkeit für $N > 2 \cdot 10^6$ unterteilt.

Die Kurzzeitfestigkeit ist für Ermüdungsuntersuchungen irrelevant. Sie liegt nahe an der statischen Festigkeit. Die Dauerfestigkeit kennzeichnet die Schwingbreite, die theoretisch unendlich oft aufgebracht werden kann, ohne einen Bruch zu erzeugen. Aus Versuchen ist jedoch bekannt, dass auch für Lastspielzahlen $N > 2 \cdot 10^6$ kein festes Spannungsschwingbreitenniveau existiert, bei dessen Unterschreitung Ermüdungsbrüche uneingeschränkt ausgeschlossen werden können. Die technischen Regelwerke sehen daher auch im Dauerfestigkeitsbereich eine abfallende Wöhlerlinie vor.

Beton- und Spannstahl

Zur Beschreibung der Ergebnisse von Ermüdungsfestigkeitsversuchen von metallischen Werkstoffen hat sich der Ansatz nach Basquin [25] durchgesetzt. Im doppellogarithmischen Maßstab dargestellt, wird die Wöhlerlinie hierbei durch eine Gerade mit der Steigung $-1/k$ beschrieben:

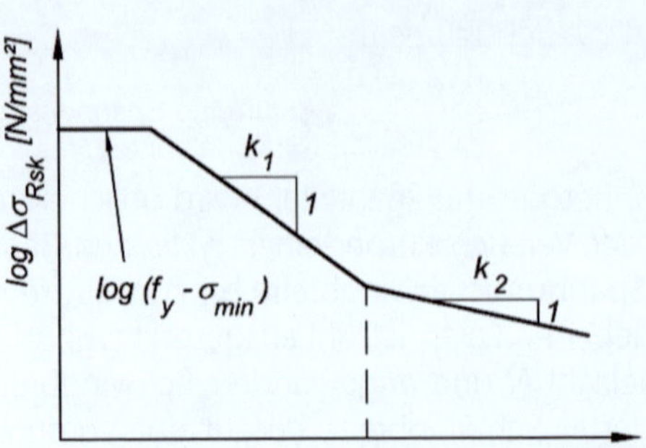

$$\log \Delta\sigma_{Rsk}(N) = \log \Delta\sigma_{Rsk}(N^*) - \frac{1}{k} \cdot \log\left(\frac{N}{N^*}\right)$$

$$\Delta\sigma_{Rsk}(N) = \Delta\sigma_{Rsk}(N^*) \cdot \left(\frac{N}{N^*}\right)^{-1/k}$$

Abb. 3.39 Wöhlerlinie nach EC2 für Beton- und Spannstahl

Abb. 3.39 zeigt die Wöhlerlinie für Beton- und Spannstahl nach EC2-1-1, 6.8.4. Hierbei kennzeichnet die Lastspielzahl N^* den Übergang vom Zeitfestigkeits- in den

Dauerfestigkeitsbereich. Innerhalb des Zeitfestigkeitsbereichs wird $k = k_1$ und innerhalb des Dauerfestigkeitsbereichs $k = k_2$ gesetzt.

Abb. 3.40 enthält die Parameter der Wöhlerlinien für Spannstahl nach EC2-1-1, Tabelle NA.6.4. Es ist anzumerken, dass die Kennwerte für Kopplungen gemäß EC2-1-1 grundsätzlich in allgemeinen bauaufsichtlichen Zulassungen zu regeln sind.

Spannstahl [a]	N^*	**Spannungsexponent**		$\Delta\sigma_{Rsk}$ **[N/mm²] bei** N^* **Zyklen** [b]	
		k_1	k_2	**Klasse 1**	**Klasse 2**
im sofortigen Verbund		5	9	185	120
im nachträglichen Verbund					
- Einzellitzen in Kunststoffhüllrohren		5	9	185	120
- gerade Spannglieder, gekrümmte Spannglieder in Kunststoffhüllrohren	10^6	5	9	150	95
- gekrümmte Spannglieder in Stahlhüllrohren		3	7	120	75

[a] Sofern nicht andere Wöhlerlinien durch eine Zulassung oder Zustimmung im Einzelfall für den eingebauten Zustand festgelegt werden.
[b] Werte im eingebauten Zustand. Die Spannstähle werden in 2 Klassen eingeteilt. Die Werte für Klasse 1 sind durch eine allgemeine bauaufsichtliche Zulassung für den Spannstahl nachzuweisen.
Die Werte für Nachweise des Verankerungsbereichs von Spanngliedern sind immer der allgemeinen bauaufsichtlichen Zulassung zu entnehmen.

Abb. 3.40 Wöhlerlinie, Parameter der Ermüdungsfestigkeitskurven (Wöhlerlinien) für Spannstahl

Abb. 3.41 zeigt exemplarisch den Verlauf der Wöhlerlinie für gekrümmte Spannglieder in Stahlhüllrohren, dies sowohl im doppel- als auch im einfachlogarithmischen Maßstab.

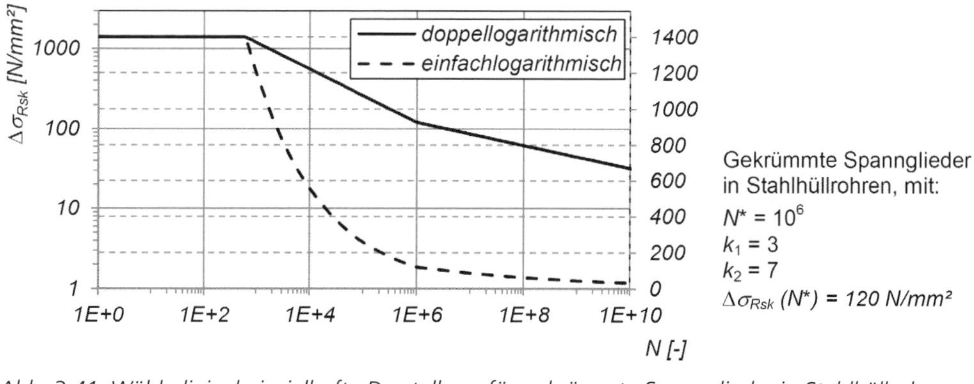

Abb. 3.41 Wöhlerlinie, beispielhafte Darstellung für gekrümmte Spannglieder in Stahlhüllrohren

Beton

Beim druckbeanspruchten Beton zeigt sich im Einstufenversuch eine deutliche Abhängigkeit der Bruchlastspielzahlen von der aufgebrachten Unterspannung. Mit steigender Unterspannung nehmen bei gleichbleibender Schwingbreite die ertragbaren Lastspielzahlen ab.

Die Abhängigkeit spiegelt sich auch in den Regelungen wider, welche den Wöhlerlinien des Betons nach EC2 zugrunde liegen [4].

$$\log N = 14 \cdot \frac{1 - E_{cd,max}}{\sqrt{1-R}}$$

mit $$E_{cd,max} = \frac{|\sigma_{cd,max}|}{f_{cd,fat}};\ E_{cd,min} = \frac{|\sigma_{cd,min}|}{f_{cd,fat}};\ R = \frac{E_{cd,min}}{E_{cd,max}}$$

$$f_{cd,fat} = k_1 \cdot \beta_{cc}(t_0) \cdot \left(1 - \frac{f_{ck}}{250}\right)$$

$$\beta_{cc}(t) = \exp\left(s \cdot \left[1 - \sqrt{28/t}\right]\right)$$

Eine Auswertung ertragbarer Oberspannungen $\sigma_{cd,max}$ für verschiedene Unterspannungen $\sigma_{cd,min}$ ist in Abb. 3.42 gegeben. Die Verläufe basieren auf einer Betondruckfestigkeit f_{ck} = 30 N/mm² bei Verwendung eines Zements der Festigkeitsklassen CEM 32,5 R oder CEM 42,5 N mit s = 0,25, der Aufbringung der ersten zyklischen Belastung nach t_0 = 28 Tagen und einem Beiwert k_1 = 1,0.

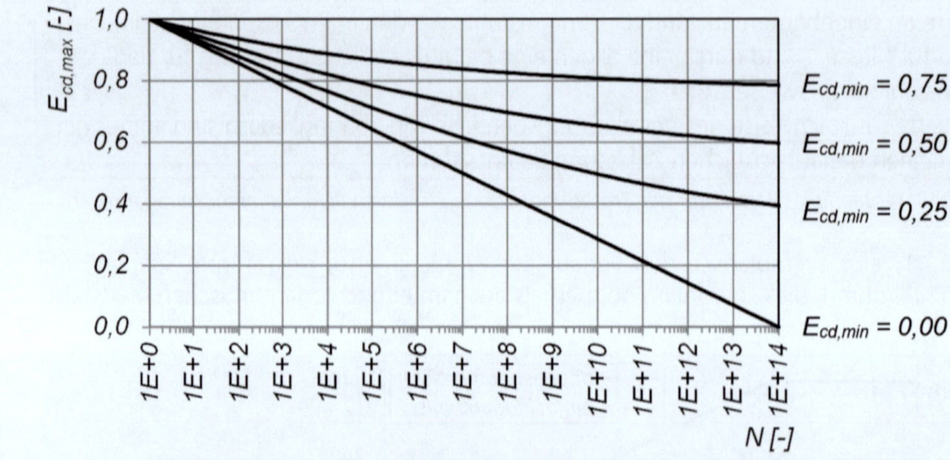

Abb. 3.42 Wöhlerlinien nach EC2 für druckbeanspruchten Beton

Das Ermüdungsverhalten von Beton unter Zugbeanspruchung ist kaum erforscht. Hinweise hierzu können [25] entnommen werden.

Beanspruchungen

Ermüdungsversagen tritt nicht infolge von einmaligen extremalen Einwirkungen auf. Der Versagensmechanismus ist vielmehr durch die Fortschreitung eines initiierten Ermüdungsschadens über die Lebensdauer charakterisiert. Hieran ist zu erkennen, dass ein präziser Betriebsfestigkeitsnachweis zunächst die Kenntnis der über die Lebensdauer tatsächlich auftretenden Betriebsbeanspruchungen sowie ggf. deren Chronologie und des weiteren adäquate Methoden zur Akkumulation des jeweiligen Schadenbeitrags erfordert.

Wirklichkeitsnahe Ermüdungsbeanspruchungen können mit Hilfe von Messungen an Bauwerken gewonnen werden. Da dies meist mit einem hohen Aufwand einhergeht, stellt die Normung vereinfachte Belastungsansätze bereit. Insbesondere für den Brückenbau (siehe hierzu auch Abschnitt 4.2.4) finden sich im EC1-2 Verkehrslastmodelle, die verschiedene Fahrzeugtypen und zugehörige Auftretenswahrscheinlichkeiten beschreiben und somit eine genauere rechnerische Ermittlung der Ermüdungsbeanspruchungen ermöglichen.

Die ermüdungsrelevanten Informationen der messtechnischen oder rechnerischen Untersuchung sind hauptsächlich die auftretenden Spannungsschwingbreiten $\Delta\sigma$ und die zugehörigen Häufigkeiten *n*. Zur Ermittlung der Werte wird ein geeignetes Zählverfahren (bspw. Hysteresezähl-, Rainflow- oder Reservoir-Methode) eingesetzt.

Abb. 3.43 zeigt in (a) einen beispielhaften, regellosen Spannungs-Zeit-Verlauf. Unter Anwendung der Reservoir-Methode [25] wird das dargestellte Spannungsspektrum in ein geordnetes Schwingbreitenkollektiv überführt, (b). Die Häufigkeitsverteilung des gewonnenen Kollektivs kann nun zur Ermüdungsbewertung auf eine Wöhlerlinie angewandt werden, (c).

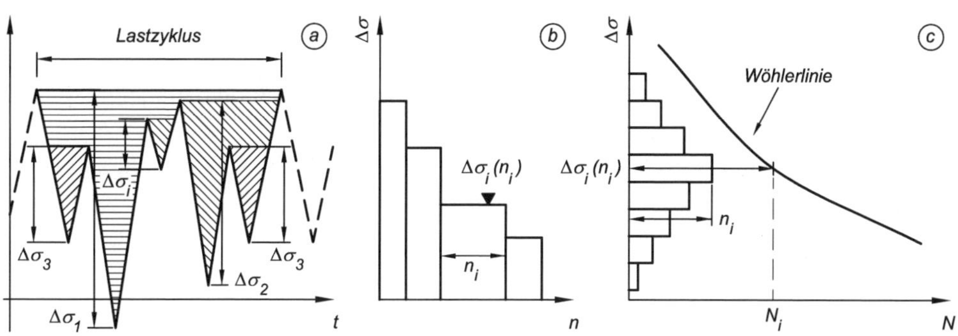

Abb. 3.43 a) Beanspruchung und Zählverfahren, b) Schwingbreitenkollektiv und c) Wöhlerlinie

Schadensakkumulation

Zur Akkumulation der über die Lebensdauer eingetragenen Schäden wird im Betonbau die Palmgren-Miner-Regel angewandt. Das Verfahren gestattet den Vergleich mehrstufiger Spannungskollektive, die für ein Bauwerk unter Betriebsbelastung ermittelt wurden, mit den Wöhlerlinien der Einstufenversuche. Zur Nachweisführung können somit auf Werkstoffebene Einwirkungen mit Widerständen in Relation gesetzt werden.

Der Fortschritt des Ermüdungsschadens wird über den dimensionslosen Schädigungswert D beschrieben. Er wird gebildet mit Hilfe der über die Lebensdauer tatsächlich auftretenden Lastspielzahlen n_i mit Spannungsschwingbreiten $\Delta\sigma_i$ und den nach der Wöhlerlinie zu $\Delta\sigma_i$ ertragbaren Spielzahlen N_i. Die Teilschädigungen $D_i = n_i / N_i$ werden linear akkumuliert. Bei einer Summe von $\leq 1{,}0$ kann Ermüdungsversagen für den betrachteten Werkstoff ausgeschlossen werden.

$$D = \sum_i D_i = \sum_i \frac{n_i(\Delta\sigma_i)}{N_i(\Delta\sigma_i)} \leq 1{,}0$$

Eine Berücksichtigung von Lastgeschichte und Vorschädigung ist bei diesem Verfahren nicht möglich. Es stellt jedoch einen pragmatischen Ansatz dar, der für den Betonbau eine ausreichende Genauigkeit gewährleistet.

Nachweisführung

Der EC2 bietet drei Möglichkeiten der Nachweisführung (vgl. auch [4], [26], [27]), wobei die Genauigkeit – und hiermit die Wirtschaftlichkeit – und der Rechenaufwand entsprechend der nachfolgend angegebenen Reihenfolge steigen.

Stufe 1: Vereinfachter Dauerfestigkeitsnachweis über die Begrenzung von Spannungen bzw. Spannungsschwingbreiten

Stufe 2: Vereinfachter Betriebsfestigkeitsnachweis mit Hilfe von schädigungsäquivalenten Spannungsschwingbreiten

Stufe 3: Expliziter Betriebsfestigkeitsnachweis unter Berücksichtigung von realitätsnahen Beanspruchungen und Anwendung der linearen Schadensakkumulationshypothese nach Palmgren und Miner

Abb. 3.44 enthält eine Übersicht zu den Ermüdungsnachweisen für Beton, Beton- und Spannstahl nach EC2-1-1, 6.8.

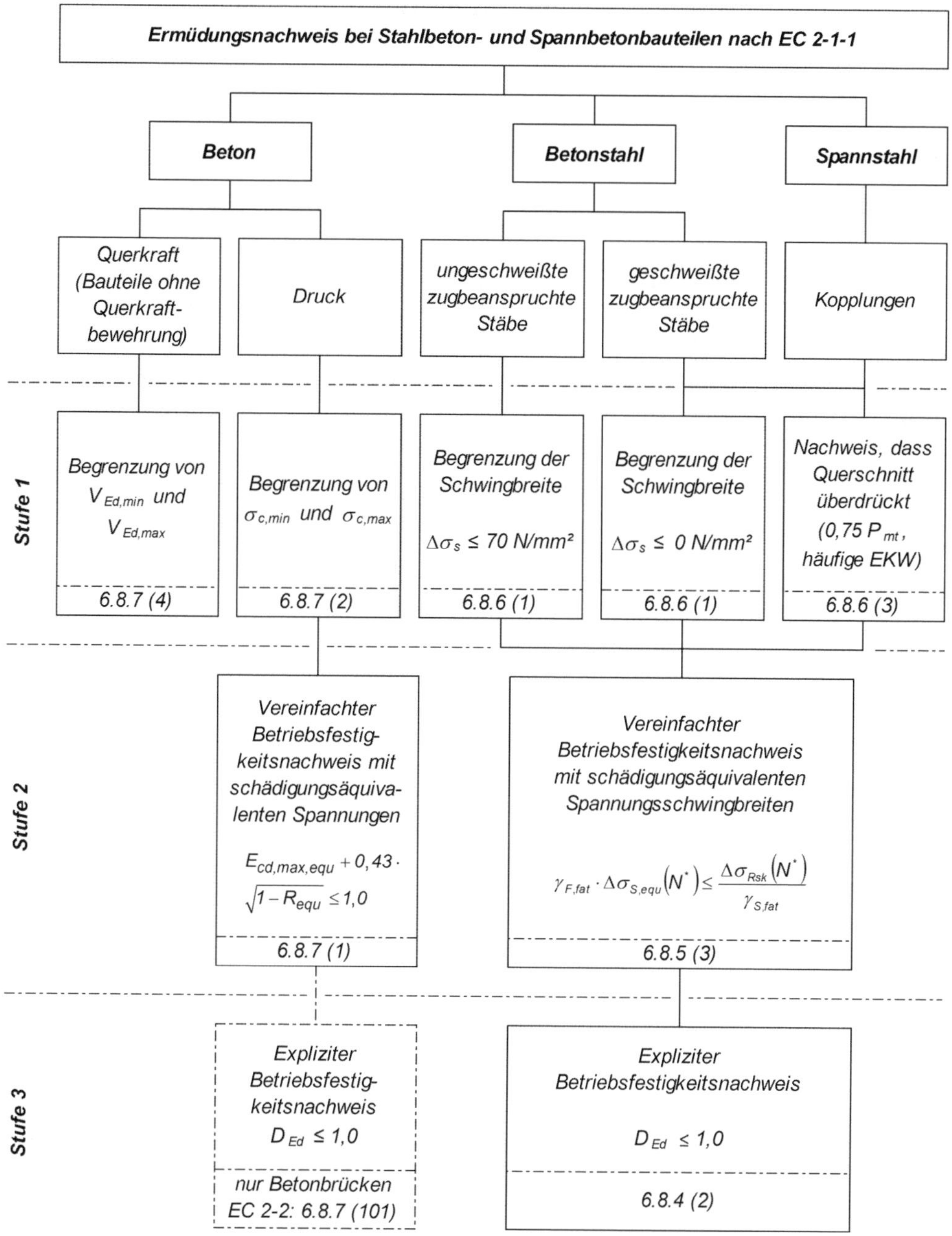

Abb. 3.44 Übersicht, Ermüdungsnachweise Beton, Beton- und Spannstahl nach EC2 [1]

Der Ermüdungsnachweis ist getrennt für Beton und Stahl mit Hilfe der häufigen Einwirkungskombination, als nichtzyklische Grundbeanspruchung, und der maßgebenden zyklischen ermüdungswirksamen Einwirkung Q_{fat} zu führen:

$$E_d = \left(\sum_{j\geq 1} G_{k,j} \oplus P \oplus \psi_{1,1} \cdot Q_{k,1} \oplus \sum_{i>1} \psi_{2,i} \cdot Q_{k,i} \right) \oplus Q_{fat}$$

In der Grundbeanspruchung sind somit die ständigen Einwirkungen, der charakteristische Wert der Vorspannung, sofern ungünstig wirkend der wahrscheinliche Wert der Setzungen und der häufige Wert der Temperatureinwirkung zu berücksichtigen. Die zyklische Beanspruchung ist beschrieben durch ermüdungswirksame Einwirkungen aus Nutz- bzw. Verkehrslasten (bspw. Windlasten oder Ermüdungslasten des Brückenbaus).

Die Ermittlung von inneren Kräften und Spannungen hat auf der Grundlage gerissener Querschnitte unter Vernachlässigung der Betonzugfestigkeit zu erfolgen. Die Verträglichkeit der Dehnungen ist jedoch einzuhalten.

Bei der Bemessung im Spannbetonbau ist es in der Regel ausreichend, näherungsweise einen vollkommenen Verbund zwischen Betonstahl bzw. Spannstahl und Beton zugrunde zu legen. Diese Näherung darf aufgrund der unterschiedlichen Verbundsteifigkeiten des Betonstahls und des Spannstahls für Ermüdungsnachweise nicht angewendet werden.

Für die Berechnung der Spannungen sind die unterschiedlichen Steifigkeiten zwischen Stahl und Beton sowie das verbundsteifere Verhalten des Betonstahls gegenüber dem Spannstahl zu berücksichtigen. Für das unterschiedliche Verbundverhalten von Beton- und Spannstahl kann ein Erhöhungsfaktor η für die Betonstahlspannungen mit folgender Gleichung ermittelt werden:

$$\eta = \frac{A_S + A_P}{A_S + A_P \cdot \sqrt{\xi \cdot (\phi_S / \phi_P)}}$$

Dabei ist

A_S die Querschnittsfläche der Betonstahlbewehrung;

A_P die Querschnittsfläche der Spannstahlbewehrung;

ϕ_S der größte Durchmesser der Betonstahlbewehrung;

ϕ_P der Durchmesser oder äquivalente Durchmesser der Spannstahlbewehrung;

ξ das Verhältnis der Verbundfestigkeit von im Verbund liegenden Spanngliedern zur Verbundfestigkeit von Betonrippenstahl im Beton, vgl. EC2-1-1, 6.8.2 (2).

Beim Ermüdungsnachweis der Querkraftbeanspruchung darf die Druckstrebenneigung θ_{fat} mit Hilfe eines Stabwerkmodells oder unter Anwendung der folgenden Gleichung ermittelt werden:

$\tan\theta_{fat} = \sqrt{\tan\theta} \leq 1{,}0$ mit θ aus Querkraftnachweis für nichtzyklische Lasten, ULS

Vereinfachter Dauerfestigkeitsnachweis

Der Nachweis für Beton unter Druckspannungen gilt als erbracht, wenn die folgende Bedingung erfüllt wird:

$$\frac{|\sigma_{c,max}|}{f_{cd,fat}} \leq 0{,}50 + 0{,}45 \cdot \frac{|\sigma_{c,min}|}{f_{cd,fat}} \leq \begin{cases} 0{,}9 \text{ für } f_{ck} \leq 50 \text{ N/mm}^2 \\ 0{,}8 \text{ für } f_{ck} > 50 \text{ N/mm}^2 \end{cases}$$

mit

$\sigma_{c,max}$	Bemessungswert der maximalen Druckspannung
$\sigma_{c,min}$	Bemessungswert der minimalen Druckspannung an der Stelle, wo $\sigma_{c,max}$ auftritt. Ist $\sigma_{c,min}$ eine Zugspannung, so gilt $\sigma_{c,min}$ = 0 N/mm²
$f_{cd,fat}$	Bemessungswert der einaxialen Betonfestigkeit beim Ermüdungsnachweis

Die obige Beziehung darf auch zum Nachweis von Druckstreben in querkraftbeanspruchten Bauteilen angewandt werden. Hierbei ist der Wert $f_{cd,fat}$ nach EC2-1-1, 6.8.7 (3) nochmals zu reduzieren.

Bei Bauteilen ohne Querkraftbewehrung gilt der Ermüdungsnachweis als erfüllt, wenn gilt:

$$\text{für } \frac{V_{Ed,min}}{V_{Ed,max}} \geq 0: \quad \frac{|V_{Ed,max}|}{|V_{Rd,c}|} \leq 0{,}50 + 0{,}45 \cdot \frac{|V_{Ed,min}|}{|V_{Rd,c}|} \leq \begin{cases} 0{,}9 \text{ für } f_{ck} \leq 50 \text{ N/mm}^2 \\ 0{,}8 \text{ für } f_{ck} > 50 \text{ N/mm}^2 \end{cases}$$

$$\text{für } \frac{V_{Ed,min}}{V_{Ed,max}} < 0: \quad \frac{|V_{Ed,max}|}{|V_{Rd,c}|} \leq 0{,}50 - \frac{|V_{Ed,min}|}{|V_{Rd,c}|}$$

mit

$V_{Ed,max}$	Bemessungswert der maximalen Querkraft
$V_{Ed,min}$	Bemessungswert der minimalen Querkraft in dem Querschnitt, wo $V_{Ed,max}$ auftritt
$V_{Rd,c}$	Bemessungswert des Querkraftwiderstands

Für nicht geschweißte Bewehrungsstäbe unter Zug gilt der Ermüdungsnachweis als erfüllt, wenn der Bemessungswert der Spannungsschwingbreite 70 N/mm² nicht übersteigt. Für geschweißte zugbeanspruchte Stäbe ist stets ein Betriebsfestigkeitsnachweis zu führen.

Bei geschweißten Verbindungen oder Kopplungen in vorgespannten Bauteilen darf ein ausreichender Widerstand gegen Ermüdung angenommen werden, wenn unter der häufigen Einwirkungskombination bei Abminderung der Vorspannkraft auf 0,75 · P_{mt} nachgewiesen wird, dass der Querschnitt im Bereich von 20 cm um Betonstahleinlagen oder Spannglieder unter Druckspannungen steht.

Vereinfachter Betriebsfestigkeitsnachweis

Die Ermüdungssicherheit von Beton unter Druckbeanspruchungen gilt nach EC2-1-1, 6.8.7 durch Einhaltung der folgenden Bedingung als gegeben:

$$E_{cd,max,equ} + 0{,}43 \cdot \sqrt{1 - R_{equ}} \leq 1{,}0$$

$$E_{cd,max,equ} = \frac{|\sigma_{cd,max,equ}|}{f_{cd,fat}};\ E_{cd,min,equ} = \frac{|\sigma_{cd,min,equ}|}{f_{cd,fat}};\ R_{equ} = \frac{E_{cd,min,equ}}{E_{cd,max,equ}}$$

mit

$E_{cd,max,equ}$ maximales Niveau der Druckspannung

$E_{cd,min,equ}$ minimales Niveau der Druckspannung

$\sigma_{cd,max,equ}$ Oberspannung der Dauerschwingfestigkeit mit einer Anzahl von 10^6 Zyklen

$\sigma_{cd,min,equ}$ Unterspannung der Dauerschwingfestigkeit mit einer Anzahl von 10^6 Zyklen

Die obige Beziehung folgt aus der zuvor angegebenen Beschreibung der Wöhlerlinien des Betons für eine Lastspielzahl von $N = 10^6$. Im Nachweis werden somit die schädigungsäquivalenten Spannungen $\sigma_{cd,max,equ}$ und $\sigma_{cd,min,equ}$ zur ertragbaren Spannungsschwingbreite nach einer Million Lastspielen in Relation gesetzt.

Für Beton- oder Spannstahl und Kopplungen wird der Nachweis gegen Ermüdung mit Hilfe der nachfolgenden Beziehung geführt:

$$\gamma_{F,fat} \cdot \Delta\sigma_{s,equ}\left(N^*\right) \leq \frac{\Delta\sigma_{Rsk}\left(N^*\right)}{\gamma_{s,fat}};\ \gamma_{F,fat} = 1{,}00;\ \gamma_{s,fat} = 1{,}15$$

mit

$\Delta\sigma_{Rsk}$ Schwingbreite bei N^* Lastzyklen aus den entsprechenden Ermüdungsfestigkeitskurven (Wöhlerlinien)

$\Delta\sigma_{s,equ}$ schädigungsäquivalente Schwingbreite für verschiedene Bewehrungsarten unter Berücksichtigung der Anzahl der Lastwechsel N^*. Für den Hochbau darf $\Delta\sigma_{s,equ}$ näherungsweise zu $\Delta\sigma_{s,max}$ angenommen werden;

$\Delta\sigma_{s,max}$ maximale Stahlspannungsamplitude unter der maßgebenden ermüdungswirksamen Einwirkungskombination.

Expliziter Betriebsfestigkeitsnachweis

Im Rahmen des expliziten Betriebsfestigkeitsnachweises wird die Palmgren-Miner-Regel angewandt und Einzelschädigungen, die unter realitätsnahen Betriebsbedingungen eintreten, zum Schadenswert D_{Ed} aufsummiert. Ein ausreichender Widerstand gegen Ermüdung darf angenommen werden, wenn sich die Summe zu $\leq$ 1,0 ergibt.

$$D_{Ed} = \sum_i D_{Ed,i} = \sum_i \frac{n_i(\Delta\sigma_i)}{N_i(\Delta\sigma_i)} \leq 1{,}0$$

mit

$n_i(\Delta\sigma_i)$ Zahl der aufgebrachten Lastwechsel für eine Schwingbreite $\Delta\sigma_i$

$N_i(\Delta\sigma_i)$ Zahl der aufnehmbaren Lastwechsel für eine Schwingbreite $\Delta\sigma_i$

3.4 Bauliche Durchbildung

Die bauliche Durchbildung von Spannbetonbauteilen ist besonders wichtig, da viele Schadensfälle aus der Nichtbeachtung konstruktiver und ausführungstechnischer Regeln herrühren. Innerhalb dieses Abschnitts werden die unterschiedlichen Arten der Mindestbewehrung sowie die Tragmechanismen im Verankerungsbereich von Spanngliedern erläutert.

3.4.1 Robustheitsbewehrung

Ein wichtiges Ziel der Bemessung von Stahlbeton- und Spannbetonbauteilen ist es, ein duktiles Bauteil auszubilden. Hierdurch soll erreicht werden, dass ein plötzliches Bauteilversagen ohne Vorankündigung nicht auftreten kann und somit ein robustes Tragverhalten sichergestellt wird.

Diese Robustheit des Bauteils wird erzeugt, indem eine Mindestlängsbewehrung (Robustheitsbewehrung) zur Aufnahme der Zugspannungen aus dem so genannten Rissmoment berechnet wird. Nach EC2-1-1/NA, 9.2.1.1 (1) und EC2-1-1/NA, 9.3.1.1 (1) darf die Robustheitsbewehrung für Balken und Platten mit dem Mittelwert der Betonzugfestigkeit f_{ctm} und einer Stahlspannung $\sigma_s = f_{yk}$ bestimmt werden. In zweiachsig gespannten Platten muss die Robustheitsbewehrung nur in der Hauptspannrichtung vorgesehen werden.

Die Spannung infolge eines Biegemomentes kann in einem Betonbauteil im Zustand I wie folgt berechnet werden:

$$\sigma_c = M / W_c$$

mit W_c = Widerstandsmoment des Betonquerschnitts vor der Rissbildung.

Der Betonquerschnitt reißt auf, wenn an der gezogenen Bauteilseite der Mittelwert der Betonzufestigkeit f_{ctm} gerade überschritten wird. Bei einem biegebeanspruchten Bauteil ergibt sich somit

$$\sigma_c = f_{ctm} = M / W_c$$

Löst man diese Gleichung nach dem Moment auf, erhält man das Rissmoment M_{cr}, bei dessen Überschreitung der Betonquerschnitt rechnerisch in den Zustand II übergeht. Bei Spannbetonbauteilen wird das Rissmoment ohne Berücksichtigung der Vorspannkraft berechnet.

$$M_{cr} = f_{ctm} \cdot W_c$$

Nach der Rissbildung muss das Rissmoment M_{cr} von der Robustheitsbewehrung $A_{s,min}$ unter Ansatz der charakteristischen Stahlspannung f_{yk} aufgenommen werden:

$$A_{s,min} \cdot f_{yk} \cdot z = M_{cr}$$

$$A_{s,min} = M_{cr} / \left(f_{yk} \cdot z\right) = f_{ctm} \cdot W_c / (f_{yk} \cdot z)$$

Auf die Robustheitsbewehrung darf bei Spannbetonbauteilen ein Drittel der Querschnittsfläche der im Verbund liegenden Spannglieder angerechnet werden, wenn mindestens zwei Spannglieder vorhanden sind. Ferner dürfen nur Spannglieder angerechnet werden, die nicht mehr als 0,2 *h* oder 250 mm (der kleinere Wert ist maßgebend) von der Betonstahlbewehrung entfernt liegen. Zu beachten ist dabei, dass auch die anrechenbare Spannung im Spannstahl auf f_{yk} des Betonstahls begrenzt wird.

Konstruktionsregeln für die Mindestbewehrung sind:

- Die Mindestbewehrung (oder der entsprechende Teil der Biegezugbewehrung) ist gleichmäßig über die Breite der Zugzone und anteilig über die Höhe der Zugzone zu verteilen.
- Die im Feld erforderliche untere Mindestbewehrung muss zwischen den Auflagern ungeschwächt durchlaufen.
- Die über Stützungen erforderliche obere Mindestbewehrung ist in beiden anschließenden Feldern über eine Länge von $l_{eff}/4$ einzulegen.
- Bei Kragarmen muss sie auf ganzer Kragarmlänge angeordnet werden.
- Die Robustheitsbewehrung ist für die Mindestverankerungslänge zu verankern. Bewehrungsstöße sind für die volle Zugkraft auszubilden.

3.4.2 Mindestoberflächenbewehrung bei Bauteilen mit Vorspannung

Spannstahl ist besonders korrosionsanfällig. Daher wirken sich Risse sehr ungünstig auf die Dauerhaftigkeit eines Spannbetonbauteils aus. Zusätzlich zu den in Abschn. 3.1.2 beschriebenen Anforderungen an die Dauerhaftigkeit wird bei vorgespannten Bauteilen versucht, Sammelrisse durch eine konstruktive Oberflächenbewehrung zu vermeiden. Die nach EC2-1-1/NA.J.4 anzusetzende Mindestoberflächenbewehrung ist in Abb. 3.45 zusammengestellt.

		1	2	3	4
		Platten, Gurtplatten und breite Balken ($b_w > h$) je m	Platten, Gurtplatten und breite Balken ($b_w > h$) je m	Balken mit $b_w \le h$ und Stege von Plattenbalken und Kastenträgern	Balken mit $b_w \le h$ und Stege von Plattenbalken und Kastenträgern
		XC1 bis XC4	Bauteile der sonstigen Expositionsklassen	XC1 bis XC4	Bauteile der sonstigen Expositionsklassen
1	Oberflächenbewehrung bei Balken an jeder Seitenfläche, bei Platten mit $h \ge 1{,}0$ m an jedem gestützten oder nichtgestützten Rand 1)	$0{,}5\ \rho\ h$ bzw. $0{,}5\ \rho\ h_f$	$1{,}0\ \rho\ h$ bzw. $1{,}0\ \rho\ h_f$	$0{,}5\ \rho\ b_w$ je m	$1{,}0\ \rho\ b_w$ je m
2	Oberflächenbewehrung am äußeren Rand der Druckzone von Balken und Platten bzw. in der vorgedrückten Zugzone von Platten 1)2)	$0{,}5\ \rho\ h$ bzw. $0{,}5\ \rho\ h_f$	$1{,}0\ \rho\ h$ bzw. $1{,}0\ \rho\ h_f$	–	$1{,}0\ \rho\ h\ b_w$
3	Oberflächenbewehrung in Druckgurten mit $h > 12$ cm (obere und untere Lage je für sich) 1)	–	$1{,}0\ \rho\ h_f$	–	–

1) Eine Oberflächenbewehrung größer als 3,35 cm^2/m je Richtung ist nicht erforderlich.
2) Darf entfallen für Bauteile, die der Expositionsklasse XC1 ausgesetzt sind; für Fertigteilplatten mit b<1,20 m darf die Oberflächenbewehrung in Querrichtung entfallen.

h = Höhe des Balkens, h_f = Dicke des Druck- oder Zuggurtes von profilierten Querschnitten,
b_w = Stegbreite des Balkens,
ρ = Grundwert für die Ermittlung der Mindestbewehrung (siehe Abb. 3.46).

Abb. 3.45 Mindestoberflächenbewehrung gem. EC2-1-1/NA, Tabelle NA.J.4.1

	charakteristische Betondruckfestigkeit f_{ck} in N/mm²											
	25	30	35	40	45	50	55	60	70	80	90	100
ρ [‰]	0,83	0,93	1,02	1,12	1,21	1,31	1,34	1,41	1,47	1,54	1,60	1,66

Abb. 3.46 Mindestbewehrungsgrad allgemein gem. EC2-1-1/NA, 9.2.2(5)

Bei Vorspannung mit sofortigem Verbund dürfen diejenigen Spannglieder vollflächig auf die Oberflächenbewehrung angerechnet werden, die im Bereich der zweifachen Betondeckung liegen, die für die Oberflächenbewehrung aus Betonstahl vorzusehen ist.

Die Mindestoberflächenbewehrung ist als orthogonales Bewehrungsnetz sowohl in der Druck- als auch in der Zugzone von Platten anzuordnen. Dabei darf der Stababstand 200 mm nicht überschreiten.

Die Mindestoberflächenbewehrung ist nicht mit der Robustheitsbewehrung oder der Mindestbewehrung für die Begrenzung der Rissbreite zu addieren. In jedem Querschnitt ist nur der jeweils größte Wert maßgebend. Des Weiteren darf die Mindestoberflächenbewehrung voll auf die statisch erforderliche Bewehrung angerechnet werden, wenn die Regelungen für die Anordnung und Verankerung dieser Bewehrung erfüllt sind.

3.4.3 Mindestbewehrung für Querkraft

Der Grundsatz, ein duktiles Bauteil zu entwerfen, gilt auch für die Querkraftbemessung eines Stahlbeton- und Spannbetonbauteils. Der Bewehrungsgrad der Querkraftbewehrung von Balken und Plattenbalken darf aus diesem Grunde die folgenden Werte nicht unterschreiten:

allgemein: $\rho_{w,min} = 0{,}16 \cdot f_{ctm}/f_{yk}$

gegliederte Querschnitte mit vorgespanntem Zuggurt: $\rho_{w,min} = 0{,}256 \cdot f_{ctm}/f_{yk}$

Die Werte für $\rho_{w,min}$, die sich mit der angegebenen Beziehung für den allgemeinen Fall ergeben, können auch Abb. 3.46 entnommen werden. Die Werte für gegliederte Querschnitte mit vorgespanntem Zuggurt ergeben sich durch Multiplikation der Tabellenwerte mit dem Faktor 1,6.

Die Mindestquerkraftbewehrung wird dann durch Multiplikation des Mindestbewehrungsgrades mit der für die Querkraftbemessung relevanten Querschnittsbreite und dem Sinus des Zugstrebenwinkels berechnet:

$$a_{sw,min} = \frac{A_{sw,min}}{s_w} = \rho_{w,min} \cdot b_w \cdot \sin\alpha$$

mit

A_{sw} Querschnittsfläche eines Elements der Querkraftbewehrung
s_w Abstand der Elemente der Querkraftbewehrung (in Bauteillängsrichtung)
b_w Stegbreite
α Winkel zwischen Querkraftbewehrung und Balkenachse (α = 90° für lotrechte Bügel)
$\rho_{w,min}$ siehe oben

3.4.4 Anwendungsbeispiel: Dachbinder

Aufgabe

Für den in Abb. 2.10 und Abb. 2.11 skizzierten Dachbinder sind die Regeln für die bauliche Durchbildung zu überprüfen. Die Bewehrung ist darzustellen.

Durchführung

Robustheitsbewehrung

$$M_{cr} = f_{ctm} \cdot W_c = 4{,}1 \cdot 0{,}0977 = 0{,}400 \text{ MNm} = 400 \text{ kNm}$$

Der Hebelarm der inneren Kräfte wurde in der Biegebemessung zu z = 1,29 m ermittelt (vgl. S. 173).

$$A_{s,min} = \frac{M_{cr}}{f_{yk} \cdot z} = \frac{0{,}400}{500 \cdot 1{,}29} \cdot 10^4 = 6{,}20 \text{ cm}^2$$

18 Litzen liegen in einem geringeren Abstand als 0,2 · h bzw. 250 mm und dürfen daher mit einem Drittel ihrer Querschnittsfläche angerechnet werden.

$$A_s + \frac{A_p}{3} = 2 \cdot 1{,}54 + \frac{18 \cdot 0{,}93}{3} = 3{,}08 + 5{,}58 = 8{,}66 \text{ cm}^2 \quad > \quad 6{,}20 \text{ cm}^2$$

Mindestoberflächenbewehrung

Expositionsklasse XC1

C 50/60: $\rho = 1{,}31 \cdot 10^{-3}$ (vgl. Abb. 3.46)

Als Mindestoberflächenbewehrung für den Steg ergibt sich nach Abb. 3.45 je Seitenfläche:

$$a_s = 0{,}5 \cdot \rho \cdot b_w = 0{,}5 \cdot 1{,}31 \cdot 10^{-3} \cdot 0{,}19 \cdot 10^4 = 1{,}24 \text{ cm}^2\text{/m}$$

gewählt: $\varnothing 8 / 25$ cm (vorh a_s = 2,01 cm²/m)

Mindestbewehrung für Querkraft

$$a_{sw,min} = \min \rho_w \cdot b_w \cdot \sin\alpha$$

mit $\min \rho_w = 1{,}6 \cdot \rho = 1{,}6 \cdot 1{,}31 \cdot 10^{-3} = 2{,}10 \cdot 10^{-3}$

$$\Rightarrow \quad a_{sw,min} = 2{,}10 \cdot 10^{-3} \cdot 0{,}19 \cdot 1{,}0 \cdot 10^4 = 3{,}99 \text{ cm}^2\text{/m} \; < \; 6{,}21 \text{ cm}^2\text{/m} = \text{erf } a_{sw}$$

(vgl. S. 188)

gewählt: $\varnothing$ 8/16 cm (vorh $a_{sw} = 6{,}25$ cm²/m)

Darstellung der Bewehrung

Die Längs- und Querbewehrung ist in Abb. 3.47 dargestellt.

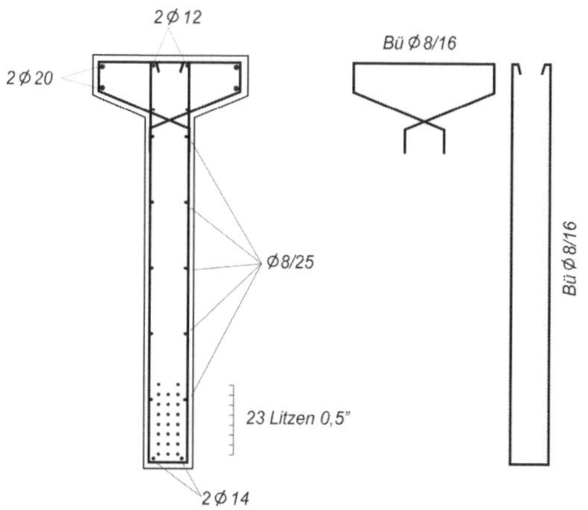

Abb. 3.47 Bewehrungsskizze

Anmerkung: Die seitliche Gurtbewehrung (je 2 ∅ 20) ergibt sich aus dem Nachweis der Kippsicherheit.

3.4.5 Verankerungsbereiche bei Vorspannung mit nachträglichem Verbund

Vor dem Verpressen der Hüllrohre werden bei der Vorspannung mit nachträglichem Verbund die Kräfte aus den Spanngliedern über die Verankerung in den Beton eingeleitet. Diese lokal konzentriert angreifenden Kräfte verteilen sich mit wachsender Entfernung auf den Bauteilquerschnitt. Nachdem sich die Vorspannkraft beispielsweise bei einem Plattenbalken innerhalb des Steges ausgebreitet hat, verteilt sie sich im Plattenbereich des profilierten Querschnittes.

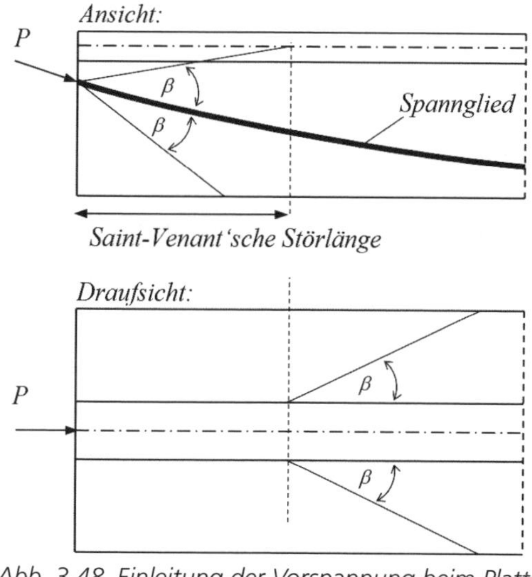

Abb. 3.48 Einleitung der Vorspannung beim Plattenbalken

Nach EC2-1-1 8.10.3 darf für den Ausbreitwinkel $\beta = 33{,}7°$ angenommen werden.

Durch die Ausbreitung der konzentrierten Einzellasten entstehen Querzugspannungen. Diese werden meist auch als Spaltzugkräfte bezeichnet und müssen durch Bewehrung aufgenommen werden. Nach EC2-1-1 8.10.3 (4) sind die Spaltzugkräfte mit Stabwerksmodellen zu berechnen. Zusätzliche Bewehrungen am Ankerkopf wie beispielsweise Wendelbewehrungen sind den entsprechenden Zulassungen zu entnehmen.

Basierend auf diesen Stabwerksmodellen sind in DAfStb-Heft 240, Abschn. 5 [3] Gleichungen zur Berechnung der Größe und Lage der Spaltzugkräfte für mittig angreifende Längsdruckkräfte, für ausmittig angreifende Längsdruckkräfte sowie für mehrere nach Größe und Angriffspunkt symmetrisch zur Mittellinie angreifende Längsdruckkräfte angegeben.

Da die Ausstrahlung der Ankerkraft räumlich über die Trägerhöhe und über die Trägerbreite erfolgt, sind die Spaltzugkräfte für beide Ausstrahlungsrichtungen zu bestimmen. Näheres zur Berechnung der Spaltzugkräfte wird in Abschn. 4.5.2 angegeben.

Bei der Verankerung von Spanngliedern wird in diese Gleichungen die Vorspannkraft als Längsdruckkraft eingesetzt. Die Spaltzugkräfte sind nach EC2-1-1 2.4.2.2 (3) unter Berücksichtigung des Teilsicherheitsbeiwertes $\gamma_{P,unfav} = 1{,}35$ zu ermitteln.

Nachdem die Spaltzugkraft für den Bemessungswert der Vorspannkraft berechnet wurde, muss sie nur noch durch den Bemessungswert der Streckgrenze des einzulegenden Betonstahls $f_{yd} = 435\ \text{N/mm}^2$ dividiert werden, um die erforderliche Fläche der Betonstahlbewehrung zu erhalten.

3.4.6 Verankerungsbereiche bei Vorspannung mit sofortigem Verbund

Die Verankerung der Spannstähle erfolgt bei Vorspannung mit sofortigem Verbund durch die Verbundspannungen der Litzen oder gerippten Drähte. Zusätzliche Verankerungselemente wie bei der Vorspannung mit nachträglichem Verbund sind daher nicht erforderlich. Im Unterschied zu gerippten Drähten mit sogenanntem Scherverbund ergibt sich bei Litzen die aufnehmbare Verbundspannung aus dem Querdruck des umgebenden Betons und den damit korrespondierenden Reibungskräften. Der Querdruck resultiert aus Schwindverformungen und Radialkräften aus der schraubenförmigen Litzengeometrie bei Verschiebungen im gewendelten Betonkanal, vgl. Abb. 3.49 a) und b).

Zusätzlich vermindern sich die Spannstahlspannungen bei der Spannkraftübertragung am Bauteilende auf null. Die daraus resultierenden Querdehnungen führen zu zusätzlichem Querdruck und in der Übertragungslänge können größere Verbundspannungen aufgenommen werden, vgl. Abb. 3.49 c). Diese Verbundspannungen sind für Litzen und gerippte Drähte in Abb. 3.51 in Abhängigkeit von der Betonfestigkeit bei der Spannkraftübertragung zusammengestellt und werden für den Nachweis der Verankerung verwendet.

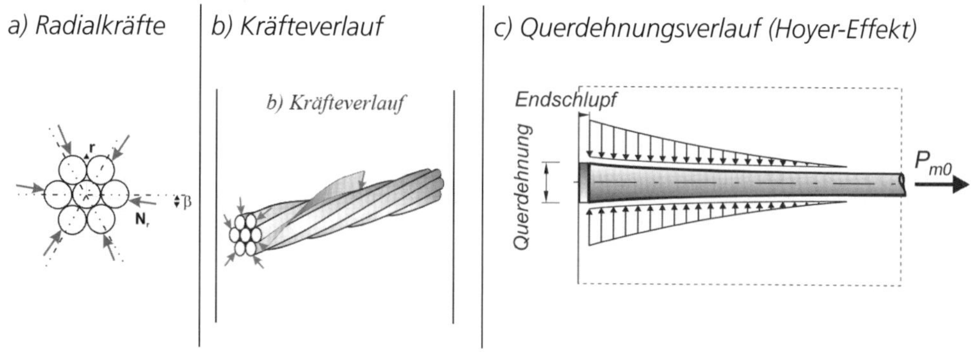

Abb. 3.49 Querdruck aus der Schraubengeometrie von Litzen und Querdehnungen am Bauteilende

Außerhalb der Übertragungslänge müssen diese Verbundspannungen wegen des geringeren Querdrucks abgemindert werden. Der Abminderungsfaktor beträgt gemäß Heft 525 des DAfStb [4] für Litzen 0,5 und wegen des geringeren Einflusses der Querdehnungen für gerippte Drähte 0,7. Hieraus ergibt sich näherungsweise ein bilinearer Verlauf der aufnehmbaren Verbundspannungen innerhalb und außerhalb der Übertragungslänge l_{bt2}, vgl. Abb. 3.50-1.

Bei einer Lasteinwirkung lagert sich der Eigenspannungszustand aus der Vorspannung in einen Gleichgewichtszustand mit der äußeren Belastung um. Dies führt im Grenzzustand der Tragfähigkeit bei gerissenem Beton zu höheren Spannstahlspannungen als ursprünglich aus der Vorspannung und die Querdehnungen aus der Spannkraftübertragung werden aufgezehrt. Im Fall einer Rissbildung in der Übertragungslänge l_{bt2} müssen daher die Verbundspannungen ab dem ersten Biegeriss ebenfalls abgemindert werden, vgl. Abb. 3.50-2.

Die Länge des Verankerungsbereichs l_{bpd} wird im Unterschied zu Stahlbetonbauteilen vom Bauteilende bis zum Höchstwert der Spannstahlspannung im Grenzzustand der Tragfähigkeit definiert.

Beim Nachweis der Verankerung wird zunächst untersucht, ob innerhalb des Verankerungsbereichs l_{bpd} eine Rissbildung auftritt. Gem. EC2-1-1, 8.10.2.3 darf der Verankerungsbereich als ungerissen angesehen werden, wenn im Grenzzustand der Tragfähigkeit die Betonzugspannungen unter Berücksichtigung der maßgebenden Vorspannkraft die Betonfestigkeit $f_{ctk;\,0,05}$ nicht überschreiten. Da sich im ungerissenen Beton keine wesentlich höheren Spannstahlspannungen als aus der Spannkraftübertragung ergeben, ist in diesem Fall die Verankerung bereits nachgewiesen.

Wenn innerhalb des Verankerungsbereichs l_{bpd} eine Rissbildung im Grenzzustand der Tragfähigkeit auftritt, ist nachzuweisen, dass die vorhandene Zugkraftlinie die Zugkraftdeckungslinie von Spannstahl und Betonstahl nicht überschreitet. Der Nachweis der Verankerung bei gerissenem Verankerungsbereich wird nachfolgend für die beiden Fälle 1. ohne und 2. mit Rissbildung in der Übertragungslänge der Vorspannkraft erläutert [28].

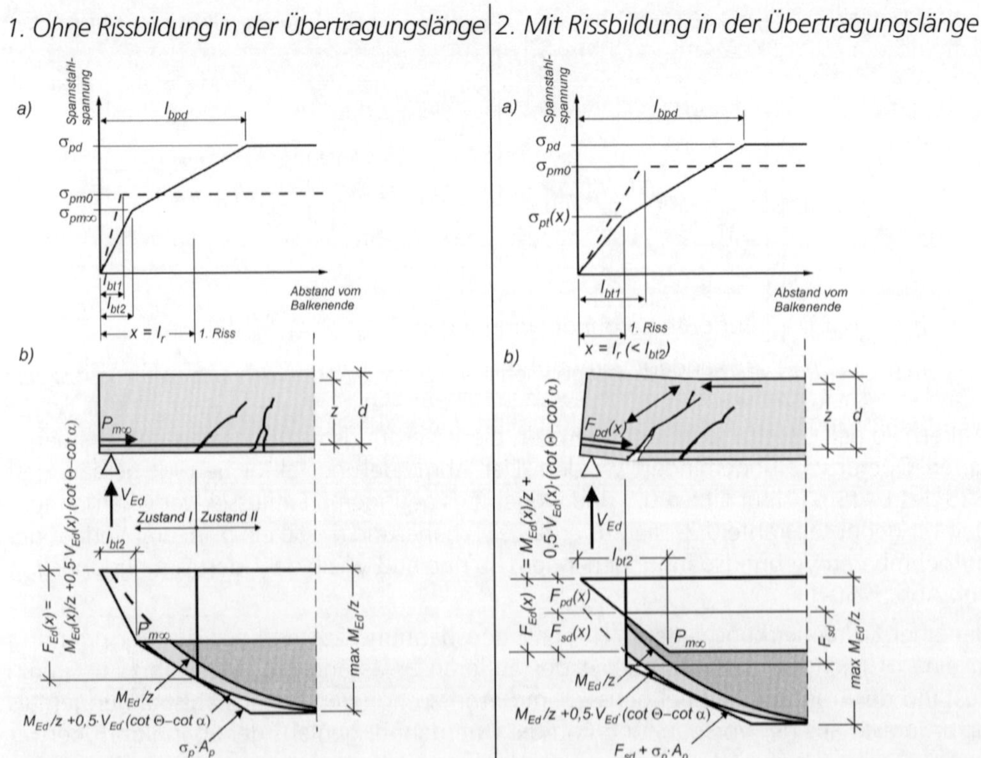

Abb. 3.50 Spannstahlspannung (a) und Zugkraftdeckung (b) im Grenzzustand der Tragfähigkeit

Erläuterungen zu Abb. 3.50:

1. Ohne Rissbildung in der Übertragungslänge kann die einwirkende Verankerungskraft $F_{Ed}(x)$ im Abstand x vom Bauteilende ($x = l_r > l_{bt2}$: Stelle des ersten Biegerisses) ermittelt werden. An dieser Stelle überschreitet die äußere Beanspruchung im Grenzzustand der Tragfähigkeit das Rissmoment für $\sigma_c = f_{ctk;0,05}$ unter Berücksichtigung der vorhandenen Vorspannkraft P_{mt}. Das Versatzmaß ist hierbei nach der Fachwerkanalogie zu berücksichtigen. Die aufnehmbare Verankerungskraft $F_{pd}(x)$ wird aus dem bilinearen Verlauf der Verbundspannungen im Abstand x vom Bauteilende errechnet, vgl. Abb. 3.50-1. a).

Die anschließende Zugkraftdeckung ist nachgewiesen, wenn $V_{Ed}(x)$ kleiner als die aufnehmbare Verbundkraftänderung der Summe der Spannstähle mit den verminderten Verbundspannungen ist. Der Anteil der Auflagerkraft V_{Ed}, der ohne rechnerischen Auflagerüberstand, d. h. im ungerissenen Bereich vor der Auflagervorderkante, verankert werden kann, sollte auf die vorhandene Vorspannkraft $P_{m\infty}$ / cot Θ begrenzt werden.

2. Bei einer Rissbildung in der Übertragungslänge infolge hoher Biegebeanspruchung im Auflagerbereich wird die rechnerische Betonzugfestigkeit $f_{ctk;0,05}$ bereits im Abstand $x = l_r < l_{bt2}$ überschritten. Hieraus ergeben sich größere Zugkräfte im Vergleich zur eingeleiteten Vorspannkraft, die durch zusätzliche Betonstahlbewehrung verankert werden müssen, vgl. Abb. 3.50-2 b). Die einwirkende Verankerungskraft $F_{Ed}(x)$ ergibt sich gem. EC2-1-1, NCI zu 8.10.2.3 (1) im Abstand $x = l_r$ einschließlich dem Versatzmaß. Die aufnehmbare Verankerungskraft der Spannstahlbewehrung $F_{pd}(x)$ errechnet sich mit den erhöhten Verbundspannungen in der Übertragungslänge.

Die anschließende Zugkraftdeckung mit Beton- und Spannstahlbewehrung ist mit den verminderten Verbundspannungen der Spannstähle nachzuweisen. Die über $F_{pd}(x)$ hinausgehende Zugkraft $F_{sd}(x)$ ist entsprechend den Regeln für Betonstahlbewehrung hinter der Auflagervorderkante zu verankern.

Die Verbundspannung von Spannstählen im sofortigen Verbund wird bei der Spannkraftübertragung gem. EC2-1-1, 8.10.2 mit Gleichung 8.15 ermittelt.

$$f_{bpt} = \eta_{p1} \cdot \eta_1 \cdot f_{ctd}(t)$$

mit $\eta_{p1} = 2{,}85$ für profilierte Drähte ø ≤ 8 mm und Litzen

$\eta_1 = 1{,}0$ für gute Verbundbedingungen

$\eta_1 = 0{,}7$ für andere Verbundbedingungen

Der Bemessungswert der Betonzugfestigkeit $f_{ctd}(t)$ zum Zeitpunkt des Absetzens der Spannkraft beträgt hierbei

$$f_{ctd}(t) = 0{,}85 \cdot 0{,}7 \cdot \frac{f_{ctm}(t)}{\gamma_c}$$

mit $f_{ctm}(t) = 0{,}3 \cdot f_{cm}(t)^{2/3}$

Hiermit ergeben sich die gleichen Verbundspannungen wie nach DIN 1045-1, Tab. 7 [2] und die Verbundspannung f_{bpt} kann für gute Verbundbedingungen direkt aus der gemessenen Betondruckfestigkeit zum Zeitpunkt der Spannkraftübertragung nach Abb. 3.51 ermittelt werden.

Tatsächliche Betondruckfestigkeit bei der Spannkraftübertragung $f_{cm}(t)$ [N/mm²][a b]	Verbundspannung f_{bpt} [N/mm²]	
	Litzen und profilierte Drähte	gerippte Drähte
25	2,9	3,8
30	3,3	4,3
35	3,7	4,8
40	4,0	5,2
45	4,3	5,6
50	4,6	6,0
60	5,0	6,5
70	5,3	6,9
80	5,5	7,2
≥ 90	5,7	7,4

[a] Zwischenwerte sind linear zu interpolieren

[b] Es gilt der Mittelwert der Zylinderdruckfestigkeit (bei Verwendung von Würfeln ist im Verhältnis der Festigkeitsklassen umzurechnen).

Abb. 3.51 Verbundspannung f_{bpt} in der Übertragungslänge von Litzen und Drähten

Hieraus ergibt sich der Grundwert der Übertragungslänge l_{bt} gem. EC2-1-1, 8.10.2, Gl. 8.16 zu

$$l_{bt} = \alpha_1 \cdot \frac{A_p}{\pi \cdot \varnothing} \cdot \frac{\sigma_{pm0}}{f_{bpt}} = \alpha_1 \cdot \alpha_2 \cdot \varnothing \cdot \frac{\sigma_{pm0}}{f_{bpt}}$$

mit α_1 = 1,0 für das schrittweise Absetzen der Spannkraft

α_1 = 1,25 für das plötzliche Absetzen der Spannkraft

α_2 = 0,19 für Litzen mit 3 und 7 Drähten

$\varnothing$ Nenndurchmesser des Spannstahls

σ_{pm0} Spannstahlspannung direkt nach dem Absetzen der Spannkraft

Der untere bzw. der obere Bemessungswert der Übertragungslänge ergibt sich damit zu

$l_{pt1} = 0{,}8\ l_{bt}$ bzw. $l_{pt2} = 1{,}2\ l_{bt}$

Die Verbundfestigkeit für die Verankerung außerhalb der Übertragungslänge beträgt im GZT gem. EC2-1-1, 8.10.2.3, Gl. 8.20

$$f_{bpd} = \eta_{p2} \cdot \eta_1 \cdot f_{ctd}$$

mit η_{p2} = 1,4 für profilierte Drähte und für Litzen mit 7 Drähten

η_1 = 1,0 für gute Verbundbedingungen

η_1 = 0,7 für andere Verbundbedingungen

Der Bemessungswert der Betonzugfestigkeit f_{ctd} wird hierbei wie bei der Spannkraftübertragung, jedoch mit der Betonfestigkeit im Endzustand ermittelt. Vereinfachend darf gem. [28], für die Verankerung außerhalb der Übertragungslänge auf der sicheren Seite liegend, die auf 50 % bzw. auf 70 % abgeminderte Verbundfestigkeit der Übertragungslänge zugrunde gelegt werden.

$f_{bpd} = 0{,}5\ f_{bpt}$ für Litzen mit 7 Drähten

$f_{bpd} = 0{,}7\ f_{bpt}$ für gerippte Drähte

Insgesamt beträgt die Verankerungslänge l_{bpd}, innerhalb der die maximale Spanngliedkraft σ_{pd} im Grenzzustand der Tragfähigkeit verankert ist, gem. EC2-1-1, 8.10.2.3 (4), Gl. 8.21 bei einer Rissbildung außerhalb der Übertragungslänge l_{pt2} (vgl. Abb. 3.50-1):

$$l_{bpd} = l_{bt2} + \frac{A_p}{\pi \cdot \varnothing} \cdot \frac{\sigma_{pd} - \sigma_{pm\infty}}{f_{bpd}} = l_{bt2} + \alpha_2 \cdot \varnothing \cdot \frac{\sigma_{pd} - \sigma_{pm\infty}}{f_{bpd}}$$

Bei einer Rissbildung innerhalb der Übertragungslänge l_{pt2} ist die Verankerungslänge gem. EC2-1-1, NCI zu 8.10.2.3 (4), Gl. 8.21.1 zu ermitteln (vgl. Abb. 3.50-2):

$$l_{bpd} = l_r + \frac{A_p}{\pi \cdot \varnothing} \cdot \frac{\sigma_{pd} - \sigma_{pt}(x = l_r)}{f_{bpd}} = l_r + \alpha_2 \cdot \varnothing \cdot \frac{\sigma_{pd} - \sigma_{pt}(x = l_r)}{f_{bpd}}$$

3.4.7 Anwendungsbeispiel: Dachbinder mit mittlerem Vorspanngrad

Aufgabe

Für den in Abb. 2.10 skizzierten Dachbinder ist der Nachweis der Verankerung zu führen.

Der Auflagerüberstand von der Auflagerachse bis zum Bauteilende beträgt 15 cm. Die Vorspannung erfolgt mit 23 Litzen 0,5" (A_p = 21,4 cm²). Die Spannstahlspannung unmittelbar nach der Spannkraftübertragung beträgt σ_{pm0} = 950 N/mm². Die zeitabhängigen Spannkraftverluste betragen 31 %.

Bei der Spannkraftübertragung bei einem Betonalter von 24 h werden 65 % der Betondruckfestigkeit f_{cm} nach 28 Tagen erreicht.

Durchführung

Ermittlung der Übertragungslänge

Die tatsächliche Betondruckfestigkeit bei der Spannkraftübertragung beträgt für den Beton C 50/60

$$f_{cm}(t)=0{,}65\cdot f_{cm}=0{,}65\cdot 58=37{,}7\text{ N/mm}^2$$

und der Bemessungswert der Betonzugfestigkeit zum Zeitpunkt des Absetzens der Spannkraft

$$f_{ctd}(t)=0{,}85\cdot 0{,}7\cdot\frac{f_{ctm}(t)}{\gamma_c}=0{,}85\cdot 0{,}7\cdot 0{,}30\cdot\frac{f_{cm}(t)^{2/3}}{\gamma_c}=0{,}1785\cdot\frac{37{,}7^{2/3}}{1{,}5}=1{,}34\text{ N/mm}^2$$

Hierfür beträgt die Verbundspannung in der Übertragungslänge von Litzen (vgl. Abb. 3.52)

$$f_{bpt}=\eta_{p1}\cdot\eta_1\cdot f_{ctd}(t)=2{,}85\cdot 1{,}0\cdot 1{,}34=3{,}8\text{ N/mm}^2$$

Die Übertragungslänge ergibt sich hieraus zu

$$l_{pt}=\alpha_1\cdot\frac{A_p}{\pi\cdot\varnothing}\cdot\frac{\sigma_{pm0}}{f_{bpt}}=1{,}0\cdot\frac{93}{\pi\cdot 12{,}5}\cdot\frac{950}{3{,}8}\cdot 10^{-1}=59{,}2\text{ cm}$$

Als Bemessungswert ist für die betrachtete Wirkung der ungünstigere der folgenden zwei Werte anzunehmen.

$$l_{bt1}=0{,}8\cdot 59{,}2=47{,}4\text{ cm}$$
$$l_{bt2}=1{,}2\cdot 59{,}2=71{,}0\text{ cm}$$

Ermittlung der Eintragungslänge

$$l_{disp}=\sqrt{l_{bt}^2+d^2}$$

Für die Lastausbreitung wird die unterste Lage der Litzen an der Stelle 2 (x = 1,0 m) zugrunde gelegt:

$$d=114-5{,}6=108\text{ cm}$$

Für den Nachweis der Begrenzung der Betondruckspannung (vgl. Seite 130) ist die minimale Übertragungslänge maßgebend:

$$l_{disp} = \sqrt{47{,}4^2 + 108^2} = 118\,\text{cm}$$

Anmerkung: Durch den Auflagerüberstand von 15 cm endet die minimale Eintragungslänge der Vorspannkraft in der Entfernung x = 1,18 – 0,15 = 1,03 m von der Auflagerachse. Der Nachweis der Begrenzung der Betondruckspannung wurde daher an der Stelle 2 im Abstand von x = 1,0 m von der Auflagerachse geführt.

Für die Ermittlung der Stelle des ersten Biegerisses ist die maximale Übertragungslänge maßgebend:

$$l_{disp} = \sqrt{71{,}0^2 + 108^2} = 129\ \text{cm}$$

Ermittlung der Verankerungslänge

Außerhalb der Übertragungslänge beträgt die Verbundfestigkeit für Litzen im GZT

$$f_{bpd} = 0{,}5 \cdot f_{bpt} = 0{,}5 \cdot 3{,}8 = 1{,}9\ \text{N/mm}^2$$

Insgesamt ergibt sich die Verankerungslänge

mit $\sigma_{pd} = \dfrac{f_{p0,1k}}{\gamma_s} = \dfrac{1500}{1{,}15} = 1304\ \text{N/mm}^2$

und $\sigma_{pm\infty} = (1 - 0{,}31) \cdot 950 = 656\ \text{N/mm}^2$ für zeitabhängige Spannkraftverluste von 31 % zu

$$l_{bpd} = 71{,}0 + \frac{93}{\pi \cdot 12{,}5} \cdot \frac{1304 - 656}{1{,}9} \cdot 10^{-1} = 71{,}0 + 80{,}8 = 152\ \text{cm}.$$

Nachweis der Verankerung

Zunächst wird nachgewiesen, dass der Verankerungsbereich ungerissen bleibt. Für die Ermittlung der maximalen Betonspannung im Verankerungsbereich ist die Stelle x in der Entfernung l_{bpd} = 1,52 m vom Bauteilende am unteren Querschnittsrand maßgebend.

Die Schnittgrößen und die Querschnittswerte wurden hier unter Berücksichtigung eines Auflagerüberstandes von 15 cm durch eine Nebenrechnung bestimmt.

M_g [kNm]	+349
M_q [kNm]	+124

N_{p0} [kN]	−2226
M_{p0} [kNm]	−1087

A_{ci} [m²]	0,307
z_{cip} [m]	0,488
W_{ciu} [m³]	0,0583

Für die Betonfestigkeitsklasse C 50/60 ergibt sich gem. EC2-1-1, Tab. 3.1 die Betonzugfestigkeit

$$f_{ctk;0,05} = 2{,}9\ \text{N/mm}^2.$$

Die Betonspannung am unteren Querschnittsrand ergibt sich am Ende der Verankerungslänge mit der maßgebenden Schnittgrößenkombination unter Berücksichtigung der Vorspannkraft im Grenzzustand der Tragfähigkeit. Maßgebend ist $t = t_\infty$ mit den zeitabhängigen Spannkraftverlusten von 31 %.

$$N_{Ed} = 1{,}0 \cdot (-2226) \cdot (1-0{,}31) = -1536\ \text{kN}$$

$$M_{Ed} = 1{,}35 \cdot 349 + 1{,}5 \cdot 124 + 1{,}0 \cdot (-1087) \cdot (1-0{,}31) = -93\ \text{kNm}$$

$$\sigma_{c,unten} = \frac{-1{,}536}{0{,}307} + \frac{-0{,}093}{0{,}0583} = -5{,}0 - 1{,}6 = -6{,}6\ \text{N/mm}^2 < 2{,}9\ \text{N/mm}^2$$

Der Verankerungsbereich bleibt ungerissen, da die Betonzugspannung die Betonzugfestigkeit $f_{ctk;\,0,05}$ auf der Länge l_{bpd} = 1,52 m nicht überschreitet, vgl. Abb. 3.53. Die Verankerung darf daher ohne weiteren Nachweis gem. EC2-1-1, 8.10.2.3 (1) als gegeben angesehen werden.

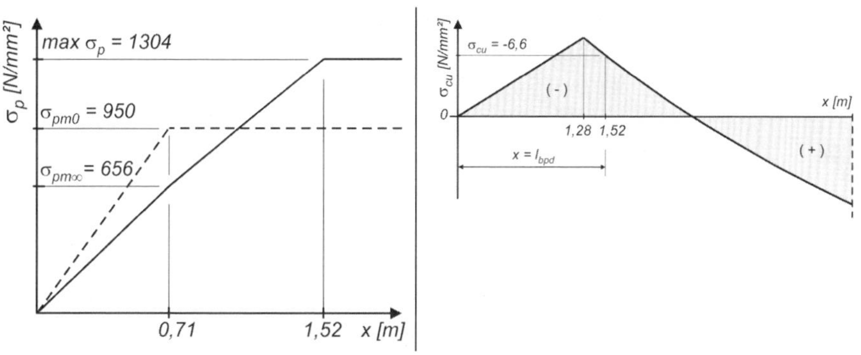

Abb. 3.53 Verlauf der aufnehmbaren Spannstahlspannung und vorhandene Betonrandspannungen

3.4.8 Anwendungsbeispiel: Dachbinder mit geringem Vorspanngrad

Aufgabe

Wie in Abschnitt 3.4.7, jedoch mit geringer Vorspannkraft: σ_{pm0} = 400 N/mm² und zeitabhängigen Spannkraftverlusten 33 %.

Durchführung

Ermittlung der Übertragungslänge

$$l_{bt} = 1{,}0 \cdot \frac{93}{\pi \cdot 12{,}5} \cdot \frac{400}{3{,}8} \cdot 10^{-1} = 24{,}9\,\text{cm}$$

$$l_{bt2} = 1{,}2 \cdot 24{,}9 = 29{,}9\ \text{cm} \approx 30\ \text{cm}$$

Ermittlung der Verankerungslänge

Die Verankerungslänge l_{ba}, innerhalb der die maximale Spanngliedkraft σ_{pd} im Grenzzustand der Tragfähigkeit verankert ist, beträgt bei einer Rissbildung außerhalb der Übertragungslänge l_{bt2}

mit $\sigma_{pmt} = (1-0{,}33)\cdot 400 = 268\ \text{N/mm}^2$

$$l_{bpd} = 29{,}9 + \frac{93}{\pi\cdot 12{,}5}\cdot\frac{1304-268}{1{,}9}\cdot 10^{-1} = 29{,}9+129{,}1 = 159\ \text{cm}$$

Ermittlung der Nachweisstelle

Die maßgebende Stelle mit dem ersten Biegeriss ergibt sich im Abstand $x = l_r = 1{,}36$ m vom Bauteilende. Hier überschreiten die Betonzugspannungen wegen der geringeren Vorspannkraft den Wert $f_{ctk;\,0,05} = 2{,}9\ \text{N/mm}^2$ bereits innerhalb der Verankerungslänge $l_{bpd} = 1{,}59$ m, vgl. Abb. 3.54.

Die Schnittgrößen und die Querschnittswerte wurden an dieser Stelle unter Berücksichtigung eines Auflagerüberstandes von 15 cm durch eine Nebenrechnung bestimmt.

M_g [kNm]	+315
M_q [kNm]	+112
N_{p0} [kN]	–940
M_{p0} [kNm]	–456

V_g [kN]	250
V_q [kN]	88,3

A_{ci} [m²]	0,306
z_{cip} [m]	0,485
W_{ciu} [m³]	0,0578

$$N_{Ed} = 1{,}0\cdot(-940)\cdot(1-0{,}33) = -630\ \text{kN}$$

$$M_{Ed} = 1{,}35\cdot 315 + 1{,}5\cdot 112 + 1{,}0\cdot(-456)\cdot(1-0{,}33) = +287\ \text{kNm}$$

$$\sigma_{c,\,unten} = \frac{-0{,}630}{0{,}306}+\frac{0{,}287}{0{,}0578} = -2{,}1+5{,}0 = +2{,}9\ \text{N/mm}^2 = f_{ctk;\,0,05}$$

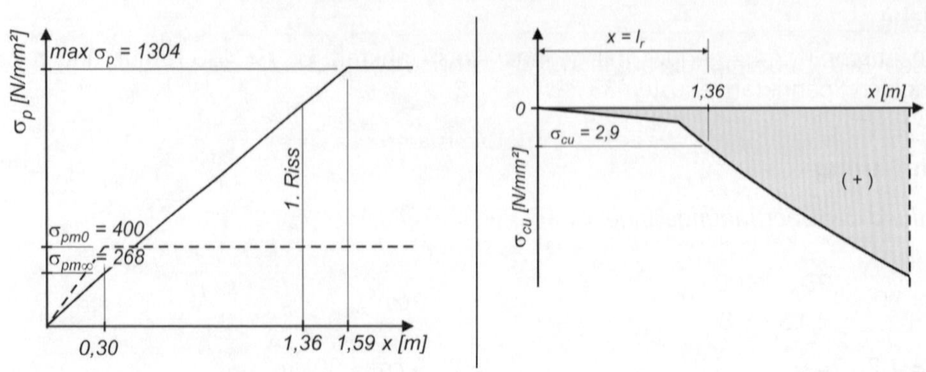

Abb. 3.54 Verlauf der aufnehmbaren Spannstahlspannung und vorhandene Betonrandspannungen

Die Betonrandspannungen überschreiten bereits innerhalb der Verankerungslänge den Wert $f_{ctk;\,0,05}$ = 2,9 N/mm². Hieraus ergibt sich die Nachweisstelle am ersten Biegeriss an der Stelle x im Abstand l_r = 1,36 m vom Bauteilende. Der Beton in der Übertragungslänge l_{bpd} = 30 cm bleibt ungerissen.

Nachweis der Verankerung

An der Stelle $x = l_r$ = 1,36 m ergibt sich der Bemessungswiderstand der Verankerungskraft aus dem Verlauf der aufnehmbaren Spannstahlspannungen, vgl. Abb. 3.54.

$$F_{Rd}(x) = \left[\sigma_{pm\infty} + \frac{\pi \cdot \varnothing}{A_p} \cdot f_{bpd} \cdot (x - l_{bt2})\right] \cdot A_{p,ges} \qquad \text{mit } x = l_r < l_{bt2}$$

$$F_{Rd}(x) = \left[268 + \frac{\pi \cdot 12{,}5}{93} \cdot 1{,}9 \cdot (1360 - 300)\right] \cdot 21{,}4 \cdot 10^{-1} = 1118 \cdot 21{,}4 \cdot 10^{-1} = 2393\,\text{kN}$$

Der Bemessungswert der Verankerungskraft ergibt sich hier aus den äußeren Einwirkungen im GZT:

$$M_{Ed}(x) = 1{,}35 \cdot 315 + 1{,}5 \cdot 112 = 593\ \text{kNm}$$

$$V_{Ed}(x) = 1{,}35 \cdot 250 + 1{,}5 \cdot 88{,}3 = 470\ \text{kN}$$

Das Versatzmaß ist ab dem ersten Biegeriss im Zustand II zu berücksichtigen.

$$F_{Ed}(x) = \frac{M_{Ed}(x)}{z} + \frac{1}{2} \cdot V_{Ed}(x) \cdot (\cot\theta - \cot\alpha)$$

mit dem Druckstrebenwinkel $\cot\theta \approx 2$ und $z(x) \approx 0{,}95 \cdot d = 0{,}95 \cdot (1{,}15 - 0{,}20) = 0{,}90$ m

$$F_{Ed}(x) = \frac{593}{0{,}90} + \frac{1}{2} \cdot 470 \cdot (2 - 0) = 659 + 470 = 1129\ \text{kN} < F_{Rd}(x) = 2393\ \text{kN}$$

Nachweis der Zugkraftdeckung

Für den Nachweis der anschließenden Zugkraftdeckung ist der Bereich $x \geq l_r$ = 1,36 m maßgebend.

In diesem Bereich beträgt die aufnehmbare Verbundkraftänderung der Spannstähle

$$\frac{dF_{Rd}(x)}{dx} = \frac{\pi \cdot \varnothing}{A_p} \cdot f_{bpd} \cdot A_{p,ges} = \frac{\pi \cdot 12{,}5}{93} \cdot 1{,}9 \cdot 21{,}4 \cdot 10^2 = 1717\ \text{kN/m}\,.$$

Die einwirkende Verbundkraftänderung ergibt sich aus der Querkraft mit $V_{Ed}(x)/z$ an der Stelle $x = l_r$:

$$\frac{V_{Ed}(x)}{z} = \frac{470}{0{,}90} = 522\ \text{kN/m} < 1717\ \text{kN/m}$$

Die Zugkraftdeckung ist ohne die Mitwirkung der Betonstahlbewehrung in Abb. 3.55 dargestellt.

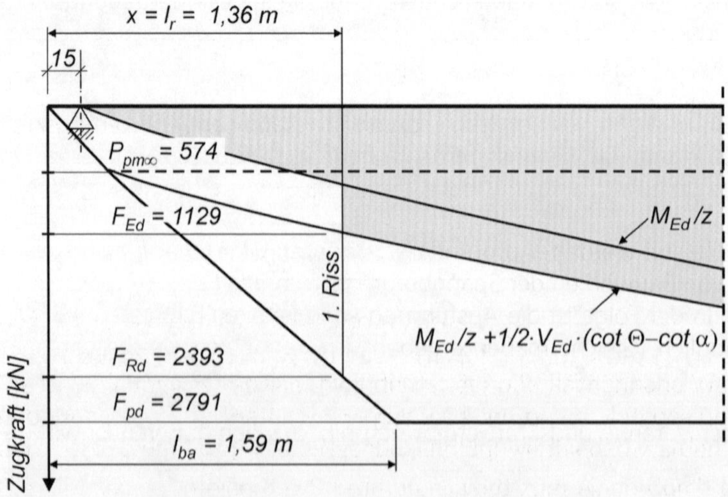

Abb. 3.55 Zugkraftdeckung im Verankerungsbereich

4 Besonderheiten für den Brückenbau

4.1 Vorbemerkungen

Durch die Anwendung des Spannbetons können im Betonbrückenbau große Spannweiten wirtschaftlich realisiert werden. Die Umlenk- und Verankerungskräfte der Vorspannung wirken den äußeren Einwirkungen entgegen. In Kombination mit der Drucknormalkraft können Risse im Beton vermieden und die Steifigkeit des ungerissenen Zustands unter Gebrauchslasten gewährleistet werden. Aufgrund der erhöhten Querschnittssteifigkeiten sind die Verformungen von Bauwerken der Spannbeton- im Vergleich zur Stahlbetonbauweise deutlich geringer. In der Folge ist die Ausführung von kleineren Bauhöhen bei größeren Schlankheiten möglich. Gleichermaßen ergeben sich geringere Beanspruchungen aus Eigengewicht, die im Betonbrückenbau bei großen Spannweiten häufig gegenüber Beanspruchungen aus sonstigen Einwirkungen dominieren. Die Beschränkung von Rissen führt zudem zu einer deutlichen Verbesserung der Dauerhaftigkeit.

Der Spannbetonbrückenbau hat seine eigentliche Entwicklung nach dem Zweiten Weltkrieg erfahren. Heutzutage sind etwa zwei Drittel der Brücken an Bundesfernstraßen Spannbetonbrücken. Der Erfolg der Bauweise ist eng mit der Entwicklung von Bauverfahren wie dem Freivorbau, dem abschnittsweisen Vorbau, dem Taktschiebeverfahren und – auf internationaler Ebene – der Segmentbauweise verknüpft. Ermöglicht wurden die Entwicklungen durch die zeitgleiche Einführung von neuen Spannverfahren, wie bspw. der Vorspannung von Spanngliedern bestehend aus mehreren Einzellitzen, neuen Verankerungselementen und Kopplungsmöglichkeiten [9].

Typische Querschnittsformen sind die Platte, der Plattenbalken und der Hohlkasten. Insbesondere der Plattenbalken wird teilweise als vorgefertigter Spannbetonträger mit nachträglich ergänzter Fahrbahnplatte ausgeführt. Hinsichtlich der Art der Vorspannung kommen sämtliche im Abschnitt 1.5 bereits genannten Formen zum Einsatz. Die interne Vorspannung mit nachträglichem Verbund beschreibt die häufigste Ausführungsvariante. Aufgrund von Zugänglichkeit, sehr gutem Korrosionsschutz und gegebener Austauschbarkeit finden verstärkt die verbundlose oder externe Vorspannung Anwendung.

Die wesentlichen Regelungen des Brückenbaus finden sich in den Eurocodes (EC) 1-2: Einwirkungen auf Tragwerke; Verkehrslasten auf Brücken [29] und EC 2-2: Bemessung und Konstruktion von Stahlbeton- und Spannbetontragwerken; Betonbrücken - Bemessungs- und Konstruktionsregeln [30] mit dem jeweils gültigen Nationalen Anhang (NA). Die verbindliche Einführung in Deutschland erfolgte über das Allgemeine Rundschreiben Straßenbau Nr. 22/2012 mit Erscheinungsdatum vom 26.11.2012 (ARS 22/2012) [38].

4.2 Einwirkungen

Im Folgenden werden zunächst die relevanten Einwirkungen gemäß dem EC 1-2 inklusive NA zusammengestellt. Die betrachteten Einwirkungen sind: Verkehrslasten, Schneelasten, Windlasten, Temperatureinwirkungen, Bauausführungslasten und außergewöhnliche Einwirkungen.

Hinsichtlich des Anwendungsbereichs ist festzuhalten, dass die Verkehrslasten des EC 1-2 für Entwurf, Berechnung und Bemessung von neuen Straßenbrücken mit Einzelstützweiten kleiner als 200 m gelten. Bei größeren Abmessungen sind die Verkehrslasten durch den Baulastträger bzw. die zuständige Behörde zu definieren. Im Allgemeinen liegt die Anwendung der Lastmodelle für Stützweiten über 200 m auf der sicheren Seite. Eine Anwendung kann jedoch zu unwirtschaftlichen Konstruktionen führen.

Die Lastansätze des EC 1-2 beschreiben keine tatsächlichen Lasten. Sie wurden derart gewählt, dass das derzeitige und zukünftig zu erwartende Verkehrsaufkommen in ausreichender Näherung abgebildet wird. Die Lastmodelle berücksichtigen keine Baustellen-, Straßenbahn- oder Militärlasten. Hierfür sind adäquate Regelungen im Projekt festzulegen. Gleiches gilt für besondere außergewöhnliche Einwirkungen wie auch für die gleichzeitige Belastung durch Straßen- und Eisenbahnverkehr.

4.2.1 Unterteilung der Fahrbahn in rechnerische Fahrstreifen

Die Fahrbahn wird in Abhängigkeit von der Fahrbahnbreite in Fahrstreifen aufgeteilt, die von der tatsächlichen Spuraufteilung der Brücke unter Verkehr unabhängig sind. Die Fahrbahnbreite w ist die lichte Weite zwischen den Schutzeinrichtungen oder wird, wenn die Schrammbordhöhe mehr als 75 mm beträgt, zwischen den Schrammborden gemessen. Die Breite w_l der rechnerischen Fahrstreifen beträgt im Regelfall 3,0 m. Bei Fahrbahnbreiten zwischen 5,40 m und 6,00 m reduziert sich die Fahrstreifenbreite auf die Hälfte der Fahrbahnbreite. Die neben den Fahrstreifen liegenden Flächen werden als „Restfläche" bezeichnet.

In Abb. 4.1 sind die Zusammenhänge zwischen der möglichen Anzahl der Fahrstreifen, der Fahrstreifenbreite und der Restfläche in Abhängigkeit von der Fahrbahnbreite angegeben.

Fahrbahnbreite w **[m]**	**Anzahl der rechnerischen Fahrstreifen** n_l **[-]**	**Breite eines rechnerischen Fahrstreifens** w_l **[m]**	**Breite der verbleibenden Restfläche [m]**
$w < 5{,}4$ m	$n_l = 1$	3	$w - 3$
$5{,}4 \text{ m} \leq w < 6$	$n_l = 2$	$w/2$	0
$6 \text{m} \leq w$	$n_l = \text{int}(w/3)$	3	$w - 3{,}0 \cdot n_l$

Abb. 4.1 Anzahl und Breite der rechnerischen Fahrstreifen

Anzahl und Lage der Fahrstreifen auf der Fahrbahn sind so zu wählen, dass sich für jeden Einzelnachweis die ungünstigsten Beanspruchungen ergeben. Der am ungünstigsten wirkende Streifen erhält die Nummer 1, der als zweitungünstigst wirkende Streifen die Nummer 2 usw.

Folgende Regeln sind zu beachten:

- Die Fahrstreifen sind nebeneinander anzuordnen, d.h., sie sind nicht durch Restflächen getrennt.
- Bei zwei getrennten Richtungsfahrbahnen auf einem Überbau sollte nur eine (durchlaufende) Nummerierung vorgenommen werden.

- Bei getrennten Überbauten wird jeder Überbau als Einzelbauwerk angesehen.
- Liegen beide Überbauten auf gemeinsamen Unterbauten, wird für die Berechnung und Bemessung der Unterbauten nur eine Nummerierung für beide Überbauten vorgenommen.

4.2.2 Vertikallasten aus Verkehr

Zur Erfassung der vertikalen Straßenverkehrseinwirkungen gibt der EC 1-2, 4.3 vier Lastmodelle an, wovon zwei Eingang in den Nationalen Anhang fanden. Die Lastmodelle stellen charakteristische Lasten dar. Dynamische Effekte (früher berücksichtigt über Schwingbeiwerte) sind in den Ansätzen der Lastmodelle i.d.R. bereits verarbeitet.

Lastmodell 1 (LM1) – Hauptlastmodell

Das Lastmodell 1 besteht aus je einer Doppelachse (**T**andem-**S**ystem, TS) in den ersten drei Fahrstreifen sowie gleichmäßig verteilten Belastungen (**U**niformly **D**istributed **L**oad, UDL) auf der Fahrbahn. Der Abstand der Tandemachsen zueinander beträgt 1,2 m, die Spurbreite 2,0 m und die Radaufstandsfläche 0,40 m · 0,40 m. Die Doppelachsen sind in den Fahrstreifen in Längsrichtung zentrisch und nur einmal je Fahrstreifen anzuordnen. In Querrichtung stehen die Tandemachsen stets nebeneinander. Die Flächenlasten in den Fahrstreifen sind auch im Bereich der Achslasten vorzusehen. Das Lastmodell gilt für globale und lokale Nachweise.

Grundsätzlich sind in drei Fahrstreifen ein 60 t-, ein 40 t- und ein 20 t-Fahrzeug angeordnet. Eine Anpassung der europäischen Vorgaben auf nationales Niveau wird über Beiwerte α_{Qi}, α_{qi} und α_{qr} vorgenommen. Die Belastung einschließlich der Anpassung ist in Abb. 4.2 gezeigt. Der Abbildung ist zudem die generelle Lastausbreitung zu entnehmen, die bis zur Systemlinie angenommen werden kann.

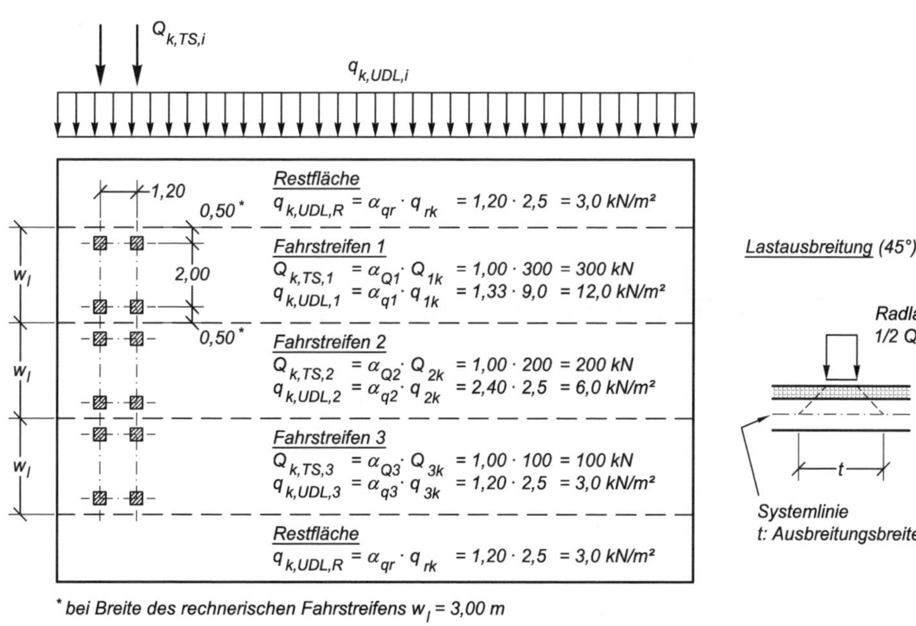

Abb. 4.2 Lastmodell 1 und Lastausbreitung

Lastmodell 2 (LM2) – Einzelachse

Das Lastmodell 2 besteht aus einer Einzelachse (siehe Abb. 4.3) der Last $\beta_Q \cdot Q_{ak}$ mit $\beta_Q = \alpha_{Q1}$ und $Q_{ak} = 400$ kN. Die vertikale Einwirkung beträgt somit 1,00 · 400 = 400 kN. Die Achse ist in beliebiger Stellung auf der Fahrbahn anzuordnen, gegebenenfalls ist nur ein Rad zu berücksichtigen. In der Nähe von Fahrbahnübergängen ist ein dynamischer Vergrößerungsfaktor anzusetzen.

Das Lastmodell 2 wird gemäß EC 1-2 / NA nicht angewandt.

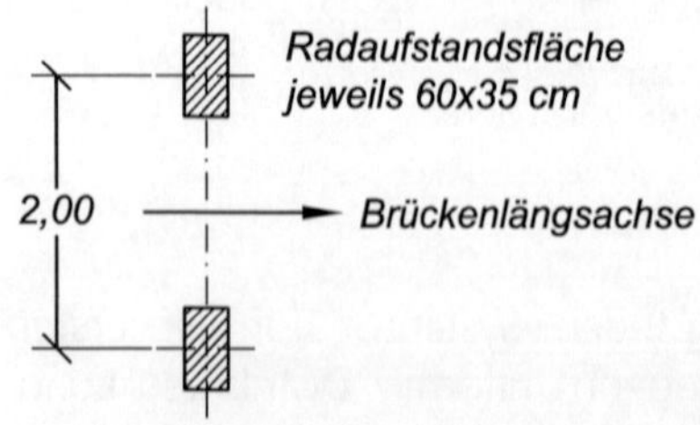

Abb. 4.3 Lastmodell 2

Lastmodell 3 (LM3) – Sonderfahrzeuge

Der EC 1-2 enthält im Anhang A des Hauptdokuments Hinweise zu Standardmodellen von Sonderfahrzeugen mit Gesamtgewichten von mehr als 60 t.

Sonderlastmodelle sind gemäß EC 1-2 / NA nicht anzuwenden.

Lastmodell 4 (LM4) – Menschengedränge

Falls erforderlich oder vom Bauherrn vertraglich verlangt, wird der Lastfall Menschengedränge durch eine Flächenlast von 5,0 kN/m^2 (einschließlich dynamischer Erhöhung) abgedeckt. Diese sollte auf den maßgebenden Teilen des Überbaus angeordnet werden, in der Regel also auf der gesamten Überbaubreite zwischen den Geländern. Das Modell dient globalen Nachweisen für vorübergehende Bemessungssituationen (z.B. Volksfeste, Marathonläufe).

Für Brückenlängen > 50 m und Fahrbahnbreiten > 15 m kann das Lastmodell 4 gegenüber dem Modell 1 in einzelnen Nachweisen maßgebend werden. Insbesondere Kragarme der Fahrbahnplatte, bspw. im Bereich der Kappen, sind mit einer Last von 5,0 kN/m^2 für Rad- und Fußgängerverkehr statt der Last von 2,5 kN/m^2 der Restfläche des Lastmodells 1 zu bemessen.

4.2.3 Horizontallasten aus Verkehr

Lasten aus Bremsen und Anfahren sind in Längsrichtung in Höhe der Oberkante des fertigen Belages als Linienlasten über die gesamte Überbaulänge L in der Mitte eines rechnerischen Fahrstreifens anzusetzen. Sie sind auf einen Höchstwert von 900 kN begrenzt. Die Beanspruchung aus Bremsen bzw. Anfahren ergibt sich aus 60 % der Lasten der Tandemachse und 10 % der Flächenlasten des drei Meter breiten Fahrstreifens 1 aus dem Lastmodell 1. Damit folgt in Abhängigkeit von der Überbaulänge L:

$$\begin{aligned} Q_{lk} &= 0{,}6 \cdot \alpha_{Q1} \cdot 2 \cdot Q_{1k} + 0{,}1 \cdot \alpha_{q1} \cdot \alpha_{1k} \cdot w_l \cdot L \\ &= 0{,}6 \cdot 1{,}00 \cdot 2 \cdot 300 + 0{,}1 \cdot 1{,}33 \cdot 9{,}0 \cdot 3{,}00 \cdot L \\ &= 360 + 3{,}60 \cdot L \qquad \leq 900 \text{ kN} \end{aligned}$$

wobei die Überbaulänge L in [m] einzusetzen ist.

An Fahrbahnübergängen oder Bauteilen, die geometrisch bedingt nur durch eine Achse belastet werden können, wäre nach EC 1-2 / NA, 4.4.1 eine geringere Horizontallast wie folgt anzusetzen:

$$\begin{aligned} Q_{1k} &= 0{,}6 \cdot \alpha_{Q1} \cdot Q_{1k} \\ &= 0{,}6 \cdot 1{,}00 \cdot 300 \\ &= 180 \text{ kN} \end{aligned}$$

Für im Grundriss stärker gekrümmte Brücken sind Zentrifugallasten (Fliehkräfte) zu berücksichtigen, siehe Abb. 4.4. Diese wirken radial zur Fahrbahnachse und dienen der Berechnung und Bemessung von Unterbauten und Lagern.

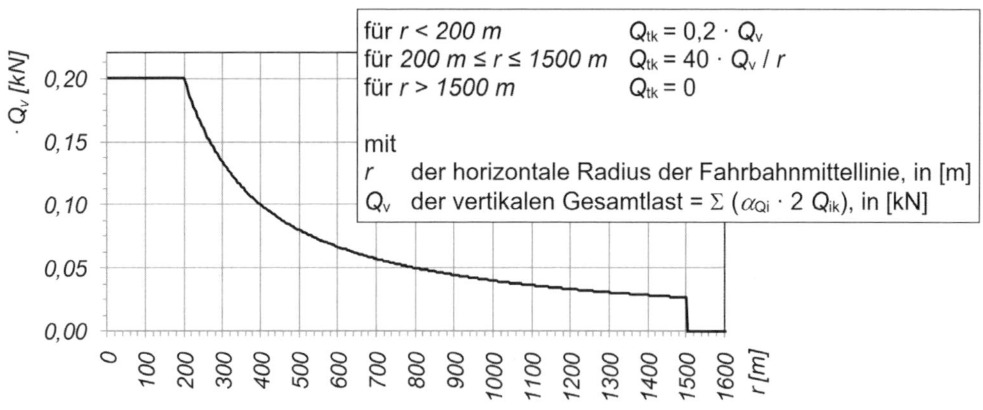

Abb. 4.4 Zentrifugallasten

4.2.4 Lastmodelle für Ermüdungsberechnungen

Zu Ermüdungsuntersuchungen stellt der EC 1-2, 4.6 fünf verschiedene Ermüdungslastmodelle FLM1 bis FLM5 bereit, die durch Kalibrierung an gemessenen Verkehrszusammensetzungen und Achslasten entwickelt wurden. Die Genauigkeit der Modelle nimmt von FLM1 bis FLM5 zu, allerdings auch der Rechenaufwand und der Umfang der erforderlichen Vorerhebungen.

In den EC 1-2 / NA wurde lediglich FLM3 übernommen. Aus Gründen der Anschaulichkeit werden jedoch alle Modelle beschrieben.

Die Lastmodelle FLM1 bis FLM4 enthalten bereits dynamische Vergrößerungsfaktoren bei Annahme einer guten Belagsqualität, wie sie bei Neubauten vorausgesetzt werden darf. In der Nähe von Fahrbahnübergängen sollte jedoch ein zusätzlicher Erhöhungsfaktor $\Delta\varphi_{\text{fat}}$ berücksichtigt werden:

$$\Delta\varphi_{\text{fat}} = 1 + 0{,}30 \cdot \left(1 - \frac{D}{6}\right) \geq 1{,}0$$

mit D, dem Abstand [m] des Querschnitts von dem betrachteten Fahrbahnübergang.

Ermüdungslastmodell 1 (FLM1)

Das Modell ist geometrisch identisch mit dem Hauptlastmodell für die Nachweise in den Grenzzuständen der Tragfähigkeit und der Gebrauchstauglichkeit (charakteristisches Lastmodell 1). Nach EC 1-2, 4.6.2 sind die Achslasten jedoch auf 70 % und die Flächenlasten auf 30 % abgemindert. Mit Hilfe der zu berücksichtigenden Flächenlasten werden Effekte von mehreren Spuren und großen Spannweiten abgedeckt.

Das Modell ist gemäß EC 1-2 / NA nicht anzuwenden.

Ermüdungslastmodell 2 (FLM2)

Das Modell besteht aus einer Gruppe von fünf repräsentativen, idealisierten Schwerfahrzeugen, deren Kenngrößen Abb. 4.6 zu entnehmen sind. Die zeitgleiche Anwesenheit von mehreren Fahrzeugen auf dem Bauwerk ist in Absprache mit dem Bauherrn bzw. der zuständigen Behörde zu regeln.

Das Modell ist gemäß EC 1-2 / NA nicht anzuwenden.

Ermüdungslastmodell 3 (FLM3)

Bei diesem Modell handelt es sich um ein schädigungsäquivalentes, idealisiertes Einzelfahrzeug mit 4 Achsen. Die Achslasten betragen je 120 kN (48 t-Fahrzeug, Abb. 4.5). Es entspricht geometrisch zwei im Abstand von 6 m gekoppelten Doppelachsen des charakteristischen Lastmodells 1.

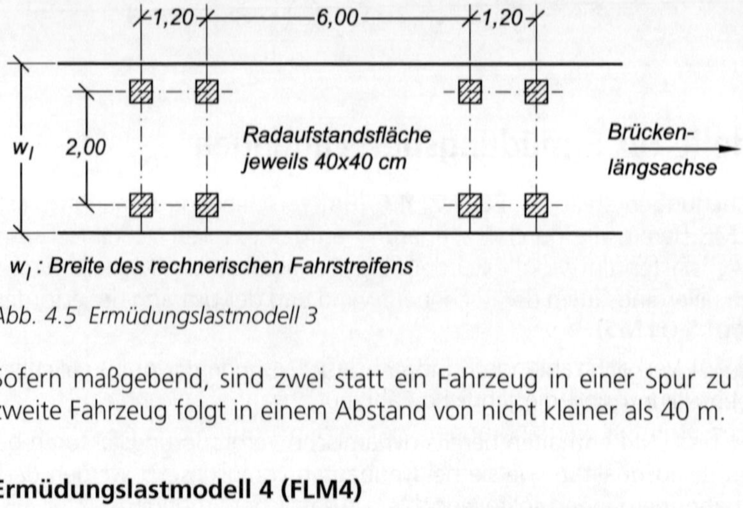

Abb. 4.5 Ermüdungslastmodell 3

Sofern maßgebend, sind zwei statt ein Fahrzeug in einer Spur zu berücksichtigen. Das zweite Fahrzeug folgt in einem Abstand von nicht kleiner als 40 m.

Ermüdungslastmodell 4 (FLM4)

Das Modell umfasst fünf repräsentative Fahrzeugtypen, deren Geometrie, Achsabstände und Radaufstandsflächen mit den Fahrzeugen des FLM2 übereinstimmen. Die Achslasten sind jedoch gegenüber denen des FLM2 etwas verringert. Sie entsprechen den Äquivalentwerten der Lasten des Auxerre-Verkehrs und erzeugen Einwirkungen, wie sie aus typischem Verkehr auf europäischen Straßen entstehen (Standardlastkraftwagen, Abb.

4.6). Das Modell ist gemäß EC 1-2 / NA nur in besonderen Fällen nach Abstimmung und Zustimmung durch die zuständige Behörde anzuwenden.

			FLM2	FLM4			
Ansicht Schwerfahrzeug [-]	**Achs-abstand [m]**	**Reifen-art [-]**	**Häufige Achslast [kN]**	**Ersatz Achslast [kN]**	**Schwerverkehrsanteil [%]**		
					Große Entfer-nung	**Mittlere Entfer-nung**	**Orts-verkehr**
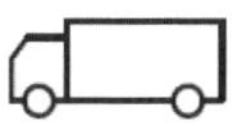	4,5	A	90	70	20	40	80
		B	190	130			
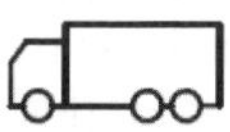	4,2 1,3	A	80	70	5	10	5
		B	140	120			
		B	140	120			
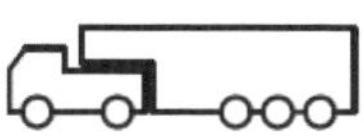	3,2 5,2 1,3 1,3	A	90	70	50	30	5
		B	180	150			
		C	120	90			
		C	120	90			
		C	120	90			
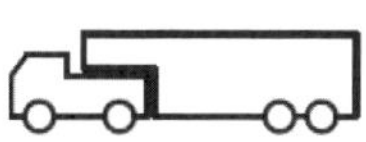	3,4 6,0 1,8	A	90	70	15	15	5
		B	190	140			
		B	140	90			
		B	140	90			
	4,8 3,6 4,4 1,3	A	90	70	10	5	5
		B	180	130			
		C	120	90			
		C	110	80			
		C	110	80			

Abb. 4.6 Ermüdungslastmodelle 2 und 4 nach EC 1-2, 4.6

Ermüdungslastmodell 5 (FLM5)

Dieses Modell basiert auf Verkehrszählungen und Achslastmessungen, woraus die aktuelle Verkehrszusammensetzung und die jährliche Fahrzeuganzahl als Grundlage für die weiteren Berechnungen ermittelt werden können, ggf. ergänzt durch zukunftsbezogene Extrapolationen.

Das Modell ist gemäß EC 1-2 / NA nicht anzuwenden.

4.2.5 Schneelasten

Ein zeitgleicher Ansatz von Schnee und vertikalen Lasten des Hauptlastmodells 1 ist i.d.R. nicht erforderlich. Bei einer durch Verkehr genutzten Brücke kann üblicherweise von einer Schneeräumung ausgegangen werden.

Schneelasten sind nur bei überdachten Brücken, bei beweglichen Brücken oder bei Nachweisen von Bauzuständen zu berücksichtigen. Für überdachte Brücken sind die Schneelasten wie für Gebäude zu bestimmen.

4.2.6 Windlasten

Allgemein ist zunächst zu überprüfen, ob das Brückentragwerk schwingungsanfällig gegenüber Windeinwirkungen ist. Ein Bauwerk gilt als schwingungsanfällig, wenn die Verformungen unter Windlast durch Böenresonanz um mehr als 10 % vergrößert werden. Kriterien zur Abschätzung der Schwingungsanfälligkeit können Abschnitt NA.C.2 des EC 1-1-4 entnommen werden. Für übliche Straßenbrücken aus Beton mit Spannweiten von weniger als 40 m sind eine Berücksichtigung der dynamischen Systemantwort und deren genauere Untersuchung nicht erforderlich. Für diese Brückenbauwerke ist der Ansatz von quasi-statischen Lasten ausreichend. Die Lastansätze des EC basieren auf Windgeschwindigkeitsdrücken, die über Böendauern von 2 s bis 4 s gemittelt wurden.

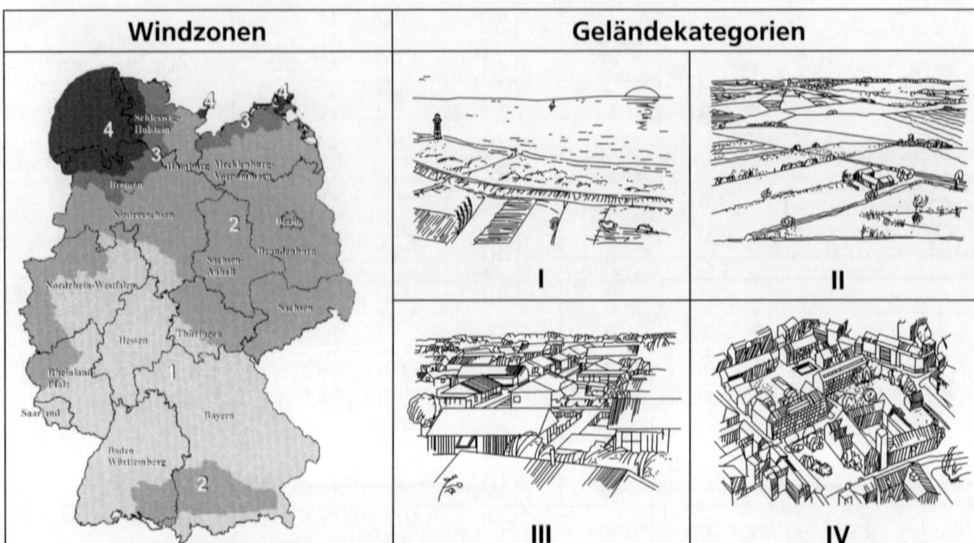

Abb. 4.7 Windzonen und Geländekategorien

	Ohne Verkehr und ohne Lärmschutzwand			Mit Verkehr oder mit Lärmschutzwand		
	auf Überbauten (z_e in [m])					
b/d	$z_e \leq 20$	$20 < z_e \leq 50$	$50 < z_e \leq 100$	$z_e \leq 20$	$20 < z_e \leq 50$	$50 < z_e \leq 100$
≤ 0,5	1,75	2,45	2,90	1,45	2,05	2,40
= 4	0,95	1,35	1,60	0,80	1,10	1,30
≥ 5	0,95	1,35	1,60	0,60	0,85	1,00
	auf Stützen und Pfeilern* (z_e in [m])					
b/d	$z_e \leq 20$		$20 < z_e \leq 50$		$50 < z_e \leq 100$	

≤ 0,5	1,70	2,35	2,80
≥ 5	0,75	1,05	1,25

b Überbau: Gesamtbreite der Deckbrücke
Unterbau: Stützen- bzw. Pfeilerabmessung parallel zur Windrichtung
d Überbau: Höhe der Windangriffsfläche, ggf. mit Verkehrsband bzw. Lärmschutzwand
Unterbau: Stützen- bzw. Pfeilerabmessung orthogonal zur Windrichtung
z_e Größte Höhe der Windlastresultierenden über der Geländeoberfläche oder über dem mittleren Wasserstand
* Bei quadratischen Stützen- und Pfeilerquerschnitten mit abgerundeten Ecken, bei denen das Verhältnis $r/d \geq 0{,}2$ beträgt, können die Windeinwirkungen auf Pfeiler und Stützen um 50 % reduziert werden. Hierbei ist *r* der Radius der Ausrundung.

Abb. 4.8 Horizontale Windeinwirkungen w_k in kN/m² auf Brücken für Windzonen 1 / 2 und das Mischprofil der Geländekategorien II und III (Binnenland, siehe Abb. 4.7)

Der EC 1-1-4 / NA gibt für nicht schwingungsanfällige gewöhnliche Deckbrücken und Bauteile bei Höhen bis 100 m horizontale Windeinwirkungen tabellarisch an. Auf den Ansatz einer vertikal wirkenden Windlast kann hierbei verzichtet werden. Für größere Höhen sollte eine verfeinerte Untersuchung durchgeführt werden. Beispielhaft werden für die Windzonen 1 / 2 und das Mischprofil der Geländekategorien II und III nach Abb. 4.7 in Abb. 4.8 die vereinfachten Lastansätze gezeigt. Gemäß EC 1-1-4, 8.3.1 ist das Verkehrsband mit einer Höhe von 2 m oberhalb der Fahrbahn und mit einer Länge, die für den jeweiligen Nachweis am ungünstigsten ist, zu berücksichtigen (Abb. 4.9).

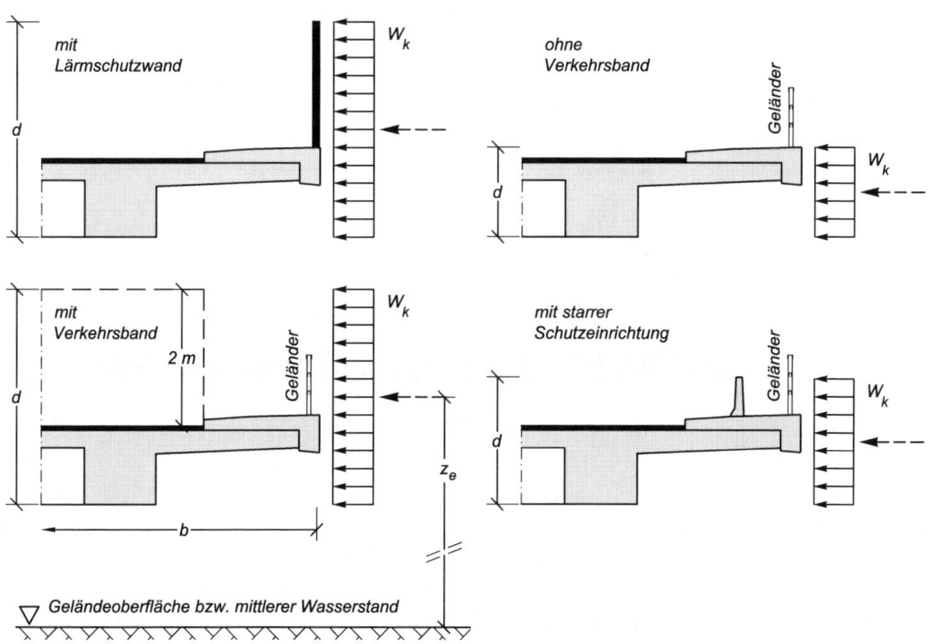

Abb. 4.9 Windeinwirkungen auf Straßenbrücken

Für Bauzustände dürfen die Windeinwirkungen in Abhängigkeit von der Bauzeit reduziert werden. Eine Anwendung der Abminderung setzt jedoch Wetterbeobachtungen während der Bauzeit und das Vorhalten von geeigneten Sicherungsmaßnahmen voraus.

4.2.7 Temperatureinwirkungen

Aufgrund von meteorologischen Einflüssen treten in Tragwerken zeitveränderliche, nichtlineare Temperaturprofile auf. Die Profile können in vier wesentliche Komponenten untergliedert werden: Den konstanten Anteil ΔT_N, den linear veränderlichen Anteil in horizontaler Richtung ΔT_{My}, den linear veränderlichen Anteil in vertikaler Richtung ΔT_{Mz} und den nichtlinearen Anteil ΔT_E (siehe Abb. 4.10). Der Anteil ΔT_N verursacht Normalkräfte bzw. Längsverformungen. Die Größen ΔT_M bewirken bei vorhandener Krümmungsbehinderung Momente. Die Verteilung ΔT_E beschreibt einen Eigenspannungszustand, der keine zusätzlichen Schnittgrößen im System hervorruft.

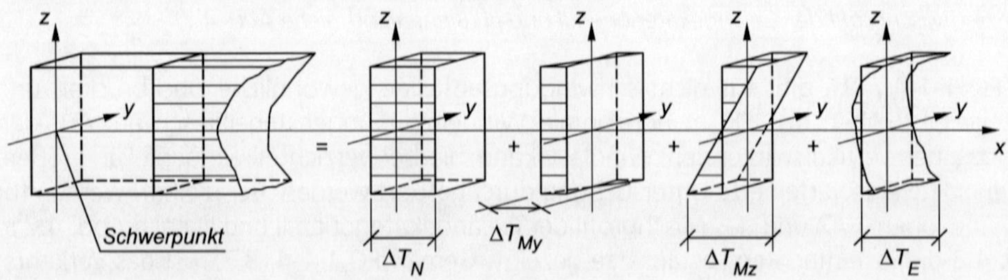

Abb. 4.10 Temperaturprofil, Anteile

Zur Auslegung von neuen Brückenbauwerken ist es im Allgemeinen ausreichend, die Temperaturbeanspruchung durch den konstanten Temperaturunterschied ΔT_N und die lineare Temperaturdifferenz über die Bauteilhöhe $\Delta T_M = \Delta T_{Mz}$ zu beschreiben. Nur in Sonderfällen, z.B. bei im Grundriss gekrümmten Bauwerken, sollte auch ein horizontaler Temperaturunterschied von $\Delta T_{My} = 5$ K angesetzt werden, falls weder genauere noch Hinweise auf höhere Temperaturen vorliegen.

Konstanter Temperaturanteil ΔT_N

Die Gesamtschwankung des konstanten Temperaturanteils ΔT_N ergibt sich aus der Differenz der minimalen und maximalen konstanten Temperaturanteile $T_{e,min}$ und $T_{e,max}$, die wiederum direkt von den Außenlufttemperaturen T_{min} und T_{max} abhängig sind. Nach EC 1-1-5 / NA, 6.1.3.2 können für Deutschland $T_{min} = -24$ °C und $T_{max} = +37$ °C angenommen werden. Für Betonbrücken ergibt sich:

$$T_{e,min} = T_{min} + 8\ °C = -16\ °C$$

$$T_{e,max} = T_{max} + 2\ °C = +39\ °C$$

$$\Delta T_N = T_{e,max} - T_{e,min} = 55\ K$$

Verkürzung („con") und Ausdehnung („exp") des Bauwerks infolge einer Temperatureinwirkung sind mit Bezug auf die Aufstelltemperatur T_0, bei der Zwängung im Tragwerk eintritt, zu ermitteln. Sind keine genaueren Informationen vorhanden, darf $T_0 = 10$ °C angenommen werden:

$\Delta T_{N,con} = T_{e,min} - T_0 = -26\ K$

$\Delta T_{N,exp} = T_{e,max} - T_0 = +29\ K$

Für die Bemessung von Lagern und Dehnungsfugen müssen die maximalen Schwankungen des negativen Temperaturanteils $\Delta T_{N,con}$ um 20 K reduziert und die des positiven Temperaturanteils $\Delta T_{N,exp}$ um 20 K erhöht werden. Der Wert kann vermindert werden, wenn die mittleren Bauwerkstemperaturen beim Einbau der Dehnfugen und bei der endgültigen Verbindung mit den Lagern durch Messung bekannt sind.

Vertikaler linearer Temperaturanteil ΔT_M

Nach EC 1-1-5, 6.1.4.1 sind für Betonkonstruktionen folgende vertikale Temperaturunterschiede zwischen Ober- und Unterseite des Brückenüberbaus anzusetzen:

Oberseite wärmer als Unterseite	$\Delta T_{M,heat}$	= + 15 K	für Plattenbalken und Platte
	$\Delta T_{M,heat}$	= + 10 K	für Hohlkasten
Unterseite wärmer als Oberseite	$\Delta T_{M,cool}$	= – 8 K	für Plattenbalken und Platte
	$\Delta T_{M,cool}$	= – 5 K	für Hohlkasten

Die angegebenen Temperaturdifferenzen wurden für eine Dicke des oberen Belags von 50 mm ermittelt. Für andere Dicken sind die Werte mit dem Faktor k_{sur} zu multiplizieren, siehe Abb. 4.11. Die Standardbelagsdicke für Straßenbrücken kann mit 80 mm angenommen werden.

Faktor k_{sur}: Berücksichtigung unterschiedlicher Oberbelagsdicken						
Belagsdicke [mm]	0	50	80	100	150	Schotter (600 mm)
Oben wärmer als unten	1,5 *	1,0	0,82	0,7	0,5	0,6
Unten wärmer als oben	1,0	1,0	1,0	1,0	1,0	1,0
* Dieser Wert stellt einen oberen Grenzwert dar.						

Abb. 4.11 Faktor k_{sur}: Berücksichtigung unterschiedlicher Oberbelagsdicken nach ARS 22/2012

Bei einer gleichzeitigen Betrachtung des konstanten und linearen Temperaturanteils sind diese in der ungünstigeren der beiden Kombinationen $0{,}35 \cdot \Delta T_N + \Delta T_M$ oder $\Delta T_N + 0{,}75 \cdot \Delta T_M$ anzusetzen.

In der Bemessung des Grenzzustandes der Tragfähigkeit im gerissenen Zustand sollte der Abbau von Zwangschnittgrößen berücksichtigt werden. Zur Berechnung der Temperaturbeanspruchungen auf der Basis von ungerissenen Querschnitten können die 0,6-fachen Steifigkeiten des Zustands I angesetzt werden.

4.2.8 Außergewöhnliche Einwirkungen

Fahrzeuganprall an stützende Unterbauten

In der Planung anprallgefährdeter Unterbauten von neuen Brückenbauwerken außerorts sind nach EC 1-1-7, Tabelle NA.2-4.1 und ARS 22/2012 sind Lasten von 1500 kN in Höhe von 750 kN rechtwinklig zur Fahrtrichtung anzunehmen, wobei ein gleichzeitiger Ansatz der beiden Kräfte nicht erforderlich ist. Die Kräfte wirken in einer Höhe von 1,25 m über der Fahrbahnfläche.

Zusätzlich zur Bemessung auf Fahrzeuganprall sind Stützen und Pfeiler von Straßenbrücken über Straßen durch besondere Maßnahmen zu sichern. Zu den besonderen Maßnahmen zählen lastabweisende Schutzeinrichtungen, deren konstruktive Ausbildung im Normenwerk näher spezifiziert ist.

Fahrzeuganprall an Schrammborde und Schutzeinrichtungen

Für den Fahrzeuganprall an Schrammborde sollte eine seitliche Anprallast von 100 kN angenommen werden. Diese Last wirkt als 50 cm breite Linienlast 5 cm unter Schrammbordoberkante. Die Weiterleitung der Last auf tragende Bauteile kann unter der Annahme einer Lastausbreitung von 45° erfolgen, vgl. Abb. 4.12. Gleichzeitig sollte eine vertikale Last von 75 % der Achslast des Lastmodells 1 im 1. Fahrstreifen angesetzt werden, falls dies ungünstigere Ergebnisse liefert, wobei Verteilung und Lastausbreitung sinngemäß anzunehmen sind.

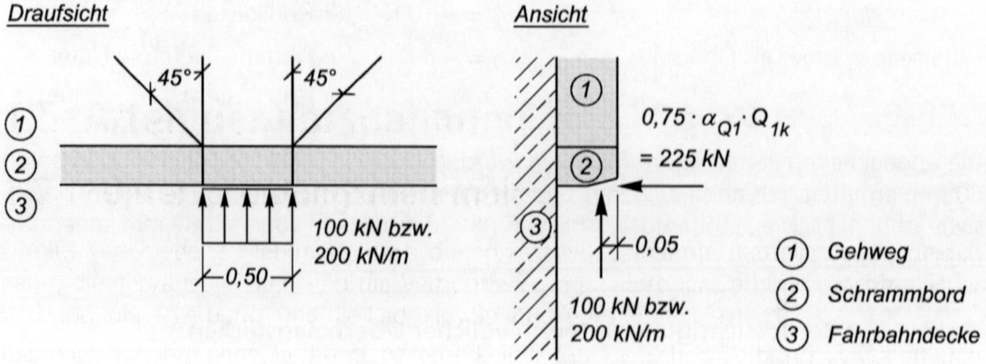

Abb. 4.12 Anprall an Schrammborde

Für einen Fahrzeuganprall an Schutzeinrichtungen ist eine Horizontallast anzusetzen, die 10 cm unter Oberkante der Schutzeinrichtung und mindestens 1 m über der Fahrbahn bzw. dem Gehweg angreift. In Abhängigkeit von der Steifigkeit des eingesetzten Fahrzeugrückhaltesystems variiert die Anpralllast von 100 kN bis 600 kN. Ggf. ist auch hier eine gleichzeitig wirkende Vertikallast von 75 % der Achslast des Lastmodells 1 im 1. Fahrstreifen vorzusehen. Die Lasten dürfen auf eine Länge von 50 cm verteilt werden.

Fahrzeuge auf Geh- und Radwegen

Zur Erfassung von abirrenden Fahrzeugen sollte auf Geh- und Radwegen eine außergewöhnliche Achslast in ungünstigster Stellung unmittelbar neben einer starren Schutzeinrichtung angeordnet werden (Abb. 4.13). Die Achslast entspricht in ihrer Geometrie und Höhe der Achslast des Lastmodells 1 im 2. Fahrstreifen. Sie wirkt nicht gleichzeitig mit den anderen Verkehrslasten auf der Fahrbahn. Gegebenenfalls kann auch nur ein einzelnes Rad berücksichtigt werden, wenn dies aus geometrischen Gründen erforderlich ist.

Hinter der Schutzeinrichtung ist unabhängig von der außergewöhnlichen Last eine konzentrierte Einzellast von 10 kN auf einer Aufstandsfläche von 10 x 10 cm in ungünstigster Stellung vorzusehen.

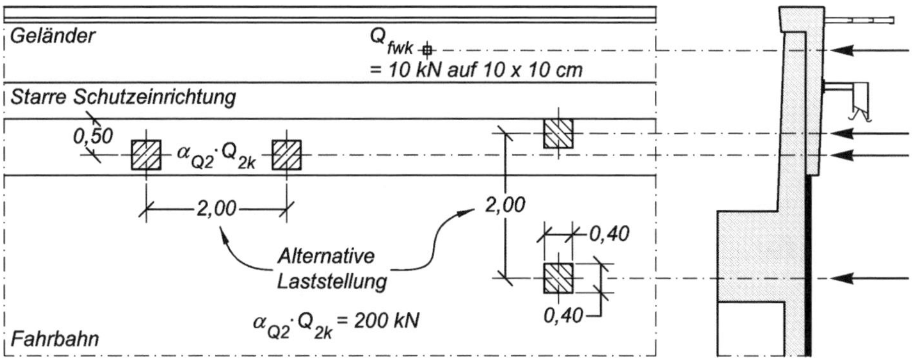

Abb. 4.13 Abirrende Fahrzeuge

Einwirkungen auf Geländer

Für Geländer an Gehwegen ist eine horizontal wirkende Linienlast von ≥ 0,8 kN/m an der Oberkante der Geländer (nach innen oder außen wirkend) anzusetzen.

4.2.9 Einwirkungen auf Hinterfüllungen und Kammerwände

Die vertikalen Lasten der Doppelachsen dürfen zur Ermittlung des Erddrucks von Hinterfüllungen durch eine auf einer Belastungsfläche von 3,0 m (quer) · 5,0 m (längs) gleichmäßig verteilte Flächenlast ersetzt werden (Abb. 4.14). Mit den Achs- und Flächenlasten des Lastmodells 1 ergibt sich

- für die Belastungsfläche im 1. Fahrstreifen: $2 \cdot 300/15 + 12{,}0 = 52{,}0$ kN/m²
- für die Belastungsfläche im 2. Fahrstreifen: $2 \cdot 200/15 + 6{,}0 = 32{,}7$ kN/m²
- und für die Belastungsfläche im 3. Fahrstreifen: $2 \cdot 100/15 + 3{,}0 = 16{,}3$ kN/m²

Die Lastausbreitung darf in einem Winkel von30° zur Vertikalen angenommen werden.

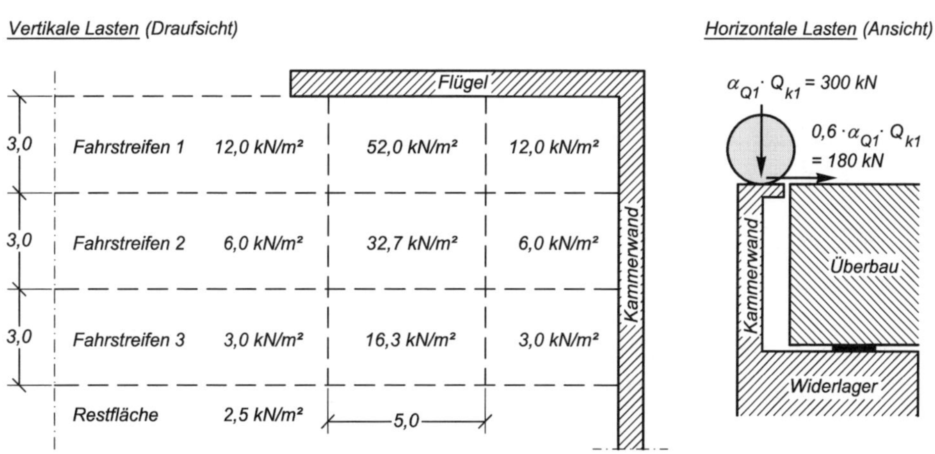

Abb. 4.14 Einwirkungen auf Hinterfüllungen (Draufsicht) und Kammerwände (Ansicht)

Horizontallasten aus Bremsen und Anfahren dürfen im Bereich von Hinterfüllungen vernachlässigt werden. Für die Bemessung von Kammerwänden ist jedoch eine Bremslast in Höhe von 60 % der Achslast des 1. Fahrstreifens des Lastmodells 1 zu berücksichtigen. Diese wirkt gleichzeitig mit der vollen vertikalen Achslast und dem Erddruck aus der Hinterfüllung (siehe auch Abb. 4.14). Eine Berücksichtigung einer Verkehrsbelastung auf der Fahrbahn hinter der Kammerwand darf bei der Bemessung entfallen.

4.2.10 Weitere Einwirkungen

Auswechseln von Lagern

Für das Auswechseln von Lagern sollte ein Anheben des Überbaus in den einzelnen Auflagerlinien von je 10 mm berücksichtigt werden, sofern nicht DIN EN 1337 einen größeren Wert erfordert. Das Anheben zum Auswechseln von Lagern ist als vorübergehende Bemessungssituation zu betrachten, es gilt die Lastgruppe gr6 (s.u.).

Stützensenkungen

Bewegungen im Baugrund können Stützensenkungen verursachen, deren Auswirkungen auf statisch unbestimmte Spannbetonbrücken rechnerisch erfasst werden müssen. Stützensenkungen sind dem entsprechenden Baugrundgutachten zu entnehmen.

Für die Nachweise im Grenzzustand der Tragfähigkeit sind die möglichen und für die Nachweise im Grenzzustand der Gebrauchstauglichkeit die wahrscheinlichen Baugrundbewegungen zu berücksichtigen.

Fahrbahnbeläge

Bei Straßenbrücken ist für den Fahrbahnbelag je cm Belagsdicke eine Flächenlast von mindestens 0,24 kN/m^2 anzunehmen. Zur nachträglichen Herstellung einer Ausgleichsgradiente sollte für einen möglichen Mehreinbau eine zusätzliche Flächenlast von 0,5 kN/m^2 auf der gesamten Fahrbahnfläche vorgesehen werden.

4.2.11 Kombinationsregeln

Für die Nachweise im Grenzzustand der Tragfähigkeit werden im Brückenbau die gleichen Kombinationsregeln für die Einwirkungen wie im Hochbau angewandt.

- Ständige oder vorübergehende Bemessungssituation (Grundkombination):

$$\sum_{j\geq 1} \gamma_{G,j} \cdot G_{k,j} \oplus \gamma_P \cdot P_k \oplus \gamma_{Q,1} \cdot Q_{k,1} \oplus \sum_{i\geq 1} \gamma_{Q,i} \cdot \psi_{0,i} \cdot Q_{k,i}$$

- Außergewöhnliche Bemessungssituation:

$$\sum_{j\geq 1} \gamma_{GA,j} \cdot G_{k,j} \oplus P_k \oplus A_d \oplus \gamma_{QA,1} \cdot \psi_{1,1} \cdot Q_{k,1} \oplus \sum_{i>1} \gamma_{QA,i} \cdot \psi_{2,i} \cdot Q_{k,i}$$

- Bemessungssituation für Erdbeben:

$$\sum_{j\geq 1} G_{k,j} \oplus P_k \oplus A_{Ed} \oplus \sum_{i\geq 1} \psi_{2,i} \cdot Q_{k,i}$$

Für die Nachweise im Grenzzustand der Gebrauchstauglichkeit gelten im Brückenbau ebenfalls die Kombinationen des Hochbaus, allerdings für den Bereich der Straßenbrücken erweitert um die nicht-häufige Kombination.

- Charakteristische (seltene) Kombination:

$$E_{d,rare} = \sum_{j \geq 1} G_{k,j} \oplus P_k \oplus Q_{k,1} \oplus \sum_{i \geq 1} \psi_{0,i} \cdot Q_{k,i}$$

- Häufige Kombination:

$$E_{d,frequ} = \sum_{j \geq 1} G_{k,j} \oplus P_k \oplus \psi_{1,1} \cdot Q_{k,1} \oplus \sum_{i \geq 1} \psi_{2,i} \cdot Q_{k,i}$$

- Quasi-ständige Kombination:

$$E_{d,perm} = \sum_{j \geq 1} G_{k,j} \oplus P_k \oplus \sum_{i \geq 1} \psi_{2,i} \cdot Q_{k,i}$$

- Nicht-häufige Kombination:

$$E_{d,infq} = \sum_{j \geq 1} G_{k,j} \oplus P_k \oplus \psi'_{1,infq} \cdot Q_{k,1} \oplus \sum_{i \geq 1} \psi_{1,i} \cdot Q_{k,i}$$

4.2.12 Verkehrslastgruppen

Die Gleichzeitigkeit der festgelegten Verkehrslasten wird über Verkehrslastgruppen abgebildet. Die einzelnen Lastgruppen schließen sich jeweils gegenseitig aus. In der Kombination mit sonstigen Einwirkungen ist jede Lastgruppe als eine veränderliche Einwirkung zu behandeln. Zu beachten ist, dass hierbei die einzelnen Komponenten einer Verkehrslastgruppe mit unterschiedlichen Kombinationsbeiwerten behaftet sein können. Die Gruppen nach EC 1-2 sind auszugsweise in der folgenden Abb. 4.15 gezeigt.

		Fahrbahn				**Geh- und Radweg**
		Vertikallasten		**Horizontallasten**		**nur vertikale Lasten**
Lastmodell		LM1 (TS- und UDL-System)	LM4 (Menschenansammlung)	Brems- und Anfahrkräfte	Flieh- und Seitenkräfte	Gleichmäßig verteilte Last
Lastgruppen	gr1	char. Wert				$3{,}0\ kN/m^2$ [a]
	gr2	häufiger Wert		char. Wert	char. Wert	
	gr3					char. Wert [a]
	gr4		char. Wert			
	gr6 [b]	0,5 char. Wert		0,5 char. Wert	0,5 char. Wert	char. Wert [a]

(grau hinterlegt) vorherrschender Einwirkungsanteil (gekennzeichnet als zur Gruppe gehörender Bestandteil)

[a] Es sollte nur ein Gehweg belastet werden, falls dies ungünstiger ist als der Ansatz von zwei belasteten Gehwegen.

[b] Lastgruppe für die vorübergehende Bemessungssituation Lagertausch.

Abb. 4.15 Festlegung von Verkehrslastgruppen

Die Lastgruppe 1 ist der Regelfall für die Bemessung eines Überbaus. Sie berücksichtigt das Hauptlastmodell 1 und Lasten auf Geh- und Radwegen. Im EC 1-2, 4.5 ist die Gruppe nochmals in gr1a und gr1b unterteilt. Gruppe gr1b bildet die Einzelachse des LM2 ab, welche gemäß EC 1-2 / NA nicht anzuwenden ist.

Die Lastgruppe 2 kann für die Bemessung von Übergangskonstruktionen, Lagern und Unterbauten maßgebend sein. In ihr werden insbesondere horizontale Einwirkungen aus Bremsen und Anfahren sowie Zentrifugalkräfte zusammengefasst.

Die Lastgruppe 3 beinhaltet die Geh- und Radwegbelastung. Die Lastgruppe kann für die Bemessung von Kragarmen maßgebend werden.

Die Lastgruppe 4 deckt den Sonderfall „Menschengedränge" ab.

Die Lastgruppe 5 kann dem EC 1-2 entnommen werden. Sie behandelt Sonderfahrzeuge des LM3 nach Anhang A zum EC 1-2, die jedoch nach EC 1-2 / NA nicht zur Anwendung kommen.

Die Lastgruppe 6 dient ausschließlich für Nachweise im Rahmen des Auswechselns von Lagern.

Hinsichtlich der Einwirkungen aus Schnee, Wind und Temperatur gelten im Zusammenhang mit den Lastgruppen die folgenden Regelungen:

- Schneelasten brauchen im Allgemeinen nicht gleichzeitig mit dem Lastmodell 1 (Lastgruppe gr1) angesetzt zu werden.
- Schnee- oder Windlasten brauchen nicht mit folgenden Einwirkungen kombiniert zu werden: Brems- und Anfahrlasten oder Zentrifugallasten (Lastgruppe gr2), Einwirkungen auf Geh- und Radwegen (Lastgruppe gr3) und Menschenansammlungen (Lastgruppe gr4).
- Einwirkungen aus Wind und Temperatur brauchen üblicherweise nicht gleichzeitig berücksichtigt zu werden.

4.2.13 Teilsicherheitsbeiwerte

Die für die Nachweise im Grenzzustand der Tragfähigkeit anzusetzenden Teilsicherheitsbeiwerte γ sind in Abb. 4.16 für die ständigen oder vorübergehenden (S/V) und die außergewöhnlichen (A) Bemessungssituationen zusammengestellt.

Einwirkung		Bemessungssituation	
		S/V	A
Ständige Einwirkungen (Eigenlasten, Baugrund, Grundwasser und Wasser)			
Ungünstig	$\gamma_{G,sup}$	1,35	1,00
Günstig	$\gamma_{G,inf}$	1,00	1,00
Horizontaler Erddruck aus Auflast	$\gamma_{G,sup}$	1,50	--
Vorspannung	γ_P	1,00	1,00
Setzungen	$\gamma_{G,set}$	1,00	--
Einwirkungen aus Verkehr			

Ungünstig	$\gamma_{Q,sup}$	1,35	1,00
Günstig	$\gamma_{Q,inf}$	0	0
Einwirkungen aus Temperatur			
Ungünstig	$\gamma_{Q,sup}$	1,35	1,00
Günstig	$\gamma_{Q,inf}$	0	0
Andere veränderliche Einwirkungen			
Ungünstig	$\gamma_{Q,sup}$	1,50	1,00
Günstig	$\gamma_{Q,inf}$	0	0
Außergewöhnliche Einwirkungen	γ_A	--	1,00

Abb. 4.16 Teilsicherheitsbeiwerte γ

4.2.14 Kombinationsbeiwerte

Abb. 4.17 enthält für die einzelnen Einwirkungsarten eine Zusammenstellung der anzusetzenden charakteristischen ψ_0, häufigen ψ_1, quasi-ständigen ψ_2 und nicht-häufigen $\psi'_{1,infq}$ Kombinationsfaktoren für Straßenbrücken.

Einwirkung	Bezeichnung		ψ_0	ψ_1	ψ_2	$\psi'_{1,infq}$
Verkehr	gr1 (LM1)	TS – Doppelachse	0,75	0,75	0,20	0,80
		UDL – Gleichmäßig verteilte Last	0,40	0,40	0,20	0,80
		Geh- und Radwegbelastung	0,40	0,40	0	0,80
	Einzelachse (LM2)		0	0,75	0	0,80
	gr2 (Horizontalkräfte)		0	0	0	0
	gr3 (Geh- und Radwegbelastung)		0	0,40	0	1,00
Wind	F_{Wk} (Ständige Bemessungssituation)		0,60	0,20	0	0,60
Temperatur	T_k		0,60	0,60	0,50	0,80

Abb. 4.17 Kombinationsbeiwerte ψ für Straßenbrücken

Sofern im Grenzzustand der Tragfähigkeit ein Abbau von Zwangschnittgrößen durch Rissbildung möglich ist, kann für den Temperaturlastfall der Kombinationsbeiwert ψ_0 abgemindert werden. Entsprechende Regelungen sind der Bemessungsnorm zu entnehmen.

4.3 Grenzzustand der Gebrauchstauglichkeit

Im Grenzzustand der Gebrauchstauglichkeit eines Tragwerks sind nach EC 2-2 folgende Nachweise zu führen:

- Nachweise zur Spannungsbegrenzung,
- Nachweis der Dekompression und der Rissbreiten,

- Mindestbewehrung zur Vermeidung breiter Einzelrisse und
- Nachweis der Durchbiegungsbeschränkung.

Ein Nachweis der Schwingungsbegrenzung ist bei Straßenbrücken aus Beton üblicherweise entbehrlich, da die charakteristischen Verkehrslasten bereits einen dynamischen Erhöhungsfaktor beinhalten.

Hinsichtlich des Entwurfs der Vorspannkraft stellt der Dekompressionsnachweis ein wesentliches Kriterium dar. Aufgrund des hohen Eigengewichtsanteils kann bei Betonbrücken auch der Nachweis zur Begrenzung von Betondruckspannungen im Entwurfsstadium von erhöhter Bedeutung sein.

4.3.1 Klassifizierung von Nachweisbedingungen

Die Bedingungen für den Dekompressions- und Rissbreitennachweis werden in EC 2-2 definiert, siehe auch nachfolgende Abb. 4.18 und 4.19. Mit Hilfe der getroffenen Vorgaben werden die Anforderungen an die Dauerhaftigkeit und das Erscheinungsbild eines Bauteils geregelt.

Hinsichtlich Spannbetonbrücken mit Kastenquerschnitt sind ARS 22/2012 sowie EC 2-2 / NA.TT zu beachten. Grundsätzlich ist eine Ausführung nur mit externen Spanngliedern gestattet.

Zusätzlich regelt ZTV-ING, Teil 3, Abschnitt 2, 2.3.2 (5), dass eine Quervorspannung von Fahrbahnplatten ohne Verbund herzustellen ist. Die Endverankerungen sind derart auszubilden, dass ein späteres beidseitiges Nachspannen möglich ist. Die Austauschbarkeit der Spannglieder wird hiermit gewährleistet.

	Randzugspannung	
	Einwirkung	zul $\sigma_{c,Rand}$
Stahlbetonbauteile allgemein		
längs	-	-
quer	-	-
Spannbetonüberbau mit Vorspannung ohne Verbund oder Stahlbetonüberbau		
längs ohne Vorspannung	-	-
längs mit Vorspannung (Endzustand)	quasi-ständig [a]	Dekompression
längs mit Vorspannung (Bauzustand)	quasi-ständig	Abb. 4.19
quer ohne Vorspannung	selten	Abb. 4.19 [c]
quer mit Vorspannung ohne Verbund	selten	Abb. 4.19 [c]
Spannbetonüberbau mit Vorspannung im Verbund oder Mischbauweise		
längs stat. unbestimmt (Endzustand)	quasi-ständig	Dekompression
längs stat. bestimmt (Endzustand)	quasi-ständig [b]	Dekompression
längs (Bauzustand)	quasi-ständig	$0{,}85 \cdot f_{ctk;0,05}$
quer ohne Vorspannung	selten	Abb. 4.19 [c]
quer mit Vorspannung ohne Verbund	quasi-ständig [b]	Dekompression [c]

[a] Die quasi-ständige Einwirkungskombination ist mit dem Beiwert $\psi_2 = 0{,}3$ für alle Einwirkungen aus Verkehr, jedoch ohne Ansatz von Temperatur und Setzungen zu berücksichtigen.
[b] Die quasi-ständige Einwirkungskombination ist mit dem Beiwert $\psi_2 = 0{,}5$ für alle Einwirkungen aus Verkehr zu berücksichtigen.
[c] Nachweise für Fahrbahnplatten gefordert. Lokal begrenzte Überschreitungen des Grenzwertes bis zu 1 MN/m² sind zulässig.

Abb. 4.18 Anforderungen

Betonfestigkeitsklasse	C30/37	C35/45	C40/50	C45/55	C50/60
zul $\sigma_{c,Rand}$ [MN/m²]	4,0	5,0	5,5	6,0	6,5

Abb. 4.19 Zulässige Betonrandspannungen

4.3.2 Begrenzung der Spannungen

Aufgrund der erhöhten Anforderungen an die Dauerhaftigkeit sind im Spannbetonbau Spannungen zu begrenzen. Die nach EC 2-2 erforderlichen Nachweise und zugehörigen Grenzwerte hinsichtlich der Beton-, Betonstahl- und Spannstahlspannungen sind mit den entsprechenden Regelungen des üblichen Hochbaus weitgehend identisch. Es werden an dieser Stelle nur die zusätzlichen brückenbauspezifischen Anforderungen aufgeführt.

Grundsätzlich sind die Spannungsnachweise für sämtliche Bau- und Endzustände getrennt zu führen. Die Berechnungen haben im gerissenen Zustand zu erfolgen, wenn die im ungerissenen Zustand unter der seltenen Einwirkungskombination ermittelten Zugspannungen den Mittelwert der zentrischen Zugfestigkeit $f_{ctm} = 0{,}30 \cdot f_{ck}^{2/3}$ überschreiten.

Betondruckspannungen

Die Betondruckspannungen sind zu begrenzen, um eine Rissbildung in Druckspannungsrichtung zu vermeiden. Hiermit verbundene Längsrisse ermöglichen im Unterschied zu Querrissen die flächige Korrosion der Bewehrung der Druckzone. Im Zusammenhang mit einem vorhandenen Frost- oder Tausalzangriff sind derartige Risse als besonders kritisch zu werten.

Die Druckspannungen sind unter der nicht-häufigen Einwirkungskombination und dem Mittelwert der Vorspannung auf $0{,}60 \cdot f_{ck}$ zu beschränken. Eine Erhöhung des Grenzwertes um 10 % ist bei umschnürten Druckgliedern und der Ausbildung eines mehraxialen Spannungszustands bzw. bei der Herstellung von Fertigteilen während der Bauausführung möglich.

Der im technischen Regelwerk enthaltene Kriechansatz bildet eine Proportionalität des Kriechens zur Dauerlast ab. Der Ansatz hat Gültigkeit für Betondruckspannungen, welche unter der quasi-ständigen Einwirkungskombination ermittelt wurden, unterhalb des Wertes $0{,}45 \cdot f_{ck}$. Wird der Grenzwert überschritten, ist die Nichtlinearität des Kriechens zu berücksichtigen.

Aufgrund des hohen Eigengewichtsanteils kann bei Brücken des Massivbaus die Begrenzung der Betondruckspannungen die Dimensionierung der Querschnitte mitbestimmen. Der Nachweis sollte daher frühzeitig, bereits im Entwurf des Tragwerks, betrachtet werden.

Betonzugspannungen (quer)

Zur ausreichenden Dimensionierung von Kragarmen bei in Querrichtung schlaff bewehrten und/oder verbundlos vorgespannten Fahrbahnplatten dürfen die im Zustand I ermittelten Betonzugspannungen am Querschnittsrand in Brückenquerrichtung die Werte zul $\sigma_{c,Rand}$ der vorherigen Abb. 4.19 nicht überschreiten. Dieser Nachweis ersetzt nicht den erforderlichen Rissbreitennachweis, der zusätzlich zu führen ist.

Schiefe Hauptzugspannungen

Zur Begrenzung der Schubrissbildung ist für schlanke Stege mit $h_w/b_w > 3$ ein Nachweis der schiefen Hauptzugspannungenschiefen Hauptzugspannungen zu führen.

$$\tau_{xz} = \tau_{xz,V} + \tau_{xz,T}$$

$$\sigma_{1/2} = \frac{\sigma_{xx}}{2} \pm \sqrt{\left(\frac{\sigma_{xx}}{2}\right)^2 + \tau_{xz}{}^2} \leq f_{ctk;0,05}$$

Hierbei ist nachzuweisen, dass die Hauptzugspannungen im Zustand I infolge der Längsspannungen σ_{xx} und der Schubspannungen $\tau_{xz,V}$ und $\tau_{xz,T}$ infolge von Querkraft und von Torsion den unteren Grenzwert der charakteristischen zentrischen Zugfestigkeit $f_{ctk;0,05} = 0{,}21 \cdot f_{ck}{}^{2/3}$ nicht überschreiten.

Betonstahlspannungen

Unter Gebrauchslasten ist ein Fließen der Bewehrung zu vermeiden. Die Betonstahlspannungen sind daher unter der nicht-häufigen Einwirkungskombination auf 0,80 f_{yk} zu begrenzen. Bedingt durch das unterschiedliche Sicherheitsniveau der Grenzzustände der Tragfähigkeit und der Gebrauchstauglichkeit ist der Nachweis üblicherweise per se erfüllt.

Spannstahlspannungen

Analog zu den Regelungen des üblichen Hochbaus sind die Zugspannungen in Spanngliedern nach Abzug aller Spannkraftverluste unter der quasi-ständigen Einwirkungskombination auf den vergleichsweise restriktiven Grenzwert $\sigma_p \leq 0{,}65\ f_{pk}$ zu begrenzen. Die Forderung wurde eingeführt, um der Gefahr einer Spannungsrisskorrosion vorzubeugen.

Für externe Spannglieder und interne Spannglieder ohne Verbund ist diese Begrenzung nicht erforderlich, sofern die Spannglieder auswechselbar sind. Von einer Auswechselbarkeit dieser Spannglieder kann im Brückenbau für Kastenquerschnitte und quervorgespannte Fahrbahnplatten üblicherweise ausgegangen werden, da sie gemäß ARS 22/2012 explizit gefordert wird.

4.3.3 Nachweis der Dekompression

Der Nachweis der Dekompression des Querschnitts ist in der Regel für die Ermittlung des erforderlichen Vorspanngrades maßgebend. Er wird häufig in der Entwurfsphase zur Vordimensionierung der Querschnitte herangezogen.

Mit Hilfe des Nachweises wird der uneingeschränkte Korrosionsschutz des Spannstahls gewährleistet und es werden die ermüdungsrelevanten Schwingbreiten gering gehalten. Für Spannbetonbrücken fordert der EC 2-2, dass unter der maßgebenden

Einwirkungskombination (vgl. Abb. 4.18) unter Ansatz des oberen r_{sup} oder unteren r_{inf} charakteristischen Wertes der Vorspannung keine Zugspannungen an dem Rand auftreten, der dem Spannglied am nächsten liegt. Der Querschnitt braucht somit zur Erfüllung des Nachweises nicht vollständig überdrückt zu sein. Vielmehr ist es ausreichend, wenn der Beton im Umfeld der Spannglieder ungerissen ist. Die Nachweisführung hat bei teilweise gerissenem Querschnitt im Zustand II zu erfolgen, dies ggf. unter Beachtung der Empfindlichkeit des Nachweises gegenüber der jeweiligen Belastung sowie der Lastanordnung.

Die Forderung weicht von der weitergehenden Regelung des allgemeinen Hochbaus ab, die zunächst einen vollständig überdrückten Querschnitt vorsieht (vgl. Abschn. 3.2.3). Die Erfahrungen im Brückenbau haben gezeigt, dass auch bei sehr hoch vorgespannten Bauwerken ein Auftreten singulärer Risse nicht mit Sicherheit ausgeschlossen werden kann. Aus Gründen der Dauerhaftigkeit wird es daher als sinnvoll angesehen, mäßig vorzuspannen und zur Beschränkung der Rissbreiten einen ausreichenden Anteil an Betonstahlbewehrung anzuordnen.

Im Endverankerungsbereich der Spannglieder braucht der Nachweis nicht geführt zu werden. Die Gebrauchstauglichkeit kann im Bereich der Lastausbreitung (nachträglicher Verbund) bzw. -eintragung (sofortiger Verbund) durch die Bemessung mit Hilfe von Stabwerkmodellen, einer Begrenzung der Rissbreiten und der Anordnung einer Mindestbewehrung sichergestellt werden.

4.3.4 Begrenzung der Rissbreiten

Für den Massivbrückenbau gelten Rissbreitenbegrenzungen auf w_{max} = 0,2 mm für Stahl- und Spannbetonbauteile als ausreichend. Nachweise sind unter der häufigen Einwirkungskombination zu führen, siehe auch EC 2-2 / NA, Tabelle 7.101DE.

Die Nachweise und Möglichkeiten zur Rissbreitenbeschränkung entsprechen den formalen Forderungen des üblichen Hochbaus, siehe auch Erläuterungen im Abschn. 3.2.

4.3.5 Mindestbewehrung

Im Brückenbau erfolgt die Ermittlung der Mindestbewehrung analog zum Vorgehen des üblichen Hochbaus. Im Folgenden wird auf einzelne Besonderheiten des Brückenbaus eingegangen.

Allgemein kann auf die Anordnung einer Mindestbewehrung verzichtet werden, sofern für Bauteile mit Vorspannung mit Verbund nachgewiesen wird, dass der Querschnittsrand unter der seltenen Einwirkungskombination und unter dem maßgebenden charakteristischen Wert der Vorspannung Druckspannungen aufweist, die dem Betrag nach größer als 1 N/mm² sind.

Die allgemeine Regelung, dass die Mindestbewehrung für die Rissschnittgröße ausgelegt werden darf, sofern diese die Zwangschnittgröße nicht erreicht, gilt nicht für Vorspannung mit Verbund.

Die maximal zulässigen Stababstände einer Mindestbewehrung betragen 200 mm. Die minimal zulässigen Stabdurchmesser sind mit 10 mm definiert.

Dickere Bauteile

Für dickere Betonbauteile, wie Wände von Widerlagern oder die Stege von Balken, Plattenbalken oder Hohlkästen, bietet der EC 2-2 / NA die Möglichkeit einer wirtschaftlicheren

Ermittlung der Mindestbewehrung für zentrischen Zwang. In Abhängigkeit von der Betondeckung kann sich die Regelung ab Bauteildicken von etwa 40 cm günstig auswirken.

Das Bemessungskonzept beruht auf der Unterscheidung einer Primär- und einer Sekundärrissbildung, siehe auch Abb. 4.20.

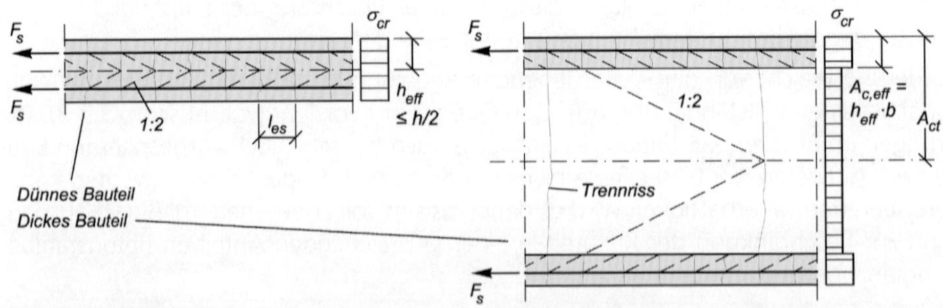

Abb. 4.20 Mechanismus der Primär- und der Sekundärrissbildung

Reißt ein Querschnitt auf, lagern sich die Betonzugspannungen unmittelbar auf den Betonstahl um. Über die Verbundeinleitungslänge l_{es} wird die Kraft wiederum in den Betonkörper eingetragen, bis sich am Ende der Einleitungslänge eine annähernd gleichmäßige Zugspannungsverteilung über den Querschnitt eingestellt hat. Die Ausbreitung im Betonkörper kann etwa mit der Steigung 1:2 angenommen werden.

Bei dünnen Bauteilen liegen die Bewehrungslagen so nah zusammen, dass sich bei zentrischer Zwangbeanspruchung Trennrisse im Abstand von l_{es} einstellen. Bei dickeren Bauteilen liegt am Ende der Eintragungslänge noch keine gleichmäßige Betonzugbeanspruchung vor. Die Bauteile reißen zunächst unter Bildung von Sekundärrissen im Randbereich der Höhe h_{eff} bzw. der Fläche $A_{c,eff}$ auf. Die Bildung der Sekundärrisse hat einen ersten Abbau der Zwangbeanspruchung zur Folge. Durchgehende Primärrisse treten daher im Vergleich von dickeren zu dünneren Betonelementen in größerem Abstand auf.

Der erforderliche Mindestbewehrungsquerschnitt darf bei dickeren Bauteilen dann wie folgt berechnet werden:

$$A_s = f_{ct,eff} \cdot A_{c,eff} / \sigma_s \geq k \cdot f_{ct,eff} \cdot A_{ct} / f_{yk}$$

Hierbei beschreibt der erste Ausdruck den Zustand der Sekundärriss- und der Zweite den der Primärrissbildung.

Der Wirkungsbereich der Bewehrung $A_{c,eff}$ und die Fläche der Betonzugzone für eine Bauteilseite A_{ct} werden wie folgt angegeben (siehe auch Abb. 4.21):

$$A_{c,eff} = h_{eff} \cdot b \text{ und } A_{ct} = h/2 \cdot b$$

h_{eff} Dicke der effektiven Randzone

h Dicke des Bauteils

Der Grenzdurchmesser der Bewehrungsstäbe muss zur Bestimmung der Betonstahlspannung σ_s folgendermaßen modifiziert werden:

$$d_s \geq d_s^* \cdot f_{ct,eff} / f_{ct,0} \text{ mit } f_{ct,0} = 3{,}0 \text{ N/mm}^2$$

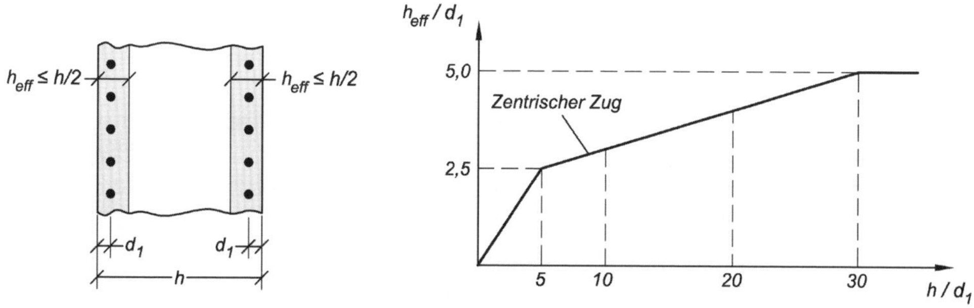

Abb. 4.21 Wirkungsbereich der Bewehrung bei dickeren Bauteilen

Zur Verringerung von Zwangspannungen infolge des Abfließens der Hydratationswärme besteht darüber hinaus die Möglichkeit, betontechnologische Maßnahmen zu ergreifen. Werden langsam erhärtende Betone mit $r \leq 0{,}3$ verwendet, darf nach EC 2-2 / NA die Mindestbewehrung um 15 % reduziert werden. Die wesentlichen Anwendungsvoraussetzungen, insbesondere die gewählte Zementsorte, Temperaturbedingungen und Nachbehandlungsdauer, sind in den Ausführungsplänen anzugeben. Eine frühzeitige Abstimmung mit dem ausführenden Unternehmen ist jedoch ratsam, da ein derartiges Vorgehen ggf. mit Nachteilen wie verlängerten Ausschalzeiten und erhöhtem Nachbehandlungsaufwand einhergeht.

Gegliederte Bauteile

Infolge einer gegenseitigen Dehnungsbehinderung können sich bei profilierten Querschnitten wie Hohlkästen oder Plattenbalken zusätzliche Zwangbeanspruchungen zwischen den Teilquerschnitten einstellen. Durch eine Fertigung der Bauteile in verschiedenen Bauabschnitten wird der Effekt nochmals verstärkt.

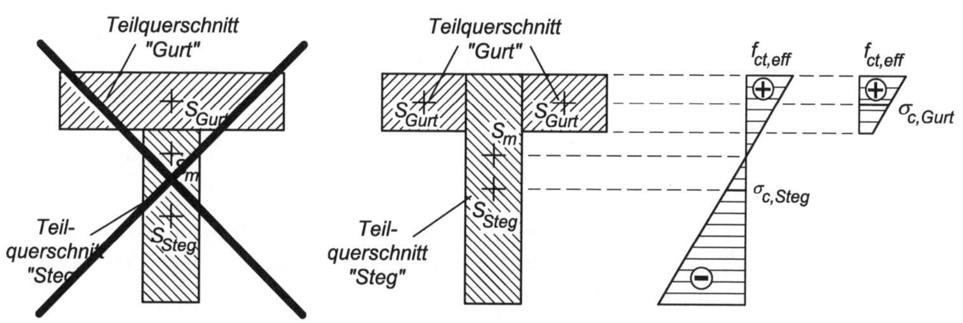

Abb. 4.22 Aufteilung von gegliederten Querschnitten in Teilquerschnitte [4]

Bei profilierten Querschnitten ist die Mindestbewehrung daher für jeden Teilquerschnitt einzeln zu ermitteln. Eine mögliche Aufteilung eines Plattenbalkenquerschnitts zeigt Abb. 4.22. Zur Bestimmung der Spannungsverteilung, welche den Erstriss auslöst, muss in der Zerlegung des Gesamtquerschnitts an einem Querschnittsrand die Betonzugfestigkeit $f_{ct,eff}$ angetragen werden. Hierdurch wird die Konformität mit dem allgemeinen Rissbreitennachweis gewährleistet.

Arbeitsfugen

Aufgrund der Besonderheiten von Arbeitsfugen ist hier eine Mindestbewehrung anzuordnen, die nach EC 2-2 / NA ermittelt wird.

Parallel zur Arbeitsfuge ist die Mindestbewehrung für Zwang infolge von zentrischem Zug zur Aufnahme der Zugkräfte aus abfließender Hydratationswärme und aus Schwinden zu ermitteln. Im Neubeton ist die Bewehrung auf einer Länge anzuordnen, die der Überbauhöhe, jedoch höchstens 2,0 m, entspricht.

Senkrecht zur Arbeitsfuge ist eine Mindestbewehrung beiderseits der Fuge auf einer Länge entsprechend der Überbauhöhe zuzüglich des Grundmaßes der Verankerungslänge, höchstens jedoch 4,0 m, anzuordnen. Auf eine die Fuge kreuzende Bewehrung darf nur verzichtet werden, sofern unter der seltenen Einwirkungskombination am Querschnittsrand Druckspannungen nachgewiesen werden, die dem Betrag nach größer als 2 N/mm² sind.

Beim Nachweis der Rissbreitenbegrenzung ist der Mittelwert der Vorspannkraft im Bereich von Arbeitsfugen und Spanngliedkopplungen um 25 % zu reduzieren.

4.3.6 Begrenzung der Verformungen

Die Verformungen dürfen die ordnungsgemäße Funktion oder das Erscheinungsbild nicht beeinträchtigen. Konkrete Grenzwerte für zulässige Verformungen werden im EC 2-2 für Betonbrücken nicht definiert.

Die ZTV-ING (Teil 1 Allgemeines, Abschnitt 2, Absatz 3.2) fordert, dass unter voller ständiger Last zum Zeitpunkt t_∞ unter Berücksichtigung der noch zu erwartenden Setzungen bei einer Bauwerkstemperatur von 10 °C und einer gleichmäßigen Temperaturverteilung im Überbau die Sollgradiente eingehalten werden muss. Weitergehende Regelungen sind gegebenenfalls vom Bauherrn festzulegen.

Die Durchbiegungsberechnung für ein Tragwerk kann mit Hilfe der quasi-ständigen Einwirkungskombination durchgeführt werden. Die Baustoffeigenschaften und die Vorspannung sollten als Mittelwerte angenommen werden. Der angesetzte Elastizitätsmodul des Betons sollte dem tatsächlichen Modul zum betrachteten Zeitpunkt entsprechen. Die Einflüsse aus Kriechen, Schwinden und Rissbildung sollten dabei berücksichtigt werden. Hierbei darf das Kriechen unter Verwendung eines viskoelastischen Modells berechnet werden.

Die mittels Dekompressionsnachweis bemessenen Tragwerke dürfen für die Berechnung der Durchbiegungen als ungerissen betrachtet werden. Für andere Tragwerke sollte die Berechnung im gerissenen Zustand erfolgen.

4.4 Grenzzustand der Tragfähigkeit

Im Grenzzustand der Tragfähigkeit sind nach EC 2-2 folgende Bemessungsnachweise zu führen:

- Biegung und Längskraft,
- Querkraft,
- Versagen ohne Vorankündigung (Robustheit),

- Torsion,
- Durchstanzen,
- Stabilität,
- Anprall,
- Ermüdung und
- gegebenenfalls Lagesicherheit.

Die Nachweise werden in der Regel für die „ständige und die vorübergehende Bemessungssituation" geführt, siehe Abschn. 4.2.11. Beispiele für vorübergehende Bemessungssituationen sind Bauzustände, das Anheben und Auswechseln von Lagern oder der Ausbau eines externen Spanngliedes. Die zwei weiteren Kombinationsregeln des Grenzzustands der Tragfähigkeit beziehen sich auf außergewöhnliche Einwirkungen, wie Anprall und Erdbeben.

Die Schnittgrößenermittlung für Überbauten ist im Grenzzustand der Tragfähigkeit nur linear nach der Elastizitätstheorie mit und ohne Umlagerung zulässig.

Grundsätzlich ist es erforderlich, Zwangschnittgrößen, bspw. aus Temperatureinwirkungen oder Setzungen, zu berücksichtigen. Aufgrund des Steifigkeitsabfalls beim Übergang in den Zustand II dürfen hierbei die 0,6-fachen Werte der Steifigkeiten des Zustands I angesetzt werden. Eine genauere Abschätzung der unter indirekten Zwangeinwirkungen zu erwartenden Steifigkeiten ist mit Hilfe von nichtlinearen Verfahren zulässig. In jedem Fall sind mindestens die 0,4-fachen Werte der Steifigkeiten des ungerissenen Zustands zu verwenden.

Die Bemessungsregeln des EC 2-2 sind mit den Regeln des allgemeinen Hochbaus weitgehend identisch. Im Folgenden wird daher nur auf einige Besonderheiten eingegangen.

4.4.1 Querkraft

Bei der Berechnung von Pilotprojekten auf der Grundlage der ersten Auflage der EC wurde vor deren endgültiger Einführung festgestellt, dass einzelne Bauteile wie z.B. Widerlagerwände und Fahrbahnplatten im Gegensatz zur vorherigen Praxis und Erfahrung nicht mehr ohne rechnerisch erforderliche Querkraftbewehrung bemessen werden konnten. Für biegebeanspruchte Balken und einachsig gespannte Platten mit $h / b > 0{,}20$ ist daher stets eine Mindestquerkraftbewehrung vorzusehen, auch wenn rechnerisch keine Bewehrung erforderlich wäre.

Darüber hinaus wurde im EC2 eine Beziehung für die Mindestquerkrafttragfähigkeit eingeführt. Vergleichende Berechnungen hatten gezeigt, dass die seinerzeit im Normenwerk enthaltene Regelung für die Querkrafttragfähigkeit ohne Schubbewehrung für hohe Nutzhöhen und niedrige Längsbewehrungsgrade unsicher ist. Der Bemessungswert der aufnehmbaren Querkraft eines Bauteils ohne Querkraftbewehrung wird daher wie folgt ermittelt:

$$V_{\mathrm{Rd,ct}} = \left[\max \left\{ \frac{0{,}15}{\gamma_c} \cdot \kappa \cdot \left(100 \cdot \rho_l \cdot f_{ck}\right)^{\frac{1}{3}} ; \frac{\kappa_1}{\gamma_c} \cdot \sqrt{\kappa^3 \cdot f_{ck}} \right\} - 0{,}12 \cdot \sigma_{cd} \right] \cdot b_w \cdot d$$

Hierbei beschreibt der erste Ausdruck der beiden Maximalwerte die bereits seinerzeit enthaltene Beziehung und der zweite den nach EC2 ergänzten Mindestwert, mit $\kappa_1 = 0{,}0525$ für $d \leq 600$ mm und $\kappa_1 = 0{,}0375$ für d ≥ 800 mm.

4.4.2 Versagen ohne Vorankündigung (Robustheit)

Die Vermeidung von sprödem Versagen eines Querschnitts bei Erstrissbildung ist auch im Brückenbau ein wesentliches Konstruktionsprinzip. Grundsätzlich kann davon ausgegangen werden, dass durch Einhalten der Regeln bezüglich der Beschränkung der Rissbreite, des Nachweises der Dekompression und der baulichen Durchbildung eine ausreichende Sicherheit gegen Versagen ohne Vorankündigung vorhanden ist. Da jedoch ein möglicher Ausfall von Spannstahl nicht mit Sicherheit ausgeschlossen werden kann, ist bei Spannbetontragwerken im Brückenbau einer der beiden folgenden Nachweise zu erfüllen:

a) Vereinfachter Nachweis über die Anordnung einer Robustheitsbewehrung

Der Nachweis entspricht formal den Regelungen des allgemeinen Hochbaus, jedoch finden sich Unterschiede hinsichtlich der Anrechenbarkeit der Spannstahlbewehrung und im Bereich der Konstruktionsregeln.

Die Mindestbewehrung wird in Bereichen vorgesehen, in denen ohne Vorankündigung durch Rissbildung der Spannstahl vollständig ausfallen könnte. Maßgebend für die Bewehrung sind daher die Querschnitte, in denen das Rissmoment des nicht vorgespannten Betons gerade dem Moment infolge von äußeren Einwirkungen entspricht. Mithin kann die erforderliche Fläche der Mindestbewehrung aus dem Rissmoment des Betonquerschnitts ohne Vorspannung berechnet werden (vgl. Abschn. 3.4.1):

$$A_{s,min} = M_{r,ep} / \left(f_{yk} \cdot z_s\right)$$

$M_{r,ep}$ Rissmoment des Betonquerschnitts unter Annahme einer aufnehmbaren Zugspannung von $f_{ctk;\,0,05}$ ohne Berücksichtigung der Vorspannung

z_s Hebelarm der inneren Kräfte im Grenzzustand der Tragfähigkeit, darf bei Rechteckquerschnitten zu $z_s = 0{,}9 \cdot d$ angenommen werden

In Feldbereichen ist die Bewehrung gleichmäßig über die Breite und anteilig über die Höhe der Zugzone zu verteilen. Unabhängig von der Zugkraftdeckung muss die Bewehrung zur Verbesserung der Duktilität zwischen den Auflagern durchlaufen.

In Stützbereichen sollte die Bewehrung in Bereichen vorgesehen werden, in denen unter der nicht-häufigen Einwirkungskombination Zugspannungen im Beton auftreten. Hierbei sollte lediglich der Anteil der statisch unbestimmten Wirkung der Vorspannung berücksichtigt werden.

Der vereinfachte Nachweis ergibt für Querschnitte, in denen nach Erstrissbildung noch eine teilweise intakte Spannstahlbewehrung wirksam ist, eine höhere Robustheitsbewehrung als erforderlich.

b) Genauerer Nachweis mit sukzessivem Spannstahlausfall bis zur Rissbildung

Die Anzahl der noch intakten Spannglieder wird bei diesem Nachweis in jedem Querschnitt rechnerisch so weit reduziert, dass das unter Berücksichtigung der Betonzugfestigkeit $f_{ctk;\,0,05}$ ermittelte Rissmoment kleiner oder gleich dem Moment infolge der häufigen Einwirkungskombination wird.

Anschließend muss nachgewiesen werden, dass der Biegetragwiderstand im gerissenen Zustand II mit der reduzierten Anzahl an Spanngliedern größer als das Biegemoment infolge der seltenen Einwirkungskombination ist. Das statisch unbestimmte Moment aus Vorspannung darf nicht abgemindert werden. Der Biegetragwiderstand sollte mit den Teilsicherheitsbeiwerten γ_M für die außergewöhnliche Bemessungssituation berechnet werden.

Bei statisch unbestimmten Systemen dürfen Momentenumlagerungen infolge eines lokalen Spannstahlausfalls berücksichtigt werden. Detaillierte Hinweise zu diesem Nachweis finden sich im DAfStb-Heft 469 [31].

4.4.3 Ermüdung

Wiederholte Spannungsänderungen infolge von Verkehrsbelastung können durch fortschreitendes Risswachstum in Beton oder Stahl zu Ermüdungsbrüchen und schließlich zum Versagen des gesamten Bauteils führen. Tragende Elemente, die nicht vorwiegend ruhenden Einwirkungen ausgesetzt sind, müssen daher gegen Ermüdung bemessen werden.

Im Betonbrückenbau braucht gemäß EC 2-2 im Allgemeinen für folgende Bauwerke und -elemente kein Ermüdungsnachweis geführt zu werden:

- Geh- und Radwegbrücken,
- Bogen- und Rahmentragwerke mit einer Mindesterdüberdeckung von 1,0 m (Straßenbrücken),
- Fundamente,
- Stützkonstruktionen und Pfeiler, die nicht fest mit dem Überbau verbunden sind,
- Stützmauern,
- Widerlager von Straßenbrücken, die nicht biegesteif mit dem Überbau verbunden sind (außer den Platten und Wänden von Kastenwiderlagern),
- Spann- und Betonstahl in Bereichen, wo unter der häufigen Einwirkungskombination und P_k nur Druckspannungen am Druckrand vorkommen,
- Spann- und Betonstahl ohne Schweißverbindungen oder Kopplungen bei Überbauten, für die unter der häufigen Kombination Dekompression nachgewiesen wird,
- Beton unter Druckbeanspruchung bei Straßenbrücken, sofern die Betondruckspannungen unter der seltenen Einwirkungskombination und dem Mittelwert der Vorspannung auf 0,6 f_{ck} beschränkt sind.

Da es sich beim letztgenannten Punkt der Aufzählung um einen Nachweis handelt, der ohnehin im Grenzzustand der Gebrauchstauglichkeit zu erfüllen ist, kann bei Straßenbrücken der Nachweis gegen Ermüdung des Betons entfallen.

Die Grundlagen zum Ermüdungsnachweis können dem Abschn. 3.3.8 entnommen werden. Im vorliegenden Abschnitt werden die Besonderheiten der Nachweisführung für den Betonbrückenbau dargestellt. Hinsichtlich des vereinfachten Dauerfestigkeitsnachweises sowie des expliziten Betriebsfestigkeitsnachweises (Stufen 1 bzw. 3 gem. Abb. 3.44) werden keine Ergänzungen zu den Erläuterungen des vorgenannten Abschnitts angegeben. Zum Nachweis von Beton- und Spannstahl bietet der EC 2-2 / NA im Anhang NA.NN jedoch einen eleganten vereinfachten Betriebsfestigkeitsnachweis (Stufe 2) an, auf den im Folgenden eingegangen wird.

Vereinfachter Betriebsfestigkeitsnachweis

Zur Idealisierung eines realen, vielstufigen Beanspruchungskollektivs wird ein schädigungsäquivalentes Einstufenkollektiv mit einer Spannungsschwingbreite $\Delta\sigma_{s,equ}$ (N^*) eingeführt (siehe Abb. 4.23). Die Schwingbreite $\Delta\sigma_{s,equ}$ (N^*) ist derart definiert, dass N^* Lastspiele mit der Amplitude $\Delta\sigma_{s,equ}$ die gleiche Schädigung bewirken, wie sie sich unter den tatsächlichen Betriebslasten während der beabsichtigten Nutzungsdauer eingestellt hätte.

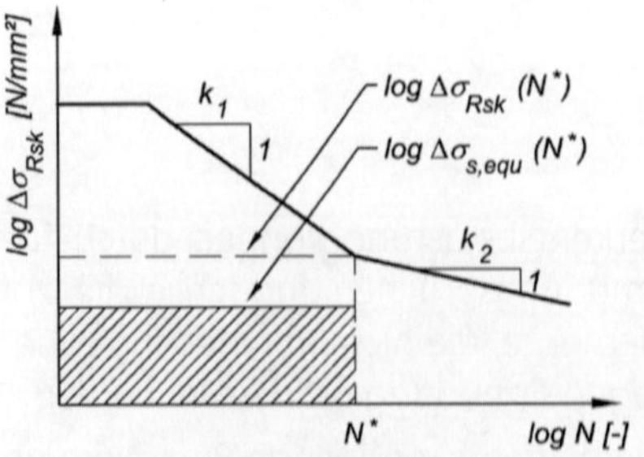

Formale Forderung gemäß der Schadensakkumulationshypothese nach Palmgren-Miner: (vgl. Abschn. 3.3.8)

$$D_{Ed} = \sum_i D_{Ed,i} = \sum_i \frac{n_i(\Delta\sigma_i)}{N_i(\Delta\sigma_i)} \overset{!}{=} \frac{n\left(\Delta\sigma_{s,equ}\right)}{N\left(\Delta\sigma_{s,equ}\right)} \leq 1{,}0$$

D	Schädigungswert
N/n	Aufnehmbare/ aufgebrachte Lastwechsel
$\Delta\sigma$	Spannungsschwingbreiten

Abb. 4.23 Schädigungsäquivalentes Einstufenkollektiv

Mit Hilfe der schädigungsäquivalenten Spannungsschwingbreite $\Delta\sigma_{s,equ}$ (N^*) kann der Nachweis in einen – vergleichsweise – einfachen Spannungsnachweis überführt werden. Da der Wert $\Delta\sigma_{s,equ}$ (N^*) die tatsächlich auftretenden Lastwechsel abbildet, stellt der Nachweis jedoch einen echten Betriebsfestigkeitsnachweis dar.

Basierend auf dem Ermüdungslastmodell 3 (FLM3, vgl. Abschn. 4.2.4) ist nach EC 2-2, 6.8.5 (3) für Beton- oder Spannstahl der folgende Nachweis zu führen:

$$\gamma_{F,fat} \cdot \Delta\sigma_{s,equ}\left(N^*\right) \leq \frac{\Delta\sigma_{Rsk}\left(N^*\right)}{\gamma_{s,fat}}, \text{ mit}$$

$\gamma_{F,fat}$	= 1,20, Teilsicherheitsbeiwert für Last- und Modellungenauigkeiten gemäß EC 2-2 / NA, 2.4.2.3 bzw. ARS 22/2012
$\gamma_{s,fat}$	= 1,15, Teilsicherheitsbeiwert für Baustoffeigenschaften von Beton- und Spannstahl nach EC 2-2 / NA, 2.4.2.4
$\Delta\sigma_{Rsk}$	die Schwingbreite bei N^* Lastzyklen aus den entsprechenden Ermüdungsfestigkeitskurven (Wöhlerlinien)
$\Delta\sigma_{s,equ}$	die schädigungsäquivalente Schwingbreite für verschiedene Bewehrungsarten unter Berücksichtigung der Anzahl der Lastwechsel N^*

Die schädigungsäquivalente Spannungsschwingbreite wird mit Hilfe der nachfolgend angegebenen Gleichung berechnet. Der Korrekturfaktor λ_S stellt eine Anpassung an reale Bedingungen infolge von fließendem Verkehr dar.

$$\Delta\sigma_{s,equ}\left(N^*\right) = \Delta\sigma_S \cdot \lambda_S \text{ mit } \lambda_S = \varphi_{fat} \cdot \lambda_{S,1} \cdot \lambda_{S,2} \cdot \lambda_{S,3} \cdot \lambda_{S,4}, \text{ mit}$$

$\Delta\sigma_s$ die Spannungsschwingbreite aus FLM3 – die Achslasten des Ermüdungslastmodells sind für den Nachweis an Zwischenauflagern durchlaufender Brücken um den Faktor 1,75 und in den übrigen Bereichen um den Faktor 1,40 zu erhöhen;

φ_{fat} der schädigungsäquivalente Stoßfaktor in Höhe von
1,20 für Beläge mit geringer Rauigkeit und
1,40 für Beläge mit großer Rauigkeit.
Bei Betrachtung von Querschnitten, die sich in einem Abstand von $D < 6$ m von einer Dehnfuge entfernt befinden, ist eine zusätzliche multiplikative Vergrößerung mit $\Delta\varphi_{fat} = 1 + 0{,}30 \cdot (1 - D/6) \geq 1{,}0$ zu berücksichtigen;

$\lambda_{s,1}$ der Beiwert zur Berücksichtigung des Einflusses von Stützweite und System, EC 2-2 / NA, Bilder NA.NN.1 und NA.NN.2;

$\lambda_{s,2}$ der Beiwert zur Beschreibung des Einflusses des jährlichen Verkehrsaufkommens und der Verkehrsart mit

$$\lambda_{s,2} = \bar{Q} \cdot \sqrt[k_2]{\frac{N_{obs}}{2{,}0}}$$

$\bar{Q}$ die Verkehrsart, $\bar{Q} = 1{,}0$ für Bundesfernstraßen, ansonsten nach EC 2-2 / NA, Tabelle NA.NN.1,
k_2 die Neigung der Wöhlerlinie nach EC 2-2 / NA, Tabelle NA.NN.1 und
N_{obs} die Anzahl der LKW je Jahr nach EC 1-2, Tabelle 4.5;

$\lambda_{s,3}$ der Beiwert zur Beschreibung des Einflusses der Nutzungsdauer mit

$$\lambda_{s,3} = \sqrt[k_2]{\frac{N_{years}}{100}}$$

N_{years} die vorgesehene Nutzungsdauer, N_{years} = 100 Jahre gemäß EC 2-2 / NA;

$\lambda_{s,4}$ der Beiwert zur Beschreibung des Einflusses von mehreren Fahrspuren mit

$$\lambda_{s,4} = \sqrt[k_2]{\frac{\sum N_{obs,i}}{N_{obs,1}}}$$

$N_{obs,i}$ Anzahl der je Jahr zu erwartenden LKW in Fahrspur i und
$N_{obs,1}$ Anzahl der je Jahr zu erwartenden LKW in der langsamen Fahrspur.

Zum Ermüdungsnachweis hat die Ermittlung der Spannungen grundsätzlich auf der Basis von gerissenen Querschnitten unter Vernachlässigung der Betonzugfestigkeit bei Beibehaltung der Dehnungsverträglichkeit zu erfolgen.

Die Bedeutung des Zustands II sowie das grundsätzliche Vorgehen einschließlich der wesentlichen Aspekte des Ermüdungsnachweises für Beton- oder Spannstahl können anschaulich anhand eines Momenten-Spannungs-Diagramms dargestellt werden. Derartige Diagramme werden im Rahmen einer physikalisch nichtlinearen Querschnittsbetrachtung aufgestellt. Zu ihrer Ermittlung wird somit eine Iteration der Dehnungsebenen unter Berücksichtigung wirklichkeitsnaher Materialgesetze durchgeführt. Aus der Querschnittsbetrachtung heraus beinhalten die Diagramme bei vorgespannten Bauteilen bereits den statisch bestimmten Anteil der Vorspannkraft und die Vordehnung.

Abb. 4.24 zeigt für einen beliebigen Querschnitt beispielhaft den Zusammenhang zwischen einwirkendem Moment M und sich einstellender Spannstahlspannung σ_p. In Abhängigkeit vom nichtzyklischen Grundbeanspruchungsniveau, das durch das Wertepaar (σ_0; M_0) gekennzeichnet ist, ergibt sich zu einem ermüdungswirksamen Lastwechselmoment $\Delta M_{fat} = \max M_{fat} - \min M_{fat}$ eine Spannungsschwingbreite $\Delta\sigma_p$. Das M-σ_p-Diagramm ist charakterisiert durch einen steileren Ast im ungerissenen Zustand, den Dekompressionszustand mit anschließendem Übergangsbereich und einen flacheren Ast im ausgeprägt gerissenen Zustand. Der ausgeprägt gerissene Zustand ist dadurch gekennzeichnet, dass Änderungen des Dehnungszustands nur geringfügige Änderungen der Druckzonenhöhe bewirken. Die Lage der Nulllinie ist kaum veränderlich.

Das nichtzyklische Grundbeanspruchungsniveau (σ_0; M_0) wird durch die häufige Einwirkungskombination beschrieben. Hierbei sind im Allgemeinen die folgenden Einwirkungen zu berücksichtigen:

- charakteristischer Werte der ständigen Einwirkungen;
- 0,9-facher Mittelwert der Vorspannkraft für den statisch bestimmten Anteil und maßgebender charakteristischer Wert für den statisch unbestimmten Anteil der Vorspannwirkung. In Koppelfugen ist der statisch bestimmte Anteil der Vorspannung zusätzlich mit dem Faktor 0,75 abzumindern. Daraus ergibt sich in diesen Bereichen, in denen erfahrungsgemäß ein früherer Übergang in den Zustand II stattfindet, eine Gesamtabminderung des direkten Anteils der Vorspannwirkung von 0,75 · 0,9 = 0,68;
- der wahrscheinliche Wert der Setzungen, sofern diese ungünstig wirken;
- der häufige Wert der Temperatureinwirkungen, sofern diese ungünstig wirken;
- wo relevant, Windböen.

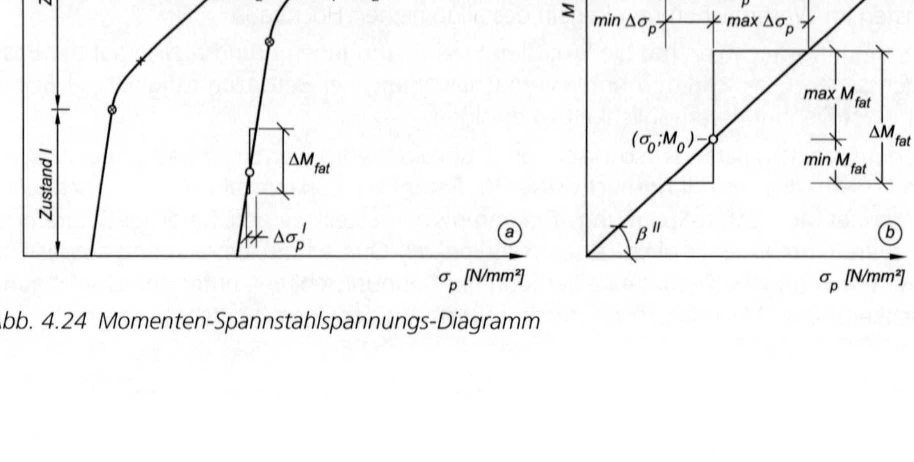

Abb. 4.24 Momenten-Spannstahlspannungs-Diagramm

Die ermüdungswirksame Spannungsschwingbreite $\Delta\sigma_S$ der zyklischen Beanspruchung folgt aus der Anwendung des Ermüdungslastmodells 3 unter Berücksichtigung von erhöhten Achslasten. Bezogen auf Abb. 4.24 gilt dementsprechend $\Delta M_{fat} = \Delta M_{FLM3}$ und $\Delta\sigma_S = \Delta\sigma_p$.

Anhand des Diagramms der Abb. 4.24 ist zu erkennen, dass die Größe der ermüdungswirksamen Spannungsänderung $\Delta\sigma_p$ in starkem Maße von der Höhe der Grundbeanspruchung bestimmt wird: Liegt das Wertepaar (σ_0; M_0) im Zustand I, so ergibt sich ein $\Delta\sigma_p$, das im Vergleich zu einer Grundbeanspruchung im Zustand II deutlich kleiner ausfällt.

Auf der sicheren Seite liegend kann der Ermüdungsnachweis stets unter Annahme des ausgeprägt gerissenen Zustands geführt werden [32]. Hierzu ist lediglich die Kenntnis der Neigung β^{II} erforderlich. Da der innere Hebelarm im ausgeprägt gerissenen Zustand kaum veränderlich ist, kann der Wert β^{II} durch Annahme einer Druckzonenhöhe bzw. einer Nulllinienlage abgeschätzt werden. Mit gegebener Nulllinie können nach Vorgabe des Dehnungswerts $\Delta\varepsilon_p^{II} = \Delta\sigma_p^{II} / E_p$ unter Voraussetzung des Ebenbleibens der Querschnitte gemäß der Bernoulli-Hypothese die Dehnungen aller Stahleinlagen berechnet werden. Hiernach können Stahlkräfte und das zugehörige Querschnittsmoment ΔM bestimmt werden. Die Steigung ergibt sich zu $\beta^{II} = \Delta M / \Delta\sigma_p^{II}$. Für $\Delta\sigma_p^{II}$ wird zweckmäßigerweise die aufnehmbare Schwingbreite $\Delta\sigma_{Rsk}$ gesetzt. Das Moment ΔM stellt eine ertragbare Querschnittsschnittgröße dar und kann unter Berücksichtigung der Teilsicherheitsbeiwerte $\gamma_{F,fat}$ und $\gamma_{s,fat}$ und der Korrektur λ_S direkt gegen das einwirkende Moment ΔM_{fat} verglichen werden. Ein genauerer Nachweis gegen Ermüdung bedingt die vorherige Berechnung der Grundbeanspruchung und die anschließende Ermittlung der Stahlspannungsänderung $\Delta\sigma_p$.

4.5 Bauliche Durchbildung

4.5.1 Betonstahl

Im Brückenbau sind nur gerippte Betonstabstähle aus hochduktilem Stahl nach DIN 488 oder allgemein bauaufsichtlicher Zulassung mit einem Durchmesser $d_s \geq 10$ mm zu verwenden. Eine Bewehrung mit Betonstahlmatten ist wegen des ungünstigen Ermüdungsverhaltens der Schweißverbindungen nicht vorgesehen. Die Bewehrungsregeln entsprechen ansonsten im Wesentlichen den Regeln des allgemeinen Hochbaus.

4.5.2 Spannstahl

Vorspannung mit sofortigem Verbund

Die Verwendung von glatten Drähten ist für die Vorspannung mit sofortigem Verbund nicht zulässig. Diese Regelung gilt nicht für Litzen, die aus mehreren glatten Drähten zusammengesetzt sind. Hinsichtlich der lichten Mindestabstände der einzelnen Spannglieder gelten ähnliche Regelungen wie für Bewehrungsstäbe, siehe Abb. 4.25:

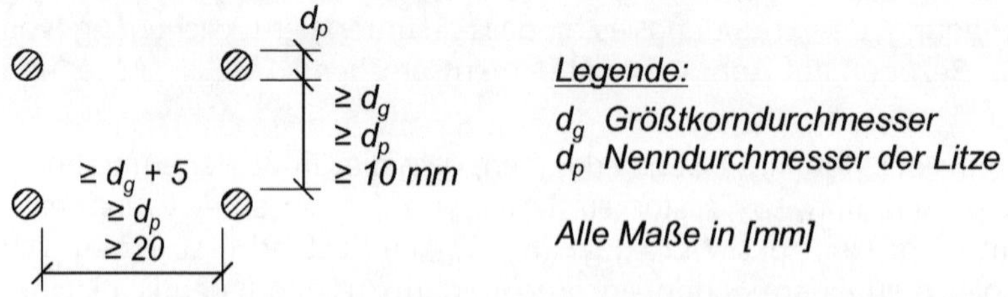

Abb. 4.25 Lichte Mindestabstände für Spannglieder im sofortigen Verbund

Für die Krafteinleitung und Verankerung gilt Abschn. 3.4.6.

Vorspannung mit nachträglichem Verbund

Abstände

Zwischen den Hüllrohren muss der lichte Abstand mindestens das 0,8-fache des äußeren Hüllrohrdurchmessers, jedoch nicht weniger als 40 mm vertikal und 50 mm horizontal betragen. Die genannten Absolutmaße gelten auch für rechteckige Hüllrohre.

Koppelelemente

Spanngliedkopplungen werden am Ende eines Arbeitsabschnittes, in der Regel im Bereich der Momentennullpunkte der Durchlaufträgersysteme, angeordnet. Die Koppelquerschnitte werden durch folgende Effekte geschwächt:

- geminderte Haftzugfestigkeit des Betons in der Arbeitsfuge;
- Reduzierung der Querschnittsfläche durch Koppelelemente;
- erhöhte Spannkraftverluste durch hohe Steifigkeit der Koppelelemente;
- ungleichmäßige Profilverformung infolge der zweistufig vorgespannten Koppelelemente;
- verringerte Ermüdungsfestigkeiten, bedingt durch Kerbwirkungen und Reibkorrosion an Keilen sowie durch wandernde Momentennullpunkte bspw. infolge von Verkehrslasten, Temperatureinwirkungen oder Steifigkeitsänderungen beim Übergang in den Zustand II.

Insbesondere aufgrund der verringerten Ermüdungsfestigkeiten sind in jedem Querschnitt mindestens 30 % der Spannglieder ungestoßen durchzuführen. Eine Kopplung von mehr als 50 % der Spannglieder in einem Querschnitt ist nur zulässig, wenn eine durchlaufende Mindestbewehrung vorhanden ist oder unter der häufigen Einwirkungskombination eine bleibende Druckspannung von mindestens 3 N/mm^2 gewährleistet werden kann. Die Druckspannung ist erforderlich, um örtliche Zugspannungen abzudecken. Darüber hinaus sind im Querschnitt in Abhängigkeit von der Bauteilhöhe h für Koppelstellen Mindestabstände a einzuhalten. Für Bauteilhöhen bis 2 m gelten Abstände von $a = 1{,}5 \cdot h$ und für h > 2 m folgt $a = 3$ m.

Verankerung am Bauteilende

In der Übertragung von Vorspannkräften über Ankerkörper in den Bauwerksbeton entstehen im Lasteinleitungsbereich Spaltzugkräfte. Die Zugkräfte sind durch Bewehrung aufzunehmen, sofern keine entgegenwirkenden Druckkräfte vorhanden sind. Ein Nachweis der

Teilflächenpressung kann aufgrund der Größe der einzuleitenden Vorspannkräfte meist nicht erbracht werden.

Um den Übergang von einem ein- zu einem mehraxialen Spannungszustand zu gewährleisten, sehen die Zulassungen im Bereich der Verankerung eine geschlossene Bügel- oder Wendelbewehrung vor. Ein Nachweis der Einleitung der Spannkräfte in den Bauwerksbeton kann bei Anordnung der Bewehrung entfallen.

Die Weiterverfolgung der Kräfte im Bauwerksbeton außerhalb der Bügel- oder Wendelbewehrung wird üblicherweise mit Hilfe von Stabwerkmodellen durchgeführt. Die in Abb. 4.26 angegebenen Modelle gelten für den ebenen Zustand, siehe auch [3], [33]. Sofern die Vorspannkraft allseitig in den Bauwerksbeton eingetragen werden kann, liegt ein räumliches Problem vor. In der Regel werden auch hierbei zweidimensionale Modelle untersucht, jedoch mit Beanspruchungen der Streben, die von den Angaben in Abb. 4.26 abweichen.

Primäres Bemessungsziel beim Nachweis der Stabwerke ist die Ermittlung der Bewehrung, die zur Aufnahme der Zugkräfte T erforderlich ist. Zusätzlich sind auch die Druckstreben C zu untersuchen und nachzuweisen.

$$T = \frac{P}{4} \cdot \left(1 - \frac{a}{b}\right) \qquad T = P \cdot \left(\frac{e}{b} - \frac{1}{6}\right) \qquad T = \frac{\sum P}{4} \cdot \left(1 - \frac{\sum 2e}{b}\right)$$

T aus Betrachtung als wandartiger Träger

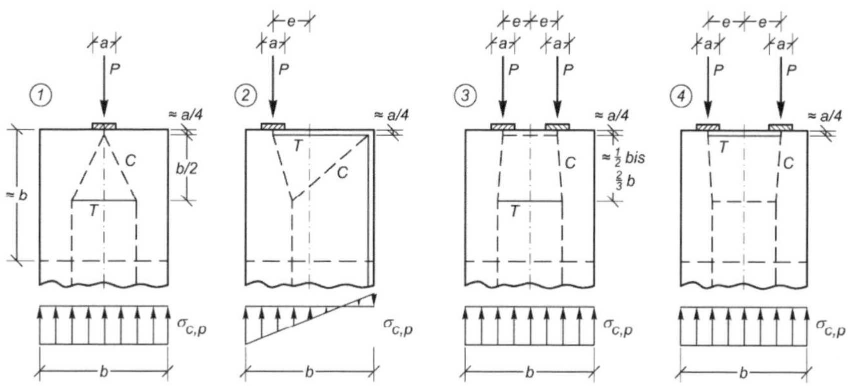

Abb. 4.26 Stabwerkmodelle der Reaktionen infolge von Vorspannung außerhalb des direkten Verankerungsbereichs

In der Verfolgung der Kräfte ist zu beachten, dass bei aufgelösten Querschnitten auch im nicht direkt belasteten Querschnittsteil Querzugspannungen auftreten können. Wird bspw. die Vorspannkraft in den Steg eines Plattenbalkens eingeleitet, so ist auch der Flansch hinsichtlich möglicher Querzugspannungen zu untersuchen und zu bemessen.

Verankerung intern geführter Spannglieder im Bauteil

Die Alternative zu einer Verankerung am Bauteilende stellt die Verankerung in einer Lisene dar. Hierzu wird das Spannglied aus dem eigentlichen Bauteil herausgeführt. In der Folge stellen sich in der Lisene und im zur Lisene benachbarten Bauteilbereich zusätzliche Umlenkkräfte ein. Die Umlenkkräfte müssen beachtet und die Bewehrung muss entsprechend gewählt werden. Darüber hinaus ist eine verträglichkeitsbedingte

Rückhängebewehrung im Bauteil anzuordnen. Die Bewehrung sollte in Anlehnung an die Regelungen für externe Vorspannung für mehr als 35 % der Vorspannkraft ausgelegt werden und einer Rissbildung hinter der Lisene durch Bauteilstauchung vorbeugen. Hinsichtlich der Verankerung bzw. der Einleitung von konzentrierten Vorspannkräften über Teilflächenpressung in der Lisene selbst gelten die Erläuterungen zur Verankerung am Bauteilende.

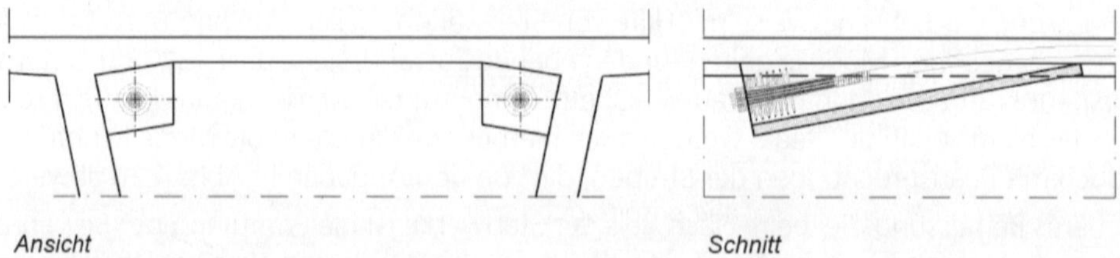

Ansicht . *Schnitt*

Abb. 4.27 Verankerung in Lisene

Aufgrund der gegebenen Zugänglichkeit sowohl im Bau- als auch im Endzustand kommen Lisenen insbesondere in Hohlkastenquerschnitten zum Einsatz. Die Anordnung ist am Steg, auf der Bodenplatte und unter der Fahrbahnplatte möglich. Abb. 4.27 zeigt ein Beispiel.

Verankerung extern geführter Spannglieder oder -stäbe im Bauteil

Die Vorspannkräfte extern geführter Spannglieder oder -stäbe können mit Hilfe verschiedener Verankerungskonstruktionen auf das Tragwerk übertragen werden. Eine Auswahl kann Abb. 4.28 entnommen werden.

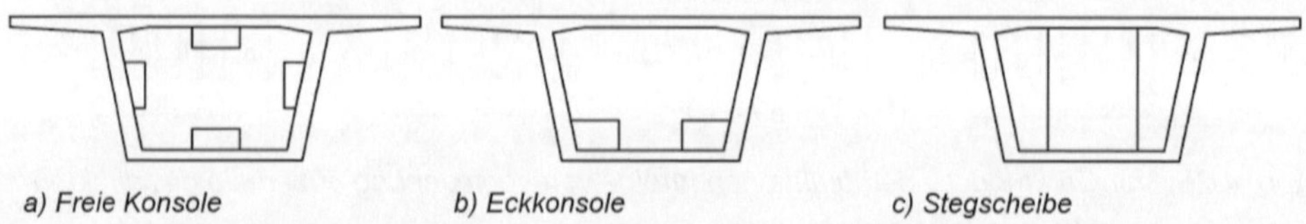

Abb. 4.28 Verankerungskonstruktionen

Da extern geführte Spannglieder oder -stäbe i.d.R. in größerer Entfernung zur Achse von Steg, Bodenplatte oder Fahrbahnplatte geführt werden, ergeben sich hohe Exzentrizitäten. Zur Aufnahme der Beanspruchungen sollten die Verankerungskörper stets mit Steg, Boden- und Fahrbahnplatte verbunden werden. Gegenüber der freien Konsole sind daher Eckkonsolen oder gar Querträgerscheiben zu bevorzugen.

Zur Bemessung von Eckkonsolen und Stegscheiben wurden in [34] und [35] Stabwerkmodelle entwickelt. Die Ergebnisse sind in Abb. 4.29 und 4.30 gezeigt.

Die Stabwerkmodelle ermöglichen einen vergleichsweise einfachen, praxisgerechten Nachweis der beiden Ankertypen. Mit ihrer Hilfe können die Verankerungskonstruktionen zunächst losgelöst vom Gesamttragwerk betrachtet werden. Der Mindestdruckstrebenwinkel wird hierzu in [34] und [35] zu 30° angegeben. Nach Untersuchung der Verankerungskörper sind die ermittelten Stabkräfte auf die angrenzenden Bauelemente Steg, Boden- und Fahrbahnplatte weiterzuleiten. Die Lastweiterleitung kann im Nachweis des gesamten Tragwerks über adäquate Lastverteilungsflächen erfolgen. Im Tragwerk ist aufgrund der lokalen Bauteilstauchung hinter dem Verankerungskörper zusätzlich eine Rückhängebewehrung in Steg, Boden- und Fahrbahnplatte vorzusehen. Die Bewehrung ist für mindestens 18 % der Vorspannkraft (vgl. EC 2-2, J.104.2) auszulegen. Zudem sollten im Hauptbauteil aus ingenieurmäßigen Überlegungen heraus konstruktive Zulagen für nicht erfasste Spalt-, Längs- und Querzugbeanspruchungen gewählt werden.

Eckkonsole

charakterisiert durch eine zweifache Konsoltragwirkung zum Steg und zur Bodenplatte

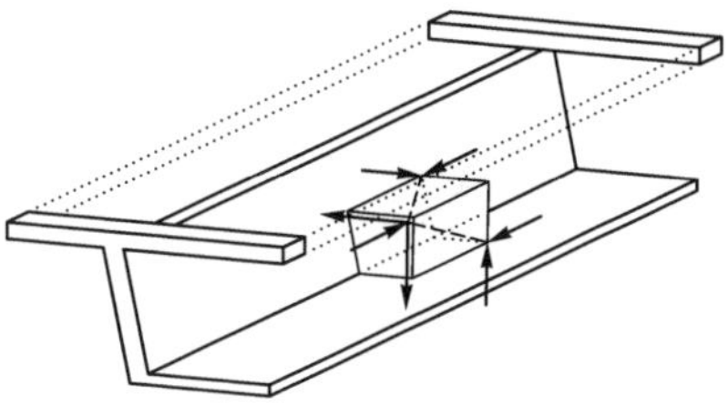

$$\eta = \frac{E_c \cdot A_c}{E_s \cdot A_s} \approx 5$$

$$N_B = P \cdot \frac{\eta \cdot e_S^3 + \left(l/(\cos\alpha_S)\right)^3}{\eta \cdot e_S^3 + \eta \cdot e_B^3 + \left(l/(\cos\alpha_S)\right)^3 + \left(l/(\cos\alpha_B)\right)^3}$$

$$N_S = P \cdot \frac{\eta \cdot e_B^3 + \left(l/(\cos\alpha_B)\right)^3}{\eta \cdot e_S^3 + \eta \cdot e_B^3 + \left(l/(\cos\alpha_S)\right)^3 + \left(l/(\cos\alpha_B)\right)^3}$$

$$Z_B = N_B \cdot \frac{e_B}{l} \text{ und } Z_S = N_S \cdot \frac{e_S}{l}$$

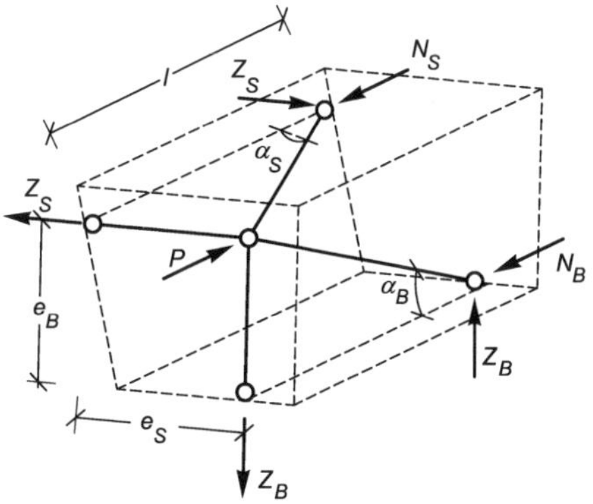

mit:

P	*Vorspannkraft*
η	*Steifigkeitsverhältnis Betondruck- zu Stahlzugstrebe*
α	$\geq 30°$, *Druckstrebenwinkel*
l	*Länge des Stabwerks*
e_B, e_S	*Abstände im Stabwerk*
N_B	*in die Bodenplatte einzuleitende Normalkraft*
N_S	*in den Steg einzuleitende Normalkraft*
Z_B	*Zugstrebenkraft zur Bodenplatte*
Z_S	*Zugstrebenkraft zum Steg*

Abb. 4.29 Eckkonsole nach [34]

Stegscheibe

charakterisiert durch Konsoltragverhalten zum Steg und durch Tragwirkung eines wandartigen Trägers zur Boden- und Fahrbahnplatte

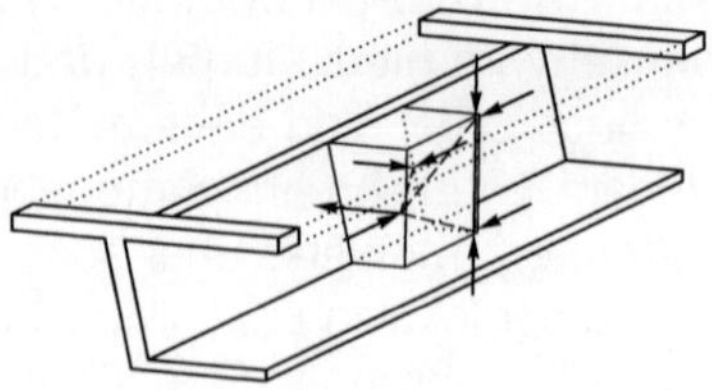

$$\eta = \frac{E_c \cdot A_c}{E_s \cdot A_s} \approx 1$$

$$\kappa_{Konsole} = \frac{e_1}{e_S} \cdot \frac{1}{\eta \cdot (\tan\alpha_S)^2 + 1/\left((\cos\alpha_S)^2 \cdot \sin\alpha_S\right)}$$

$$\kappa_{Träger} = \frac{(1 + e_1/e_2)^2}{1/\left((\cos\alpha_1)^2 \cdot \sin\alpha_1\right) + (e_1/e_2)/\left((\cos\alpha_2)^2 \cdot \sin\alpha_2\right)}$$

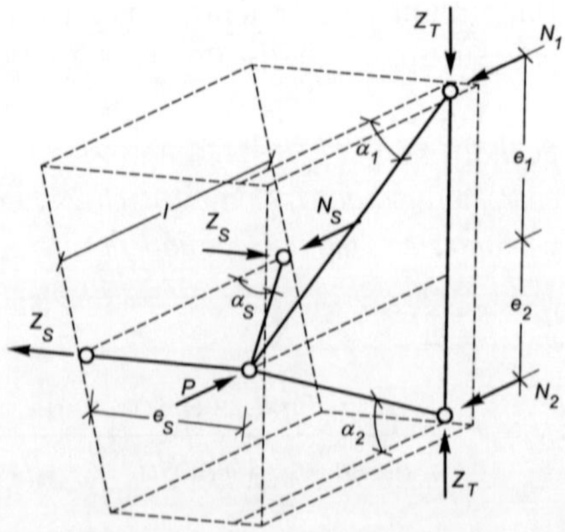

$$N_S = P \cdot \frac{\kappa_{Konsole}}{\kappa_{Konsole} + \kappa_{Träger}}$$

$$N_1 = (P - N_S) \cdot \frac{e_2}{e_1 + e_2}$$

$$N_2 = (P - N_S) \cdot \frac{e_2}{e_1 + e_2}$$

$Z_S = N_S \cdot \tan\alpha_S$ *und* $Z_T = N_1 \cdot \tan\alpha_1$

mit:

P	*Vorspannkraft*
η	*Steifigkeitsverhältnis Betondruck- zu Stahlzugstrebe*
κ	*Steifigkeitskennwerte; Konsol-/ Trägersystem*
α	*≥ 30°, Druckstrebenwinkel*
l	*Länge des Stabwerks*
e_S, e_1, e_2	*Abstände im Stabwerk*
N_S	*in den Steg einzuleitende Normalkraft*
N_1, N_2	*in die Platten einzuleitende Normalkräfte*
Z_S	*Zugstrebenkraft zum Steg*
Z_T	*Zugstrebenkraft des Trägersystems*

Abb. 4.30 Stegscheibe nach [35]

4.5.3 Betonbrücken mit Kastenquerschnitten

Nach ARS 22/2012 und EC 2-2 /NA, Anhang NA.TT sind Spannbetonbrücken mit Kastenquerschnitt bis auf Ausnahmen (z.B. Brücken mit starken Krümmungen) in einer der folgenden beiden Varianten auszuschreiben:

- Vorspannung mit ausschließlich externen Spanngliedern, bei der alle Spannglieder im Inneren des Kastenquerschnitts außerhalb des Betonquerschnitts liegen.

- Mischbauweise, bei der mindestens 20 % der Vorspannkraft im Endzustand in jedem Überbauquerschnitt durch externe Spannglieder abgedeckt wird. Die restliche Vorspannung erfolgt durch im Verbund mit dem Betonquerschnitt liegende Spannglieder, die jedoch nicht in den Stegen angeordnet werden dürfen.

Bei der Verwendung von Spanngliedern ohne Verbund ist generell die spätere Nachspannbarkeit sowie Auswechselbarkeit sicherzustellen und im Rahmen der Ausführungsplanung vorzusehen. Erhalten Fahrbahnplatten eine Quervorspannung, so darf diese ausschließlich durch austauschbare, interne Spannglieder ohne Verbund geplant und ausgeführt werden.

Für externe Spannglieder gelten folgende Regelungen:

- Die Spannkraft sollte ca. 3 MN nicht überschreiten.
- Die Gesamtlänge eines Gliedes sollte nicht mehr als ca. 200 m betragen.
- Das lichte Maß zwischen parallelen Gliedern untereinander und zu angrenzenden Bauteilen muss aus Gründen der Prüfbarkeit der Spannglieder mindestens 8 cm betragen.
- Zur Vermeidung von induzierten Schwingungen sollten die externen Spannglieder in einem Abstand von höchstens 35 m gestützt werden.

Für Anker- und Umlenkelemente sind folgende Besonderheiten zu berücksichtigen:

- Der Kraftfluss ist mit Hilfe von zweckmäßigen Modellen zu ermitteln und er muss sich an Ergebnissen nach der Elastizitätstheorie orientieren. Hierzu können räumliche Finite-Elemente-Berechnungen nützlich sein.
- Im Grenzzustand der Tragfähigkeit ist für Anker- und Umlenkelemente auf der Einwirkungsseite der Teilsicherheitsbeiwert $\gamma_P = 1{,}35$ anzusetzen.
- Im Grenzzustand der Gebrauchstauglichkeit ist für Anker- und Umlenkelemente ein Rissbreitennachweis zu führen. Zur Erfassung von Modellungenauigkeiten ist für Umlenkelemente eine um 35 % erhöhte Umlenkkraft zugrunde zu legen.
- Die auf Ankerelemente aufgebrachte Vorspannkraft ist mit mindestens 35 % in die angrenzenden Bauteile rückzuverankern. Zugbänder sind auf mindestens 40 % der Ankerkraft zu bemessen.
- Anker- und Umlenkelemente sowie Durchführungen sind so auszubilden, dass eine allseitige Toleranz von mindestens $\Delta\alpha = \pm\ 0{,}055$ rad bzw. ± 3,15 ° beidseits der Umlenkung im umgebenden Konstruktionsbeton vorgehalten wird.

Für eine spätere Verstärkung oder Instandsetzung des Bauwerks ist zu beachten:

- Es ist die Möglichkeit vorzusehen, an jedem Steg ein zusätzliches Spannglied mit einer Spannkraft von jeweils ca. 3 MN nachzurüsten. Bei der Mischbauweise ist aufgrund des erheblich geringeren Anteils an externen Spanngliedern als erhöhte Anforderung im Rahmen einer späteren Instandsetzung die Nachrüstbarkeit von zwei zusätzlichen Spanngliedern je Steg vorzusehen.
- Zum Einbau und Vorspannen von zusätzlichen Spanngliedern sind Öffnungen in Bodenplatte und Querträgern anzuordnen. Über den Öffnungen sind Lasthaken für eine Gebrauchslast von 15 kN vorzusehen.

Hinsichtlich der Nachweise in den Grenzzuständen der Tragfähigkeit und der Gebrauchstauglichkeit sind darüber hinaus weitere Modifikationen zu beachten, siehe hierzu ARS 22/2012 und EC 2-2 /NA, Anhang NA.TT.

4.6 Beispiel: Zweistegige Plattenbalkenbrücke

4.6.1 Einleitung

Im Beispiel wird eine zweistegige Plattenbalkenbrücke nach den Eurocodes untersucht. Die Brücke im Zuge einer Bundesstraße wird mit einem Fahrstreifen je Richtung ausgebildet. Das statische System in Längsrichtung ist ein Durchlaufträger über zwei Felder. Die Fahrbahnplatte der Brücke wird in Überbauquerrichtung verbundlos vorgespannt. In Längsrichtung des Überbaus wird eine Vorspannung mit nachträglichem Verbund aufgebracht. Im Rahmen des Beispiels wird ein Entwurf der Vorspannkräfte vorgenommen. Zur Verdeutlichung der wesentlichen Unterschiede zwischen Vorspannung ohne Verbund und mit Verbund wird sowohl in Querrichtung für die Fahrbahnplatte als auch in Längsrichtung für den Überbau eine Biegebemessung durchgeführt. Das grundsätzliche Vorgehen der Querkraft- und Torsionsbemessung sowie der Ermüdungsnachweis für den Spannstahl werden anhand der Überbaulängsrichtung dargestellt. Zur Bemessung des Überbaus in Längsrichtung wird zweckmäßig ein einzelner Plattenbalken betrachtet.

Mit Hilfe des Beispiels sollen die Besonderheiten der Berechnung und der Bemessung vorgespannter Baukörper verdeutlicht werden. Das Beispiel erhebt nicht den Anspruch auf Vollständigkeit.

4.6.2 Quer- und Längsschnitt, Statisches System

Der Querschnitt des Überbaus geht aus Abb. 4.31 hervor. Der Längsschnitt ist in Abb. 4.32 dargestellt. Im Bereich der Auflager des Überbaus befinden sich Querbalken. Die Balken legen sich auf je zwei Vertikallager auf. Die Torsionsbeanspruchung der Plattenbalkenstege wird mit Hilfe der Querbalken über Biegung und ein Auflager-Kräftepaar abgetragen. Jedes Auflager des Überbaus wirkt daher als Torsionsgabellager.

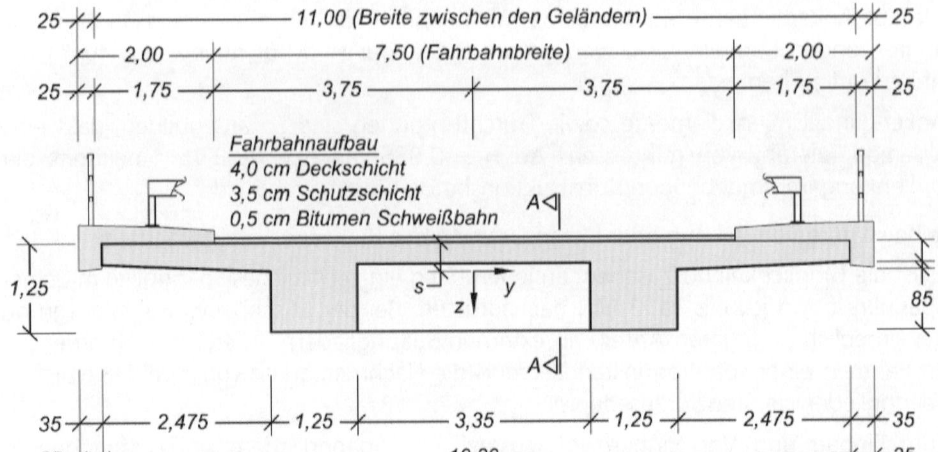

Abb. 4.31 Überbau: Querschnitt

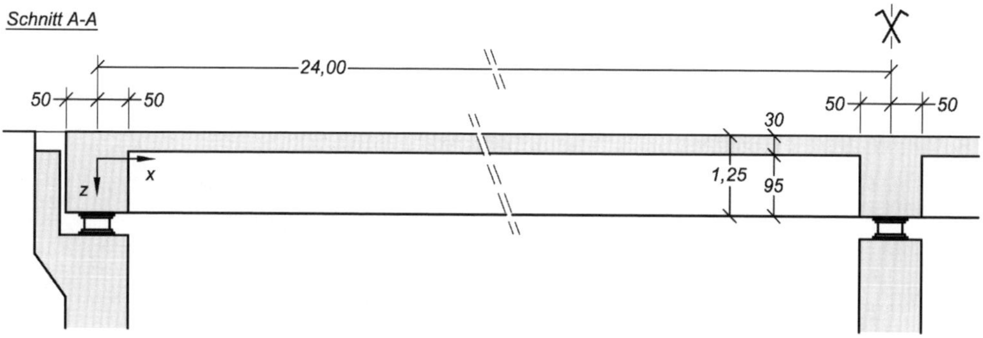

Abb. 4.32 Überbau: Längsschnitt

Das statische System der Längsrichtung ist in Abb. 4.33 dargestellt. Die Biegebemessung und der Ermüdungsnachweis erfolgen an der Stelle x/l = 0,425. Der Querkraftnachweis wird für den Schnitt bei x/l = 0,952 erbracht. Die Schnittgrößen werden mit Hilfe eines Finite-Elemente-(FE)-Modells berechnet (Abb. 4.34). Die dreidimensionale Abbildung des Brückenbauwerks unter Verwendung von Schalenelementen ermöglicht die realitätsnahe Berücksichtigung der Querverteilung der Lasten sowie der Lagerungsbedingungen der Fahrbahnplatte auf den Stegen. Der Spanngliedverlauf in den Stegen wird in das FE-Programmsystem direkt eingegeben.

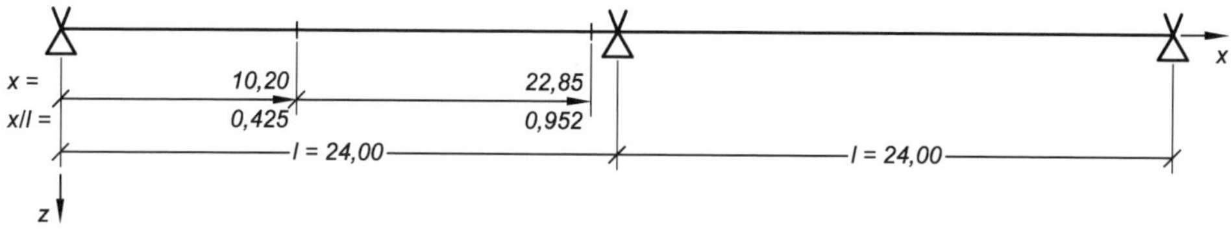

Abb. 4.33 Statisches System der Längsrichtung einschließlich der betrachteten Schnitte

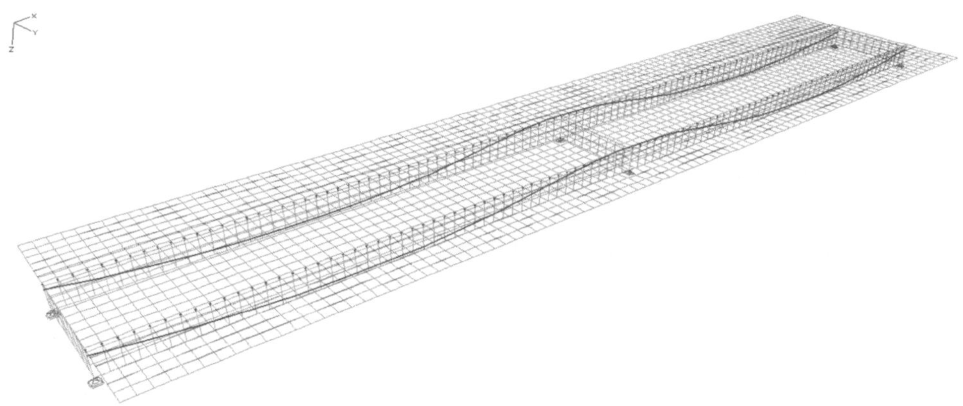

Abb. 4.34 FE-Modell

4.6.3 Baustoffe

Beton und Betonstahl

Beton: C 35/45

$f_{ck} = 35\ \text{N/mm}^2$

$f_{ctm} = 3{,}2\ \text{N/mm}^2$

$E_{c0m} = 33\,300\ \text{N/mm}^2$

$E_{cm} = 29\,900\ \text{N/mm}^2$

Betonstahl: BSt 500 S

$f_{yk} = 500\ \text{N/mm}^2$

$E_s = 200\,000\ \text{N/mm}^2$

Spannstahl

Überbau-Querrichtung (Fahrbahnplatte)

Monolitzen ohne Verbund [36]

St 1570/1770; $f_{p0,1k} = 1500\ \text{N/mm}^2$; $f_{pk} = 1770\ \text{N/mm}^2$; $E_p = 195000\ \text{N/mm}^2$

je Litze: $A_p = 1{,}5\ \text{cm}^2$; $\varnothing_p = 15{,}7\ \text{mm}\left(0{,}62\text{"}\right)$

$$P_{m0} = 1{,}5\ \text{cm}^2 \cdot 10^{-4} \cdot \min\begin{cases} 0{,}75 \cdot 1770 = 1328\ \text{MN/m}^2 \\ 0{,}85 \cdot 1500 = 1275\ \text{MN/m}^2 \end{cases} = 0{,}191\ \text{MN}$$

Zur Austauschbarkeit werden die Monolitzen in einem zusätzlichen äußeren PE-Hüllrohr verlegt.

Überbau-Längsrichtung

Litzenspannverfahren mit nachträglichem Verbund [37]

St 1570/1770; $f_{p0,1k} = 1500\ \text{N/mm}^2$; $f_{pk} = 1770\ \text{N/mm}^2$; $E_p = 195000\ \text{N/mm}^2$

je Litze: $A_p = 1{,}5\ \text{cm}^2$; $\varnothing_p = 15{,}7\ \text{mm}\left(0{,}62\text{"}\right)$

$$P_{m0} = 1{,}5\ \text{cm}^2 \cdot 10^{-4} \cdot \min\begin{cases} 0{,}75 \cdot 1770 = 1328\ \text{MN/m}^2 \\ 0{,}85 \cdot 1500 = 1275\ \text{MN/m}^2 \end{cases} = 0{,}191\ \text{MN}$$

4.6.4 Querschnittswerte

Überbau-Querrichtung (Fahrbahnplatte)

Grundlagen

Zur Berechnung und Bemessung der Fahrbahnplatte werden die Querschnittswerte der Überbau-Querrichtung ermittelt. Im Regelbereich trägt die Fahrbahnplatte einachsig Lasten ab. Die Fahrbahnplatte wird daher als „pro-Meter-System" untersucht. Die Querschnittswerte werden entsprechend pro Meter bestimmt.

Querschnittswerte: Kragarmanschnitt

Der Entwurf der Quervorspannkraft wird am Kragarmanschnitt durchgeführt. An dieser Stelle ergeben sich die Querschnittswerte der Fahrbahnplatte zu:

$A_c \quad = 0{,}40\ \text{m}^2/\text{m}$

$I_{c,y} \quad = 0{,}40^3/12 = 0{,}00533\ \text{m}^4/\text{m}$

$s \quad = 0{,}20$ m (Schwerlage von Oberkante Fahrbahnplatte)

$W_{c,y,\text{unten}} = I_{c,y}/z_{c,\text{unten}} = 0{,}02667\ \text{m}^3$

$W_{c,y,\text{oben}} = I_{c,y}/z_{c,\text{oben}} = -0{,}02667\ \text{m}^3$

Lage des Beton- und Spannstahls im Querschnitt

Nebenstehende Abb. 4.35 zeigt die grundsätzliche Lage des Beton- und Spannstahls im Querschnitt. Es ist ein Bereich mit einer Plattenhöhe von h = 30 cm dargestellt. Das Bauteil ist den Expositionsklassen XC4 und XD3 zuzuordnen. Nach EC 2-1-1 beträgt das Nennmaß der Betondeckung c_{nom} = 5 cm. Zur Abschätzung der statischen Nutzhöhe d_s werden eine Längsbewehrung ∅ 10 und eine Querbewehrung ∅ 12 angenommen.

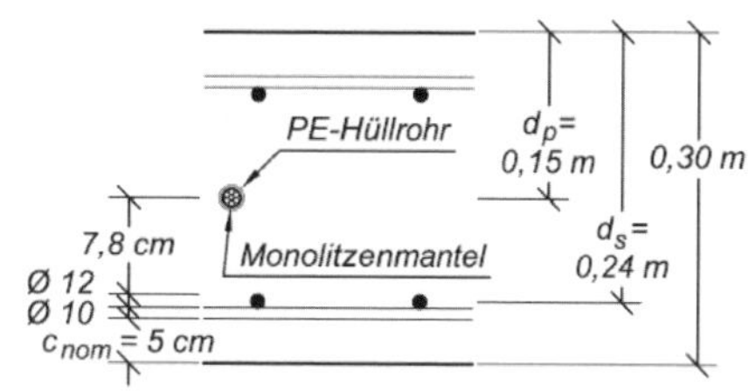

Abb. 4.35 Lage des Beton- und Spannstahls

Überbau-Längsrichtung

Grundlagen

Nachfolgend werden für das System in Längsrichtung die Querschnittswerte zusammengestellt. Da zur Bemessung des Überbaus ein einzelner Plattenbalken betrachtet wird, werden die Werte für den halben Querschnitt ermittelt. Die Querschnittswerte werden insbesondere für Spannungsnachweise im Grenzzustand der Gebrauchstauglichkeit benötigt. Es wird eine Unterscheidung nach Feld- und Stützbereich des Überbaus getroffen. Die jeweils mitwirkende Plattenbreite b_{eff} wird mit Hilfe der wirksamen Stützweite l_0 nach EC 2-1-1, 5.3.2.1 bestimmt.

Die Brutto-Querschnittswerte für den gesamten Querschnitt gemäß Abb. 4.31 betragen: $A_c = 5{,}8625\ \text{m}^2$ und $I_{c,y} = 0{,}7399\ \text{m}^4$ bei einer Schwerlage s = 0,41094 m ab Oberkante Fahrbahnplatte.

Die Fläche einer Kappe ergibt sich zu:

$A_{c,\text{Kappe}} = 0{,}59\ \text{m}^2$

Querschnittswerte: Feldbereich

$l_0 \quad = 0{,}85 \cdot 24 = 20{,}4$ m

$b_{\text{eff},1} \quad = 0{,}2 \cdot 0{,}5 \cdot 3{,}35 + 0{,}1 \cdot 20{,}4 \quad = 2{,}375$ m [$\leq 0{,}2 \cdot 20{,}4 = 4{,}08$ und $\leq 0{,}5 \cdot 3{,}35 = 1{,}675$] $\Rightarrow 1{,}675$ m

$b_{\text{eff},2} \quad = 0{,}2 \cdot 2{,}475 + 0{,}1 \cdot 20{,}4 \quad = 2{,}535$ m [$\leq 0{,}2 \cdot 20{,}4 = 4{,}08$ und $\leq 2{,}475$] $\Rightarrow 2{,}475$ m

$\Rightarrow$ mitwirkende Plattenbreite: $b_{\text{eff}} = \sum b_{\text{eff},i} + b_w = 1{,}675 + 2{,}475 + 1{,}25 = 5{,}40$ m

Der Feldquerschnitt einschließlich der zugehörigen Querschnittswerte für *einen* Plattenbalken geht aus Abb. 4.36 hervor.

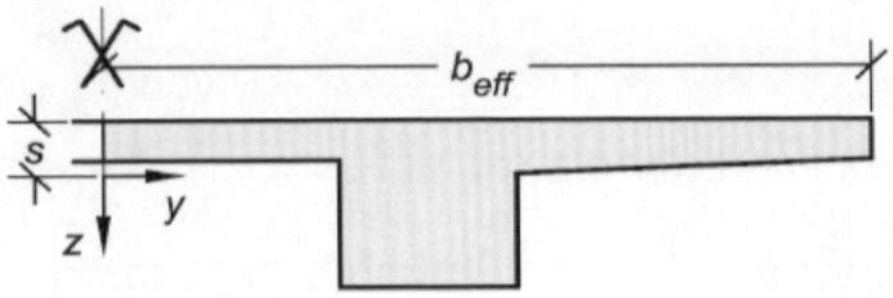

$A_c = 2{,}9313\ m^2$

$I_{c,y} = 0{,}3700\ m^4$

$s = 0{,}41094\ m$

$W_{c,y,unten} = I_{c,y}/z_{c,unten} = 0{,}44093\ m^3$

$W_{c,y,oben} = I_{c,y}/z_{c,oben} = -0{,}90037\ m^3$

Abb. 4.36 Querschnittswerte: Feld

Querschnittswerte: Stützbereich

$l_0 \quad = 0{,}15 \cdot (24 + 24) = 7{,}2\ m$

$b_{eff,1} \quad = 0{,}2 \cdot 0{,}5 \cdot 3{,}35 + 0{,}1 \cdot 7{,}2 \quad = 1{,}055\ m\ [\leq 0{,}2 \cdot 7{,}2 = 1{,}44 \text{ und } \leq 0{,}5 \cdot 3{,}35 = 1{,}675] \quad = 1{,}055\ m$

$b_{eff,2} \quad = 0{,}2 \cdot 2{,}475 + 0{,}1 \cdot 7{,}2 \quad = 1{,}215\ m\ [\leq 0{,}2 \cdot 7{,}2 = 1{,}44 \text{ und } \leq 2{,}475] \quad = 1{,}215\ m$

$\Rightarrow$ mitwirkende Plattenbreite: $b_{eff} = \sum b_{eff,i} + b_w = 1{,}055 + 1{,}215 + 1{,}25 = 3{,}52\ m$

Der Stützquerschnitt einschließlich der zugehörigen Querschnittswerte *eines* Plattenbalkens wird in Abb. 4.37 gezeigt.

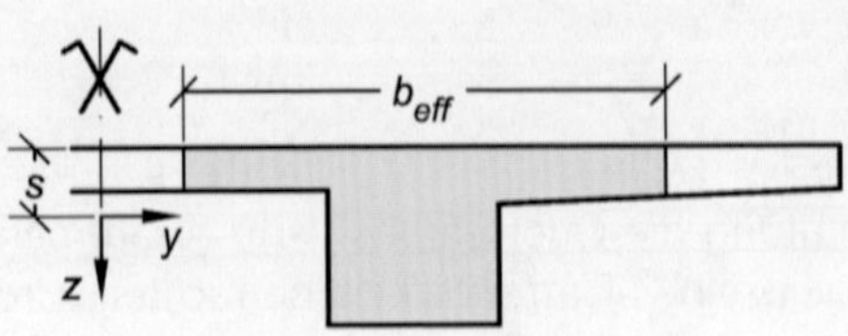

$A_c = 2{,}3352\ m^2$

$I_{c,y} = 0{,}3174\ m^4$

$s = 0{,}47525\ m$

$W_{c,y,unten} = I_{c,y}/z_{c,unten} = 0{,}4068\ m^3$

$W_{c,y,oben} = I_{c,y}/z_{c,oben} = -0{,}66786\ m^3$

Abb. 4.37 Querschnittswerte: Stützbereich

Lage des Beton- und Spannstahls im Querschnitt

Abb. 4.38 zeigt einen Ausschnitt des Plattenbalkenquerschnitts im Feldbereich für die Stelle der niedrigsten Spanngliedführung. Der Plattenbalken weist eine Höhe *h* von 1,25 m auf. Zur Ermittlung der Nutzhöhen d_p und d_s werden der Außendurchmesser des Hüllrohres d_a zu 10 cm, die Bügel zu ∅ 10 und die Längsbewehrung zu ∅ 20 angenommen. Für den Stützbereich gelten sinngemäß die gleichen Angaben.

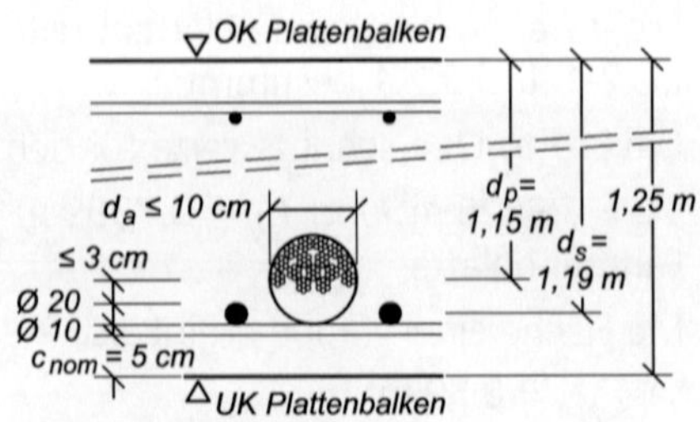

Abb. 4.38 Lage des Beton- und Spannstahls

4.6.5 Einwirkungen

Übersicht

Die folgenden Lasten werden in der Schnittgrößenermittlung und Bemessung berücksichtigt:

- Eigenlasten (Fahrbahnplatte, Stege, Querbalken) g_k
- Ausbaulasten (Kappen, Fahrbahnbelag, Leitplanke und Geländer) Δg_k

- Verkehrslasten gemäß EC 1-2 – Lastmodell 1 $Q_{k,TS}$ und $q_{k,UDL}$
- Temperatureinwirkungen gemäß EC 1-1-5 $\Delta T_{M,heat}$ und $\Delta T_{M,cool}$

Die unmittelbare Unterscheidung der Verkehrslasten des LM 1 nach gleichmäßig verteilten Lasten (UDL) und den Einzellasten des Tandemsystems (TS) ist von hoher Bedeutung: Die Schnittgrößen der Lasten $Q_{k,TS}$ und $q_{k,UDL}$ werden in den Einwirkungskombinationen sowohl des Grenzzustands der Tragfähigkeit als auch des Grenzzustands der Gebrauchstauglichkeit mit verschiedenen Kombinationsbeiwerten ψ berücksichtigt, vgl. Abschn. 4.2.11 bis 4.2.14.

Horizontallasten infolge von Verkehr (Abschn. 4.2.3) sowie Windeinwirkungen (Abschn. 4.2.6) werden zur Darstellung der Besonderheiten des Entwurfs vorgespannter Bauteile im Rahmen dieses Beispiels nicht betrachtet. Die Lasten Δg_k, $Q_{k,TS}$ und $q_{k,UDL}$ werden in Abb. 4.39 am Querschnitt dargestellt. Hierbei ist:

$Q_{k,TS,i} = \alpha_{Qi} \cdot Q_{ik}$

$q_{k,UDL,i} = \alpha_{qi} \cdot q_{ik}$

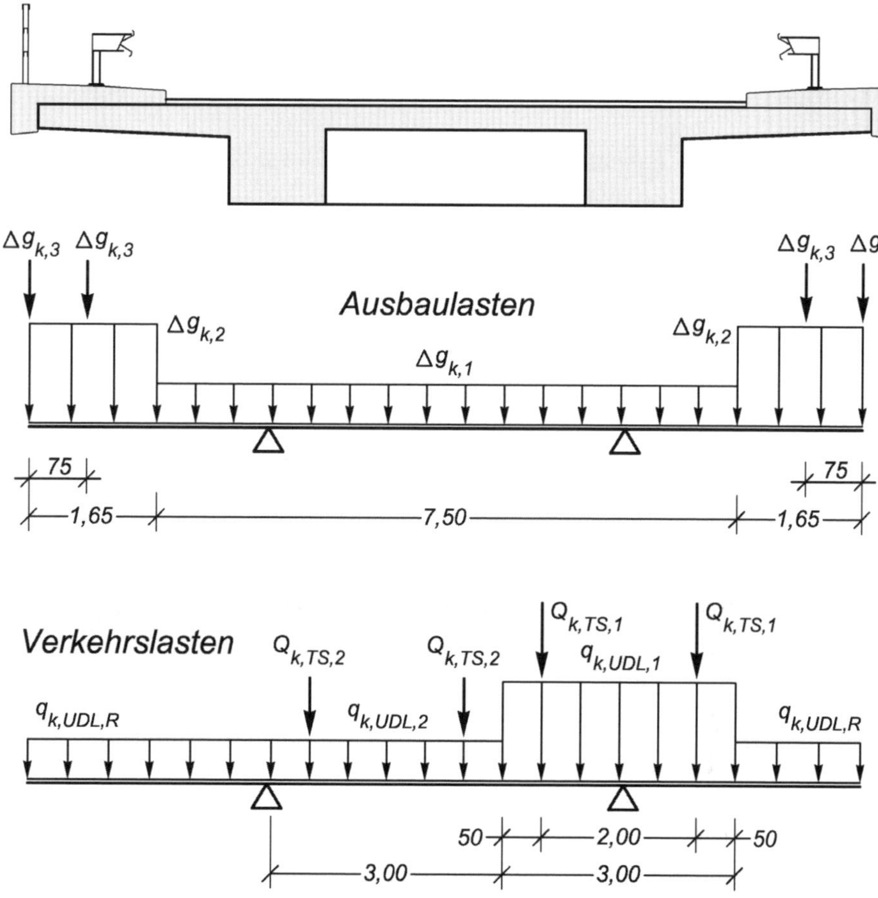

Abb. 4.39 Einwirkungen

Eigenlasten

Zur Schnittgrößenermittlung werden die Eigenlasten in der FE-Berechnung programmintern berücksichtigt. Die Wichte des Betons wird hierzu mit $\gamma_c = 25$ kN/m³ angesetzt.

Ausbaulasten

Gemäß Abb. 4.39 ergeben sich die folgenden Ausbaulasten:

Fahrbahnbelag	$\Delta g_{k,1} = 0{,}08 \cdot 24 + 0{,}5$	$= 2{,}4$ kN/m²
Kappen	$\Delta g_{k,2} = 0{,}59 \cdot 25/1{,}65$	$= 8{,}9$ kN/m²
Leitplanke und Geländer	$\Delta g_{k,3}$	$= 0{,}5$ kN/m

Die Belastung aus dem Fahrbahnbelag beinhaltet unter anderem den Mehreinbau von 0,5 kN/m² gemäß ARS 22/2012.

Verkehrslasten

Gemäß Abb. 4.39 ergeben sich die folgenden Verkehrslasten:

Rechnerische Fahrstreifen:		Fahrbahnbreite w	= 7,5 m
		Anzahl der rechnerischen Fahrstreifn n	= 2
		Breite eines rechnerischen Fahrstreifens w_l	= 3,0 m
Einzellasten des Tandemsystems (TS):	Fahrstreifen 1:	$Q_{k,TS,1} = 0{,}5 \cdot 1{,}0 \cdot 300$	= 150 kN
	Fahrstreifen 2:	$Q_{k,TS,2} = 0{,}5 \cdot 1{,}0 \cdot 200$	= 100 kN
Gleichmäßig verteilte Lasten (UDL):	Fahrstreifen 1:	$q_{k,UDL,1}$	= 12,0 kN/m²
	Fahrstreifen 2:	$q_{k,UDL,2}$	= 6,0 kN/m²
	Restfläche:	$q_{k,UDL,R}$	= 3,0 kN/m²
Lastverteilungsbreite:		$t = 0{,}4 + 2 \cdot (0{,}08 + 0{,}5 \cdot 0{,}30)$	= 0,86 m

Die Lasten der Fahrstreifen 1 und 2 werden entsprechend Abb. 4.40 in verschiedenen Anordnungen auf der Fahrbahn untersucht. Die Achslasten des Fahrstreifens 2 befinden sich immer neben den Achslasten des Fahrstreifens 1. Die Lastverteilung wird für die einzelnen Radlasten berücksichtigt.

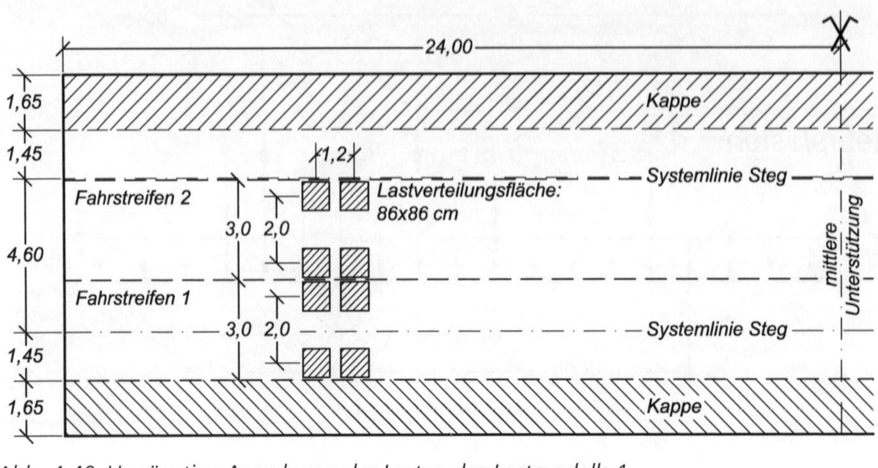

Abb. 4.40 Ungünstige Anordnung der Lasten des Lastmodells 1

Temperatureinwirkungen

Zur Bemessung wird der lineare Temperaturunterschied gemäß EC 1-1-5, 6.1.4.1 berücksichtigt. Das Tragwerk wird der Gruppe der Betonplattenbalken zugeordnet.

Belagdicke: $D = 80$ mm

Positiver Temperaturunterschied: Temperaturunterschied $\Delta T_{M,heat} = 15$ K

Korrekturfaktor $k_{sur} = 0{,}82$

$\Delta T_{M,heat}(80) = 0{,}82 \cdot 15 = 12{,}3$ K

Negativer Temperaturunterschied: Temperaturunterschied $\Delta T_{M,cool} = -8$ K

Korrekturfaktor $k_{sur} = 1{,}00$

$\Delta T_{M,cool}(80) = -1{,}0 \cdot 8 = -8$ K

4.6.6 Überbau-Querrichtung: Berechnung und Bemessung

Spanngliedverlauf

Die Vorspannung der Fahrbahnplatte in Querrichtung erfolgt verbundlos mit Hilfe von Monolitzen. Der Verlauf wird gemäß nebenstehender Abb. 4.41 geradlinig gewählt. Die Schwerlage der Monolitzen verläuft bei 0,15 m von Oberkante Fahrbahnplatte. Die Exzentrizität der Litzen am Kragarmanschnitt beträgt $e = 5$ cm.

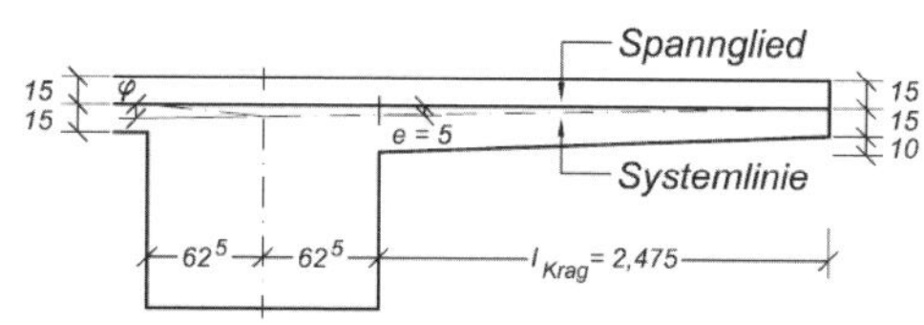

Abb. 4.41 Spanngliedverlauf in Querrichtung

Schnittgrößen und Deformationen

Die Schnittgrößen der Fahrbahnplatte für einen Regelquerschnitt werden in Abb. 4.42 dargestellt. Die Verkehrslasten des LM 1 wurden zur Ermittlung des minimalen Kragarmmoments und des maximalen Feldmoments jeweils ungünstigst auf der Platte angeordnet. Die Kragarmschnittgrößen wurden am Anschnitt zum Steg bestimmt. Die Schnittgrößen für den Feldbereich der Platte wurden für die Plattenmitte zwischen den beiden Stegen ermittelt. Die Koordinate y ist Abb. 4.31 zu entnehmen.

$y =$	2,925 m (Anschnitt Kragarm)		0,000 m (Plattenmitte)	
Bezeichnung:	Min. Kragarmmoment		Max. Feldmoment	
Schnittgröße:	m_y [kNm/m]	q_y [kN/m]	m_y [kNm/m]	q_y [kN/m]
g_k	−14,6	+23,8	+3,2	0,0
Δg_k	−18,5	+18,3	−6,8	0,0
$p_{mt} = 1000$ kN/m	+50,0	−20,2	0,0	0,0
$Q_{k,TS}$	−29,5	+69,1	+49,4	−22,3
$q_{k,UDL}$	−20,6	+19,3	+10,1	+5,2

Abb. 4.42 Schnittgrößen der Fahrbahnplatte

Die Momente infolge der Quervorspannung der Fahrbahnplatte werden in Abb. 4.42 zunächst für eine Vorspannkraft von p_{mt} = 1000 kN/m angegeben. Im Entwurf der Vorspannung wird zu einem späteren Zeitpunkt die genaue Vorspannkraft bestimmt.

Da der Kragarm gemäß Abb. 4.41 statisch bestimmt ist, können die Schnittgrößen infolge Vorspannung direkt berechnet werden:

mit $\sin\varphi \approx \tan\varphi = e/l_{Krag}$ folgen

$$m_{pmt,y} = p_{mt} \cdot e = 1000 \cdot 0{,}05 = 50{,}0 \text{ kNm/m}$$
$$q_{pmt,y} = p_{mt} \cdot \sin\phi = 1000 \cdot (-0{,}05/2{,}475) = -20{,}2 \text{ kN/m.}$$

Mit Ausnahme der Schnittgrößen infolge Quervorspannung der Fahrbahnplatte wurden die dargestellten Ergebnisse im Rahmen einer FE-Berechnung ermittelt. Alternativ hätten die Kragarmschnittgrößen in einer – vergleichsweise einfachen – Handrechnung mit Hilfe der Lastzusammenstellung der Abb. 4.43 bestimmt werden können. Für einen frühzeitigen Vorentwurf der Quervorspannkraft können derart ermittelte Größen unmittelbar herangezogen werden.

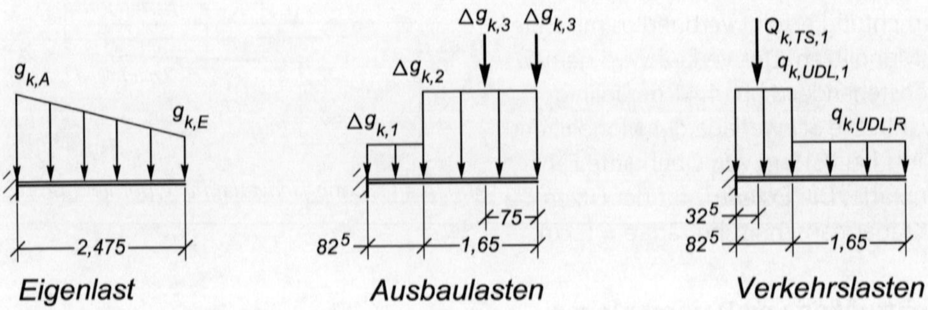

Abb. 4.43 Belastung des Kragarms

Die Knotenverschiebungen u_y der FE-Berechnung an beiden Enden der Fahrbahnplatte ($y = -5{,}40$ m und $y = 5{,}40$ m), ausgelesen für einen Regelquerschnitt des Überbaus, werden in Abb. 4.44 angegeben. Diese Ergebnisse werden zur späteren Ermittlung des Spannstahldehnungszuwachses im Rahmen der Biegebemessung herangezogen. Aufgrund der geradlinigen Spanngliedführung werden ausschließlich die Verschiebungen in *y*-Richtung betrachtet.

	$u_A = u_y$ ($y = -5{,}40$ m) [m]	$u_E = u_y$ ($y = 5{,}40$ m) [m]	$\Delta\varepsilon_k = \frac{u_E - u_A}{10{,}80}$ [–]
g_k	–9,34647*E*-05	+9,34647*E*-05	+1,73083*E*-05
Δg_k	–3,01448*E*-05	+3,01448*E*-05	+5,58237*E*-06
p_{mt} = 1000 kN/m	+1,11483*E*-04	–1,11483*E*-04	–2,06449*E*-05
$Q_{k,TS}$	-4,35896*E*-05	+9,59432*E*-05	+1,29197*E*-05
$q_{k,UDL}$	-4,71258*E*-05	+4,09995*E*-05	+8,15975*E*-06

Abb. 4.44 Knotenverschiebungen in y-Richtung der Fahrbahnplatte mit LM1 in Plattenmitte

Entwurf der Vorspannkraft

Der EC 2-2 fordert für die verbundlos quer vorgespannte Fahrbahnplatte den Nachweis der Dekompression unter der quasi-ständigen Einwirkungskombination, vgl. auch Abschn. 4.3.1. Für alle Einwirkungen aus Verkehr gilt hierbei der Beiwert $\psi_2 = 0,5$.

Der Entwurf der Vorspannkraft und hiermit die Berechnung der Anzahl n erforderlicher Spannglieder wird mit Hilfe des geforderten Dekompressionsnachweises vorgenommen. Unter der zugrunde gelegten Einwirkungskombination wird die Vorspannkraft derart bestimmt, dass sich der Querschnitt unter Druckbeanspruchung befindet. Somit liegt der ungerissene Zustand I vor. Im Zustand I ist die Berücksichtigung des nichtlinearen Materialverhaltens des Betons nicht erforderlich. Es gilt daher die „einfache" Spannungsbeziehung $\sigma = N/A + M/W$, mit der Normalkraft N, der Querschnittsfläche A, dem Biegemoment M und dem Widerstandsmoment W.

Der Nachweis der Dekompression wird für die Fahrbahnplatte am Kragarmanschnitt geführt. Für die Ermittlung der erforderlichen Anzahl Spannglieder wird die Vorspannkraft nach Abzug aller Verluste zum Zeitpunkt $t = t_\infty$ maßgebend. Darüber hinaus wird der untere Wert (Index „inf") der Vorspannkraft $P_{mt,k,inf}$ verwendet. Entsprechend EC 0, Anhang A2 wird die Streuung der Vorspannkraft im Endzustand für verbundlose Vorspannung mit $r_{sup} = 1,05$ und $r_{inf} = 0,95$ berücksichtigt. Die Schnittgrößen wurden zuvor in Abb. 4.42 zusammengestellt. Die Querschnittswerte wurden im Abschn. 4.6.4 ermittelt. Die Spannkraftverluste (Kriechen, Schwinden, Relaxation, Reibung und Schlupf) werden zu $\alpha_{loss} = 7\ \%$ angenommen.

zu führender Nachweis: $$\sigma_{c,perm} = \frac{n_{Ed,perm}}{A_c} + \frac{m_{Ed,y,perm}}{W_{c,y}} \leq 0,0$$

mit:
$$n_{Ed,perm} = n_{gk} + n_{\Delta gk} + n_{pm\infty,k,inf} + \psi_{2,TS} \cdot n_{Qk,TS} + \psi_{2,UDL} \cdot n_{qk,UDL}$$
$$n_{pm\infty,k,inf} = -n \cdot r_{inf} \cdot (1-\alpha_{loss}) \cdot p_{m0}$$
mit $p_{m0} = 191\,\text{kN/m}$ einer Litze gemäß Abschn. 4.6.3
$$n_{Ed,perm} = 0 + 0 - n \cdot 0,95 \cdot (1-0,07) \cdot 191 + 0,5 \cdot 0 + 0,5 \cdot 0$$
$$= -n \cdot 168,75$$
$$m_{Ed,y,perm} = m_{gk,y} + m_{\Delta gk,y} + m_{pm\infty,k,inf,y} + \psi_{2,TS} \cdot m_{Qk,TS,y} + \psi_{2,UDL} \cdot m_{qk,UDL,y}$$
$$m_{pm\infty,k,inf,y} = n \cdot r_{inf} \cdot (1-\alpha_{loss}) \cdot m_{pmt=1000kN/m,y} / 1000 \cdot p_{m0},$$
mit $m_{pmt=1000kN/m,y}$ gemäß Abb. 4.42
$$m_{Ed,y,perm} = -14,6 - 18,5 + n \cdot 0,95 \cdot (1-0,07) \cdot 50,0 / 1000 \cdot 191 - 0,5 \cdot 29,5 - 0,5 \cdot 20,6$$
$$= -58,2 + n \cdot 8,44$$

Nachweis: $$\sigma_{c,perm} = \frac{-n \cdot 168,75}{0,40} + \frac{-58,2 + n \cdot 8,44}{-0,02667} \leq 0,0$$

$\Rightarrow \quad n \geq 2,9531$ Litzen je Meter

Zur Quervorspannung der Fahrbahnplatte wird der Spanngliedtyp 6801 gemäß Zulassung im Abstand $a = 0,33$ m gewählt. Das Spannglied 6801 umfasst eine Litze.

Der Spannstahlquerschnitt beträgt somit $a_p = 4,50\ \text{cm}^2/\text{m}$. Die Vorspannkraft in Querrichtung beläuft sich auf $p_{m0} = 3 \cdot 191\,\text{kN/m} = 573\,\text{kN/m}$. Für den Zeitpunkt $t = t_\infty$ ergibt sich nach Abzug aller Verluste die Vorspannkraft zu $p_{m\infty} = (1-\alpha_{loss}) \cdot p_{m0} = 0,93 \cdot 573 = 533\,\text{kN/m}$.

Biegebemessung

Die Biegebemessung der Fahrbahnplatte wird exemplarisch für $y = 0{,}00$ m (Plattenmitte, vgl. Abb. 4.31) und für den Zeitpunkt $t = t_\infty$ durchgeführt. Die Bemessung erfolgt im Grenzzustand der Tragfähigkeit für die ständige und die vorübergehende Bemessungssituation.

Die Teilsicherheitsbeiwerte γ und die Kombinationsbeiwerte ψ sind Abb. 4.16 und Abb. 4.17 zu entnehmen. Der γ_G-Wert für günstig wirkende Lasten G_k wird zu 1,00 und für ungünstig wirkende Lasten zu 1,35 definiert. Da sich die Momente m_{gk} und $m_{\Delta gk}$ in Summe auf die Biegebemessung günstig auswirken, wird $\gamma_G = 1{,}00$ gesetzt. Veränderliche Lasten Q_k werden mit $\gamma_Q = 1{,}35$ beaufschlagt. Vorspannkräfte P_k werden mit $\gamma_P = 1{,}00$ multipliziert. Die ψ-Beiwerte für das Lastmodell 1 lauten:

Tandemsystem (TS): $\psi_{0,TS} = 0{,}75$

Gleichmäßig verteilte Lasten (UDL): $\psi_{0,UDL} = 0{,}40$

Der Spannstahldehnungszuwachs im Grenzzustand der Tragfähigkeit wird mit Hilfe der Verformungen, welche am Gesamttragwerk ermittelt wurden, bestimmt. Wie in Abschn. 3.3.2 erläutert wird, ist eine Querschnittsbetrachtung zur Ermittlung des Zuwachses nicht möglich, da die Vorspannung ohne Verbund erfolgt. Im Rahmen des geforderten Dekompressionsnachweises wurde sichergestellt, dass für die Fahrbahnplatte unter Gebrauchslasten der Zustand I vorliegt. Zur Berechnung des Dehnungszuwachses werden daher die linear elastisch berechneten Dehnungen $\Delta\varepsilon_k$ der Abb. 4.44 verwendet.

Die Spannstahlvordehnung beträgt:

$$\varepsilon_{pm\infty}^{(0)} = \frac{P_{m\infty}}{E_p \cdot A_p} = \frac{533 \text{ kN/m}}{19500 \text{ kN/cm}^2 \cdot 4{,}50 \text{ cm}^2/\text{m}} = 6{,}07‰$$

Der Dehnungszuwachs im Grenzzustand der Tragfähigkeit ergibt sich mit Hilfe von Abb. 4.44 zu:

$$\begin{aligned}\Delta\varepsilon_{pd} &= \gamma_G \cdot \left(\Delta\varepsilon_{gk} + \Delta\varepsilon_{\Delta gk}\right) + \gamma_P \cdot \Delta\varepsilon_{pmt=1000\,kN/m,y}/1000 \cdot p_{m\infty} + \gamma_Q \cdot \left(\Delta\varepsilon_{Qk,TS} + \Delta\varepsilon_{qk,UDL}\right)\\ &= 1{,}00 \cdot (1{,}73083E-05 + 5{,}58237E-06) + 1{,}00 \cdot (-2{,}06449E-05 \cdot 0{,}533)\\ &\quad + 1{,}35 \cdot (1{,}29197E-05 + 8{,}15975E-06)\\ &= 0{,}04‰\end{aligned}$$

Die Spannstahldehnung im Grenzzustand der Tragfähigkeit ergibt sich somit zu:

$$\varepsilon_{pm\infty} = \gamma_P \cdot \varepsilon_{pm\infty}^{(0)} + \Delta\varepsilon_{pd} = 6{,}07 + 0{,}04 = 6{,}11‰$$

Die Dehnung zur Streckgrenze des Spannstahls der Monolitzen beträgt:

$$\varepsilon_{yd} = \frac{f_{p0,1k}}{\gamma_s \cdot E_p} = \frac{1500 \text{ N/mm}^2}{1{,}15 \cdot 195\,000 \text{ N/mm}^2} = 6{,}69‰$$

Idealisierter Spannungs-Dehnungs-Verlauf

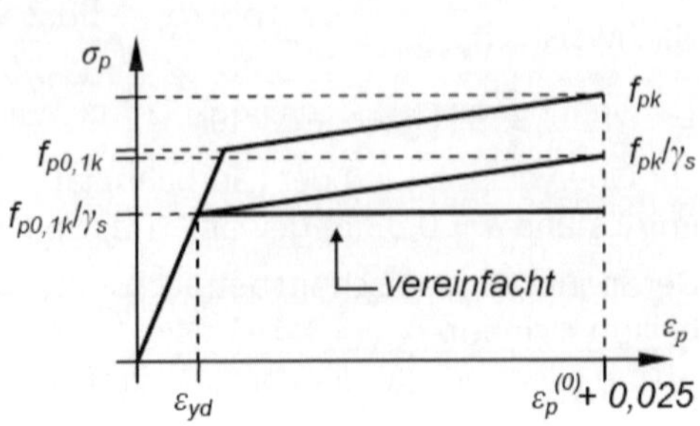

Das Beanspruchungsniveau des Spannstahls liegt im Grenzzustand der Tragfähigkeit mit $\varepsilon_{pm\infty} < \varepsilon_{yd}$ im elastischen Ast des Materialgesetzes (vgl. dargestelltes Materialgesetz). Da der Stahl noch nicht fließt, wird die Zusatzdehnung $\Delta\varepsilon_{pd}$ unmittelbar als Spannkraftzuwachs Δp_{pd} im Rahmen der Biegebemessung auf der Einwirkungsseite berücksichtigt. Dies entspricht dem Ansatz 3 nach Abb. 3.18.

$$\Delta p_{pd} = \Delta\varepsilon_{pd} \cdot E_p \cdot a_p = 0{,}04/1000 \cdot 19500 \text{ kN/cm}^2 \cdot 4{,}50 \text{ cm}^2/\text{m} = 3{,}5 \text{ kN/m}$$

Ein derart geringer Spannkraftzuwachs Δp_{pd} könnte zur Biegebemessung vernachlässigt werden. Im Rahmen des Beispiels wird der Wert jedoch berücksichtigt. Die Bemessungswerte der Schnittgrößen können nun mit $m_{pmt=1000kN/m,y} = 0$ kNm/m (vgl. Abb. 4.42) bestimmt werden:

$$\begin{aligned} n_{Ed} &= \gamma_G \cdot (n_{gk} + n_{\Delta gk}) - \gamma_P \cdot p_{m\infty} - \Delta p_{pd} + \gamma_Q \cdot (n_{Qk,TS} + n_{qk,UDL}) \\ &= 1{,}00 \cdot (0+0) - 1{,}00 \cdot 533 - 3{,}5 + 1{,}35 \cdot (0+0) \\ &= -537 \text{ kN/m} \end{aligned}$$

$$\begin{aligned} m_{Ed} &= \gamma_G \cdot (m_{gk} + m_{\Delta gk}) + \Delta m_{pmt=1000\,kN/m,y}/1000 \cdot (\gamma_P \cdot p_{m\infty} + \Delta p_{pd}) + \gamma_Q \cdot (m_{Qk,TS} + m_{qk,UDL}) \\ &= 1{,}00 \cdot (3{,}2 - 6{,}8) + 0 \cdot (1{,}00 \cdot 533 + 3{,}5) + 1{,}35 \cdot (49{,}4 + 10{,}1) = 76{,}7 \text{ kNm/m} \end{aligned}$$

$$\mu_{Eds} = \frac{m_{Ed} - n_{Ed} \cdot z_{s1}}{d^2 \cdot f_{cd}} = \frac{76{,}7 \text{ kNm/m} + 537 \text{ kN/m} \cdot 0{,}09 \text{ m}}{(0{,}24 \text{ m})^2 \cdot 19800 \text{ kN/m}^2} \approx 0{,}11$$

$$\Rightarrow \zeta = \frac{z}{d} = 0{,}946 \text{ und } z = 0{,}946 \cdot 0{,}24 \text{ m} = 0{,}227 \text{ m}$$

$$\begin{aligned} \text{erf } a_s &= \frac{1}{f_{yd}} \cdot \left[\frac{m_{Ed} - n_{Ed} \cdot z_{s1}}{z} + n_{Ed}\right] \\ &= \frac{1}{43{,}5 \text{ kN/cm}^2} \cdot \left[\frac{76{,}7 \text{ kNm/m} + 537 \text{ kN/m} \cdot 0{,}09 \text{ m}}{0{,}227 \text{ m}} - 537 \text{ kN/m}\right] = 0{,}3 \text{ cm}^2/\text{m} \end{aligned}$$

Im Grenzzustand der Tragfähigkeit ist eine Bewehrung von 0,3 cm²/m in Fahrbahnplattenquerrichtung in Plattenmitte (unten) erforderlich.

4.6.7 Überbau-Längsrichtung: Berechnung und Bemessung

Spanngliedverlauf

Der Spanngliedverlauf in Längsrichtung wird gekrümmt gewählt. Zur Eingabe des Verlaufs im FE-Programmsystem ist die Angabe von Stützpunkten erforderlich. Auf Grundlage der gegebenen Punkte wird im Programm der Verlauf mit Hilfe von Splines angenähert. Im Rahmen des Beispiels wird der Spanngliedverlauf gemäß den Bezeichnungen der Abb. 4.45 funktional über zwei abschnittsweise definierte Parabeln beschrieben.

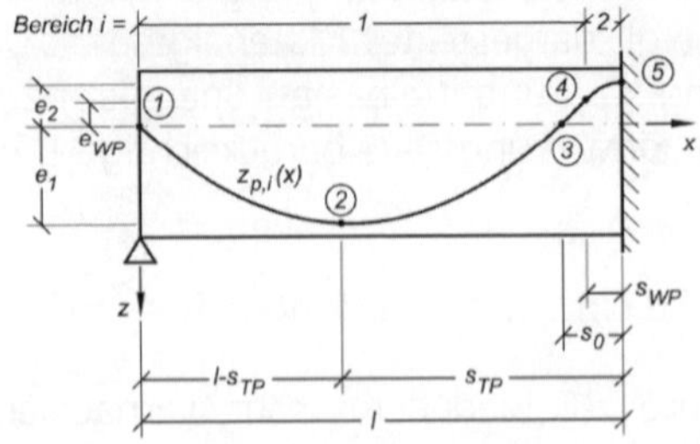

Lage des Wendepunkts WP:

$$s_{WP} = \beta \cdot s_{TP}$$

$$e_{WP} = e_2 - \beta \cdot (e_1 + e_2)$$

für $e_2 / (e_1 + e_2) \cdot s_{TP} \geq s_0$

$$\Rightarrow \beta = 1 - (e_1 + e_2)/e_1 \cdot (1 - \lambda)^2$$

für $e_2 / (e_1 + e_2) \cdot s_{TP} < s_0$

$$\Rightarrow \beta = (e_1 + e_2)/e_2 \cdot \lambda^2 \text{ mit } \lambda = s_0 / s_{TP}$$

Abb. 4.45 Spanngliedverlauf allgemein, Lage des Wendepunkts

Die folgenden fünf Stellen werden als Stützpunkte definiert:

Stelle 1: Am Endauflager wird das Spannglied in die Schwerlage geführt. In dieser Weise entsteht kein Randmoment, welches sich für das gegebene statische System ungünstig auswirken würde.

Stelle 2: Das Spannglied liegt möglichst weit am Bauteilrand. Die Wahl des Orts *x* orientiert sich am Auftretensort des maximalen Feldmoments infolge von Eigenlasten.

Stelle 3: Der Durchgang des Spannglieds durch die Schwerlage wird in Anlehnung an den Nulldurchgang des Momentenverlaufs des Lastfalls Eigenlasten gewählt.

Stelle 4: Die Lage des Wendepunkts WP wird derart gewählt, dass sich ein kleiner – wenn nicht sogar der minimal zulässige – Krümmungsradius der Spannglieder einstellt. Zudem wird am WP ein stetiger Übergang für die Parabeln erzeugt. Unter Beachtung des zulässigen Krümmungsradius wird WP entsprechend der in Abb. 4.45 angegebenen Beziehungen ermittelt [8].

Stelle 5: Das Spannglied wird möglichst nah an den Bauteilrand geführt.

Der Abstand der Schwerlage der Spannglieder zum Bauteilrand wird gemäß Abb. 4.38 mit $d_p = 1{,}15$ m und $h = 1{,}25$ m zu 0,10 m angesetzt. Mit $e_1 = 0{,}74$ m und $e_2 = 0{,}31$ m im Feldbereich und $s_0 = 3{,}00$ m sowie $s_{TP} = 14{,}00$ m ergibt sich die Lage des Wendepunkts zu: $s_{WP} / e_{WP} = 1{,}737 \text{ m} / 0{,}1797 \text{ m}$

Hiermit können die Gleichungen der beiden quadratischen Parabeln bestimmt werden:

Für $0{,}00 \leq x \leq 22{,}263$ gilt: (Bereich i = 1)

Allgemein:

$$z_{p,1}(x) = a_1 + b_1 \cdot x + c_1 \cdot x^2$$

$$z'_{p,1}(x) = b_1 + 2 \cdot c_1 \cdot x$$

Bedingungen:

$$z_{p,1}(x = 0{,}00) = 0{,}00$$

$$z_{p,1}(x = 10{,}00) = 0{,}74$$

$$z_{p,1}(x = 22{,}263) = -0{,}1797$$

$$\Rightarrow z_{p,1}(x) = 0{,}1409 \cdot x - 0{,}007 \cdot x^2$$

Für $22{,}263 \leq x < 24{,}00$ gilt: (Bereich i = 2)

Allgemein:

$$z_{p,2}(x) = a_2 + b_2 \cdot x + c_2 \cdot x^2$$

$$z'_{p,2}(x) = b_2 + 2 \cdot c_2 \cdot x$$

Bedingungen:

$$z_{p,2}(x = 22{,}263) = -0{,}1797$$

$$z_{p,2}(x = 24{,}00) = -0{,}31$$

$$z_{p,2}(x = 24{,}00) = -0{,}31$$

$$\Rightarrow z_{p,2}(x) = 24{,}565 - 2{,}073 \cdot x + 0{,}0432 \cdot x^2$$

Der Spanngliedverlauf gemäß den Gleichungen für $z_{p,1}(x)$ und $z_{p,2}(x)$ ist in Abb. 4.46 dargestellt.

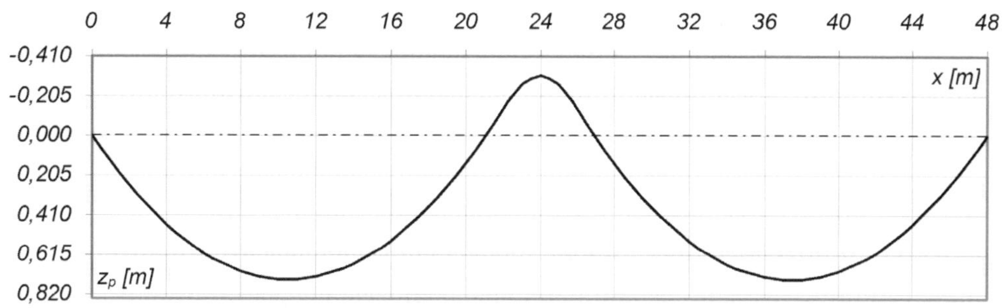

Abb. 4.46 Spanngliedverlauf in Längsrichtung

Schnittgrößen

Die Schnittgrößen *eines* Plattenbalkens werden in Abb. 4.47 für unterschiedliche Stellen des Überbaus angegeben. Die Verkehrslasten des LM 1 wurden hierzu jeweils ungünstigst angeordnet. Die Schnittgrößenermittlung erfolgte mit einer FE-Berechnung.

x (x/l) =	10,20 m (0,425)			22,85 m (0,952)			24,00 m (1,00)		
Bezeichnung:	Max. Feldmoment des HT			Max. Querkraft des HT			Min. Stützmoment des HT		
Schnittgröße:	M_y [kNm]	Q_z [kN]	M_x [kNm]	M_y [kNm]	Q_z [kN]	M_x [kNm]	M_y [kNm]	Q_z [kN]	M_x [kNm]
g_k	+2888,6	−86,0	+22,0	−3891,6	−961,7	−109,7	−4953,6	−879,4	−122,1
Δg_k	+962,8	−29,7	+25,4	−1322,5	−323,6	−116,9	−1680,6	−295,9	−143,1
P_{mt} = 1000 kN	−526,3	+16,1	0,0	+691,7	+122,4	0,0	+779,8	+34,7	0,0
$Q_{k,TS}$	+2704,2	-10,2	+23,6	+26,4	-598,4	+9,3	-1156,4	-245,8	-47,7
$q_{k,UDL}$	+2042,1	+11,9	+7,7	-800,4	-466,0	-89,8	-1320,1	-443,9	-91,9
$\Delta T_{M,pos}$	+694,0	+68,0	0,0	+1554,8	+68,0	0,0	+1633,0	0,0	0,0
$\Delta T_{M,neg}$	−451,4	−44,3	0,0	−1011,1	−44,3	0,0	−1062,0	0,0	0,0

Abb. 4.47 Schnittgrößen eines Plattenbalkens

Entwurf der Vorspannkraft

Gemäß Abschn. 4.3.1 ist für den in Längsrichtung im Verbund vorgespannten Überbau der Nachweis der Dekompression unter der quasi-ständigen Einwirkungskombination zu führen.

Hierbei gelten für die veränderlichen Lasten die folgenden Teilsicherheitsbeiwerte ψ_2:

Tandemsystem (TS)	$\psi_{2,TS}$	= 0,20
Gleichmäßig verteilte Lasten (UDL)	$\psi_{2,UDL}$	= 0,20
Temperatur	$\psi_{2,\Delta T}$	= 0,50

Die Streuung der Vorspannkraft im Endzustand wird für Vorspannung mit nachträglichem Verbund mit r_{sup} = 1,10 und r_{inf} = 0,90 berücksichtigt (siehe auch EC 0, Anhang A2).

Die Anzahl n erforderlicher Spannglieder wird unter Einhaltung des geforderten Dekompressionsnachweises für den Überbau im Feld und an der mittleren Stützung bestimmt. Die Verluste werden zu α_{loss} = 12 % angesetzt.

zu führender Nachweis: $$\sigma_{c,perm} = \frac{N_{Ed,perm}}{A_c} + \frac{M_{Ed,y,perm}}{W_{c,y}} \leq 0{,}0$$

mit:

$$N_{Ed,perm} = N_{gk} + N_{\Delta gk} + N_{pm\infty,k,inf} + \psi_{2,TS} \cdot N_{Qk,TS} + \psi_{2,UDL} \cdot N_{qk,UDL}$$

$N_{Pm\infty,k,inf} = -n \cdot r_{inf} \cdot (1-\alpha_{loss}) \cdot P_{m0}$, mit $P_{m0} = 191\,\text{kN}$ einer Litze nach Abschn. 4.6.3

$$M_{Ed,y,perm} = M_{gk,y} + M_{\Delta gk,y} + M_{Pm\infty,k,inf,y} + \psi_{2,TS} \cdot M_{Qk,TS,y} + \psi_{2,UDL} \cdot M_{qk,UDL,y} + \psi_{2,\Delta T} \cdot M_{\Delta T,M,y}$$

$M_{Pm\infty,k,inf,y} = n \cdot r_{inf} \cdot (1-\alpha_{loss}) \cdot M_{Pmt=1000\,kN,y} / 1000 \cdot P_{m0}$, mit: $M_{Pmt=1000\,kN,y}$ nach Abb. 4.47

Feldbereich (x = 10,20 m, x/l = 0,425)
Maßgebende Leiteinwirkung: Verkehr des Lastmodells 1

$$N_{Ed,perm} = 0 + 0 - n \cdot 0{,}90 \cdot (1-0{,}12) \cdot 191 + 0{,}20 \cdot 0 + 0{,}20 \cdot 0 + 0{,}50 \cdot 0$$
$$= -n \cdot 151{,}27$$

$$M_{Ed,y,perm} = 2888{,}6 + 962{,}8 + n \cdot 0{,}90 \cdot (1-0{,}12) \cdot (-526{,}3)/1000 \cdot 191 + 0{,}20 \cdot 2704{,}2$$
$$+ 0{,}20 \cdot 2042{,}1 + 0{,}50 \cdot 694{,}0 \text{ mit } \Delta T_{M,heat}$$
$$= 5147{,}66 - n \cdot 79{,}61$$

Nachweis: $\sigma_{c,perm} = \frac{-n \cdot 151{,}27}{2{,}9313} + \frac{5147{,}66 - n \cdot 79{,}61}{0{,}44093} \leq 0{,}0$ (am unteren Querschnittsrand)

$n \geq 50{,}3$ Litzen

Stützbereich (x = 24,00 m, x/l = 1,00)
Maßgebende Leiteinwirkung: Verkehr des Lastmodells 1

$$N_{Ed,perm} = 0 + 0 - n \cdot 0{,}90 \cdot (1-0{,}12) \cdot 191 + 0{,}20 \cdot 0 + 0{,}20 \cdot 0 + 0{,}50 \cdot 0$$
$$= -n \cdot 151{,}27$$

$$M_{Ed,y,perm} = -4953{,}6 - 1680{,}6 + n \cdot 0{,}90 \cdot (1-0{,}12) \cdot 779{,}8/1000 \cdot 191 - 0{,}20 \cdot 1156{,}4$$
$$- 0{,}20 \cdot 1320{,}1 - 0{,}50 \cdot 1062{,}0 \text{ mit } \Delta T_{M,cool}$$
$$= -7660{,}50 + n \cdot 117{,}96$$

Nachweis: $\sigma_{c,perm} = \frac{-n \cdot 151{,}27}{2{,}3352} + \frac{-7660{,}50 + n \cdot 117{,}96}{-0{,}66786} \leq 0{,}0$ (am oberen Querschnittsrand)

$n \geq 47{,}5$ Litzen

Die erforderliche Anzahl Spannglieder ergibt sich für den Nachweis der Dekompression im Feldbereich. Es werden je Steg vier Spannglieder des Typs 6-15 gewählt. Ein Spannglied 6-15 enthält 15 Litzen. In einem Steg werden demnach 60 Litzen zur Längsvorspannung des Überbaus angeordnet. Der Innendurchmesser eines Hüllrohres beträgt $d_i = 85$ mm.

Ein Plattenbalken weist somit einen Spannstahlquerschnitt von $A_p = 60 \cdot 1{,}5$ cm^2 = 90,0 cm^2 auf und wird mit $P_{m0} = 4 \cdot 15 \cdot 191$ kN = 11 460 kN vorgespannt. Nach Abzug aller Verluste ergibt sich zum Zeitpunkt $t = t_\infty$ eine Vorspannkraft $P_{m\infty} = (1 - \alpha_{loss}) \cdot P_{m0} = 0{,}88 \cdot 11460 = 10085$ kN.

Die Schnittgrößen für $t = t_\infty$ infolge Vorspannung eines Plattenbalkens sind in Abb. 4.48 dargestellt.

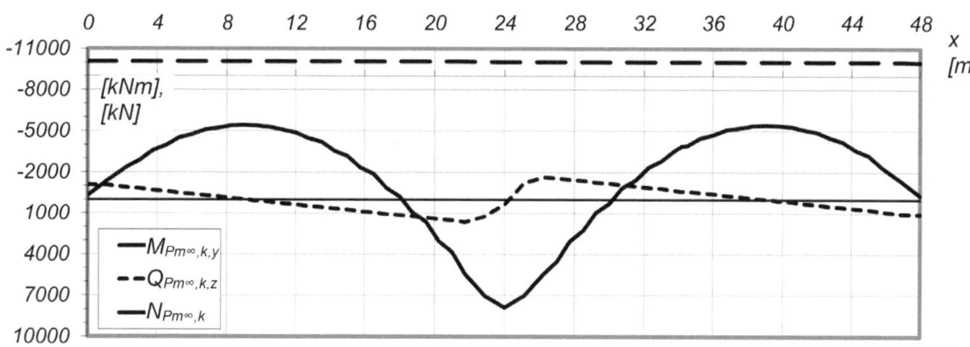

Abb. 4.48 Schnittgrößen eines Plattenbalkens im Endzustand infolge Längsvorspannung

Biegebemessung

Die Biegebemessung wird für die Überbaulängsrichtung am Ort x = 10,20 m bzw. x/l = 0,425 durchgeführt. Es wird der Endzustand zum Zeitpunkt $t = t_\infty$ betrachtet. Die Bemessung wird im Grenzzustand der Tragfähigkeit für die ständige und die vorübergehende Bemessungssituation vorgenommen.

Aufgrund der wesentlich größeren Schnittgrößen stellt das Lastmodell 1 im Vergleich zum linearen Temperaturgradienten die Leiteinwirkung dar. Gemäß der Kombinationsregel für die ständige und die vorübergehende Bemessungssituation werden in der Einwirkungskombination die Schnittgrößen infolge von Temperatur mit dem Faktor $\psi_{0,\Delta T}$ multipliziert. Grundsätzlich ist es erforderlich, im Grenzzustand der Tragfähigkeit Zwangschnittgrößen aus klimatischen Temperatureinwirkungen zu berücksichtigen. Für übliche Durchlaufträger mit gleichmäßigen Spannweitenverhältnissen, die ohne nennenswerte Momentenumlagerung bemessen werden, wird jedoch davon ausgegangen, dass sich die Zwangschnittgrößen mit dem Übergang in den gerissenen Zustand abbauen. Für derartige Bauwerke brauchen Zwangschnittgrößen infolge von Temperatureinwirkungen nicht in voller Höhe berücksichtigt zu werden. Im Rahmen des Beispiels wird der Kombinationsbeiwert $\psi_{0,\Delta T}$ der Temperatureinwirkung ΔT_M zu 0,60 gesetzt. Die Schnittgrößen werden Abb. 4.47 entnommen.

Im Unterschied zur verbundlosen Vorspannung (vgl. Abschn. 4.6.6) kann im Fall der Vorspannung mit Verbund der Spannstahlspannungszuwachs im Grenzzustand der Tragfähigkeit mit Hilfe einer Querschnittsbetrachtung ermittelt werden. Zu diesem Zweck werden die μ_{Eds}-Tafeln verwendet. Die μ_{Eds}-Tafeln dienen jedoch nicht zur Ermittlung der erforderlichen Bewehrung!

Sowohl der direkte (Index „dir") als auch der indirekte (Index „ind") Anteil der Vorspannkraft werden in der Berechnung der erforderlichen Betonstahlmenge auf der Einwirkungsseite berücksichtigt.

Spannstahlvordehnung (mit A_p und $P_{m\infty}$ von zuvor):

$$\varepsilon_{pm\infty}^{(0)} = \frac{P_{m\infty}}{E_p \cdot A_p} = \frac{10085 \text{ kN}}{19500 \text{ kN/cm}^2 \cdot 90 \text{ cm}^2} = 5,75‰$$

Ermittlung des Spannstahldehnungszuwachses im Grenzzustand der Tragfähigkeit:

$$N_{Ed} = N_{Ed0} + N_{pd}$$

$$N_{Ed0} = \gamma_G \cdot (N_{gk} + N_{\Delta gk}) + \gamma_Q \cdot (N_{Qk,TS} + N_{qk,UDL}) + \gamma_Q \cdot \psi_{0,\Delta T} \cdot N_{\Delta T,M} = 0$$

$$N_{pd} = N_{pd,dir} + N_{pd,ind} = -\gamma_P \cdot P_{m\infty} = -1,00 \cdot 10085 = -10085 \text{ kN}$$

$$\Rightarrow N_{Ed} = -10085 \text{ kN}$$

$$M_{Ed} = M_{Ed0} + M_{pd}$$

$$M_{Ed0} = \gamma_G \cdot (M_{gk,y} + M_{\Delta gk,y}) + \gamma_Q \cdot (M_{Qk,TS,y} + M_{qk,UDL,y}) + \gamma_Q \cdot \psi_{0,\Delta T} \cdot M_{\Delta T,M} \text{ mit } \Delta T_{M,heat}$$

$$= 1,35 \cdot (2888,6 + 962,8) + 1,35 \cdot (2704,2 + 2042,1) + 1,35 \cdot 0,60 \cdot 694,0 = 12169,0 \text{ kNm}$$

$$M_{pd} = M_{pd,dir} + M_{pd,ind} = M_{Pmt=1000 \text{ kN},y}/1000 \cdot P_{m\infty} = -526,3/1000 \cdot 10085$$

$$= -5307,7 \text{ kNm}$$

$$\Rightarrow M_{Ed} = 12169,0 - 5307,7 = 6861,3 \text{ kNm}$$

Moment bezogen auf die Bewehrungslage (für die Abmessungen vgl. auch Abb. 4.38):

$$M_{Eds} = M_{Ed} - N_{Ed} \cdot z_{s1} = 6861,3 + 10085 \cdot (1,19 - 0,41094) = 14718,1 \text{ kNm}$$

$$\mu_{Eds} = \frac{M_{Eds}}{b_{eff} \cdot d^2 \cdot f_{cd}} = \frac{14718,1 \text{ kNm}}{5,40 \text{ m} \cdot (1,19 \text{ m})^2 \cdot 19800 \text{ kN/m}^2} \approx 0,10$$

$$\Rightarrow \xi = \frac{x}{d} = 0,131,\ \zeta = \frac{z}{d} = 0,946,\ \varepsilon_{c2} = -3,5 ‰,\ \varepsilon_{s1} = 23,29 ‰$$

Mit den obigen Angaben ist die Dehnungsebene vollständig beschrieben und es kann der Spannstahldehnungszuwachs ermittelt werden.

Überprüfung der Druckzonenhöhe x:

$x = \xi \cdot d = 0,131 \cdot 1,19 = 0,16 \text{ m} < h_f = 0,30 \text{ m}$ (h_f Höhe der Platte)

Innerer Hebelarm z:

$$z = \zeta \cdot d = 0{,}946 \cdot 1{,}19 = 1{,}13 \text{ m}$$

Spannstahldehnungszuwachs im Grenzzustand der Tragfähigkeit (siehe nebenstehende Abbildung):

$$\Delta\varepsilon_{pd} = \left(1 - \frac{\Delta z}{d}\right) \cdot \left(\varepsilon_{s1} - \varepsilon_{c2}\right) + \varepsilon_{c2}$$

$$= \left(1 - \frac{0{,}04}{1{,}19}\right) \cdot \left(23{,}29 + 3{,}5\right) - 3{,}5 = 22{,}39‰$$

Dehnungsebene

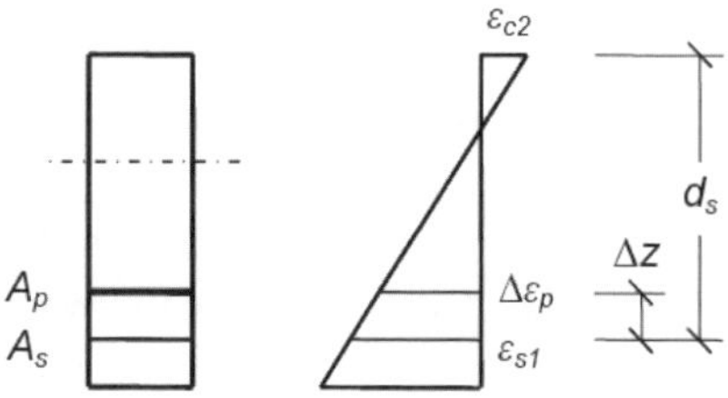

Die Spannstahldehnung im Grenzzustand der Tragfähigkeit folgt somit zu:

$$\varepsilon_{pm\infty} = \gamma_P \cdot \varepsilon_{pm\infty}^{(0)} + \Delta\varepsilon_{pd} = 5{,}75 + 22{,}39 = 28{,}14‰$$

Dehnung zur Streckgrenze des Spannstahls:

$$\varepsilon_{yd} = \frac{f_{p0,1k}}{\gamma_s \cdot E_p} = \frac{1500 \text{ N/mm}^2}{1{,}15 \cdot 195\,000 \text{ N/mm}^2} = 6{,}69‰$$

Idealisierter Spannungs-Dehnungs-Verlauf

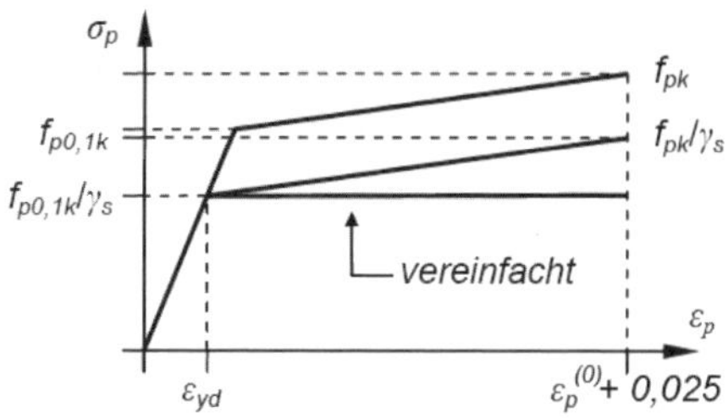

Entsprechend dem dargestellten Materialgesetz ist der Spannstahl mit $\varepsilon_{pm\infty} \gg \varepsilon_{yd}$ deutlich im plastischen Bereich. Da der Stahl fließt, wird zur Berechnung des Spannstahlspannungszuwachses die Streckgrenze $f_{p0,1k}$ angesetzt.

Spannstahlspannungszuwachs:

$$\Delta\sigma_{pd} = \sigma_{pd} - \gamma_P \cdot \sigma_{pm\infty} = \gamma_P \cdot \frac{f_{p0,1k}}{\gamma_s} - \gamma_P \cdot \frac{P_{m\infty}}{A_p}$$

$$= 1{,}00 \cdot \frac{150 \text{ kN/cm}^2}{1{,}15} - 1{,}00 \cdot \frac{10085 \text{ kN}}{90 \text{ cm}^2} = 130{,}4 \text{ kN/cm}^2 - 112{,}1 \text{ kN/cm}^2 = 18{,}3 \text{ kN/cm}^2$$

Spannkraftzuwachs:

$$\Delta P_{pd} = \Delta\sigma_{pd} \cdot A_p$$

$$= 18{,}3 \text{ kN/cm}^2 \cdot 90 \text{ cm}^2$$

$$= 1647{,}0 \text{ kN}$$

$$\text{erf } A_s = \frac{1}{f_{yd}} \cdot \left[\frac{M_{Eds}}{z} + N_{Ed} - \Delta P_{pd} \cdot \left(1 - \frac{\Delta z}{z}\right)\right]$$

$$= \frac{1}{43{,}5 \text{ kN/cm}^2} \cdot \left[\frac{14718{,}1 \text{ kNm}}{1{,}13 \text{ m}} - 10085 \text{ kN} - 1647{,}0 \text{ kN} \cdot \left(1 - \frac{0{,}04 \text{ m}}{1{,}13 \text{ m}}\right)\right] = 31{,}1 \text{ cm}^2$$

Im Grenzzustand der Tragfähigkeit ist eine Bewehrung von 31,1 cm² im Feldbereich für den Steg eines Plattenbalkens erforderlich.

Querkraft- und Torsionsbemessung

Der Überbau wird an der Stelle x = 22,85 m (x/l = 0,952) hinsichtlich der vorhandenen Querkraft und der zugehörigen Torsionsbeanspruchung bemessen. Der Querkraftanteil aus auflagernahen Einzellasten wird nicht abgemindert. Die Untersuchungen erfolgen für den Zeitpunkt $t = t_\infty$. Die Bemessung wird im Grenzzustand der Tragfähigkeit für die ständige und die vorübergehende Bemessungssituation vorgenommen.

Entsprechend den Erläuterungen zur Biegebemessung des Überbaus in Längsrichtung wird die Temperatureinwirkung in der Einwirkungskombination der ständigen und der vorübergehenden Bemessungssituation mit $\psi_{0,\Delta T} = 0{,}60$ berücksichtigt. Die Schnittgrößen der einzelnen Lastfälle werden Abb. 4.47 entnommen.

Obwohl eine kombinierte Beanspruchung vorliegt, werden im Grenzzustand der Tragfähigkeit die Nachweise getrennt für Querkraft und Torsion geführt. Im Beispiel wird gemäß dem vereinfachten Verfahren die Druckstrebentragfähigkeit für Querkraft mit Torsion nachgewiesen. Die einzelnen Bewehrungsanteile aus Biegung, Querkraft und Torsion sind schließlich zu addieren.

Einwirkungen – Querkraft

$$V_{Ed} = V_{Ed0} + V_{pd}$$

$$V_{Ed0} = \gamma_G \cdot \left(Q_{gk,z} + Q_{\Delta gk,z}\right) + \gamma_Q \cdot \left(Q_{Qk,TS,z} + Q_{qk,UDL,z}\right) + \gamma_Q \cdot \psi_{0,\Delta T} \cdot Q_{\Delta T,M,z} \text{ mit } \Delta T_{M,cool}$$

$$= 1{,}35 \cdot (-961{,}7 - 323{,}6) + 1{,}35 \cdot (-598{,}4 - 466{,}0) + 1{,}35 \cdot 0{,}60 \cdot (-44{,}3) = -3208{,}0 \text{ kN}$$

$$V_{pd} = V_{pd,dir} + V_{pd,ind} = Q_{Pmt=1000\,kN,z} / 1000 \cdot P_{m\infty} = 122{,}4/1000 \cdot 10085 = 1234{,}4 \text{ kN}$$

$$\Rightarrow V_{Ed} = -3208{,}0 + 1234{,}4 = -1973{,}6 \text{ kN}$$

Einwirkungen – zugehörige Torsion

$$T_{Ed} = T_{Ed0} + T_{pd}$$

$$T_{Ed0} = \gamma_G \cdot \left(M_{gk,x} + M_{\Delta gk,x}\right) + \gamma_Q \cdot \left(M_{Qk,TS,x} + M_{qk,UDL,x}\right) + \gamma_Q \cdot \psi_{0,\Delta T} \cdot M_{\Delta T,M,x}$$

$$= 1{,}35 \cdot (-109{,}7 - 116{,}9) + 1{,}35 \cdot (9{,}3 - 89{,}8) + 1{,}35 \cdot 0{,}60 \cdot 0 = -414{,}6 \text{ kNm}$$

$$T_{pd} = T_{pd,dir} + T_{pd,ind} = M_{Pmt=1000kN,x} / 1000 \cdot P_{m\infty} = 0$$

$$\Rightarrow T_{Ed} = -414{,}6 \text{ kNm}$$

a) Bemessung für Querkraft

Bemessungswert der aufnehmbaren Querkraft ohne Querkraftbewehrung

$$V_{Rd,ct} = \left[0{,}10 \cdot \kappa \cdot (100 \cdot \rho_l \cdot f_{ck})^{1/3} - 0{,}12 \cdot \sigma_{cd}\right] \cdot b_w \cdot d$$

bei einem Mindestwert von $V_{Rd,ct} = \left(\nu_{min} - 0{,}12 \cdot \sigma_{cd}\right) \cdot b_w \cdot d$ mit $\nu_{min} = 0{,}035 \cdot \kappa^{3/2} \cdot f_{ck}^{\ 1/2}$

mit: $b_w = 1250\text{ mm}$

$d = 1190\text{ mm}$ (vgl. Abb. 4.38)

$f_{ck} = 35\text{ N/mm}^2$

$\sigma_{cd} = \frac{N_{Ed}}{A_c} = \frac{-\gamma_P \cdot P_{m\infty}}{A_c} = \frac{-1{,}00 \cdot 10{,}085\text{ MN}}{2{,}9313\text{ m}^2} = -3{,}44\text{ N/mm}^2$ mit A_c eines Plattenbalkens

$$\kappa = 1 + \sqrt{\frac{200}{d}} = 1 + \sqrt{\frac{200}{1190}} = 1{,}41 \leq 2{,}0$$

$$\rho_l = \frac{A_{sl}}{b_w \cdot d} = \frac{31{,}1\text{ cm}^2}{125\text{ cm} \cdot 119\text{ cm}} = 0{,}0021 \leq 0{,}02$$

$$V_{Rd,ct} = \left[0{,}10 \cdot 1{,}41 \cdot (100 \cdot 0{,}0021 \cdot 35)^{1/3} + 0{,}12 \cdot 3{,}44\right] \cdot 1250 \cdot 1190 / 10^3 \qquad = 1021{,}8\text{ kN}$$

Mindestwert: $V_{Rd,ct} = \left(0{,}025 \cdot 1{,}41^{3/2} \cdot 35^{1/2} + 0{,}12 \cdot 3{,}44\right) \cdot 1250 \cdot 1190 / 10^3 \qquad = 982{,}4\text{ kN}$

$V_{Ed} = 1973{,}6\text{ kN} > V_{Rd,ct} = 982{,}4\text{ kN} \Rightarrow$ Querkraftbewehrung ist erforderlich!

Für $V_{Ed} > V_{Rd,ct}$ ist das Verfahren der veränderlichen Druckstrebenneigung anzuwenden. Die Neigung θ der Druckstrebe ist hierbei wie folgt zu begrenzen:

$$\frac{4}{7} \leq \cot\theta \leq \frac{1{,}2 - 1{,}4 \cdot \sigma_{cd} / f_{cd}}{1 - V_{Rd,c} / V_{Ed}} \leq \frac{7}{4}$$

mit: $c_j = 0{,}5$ und $\sigma_{cd} = \frac{N_{Ed}}{A_c} = -3{,}44\text{ N/mm}^2$ von zuvor

$$V_{Rd,c} = c_j \cdot 0{,}48 \cdot f_{ck}^{1/3} \cdot \left(1 + 1{,}2 \cdot \frac{\sigma_{cd}}{f_{cd}}\right) \cdot b_w \cdot z$$

$$= 0{,}5 \cdot 0{,}48 \cdot 35^{1/3} \cdot \left(1 + 1{,}2 \cdot \frac{-3{,}44}{19{,}8}\right) \cdot 1{,}25 \cdot 0{,}9 \cdot 1{,}19 \cdot 10^3 = 831{,}9\text{ kN}$$

$$\frac{4}{7} \leq \cot\theta \leq \frac{1{,}2 - 1{,}4 \cdot (-3{,}44) / 19{,}8}{1 - 831{,}9 / 1973{,}6} \leq \frac{7}{4}$$

$$\frac{4}{7} \leq \cot\theta \leq 2{,}4948 \leq \frac{7}{4}$$

$20{,}8^\circ \leq \theta \leq 60{,}3^\circ \Rightarrow$ gewählt: $\theta = 45^\circ$

Bemessungswert der durch die Druckstrebentragfähigkeit begrenzten max. aufnehmbaren Querkraft

$$V_{Rd,max} = \frac{b_{w,nom} \cdot z \cdot \alpha_c \cdot f_{cd}}{\cot\theta + \tan\theta}$$

Der Bemessungswert $V_{Rd,max}$ ist auf der Grundlage des Nennwerts $b_{w,nom}$ der Querschnittsbreite zu berechnen, wenn der Querschnitt nebeneinander liegender verpresster Spannglieder mit der Durchmessersumme Σd_H größer $b_w/8$ ist, vgl. auch Abschn. 3.3.5.

$$\Sigma d_H = 4 \cdot 9{,}2\text{ cm} = 36{,}8\text{ cm} > b_w/8 = 125\text{ cm}/8 = 15{,}6\text{ cm}$$

$$\Rightarrow b_{w,nom} = b_w - 0{,}5 \cdot \Sigma d_H \quad = 1{,}25 - 0{,}5 \cdot 0{,}37 = 1{,}07\text{ m}$$

$$V_{Rd,max} = \frac{1{,}07\text{ m} \cdot 0{,}9 \cdot 1{,}19\text{ m} \cdot 0{,}75 \cdot 19{,}8\text{ MN/m}^2}{1+1} \cdot 10^3 = 8508{,}8\text{ kN}$$

$$V_{Ed} = 1973{,}6\text{ kN} < V_{Rd,max} = 8508{,}8\text{ kN}$$

$\Rightarrow$ eine ausreichende Druckstrebentragfähigkeit ist gegeben

Erforderliche Querkraftbewehrung

$$\text{erf } a_{sw} = \frac{V_{Ed}}{z \cdot f_{yd} \cdot \cot\theta} = \frac{1973{,}6\text{ kN}}{0{,}9 \cdot 1{,}19\text{ m} \cdot 43{,}5\text{ kN/cm}^2 \cdot 1} = 42{,}4\text{ cm}^2/\text{m}$$

b) Bemessung für Torsion

Zur Torsionsaufnahme wird der Rechteckquerschnitt eines Stegs angesetzt. Die Geometrie des Schubflussquerschnitts ergibt sich wie folgt.

$t_{eff} \approx 2 \cdot 0{,}06 = 0{,}12\text{ m}$ (Mitte Bewehrung)

$b_k = 1{,}25 - 0{,}12 = 1{,}13\text{ m}$

$h_k = 1{,}25 - 0{,}12 = 1{,}13\text{ m}$

$u_k = 2 \cdot (b_k + h_k) = 2 \cdot (1{,}13 + 1{,}13) = 4{,}52\text{ m}$

$A_k = b_k \cdot h_k = 1{,}13 \cdot 1{,}13 = 1{,}28\text{ m}^2$

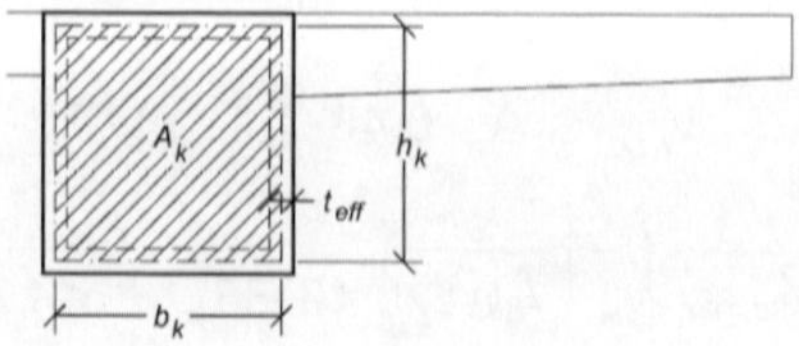

Zur Torsionsbemessung wird das vereinfachte Verfahren mit einer Druckstrebenneigung θ = 45° angewendet, womit der Neigungswinkel für Torsions- und Schubbemessung gleich angenommen wird (siehe auch EC 2-2, 6.3.2 (102)).

Bemessungswert des maximal aufnehmbaren Torsionsmoments des Querschnitts

$$T_{\mathrm{Rd,max}} = \frac{\alpha_{\mathrm{c,red}} \cdot f_{\mathrm{cd}} \cdot 2 \cdot A_{\mathrm{k}} \cdot t_{\mathrm{eff}}}{\cot\theta + \tan\theta}$$

mit: $\alpha_{\mathrm{c,red}} = 0{,}7 \cdot \alpha_{\mathrm{c}} = 0{,}7 \cdot 0{,}75$

$$T_{\mathrm{Rd,max}} = \frac{0{,}7 \cdot 0{,}75 \cdot 19{,}8\ \mathrm{MN/m^2} \cdot 2 \cdot 1{,}28\ \mathrm{m^2} \cdot 0{,}12\ \mathrm{m}}{1+1} \cdot 10^3 = 1596{,}7\ \mathrm{kNm}$$

$$T_{\mathrm{Ed}} = 414{,}6\ \mathrm{kNm} < T_{\mathrm{Rd,max}} = 1596{,}7\ \mathrm{kNm} \Rightarrow \text{Nachweis erbracht!}$$

Erforderliche Torsionsbewehrung

$$\mathrm{erf}\, a_{\mathrm{sw}} = \frac{T_{\mathrm{Ed}}}{f_{\mathrm{yd}} \cdot 2 \cdot A_{\mathrm{k}} \cdot \cot\theta} = \frac{414{,}6\ \mathrm{kNm}}{43{,}5\ \mathrm{kN/cm^2} \cdot 2 \cdot 1{,}28\ \mathrm{m^2} \cdot 1}$$

$= 3{,}7\ \mathrm{cm^2/m}$ je Querschnittsseite in Form einer Bügelbewehrung

$$\mathrm{erf}\, A_{\mathrm{sl}} = \frac{T_{\mathrm{Ed}} \cdot u_{\mathrm{k}}}{f_{\mathrm{yd}} \cdot 2 \cdot A_{\mathrm{k}} \cdot \tan\theta} = \frac{414{,}6\ \mathrm{kNm} \cdot 4{,}52\ \mathrm{m}}{43{,}5\ \mathrm{kN/cm^2} \cdot 2 \cdot 1{,}28\ \mathrm{m^2} \cdot 1}$$

$= 16{,}8\ \mathrm{cm^2}$ je oben und unten in Form einer Längsbewehrung

c) Nachweis unter kombinierter Beanspruchung für Querkraft mit Torsion

Gemäß EC 2-2 / NA, 6.3.2 für Vollquerschnitte:

$$\left(\frac{V_{\mathrm{Ed}}}{V_{\mathrm{Rd,max}}}\right)^2 + \left(\frac{T_{\mathrm{Ed}}}{T_{\mathrm{Rd,max}}}\right)^2 \leq 1{,}0 \text{ (für Kompaktquerschnitt)}$$

$$\left(\frac{1973{,}6}{8508{,}8}\right)^2 + \left(\frac{414{,}6}{1596{,}7}\right)^2 = 0{,}12 \leq 1{,}0 \Rightarrow \text{Nachweis erbracht!}$$

4.6.8 Ermüdungsnachweis des Spannstahls

Der Ermüdungsnachweis wird für den Spannstahl im Feldbereich an der Stelle $x = 10{,}20$ m geführt. Im Beispiel wird der im Brückenbau vorgesehene vereinfachte Betriebsfestigkeitsnachweis betrachtet. Der Nachweis gilt als erbracht, wenn die folgende Bedingung erfüllt ist, vgl. auch Abschn. 4.4.3:

$$\gamma_{\mathrm{F,fat}} \cdot \Delta\sigma_{\mathrm{p,equ}} \leq \frac{\Delta\sigma_{\mathrm{Rsk}}\left(N^*\right)}{\gamma_{\mathrm{s,fat}}}$$

Hierin beschreibt der Wert $\Delta\sigma_{p,equ}$ die einwirkende schädigungsäquivalente Spannungsschwingbreite, welche der Schwingbreite bei gleich bleibendem Spannungsspektrum mit N^* Zyklen entspricht und zur gleichen Schädigung wie ein Spektrum infolge fließenden Verkehrs führt. Der Wert $\Delta\sigma_{Rsk}$ kennzeichnet die ertragbare Spannungsschwingbreite bei N^* Lastzyklen nach den Wöhlerlinien des Spann- oder auch Betonstahls.

Gemäß EC 2-2 / NA, 2.4.2.3 wäre der Teilsicherheitsbeiwert $\gamma_{F,fat}$ für Last- und Modellungenauigkeiten zu 1,00 anzusetzen, ARS 22/2012 korrigiert den Wert jedoch auf $\gamma_{F,fat}$ = 1,20. Entsprechend EC 2-2/NA, 2.4.2.4 gilt für den Teilsicherheitsbeiwert für Baustoffeigenschaften von Beton- und Spannstahl $\gamma_{s,fat}$ = 1,15.

Unter Verwendung von Kunststoffhüllrohren für die gekrümmten Spannglieder gilt für $\Delta\sigma_{Rsk}$ bei $N^* = 10^6$ Spannungszyklen der Wert 150 N/mm². Häufig werden profilierte Stahlhüllrohre eingesetzt, die eine geringere ertragbare Schwingbreite von $\Delta\sigma_{Rsk}$ = 120 N/mm² zur Folge haben.

Die schädigungsäquivalente Spannungsschwingbreite $\Delta\sigma_{p,equ}$ wird mit Hilfe der Schwingbreite $\Delta\sigma_p$ infolge des Ermüdungslastmodells (FLM) 3 und des Korrekturbeiwerts λ_s wie folgt ermittelt: $\Delta\sigma_{p,equ} = \Delta\sigma_p \cdot \lambda_s$

Zunächst wird die Spannstahlspannungsänderung $\Delta\sigma_p$ infolge des FLM3 bestimmt. Der Korrekturbeiwert λ_s wird im Anschluss betrachtet. Das FLM3 mit seinen vier Achslasten von jeweils 120 kN wird nochmals in Abb. 4.49 gezeigt. Zur FE-Berechnung ergeben sich mit Radaufstandsflächen von 40 · 40 cm – wie beim LM1 zuvor auch – Lastverteilungsbreiten von t = 86 cm.

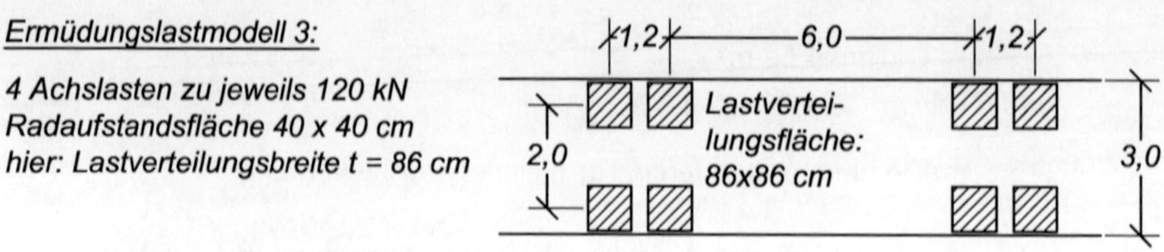

Abb. 4.49 Ermüdungslastmodell 3

Unter ungünstigster Anordnung der Lasten ergeben sich infolge des FLM3 für den Feldbereich eines Plattenbalkens die nachfolgenden Momente. Da ein Feldbereich betrachtet wird, werden entsprechend EC 2-2/NA, NA.NN.2 (101)P die 1,00-fachen linear-elastischen Schnittgrößen mit dem Faktor 1,40 multipliziert.

Maximales Moment infolge FLM3: $\max M_{FLM3} = 1{,}40 \cdot 1035{,}3 = 1449{,}4$ kNm

Minimales Moment infolge FLM3: $\min M_{FLM3} = 1{,}40 \cdot (-209{,}5) = -293{,}3$ kNm

Lastwechselmoment infolge FLM3: $\Delta M_{FLM3} = \max M_{FLM3} - \min M_{FLM3} = 1742{,}7$ kNm

Die Ermittlung der zum Lastwechselmoment ΔM_{FLM3} zugehörigen Spannstahlspannungsänderung $\Delta\sigma_p$ darf auf der sicheren Seite liegend im ausgeprägt gerissenen Zustand erfolgen. Zur genaueren Berechnung von $\Delta\sigma_p$ ist das Grundbeanspruchungsniveau zu bestimmen. Gemäß Abschn. 4.4.3 sind hierzu folgende Einwirkungen zu berücksichtigen: Der charakteristische Wert der ständigen Einwirkungen, der 0,9-fache Mittelwert der Vorspannkraft für den direkten ($P_{mt,dir}$) und der maßgebende charakteristische Wert für den indirekten Anteil ($P_{mt,ind}$) der Vorspannwirkung, der Wert der wahrscheinlichen Setzungen (sofern ungünstig wirkend), der häufige Wert der Temperatureinwirkungen (sofern ungünstig wirkend) und – sofern relevant – Windeinwirkungen.

Für Ermüdungsnachweise des Spannstahls im Bereich von Arbeitsfugen sind zusätzliche Angaben des EC 2-2 zu beachten.

Im Beispiel ergibt sich das zum Grundbeanspruchungsniveau zugehörige Grundmoment M_0 zu:

$$M_0 = M_{gk,y} + M_{\Delta gk,y} + M_{Pm\infty,k,sup,ind,y} + M_{\Delta T,M,pos}$$

$$M_{Pm\infty,k,sup,ind,y} = r_{sup} \cdot \left(M_{Pm\infty,k,y} - M_{Pm\infty,k,dir,y}\right)$$

$$= r_{sup} \cdot \left(M_{Pmt=1000\,kN,y} / 1000 \cdot P_{m\infty} - \left(-P_{m\infty} \cdot z_{p,1}\left(x = 10{,}20\right)\right)\right)$$

$$= 1{,}10 \cdot \left(-526{,}3 / 1000 \cdot 9427 - \left(-9427 \cdot 0{,}71\right)\right) = 1904{,}9 \text{ kNm}$$

$$\Rightarrow M_0 = 2888{,}6 + 962{,}8 + 2037{,}9 + 694{,}0 = 6583{,}3 \text{ kNm}$$

Zur Ermittlung von $\Delta\sigma_p$ im Rahmen einer physikalisch nichtlinearen Querschnittsbetrachtung enthält M_0 ausschließlich den indirekten Anteil der Vorspannung (Index „ind") als äußere Einwirkung. Der direkte Anteil (Index „dir") wird durch die Vordehnung des Spannstahls erfasst.

Zur Iteration der Dehnungsebene wurde der halbe Querschnitt gemäß nebenstehender Abb. 4.50 untersucht. Die Betonstahlbewehrung wurde entsprechend der statisch erforderlichen Bewehrung zu 10 ∅ 20 gewählt.

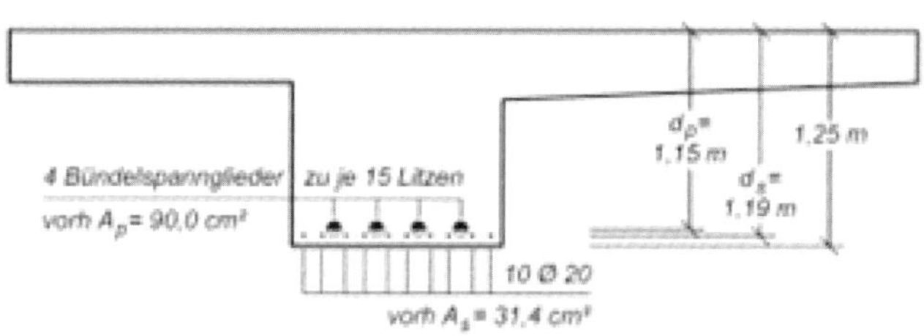

Abb. 4.50 Betrachteter halber Querschnitt

Der Verlauf der Momententragfähigkeit des Querschnitts für $0{,}9 \cdot P_{m\infty,k,dir}$ ist in Abb. 4.51 über die Spannstahlspannung σ_p aufgetragen. Unter Verwendung des M-σ_p-Diagramms kann die gesuchte Spannstahlspannungsänderung $\Delta\sigma_p$ nun direkt angegeben werden: Ausgehend vom berechneten Grundmoment M_0 = 6583,3 kNm werden die Momente max M_{FLM3} = 1449,4 kNm und min M_{FLM3} = –293,3 kNm angetragen und der Schnittpunkt mit dem M-σ_p-Verlauf gesucht. Der Wert $\Delta\sigma_p$ ergibt sich aus der Summe der zu max M_{FLM3} und min M_{FLM3} zugehörigen Werte max $\Delta\sigma_p$ und min $\Delta\sigma_p$. Im vorliegenden Fall beträgt $\Delta\sigma_p$ = 18,5 N/mm².

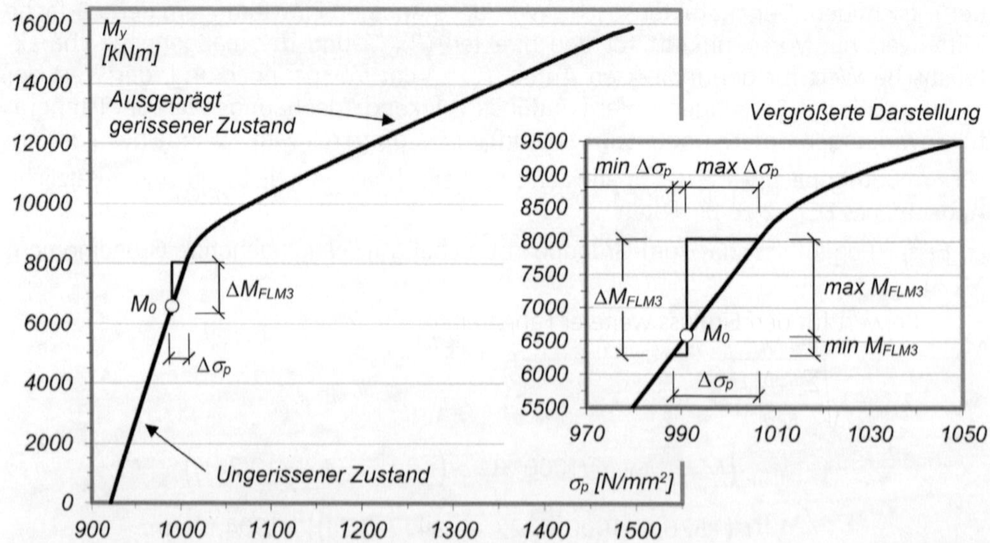

Abb. 4.51 Momenten-Spannstahlspannungs-Diagramm

Die ermittelte Spannstahlspannungsänderung $\Delta\sigma_p$ ist vergleichsweise gering, da das Grundbeanspruchungsniveau des Querschnitts im ungerissenen Zustand liegt. Im Rahmen der physikalisch nichtlinearen Querschnittsbetrachtung wurde das Dekompressionsmoment, welches den Übergang zum gerissenen Zustand II kennzeichnet, zu 8013,1 kNm ermittelt. Unter Berücksichtigung des maximalen Moments infolge des Ermüdungslastmodells 3 wird der nichtlineare Bereich des M-σ_p-Verlaufs rechnerisch gerade so erreicht, $M_0 + \max M_{FLM3} = 6583{,}3 + 1449{,}4 = 8032{,}7$ kNm. Zum Vergleich: Die Ermittlung von $\Delta\sigma_p$ unter der vereinfachten Annahme des Zustands II hätte die deutlich höhere Spannstahlspannungsänderung von $\Delta\sigma_p = 125{,}3$ N/mm² zur Folge gehabt.

Der Korrekturbeiwert λ_s, welcher zur Berechnung der schädigungsäquivalenten Spannungsschwingbreite $\Delta\sigma_{p,equ}$ erforderlich ist, ergibt sich aus der folgenden Beziehung:

$$\lambda_s = \varphi_{fat} \cdot \lambda_{s,1} \cdot \lambda_{s,2} \cdot \lambda_{s,3} \cdot \lambda_{s,4}$$

mit:

φ_{fat} Beiwert zur Berücksichtigung der Oberflächenrauigkeit
hier: $\varphi_{fat} = 1{,}2$ für Belag mit geringer Rauigkeit, Neubau

$\lambda_{s,1}$ Beiwert für den Einfluss von Stützweite und System
hier: $\lambda_{s,1} = 1{,}16$

$\lambda_{s,2}$ Beiwert für das jährliche Verkehrsaufkommen auf dem ersten Fahrstreifen

$$\lambda_{s,2} = \bar{Q} \cdot \sqrt[k_2]{\frac{N_{obs}}{2{,}0}}$$

mit: N_{obs} = $0{,}125 \cdot 10^6$ – Anzahl Lastkraftwagen pro Jahr
k_2 = 9 – Neigung der zutreffenden Wöhlerlinie
$\bar{Q}$ = 1,0 – Beiwert der Verkehrsart

hier: $\lambda_{s,2} = 3{,}41$

$\lambda_{s,3}$ Beiwert für eine von 100 Jahren abweichende Nutzungsdauer

$$\lambda_{s,3} = \sqrt[k_2]{\frac{N_{years}}{100}}$$

mit: N_{years} = 100 – Nutzungsdauer der Brücke (nach ARS 22/2012)

k_2 = 9 – Neigung der zutreffenden Wöhlerlinie (von zuvor)

hier: $\lambda_{s,3} = 1{,}00$

$\lambda_{s,4}$ Beiwert für den Einfluss weiterer Fahrstreifen

$$\lambda_{s,4} = \sqrt[k_2]{\frac{\sum_{i=1}^{n} N_{obs,i}}{N_{obs,1}}}$$

mit: n = 2 – Anzahl der Fahrstreifen

$N_{obs,\,1}$ = $N_{obs,\,2}$ = $0{,}125 \cdot 10^6$ – Anzahl Lastkraftwagen pro Jahr (von zuvor)

k_2 = 9 – Neigung der zutreffenden Wöhlerlinie (von zuvor)

hier: $\lambda_{s,4} = 1{,}08$

Somit ergibt sich der Korrekturbeiwert zu: $\lambda_s = 1{,}2 \cdot 1{,}16 \cdot 3{,}41 \cdot 1{,}00 \cdot 1{,}08 = 5{,}1$

Die erforderlichen Parameter wurden ermittelt und der Ermüdungsnachweis für den Spannstahl lautet:

$$\gamma_{F,fat} \cdot \Delta\sigma_{p,equ} \leq \frac{\Delta\sigma_{Rsk}\left(N^*\right)}{\gamma_{s,fat}}$$

mit: $\Delta\sigma_{p,equ} = \Delta\sigma_p \cdot \lambda_s = 18{,}5 \cdot 5{,}1 = 94{,}4\ \text{N/mm}^2$

Nachweis: $1{,}20 \cdot 94{,}4\ \text{N/mm}^2 = 113{,}3\ \text{N/mm}^2 \leq \frac{150}{1{,}15} = 130{,}4\text{N/mm}^2$

Da das Grundbeanspruchungsniveau im Beispiel deutlich im ungerissenen Zustand liegt, kann der Ermüdungsnachweis problemlos erbracht werden.

Literaturverzeichnis

[1] Eurocode 2: Bemessung und Konstruktion von Stahlbeton- und Spannbetontragwerken,

Teil 1-1: 2011-01: Allgemeine Bemessungsregeln und Regeln für den Hochbau einschließlich Nationaler Anhang (NA)– National festgelegte Parameter: 2013-04

Teil 1-2: 2010-12: Allgemeine Regeln - Tragwerksbemessung für den Brandfall

[2] DIN 1045:2023-08: Tragwerke aus Beton, Stahlbeton und Spannbeton,

Teil 1: Bemessung und Konstruktion

Teil 2: Beton – Festlegung, Eigenschaften, Herstellung und Konformität – Anwendungsregeln zu DIN EN 206-1.

[3] Hilfsmittel zur Berechnung der Schnittgrößen und Formänderungen von Stahlbetontragwerken nach DIN 1045. Deutscher Ausschuss für Stahlbeton, Heft 240, Beuth Verlag, Berlin, Ausgabe Juli 1988.

[4] Erläuterungen zu DIN 1045-1. Deutscher Ausschuss für Stahlbeton, Heft 525, Ernst & Sohn, Berlin, 2. Auflage 2010.

[5] DIN 4227, Teil 1: Spannbeton; Bauteile aus Normalbeton mit beschränkter oder voller Vorspannung, Ausgabe Juli 1988.

[6] Müller, H.S.; Kvitsel, V.: Kriechen und Schwinden von Beton, Grundlagen der neuen DIN 1045 und Ansätze für die Praxis. In: Beton- und Stahlbetonbau 97 (2002), Heft 1, S. 8-19.

[7] Leonhardt, F.: Spannbeton für die Praxis. Ernst & Sohn, 3. Auflage, Berlin, 1973.

[8] Leonhardt, F.: Vorlesungen über Massivbau, Teil 5: Spannbeton. Springer Verlag, 1980.

[9] Leonhardt, F.: Vorlesungen über Massivbau, Teil 6: Grundlagen des Massivbrückenbaus. Springer Verlag, 1979.

[10] Wommelsdorff, O.; Albert, A.; Fischer, J.: Stahlbetonbau: Bemessung und Konstruktion,

Teil 1: Grundlagen biegebeanspruchter Bauteile, Reguvis Fachmedien, 11. Auflage 2017.

Teil 2: Stützen, Sondergebiete des Stahlbetonbaus, Reguvis Fachmedien, 10. Auflage 2021.

[11] Rossner, W.; Graubner, C.-A.: Spannbetonbetontragwerke Teil 3: Bemessungsbeispiele nach DIN 1045-1 und Fachbericht 102. Ernst & Sohn, Berlin, Mai 2005.

[12] Graubner, C.-A.; Six, M.: Spannbetonbau. In: Stahlbetonbau aktuell - Praxishandbuch 2007, Bauwerk Verlag, Berlin, November 2006.

[13] Trost, H.: Auswirkungen des Superpositionsprinzips auf Kriech- und Relaxationsprobleme bei Beton und Spannbeton. In: Beton- und Stahlbetonbau, Ernst & Sohn, 1967, Heft 10, S. 230-238 und Heft 11, S. 261-269.

[14] Erläuterungen zu DIN EN 1992-1-1, Deutscher Ausschuss für Stahlbeton, Heft 600, Beuth Verlag, Berlin, 2. Auflage 2020.

[15] Grasser, E.; Kupfer, H.; Pratsch, G.; Feix, J.: Bemessung von Stahlbeton- und Spannbetonbauteilen. Beton-Kalender 1996 Teil I, Ernst & Sohn, 1996, S. 341 ff.

[16] Zilch, K.; Zehetmaier, G.: Bemessung im konstruktiven Betonbau. Springer Verlag, 2005.

[17] DIN EN 446:2008-01: Einpressmörtel für Spannglieder - Einpressverfahren.

[18] DIN EN 447:2017-09: Einpressmörtel für Spannglieder - Anforderungen für üblichen Einpressmörtel.

[19] Grasser, E.; Kupfer, H.; Pratsch, G.; Feix, J.: Bemessung von Stahlbeton- und Spannbetonbauteilen nach DIN 1045-1. Betonkalender 2002 Teil I, Ernst & Sohn, 2002.

[20] Holst, K.-H.; Holst, R.: Brücken aus Stahlbeton und Spannbeton. Ernst & Sohn, Berlin, 6. Auflage 2013.

[21] Kupfer, H.; Scholz, U.: Die Wirtschaftlichkeit als ein Kriterium zur Wahl des Vorspanngrades. In: Betonwerk + Fertigteiltechnik (BFT), Bauverlag GmbH, 1986, Heft 5, S. 289-293.

[22] Rossner, W.: Handbuch für Betonbau, Brücken aus Spannbeton-Fertigteilen. Ernst & Sohn, Berlin, 2000.

[23] DBV-Merkblatt: Betondeckung und Bewehrung – Sicherung der Betondeckung beim Entwerfen, Herstellen und Einbauen der Bewehrung sowie des Betons. (Hrsg.) Deutscher Beton- und Bautechnik-Verein E.V., Fassung Dezember 2015.

[24] DBV-Merkblatt: Abstandhalter. (Hrsg.) Deutscher Beton- und Bautechnik-Verein E.V., Fassung November 2019.

[25] Ermüdungsfestigkeit von Stahlbeton- und Spannbetonbauteilen mit Erläuterungen zu den Nachweisen gemäß CEB-FIP Model Code 1990. Deutscher Ausschuss für Stahlbeton, Heft 439, Beuth Verlag, Berlin, Ausgabe 1994.

[26] Gemeinschaftstagung: Eurocode 2 für Deutschland. Beuth Verlag, Ernst & Sohn Verlag, Berlin, 2. Auflage, 2010.

[27] Fingerloos, F.; Hegger, J.; Zilch, K.: Eurocode 2 für Deutschland, Kommentierte Fassung. Beuth Verlag, Ernst & Sohn, Berlin, 2. Auflage 2016.

[28] Nitsch, A: Spannbetonfertigteile mit teilweiser Vorspannung aus hochfestem Beton, Dissertation, Lehrstuhl und Institut für Massivbau der RWTH Aachen, 2001.

[29] Eurocode 1: Einwirkungen auf Tragwerke - Teil 2: Verkehrslasten auf Brücken; DIN EN 1991-2 von Dez-2010 mit Nationalem Anhang NA von Aug-2012

[30] Eurocode 2: Bemessung und Konstruktion von Stahlbeton- und Spannbetontragwerken - Teil 2: Betonbrücken - Bemessungs- und Konstruktionsregeln; DIN EN 1992-2 von Dez-2010 mit Nationalem Anhang NA von Apr-2013

[31] Schadensablauf bei Korrosion der Spannbewehrung. Deutscher Ausschuss für Stahlbeton, Heft 469, Beuth Verlag, Berlin, Ausgabe 1996.

[32] Iványi, G.; Buschmeyer, W.: Vereinfachter Nachweis der Dauerfestigkeit von Koppelfugenquerschnitten. In: Bauingenieur 63 (1988), S. 157-161.

[33] Schlaich, J.; Schäfer, K.: Konstruieren im Stahlbetonbau. In: Beton-Kalender 1998, S. 721-895, Ernst & Sohn, Berlin, 1998.

[34] Hegger, J.; Neuser, J. U.: Zur Verankerung externer Spannglieder an Eckkonsolen. In: Beton- und Stahlbetonbau 97 (2002), Heft 10, S. 522-529.

[35] Hegger, J.; Neuser, J. U.: Verankerung externer Spannglieder an Querträgerscheiben. In: Beton- und Stahlbetonbau 99 (2004), Heft 3, S. 186-194.

[36] Dywidag DSI Monolitzenspannverfahren mit Gussankern - Verbundloses Spannverfahren mit 1 bis 7 Monolitzen für das Vorspannen von Tragwerken, Anwendungsregeln mit ETA-19/0077, Zulassung: Z-13.72-190077, Geltungsdauer 09.12.2024

[37] Dywidag Spannverfahren Suspa-Litze DW im Verbund mit 1 bis 22 Litzen für das Vorspannen von Tragwerken, Anwendungsregeln mit ETA-13/0839, Zulassung: Z-13.71-130839, Geltungsdauer 10.03.2028

[38] Allgemeines Rundschreiben Straßenbau Nr. 22/2012 mit Erscheinungsdatum vom 26.11.2012 (ARS 22/2012)

Stichwortverzeichnis